Hans Kammer, Irma Mgeladze

Physik für Mittelschulen

D1674600

Hans Kammer, Irma Mgeladze

Physik für Mittelschulen

2. Auflage, überarbeitet und erweitert
Illustrationen: Peter Raeber

hep der bildungsverlag

Hans Kammer, Irma Mgeladze
Physik für Mittelschulen
ISBN 978-3-0355-0072-1

Illustrationen: Peter Raeber

Bibliografische Information der Deutschen Nationalbibliothek:
Die Deutsche Nationalbibliothek verzeichnet diese Publikation
in der Deutschen Nationalbibliografie; detaillierte bibliografische
Daten sind im Internet über http://dnb.dnb.de abrufbar.

2. Auflage 2014
Alle Rechte vorbehalten
© 2014 hep verlag ag, Bern

www.hep-verlag.ch

Zusatzmaterialien und -angebote zu diesem Buch:
http://mehr.hep-verlag.ch/physik-mittelschulen

Inhaltsverzeichnis

danken wir für die angenehme Zusammenarbeit und das Sprachlektorat sowie, last but not least, Herrn Dr. Peter Raeber für die erneut hervorragenden Illustrationen, welche dem Buch das unverwechselbare Gesicht verleihen.

Irma Mgeladze und Hans Kammer

Bern, im März 2014

Vorwort

Dieses Lehrbuch enthält auf knappem Raum die Lehrinhalte der klassischen Physik für die Sekundarstufe II sowie wichtige Kapitel der neueren Physik.

Es eignet sich als begleitendes Lehrmittel für Berufs- und Fachmaturitätsschulen wie auch für den Unterricht im Grundlagenfach Physik an Gymnasien, für den es den gesamten durch die Lehrpläne vorgegebenen Stoff abdeckt.

Zusätzlich bietet es den Lehrkräften eine breite Palette an weiteren Themen zur freien Wahl an und geht auch auf weltanschauliche und wissenschaftsgeschichtliche Aspekte der Physik ein.

Beispiele aus dem Alltag sowie zahlreiche eigens für dieses Buch angefertigte Illustrationen sorgen für Anschaulichkeit und gute Verständlichkeit des Stoffs; gelöste Aufgaben unterstützen die Lernenden bei der Vertiefung der Lehrinhalte.

Für den Unterricht im Schwerpunkt- und im Ergänzungsfach finden Sie auf der Website des Verlags umfangreiche Vertiefungskapitel. Ebenfalls im Internetteil bieten wir Ihnen neben klassischen Übungsaufgaben auch experimentelle Probleme an, die mit einer modernen Mathematiksoftware und mit physikalischen Sensoren bearbeitet werden.

Wir danken den Lektoren Herrn Dr. Wolfgang Grentz (Kantonsschule Wetzikon), Herrn Martin Mohr (Kantonsschule Wetzikon und ETH-Zürich), Herrn David Kamber (Gewerblich Industrielle Berufsschule Bern) sowie Herrn Prof. Dr. Jürg Gasser (Universität Bern) für die kritische Durchsicht unserer Texte und die vielen fruchtbaren Anregungen; Frau Meret Illi, Frau Annemarie Masswadeh und Herrn Michael Egger für die Gestaltung und Produktion des Buchs.

Unser besonderer Dank gilt Herrn Dr. Peter Raeber, Oberengstringen, für die hervorragenden Illustrationen.

Irma Mgeladze und Hans Kammer

zur 2. Auflage

Die zweite Auflage enthält neu einen Teil über die Relativitätstheorie und eine kurze Ergänzung zur Elementarteilchenphysik im Teil G, Materie, Atome, Kerne. Wir danken Herrn Dr. Stephan Kaufmann, Senior Scientist und Dozent am Institut für Mechanische Systeme der ETH Zürich, ganz herzlich für die sorgfältige Durchsicht der ersten Auflage des Buchs und die hilfreichen Korrekturvorschläge. Den Herren Dr. Wolfgang Grentz und Martin Mohr für das fachkundige Lektorat der neuen Texte und die konstruktive Kritik, die wir nach Kräften umzusetzen versucht haben. Frau Rita Hidalgo Staub vom hep verlag danken wir für die angenehme Zusammenarbeit und das Sprachlektorat sowie, last but not least, Herrn Dr. Peter Raeber für die erneut hervorragenden Illustrationen, welche dem Buch das unverwechselbare Gesicht verleihen.

Bern, im März 2014   Irma Mgeladze und Hans Kammer

A Hydrostatik

Themen

- Materie, ein philosophischer und ein physikalischer Begriff
- Fester, flüssiger und gasförmiger Zustand der Materie
- Masse, Gewicht und Dichte eines Körpers
- Kraft und Druck in Flüssigkeiten
- Druck- und Dichtemessung
- Auftrieb und archimedisches Prinzip

1. 12 15

1 Materie

1.1 Materie als philosophischer Begriff

Figur 1 Materie? Eiskristall in einer Schneeflocke.

Das Wort „Materie" stammt vom lateinischen „mater" (Mutter) ab. „Materia" bedeutet Grundstoff und ist ein Merkmal von Körpern im Raum. Erst später entwickelte sich ein Gegensatz zwischen „toter Materie" einerseits sowie Leben, Seele und Geist andererseits. Diese Unterscheidung führte weltanschaulich zum Materialismus, wissenschaftlich zu den modernen Naturwissenschaften.

Der lateinische Begriff „materia" leitet sich vom griechischen „hyle" (Stoff), als noch nicht geformtem Urstoff im Gegensatz zur Form, ab. So müssen wir nach dieser Vorstellung zwischen der Materie eines Baums und seiner Gestalt (Form) unterscheiden.

Wegweisend waren die Vorstellungen des grossen antiken Philosophen und Physikers Aristoteles (384 – 322 v. Chr.) und des neuzeitlichen Denkers René Descartes (1596 – 1650), einer der Begründer der Aufklärung. Für Aristoteles war Materie eine Bezeichnung für etwas, was möglich ist. Der geformte Körper, die Form, ist für ihn mehr als nur Materie, er ist wirklich. So ist ein Ei für Aristoteles nur ein mögliches Huhn, also nur Materie, das ausgeschlüpfte Küken aber ein wirkliches Huhn und damit mehr als Materie, nämlich Form. Wirklichkeit (Form) hat Vorrang vor der Möglichkeit (Materie). Deshalb kommt für Aristoteles das Huhn vor dem Ei! Bewegung ist seit der Antike bis heute einer der Hauptbegriffe der Physik. Für Aristoteles ist Bewegung der Übergang von Möglichkeit zu Wirklichkeit, etwa die Verwandlung vom Ei zum Huhn.

René Descartes hat den Begriff der Materie neu bestimmt, indem er eine Unterscheidung zwischen den „denkenden Dingen" (den Subjekten, den Menschen) und den „ausgedehnten Dingen" (den Objekten) einführte (Dualismus). Für ihn gibt es zwei Substanzen: Die Materie ist dabei die Substanz der „ausgedehnten Dinge", der Geist die Substanz der „denkenden Dinge", der Menschen. Mit dieser sog. Subjekt-Objekt-Spaltung hat Descartes die Grundlage für die neuzeitliche Physik gelegt.

Die Subjekt-Objekt-Spaltung wurde bei Galileo Galilei (1564 – 1642), dem Begründer der neuzeitlichen Physik, zu einem wichtigen Prinzip, das sich etwa in der scharfen Trennung zwischen der experimentierenden Person und dem Experiment äussert.

1.2   Materie in der neuzeitlichen Physik: Masse und Gewicht

In der Physik hat sich zu Beginn des 20. Jahrhunderts die atomistische Theorie der Materie durchgesetzt, die Vorstellung, dass Materie aus kleinen, trennbaren (diskreten), nicht weiter zerlegbaren Teilchen zusammengesetzt ist. Die Materie hängt nach dieser Vorstellung nicht stetig zusammen: Sie ist kein Kontinuum.

Auf der Erde unterscheiden wir drei Aggregatzustände der Materie, den festen (meist kristallin geordneten), den flüssigen und den gasförmigen. Im festen und im flüssigen Zustand wirken Kräfte zwischen den kleinsten Teilchen, den Atomen oder Molekülen, im gasförmigen sind diese Kräfte verschwindend klein (Figur 2).

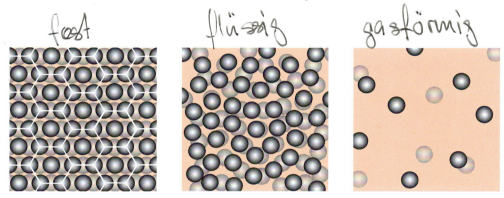

Figur 2 Aggregatzustände fest, flüssig und gasförmig

Eine Grundeigenschaft der Materie ist die Masse (Materiemenge). Die Masse m in Kilogramm (kg) eines Körpers, etwa eines 1-Kilogramm-Steins, gibt einerseits die Trägheit dieses Körpers an (vollständige Definition auf S. 97 f.), andererseits ist sie ein Mass für die Stärke der Gravitationswirkung zweier Körper, etwa zwischen diesem Stein und der Erde.

Auf der Erde und auf anderen Himmelskörpern hat ein Körper ein Gewicht F_G, das in Newton (N) gemessen wird. Das Gewicht ist eine Kraft F, die von der Erde auf einen Körper der Masse m ausgeübt wird. Wir sprechen deshalb auch von Gewichtskraft. Ein Körper der Masse 1 kg hat auf der Erde ein Gewicht von ungefähr 10 Newton, auf dem Mond ist die Masse desselben Körpers ebenfalls 1 kg, das Gewicht beträgt aber nur noch ca. 1.6 Newton.

Die physikalische Grundkraft, die bewirkt, dass die Erde an einem materiellen Körper eine Gewichtskraft erzeugt, bezeichnen wir als Gravitation (vom lateinischen Adjektiv „gravis" für schwer oder gewichtig). Bringt man diesen Körper auf einen anderen Himmelskörper, z. B. den Mond, so ändert sich sein Gewicht F_G; seine Masse m bleibt aber gleich gross. Im Gegensatz zur Masse m ist das Gewicht (die Gewichtskraft) F_G eines Körpers also ortsabhängig.

3

Gewicht (Gewichtskraft)

$F_G = m \cdot g$ $g = 9.81 \dfrac{\text{Newton}}{\text{Kilogramm}}$ (Ortsfaktor)   Einheit: $[F_G] = \text{Newton} = \text{N}$

Auf der Erdoberfläche ändert sich der Ortsfaktor g zwischen $9.78\,\frac{\text{N}}{\text{kg}}$ am Äquator und $9.83\,\frac{\text{N}}{\text{kg}}$ an den Polen, auf der Sonne hat er den Wert $273\,\frac{\text{N}}{\text{kg}}$.

Entsprechend der Formel $F_G = m \cdot g$ hat ein Körper der Masse $m = 1$ Kilogramm auf der Erdoberfläche ein Gewicht von

$$F_G = 1\,\text{kg} \cdot 9.81\,\tfrac{\text{N}}{\text{kg}} = 9.81\,\text{N}$$

Der Ortsfaktor hat noch eine andere Bedeutung: Er gibt die Zunahme der Geschwindigkeit pro Sekunde an, die ein auf der Erdoberfläche frei fallender Körper wegen der Gravitation erfährt, nämlich $9.81\,\frac{\text{m}}{\text{s}^2}$. Der Ortsfaktor g heisst daher auch Fallbeschleunigung oder Erdbeschleunigung.

1.3 Dichte, eine wichtige Materialkonstante

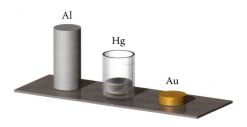

Figur 3 Zylinder mit gleicher Grundfläche und Masse aus Aluminium (Al), Quecksilber (Hg) und Gold (Au)

Wir vergleichen drei zylinderförmige Körper aus Aluminium (Al), Quecksilber (Hg) und Gold (Au) mit gleicher Grundfläche und gleicher Masse (Figur 3):

Wir stellen fest, dass das Volumen dieser drei Körper verschieden ist. Das Volumen des Leichtmetalls Aluminium ist rund 7-mal grösser als dasjenige von Gold und 5-mal grösser als dasjenige von Quecksilber.

Aus den Körpereigenschaften Masse m und Volumen V eines Körpers kann eine wichtige *materialspezifische* physikalische Grösse, die Dichte ρ, eingeführt werden. Es gilt:

Dichte

$$\rho = \frac{\text{Masse}}{\text{Volumen}} = \frac{m}{V}, \quad \text{Einheit:}\quad [\rho] = \frac{\text{kg}}{\text{m}^3}$$

Die Dichte ist eine *Materialkonstante*. Sie kann zur Unterscheidung verschiedener Materialien verwendet werden. „Schwere" Materialien wie Gold haben einen grossen Dichtewert; die Dichte leichterer Materialien wie Aluminium ist kleiner.

Dichtewerte (in $\frac{kg}{m^3}$, Temperatur 20 °C, Luftdruck 1013 hPa)

Gold	19 290	Quecksilber	13 546	Stahl C 15	7850	Aluminium	2700
Wasser	998	Holz (Kiefer)	520	Styropor	20 … 60	Luft (ohne CO_2)	1.2041

Die Dichtewerte von Festkörpern und Flüssigkeiten sind meist fast nicht, diejenigen von Gasen dagegen stark temperatur- und druckabhängig.

Im Weltall gibt es Sterne, die Neutronensterne, deren mittlere Dichte bis zu 10^{15}-mal (!) grösser ist als diejenige der Erde oder der Sonne.

2 Druck und Druckmessung

2.1 Definition des hydrostatischen Drucks

In einem Erlenmeyerkolben befindet sich ein mit wenig Luft gefüllter Ballon (Figur 4). Der Kolben ist mit einem Gummizapfen dicht verschlossen und über einen Kunststoffschlauch mit einem Kolbenprober (Glasspritze) verbunden. Bewegen wir den Kolben nach rechts, so wird der Ballon von allen Seiten gleichmässig zusammengedrückt.

Im Inneren des Kolbens herrscht ein sog. hydrostatischer Druck. Er wirkt in alle Richtungen, auf den Ballon wie auf die Wände des Kolbens, gleich stark, weist also keine Vorzugsrichtung auf. Dasselbe gilt, wenn wir eine Flüssigkeit statt Luft verwenden.

Die Kraft, die auf ein kleines Flächenelement von z. B. 1 cm² wirkt, hat daher überall denselben Betrag, gleichgültig, wie der Behälter geformt ist. Daher ist die Grösse „Kraft durch Fläche", der (hydrostatische) Druck, für die Beschreibung von Flüssig-

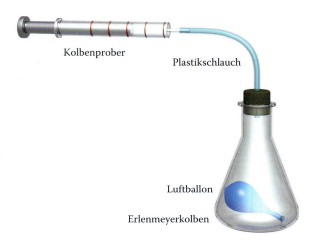

Kolbenprober

Plastikschlauch

Luftballon

Erlenmeyerkolben

Figur 4 Luftballon: Der Druck wirkt allseitig

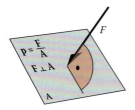

Figur 5 Definition
des Drucks

keiten und Gasen besonders gut geeignet. Wir definieren (Figur 5):

$$\text{Druck} = \frac{\text{Kraft}}{\text{Fläche}} \quad \text{oder} \quad p = \frac{F}{A},$$

$$\text{Einheit:} \quad [\,p\,] = \frac{\text{Newton}}{\text{Quadratmeter}} = \frac{\text{N}}{\text{m}^2} = \text{Pascal} = \text{Pa}$$

Im Gegensatz zur Kraft ist der Druck keine gerichtete physikalische Grösse. Wir sprechen von einem Skalar.

Im Vergleich zum Luftdruck ist 1 Pascal ein sehr kleiner Druck. Neben der Basiseinheit Pascal (Pa) benutzt man für den Druck aus praktischen Gründen auch die Einheit bar. Auf Meereshöhe beträgt der Luftdruck ungefähr 1 bar.

$$1\,\text{bar} = 10^5 \;\text{Pascal}$$

Damit gilt auch:

$$100\,\text{Pa} = 0.001\,\text{bar bzw. } 1\,\text{Hektopascal} = 1\,\text{Millibar oder } 1\,\text{hPa} = 1\,\text{mbar}$$

2.2 Hydrostatischer Druck einer Flüssigkeitssäule

Wenn wir den Druck in der Tiefe eines Sees berechnen wollen, müssen wir ein Volumenelement der Fläche A und der Höhe h ($V = A \cdot h$) (Figur 6) herausgreifen. Sein Gewicht $\vec{F}_\text{G} = m \cdot \vec{g} = \rho_\text{Wasser} \cdot V \cdot \vec{g} = \rho_\text{Wasser} \cdot A \cdot h \cdot \vec{g}$ wirkt nach unten. Mit den Pfeilen über dem Gewicht $\vec{F}_\text{G}$ und dem Ortsfaktor $\vec{g}$ deuten wir an, dass diese beiden Grössen (nach unten) gerichtet sind. Wir sprechen von gerichteten Grössen oder Vektoren.

Weil dieses Volumenelement (Figur 6) in Ruhe (im Gleichgewicht) ist, wirkt die umgebende Flüssigkeit (das Wasser) mit einer gleich grossen Kraft $F = -F_\text{G} = -\rho_\text{Wasser} \cdot A \cdot h \cdot g$ nach oben: Die beiden entgegengesetzt gerichteten Kräfte F und F_G heben sich auf.

Für den statischen Flüssigkeitsdruck erhalten wir damit:

Flüssigkeitsdruck (Wasser)

$$p_{\text{statisch}} = \frac{F}{A} = \rho_{\text{Wasser}} \cdot h \cdot g \quad \text{mit} \quad \rho_{\text{Wasser}} = 998 \, \frac{\text{kg}}{\text{m}^3}$$

$$\text{Einheit:} \ [p] = \frac{\text{kg}}{\text{m}^3} \cdot \text{m} \cdot \frac{\text{m}}{\text{s}^2} = \frac{\text{kg} \cdot \text{m}}{\text{s}^2} \cdot \frac{1}{\text{m}^2} = \frac{\text{N}}{\text{m}^2} = \text{Pa}$$

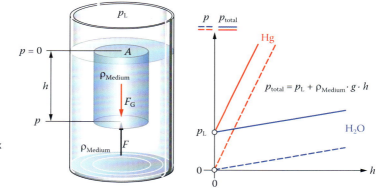

Figur 6 Flüssigkeitsdruck in Wasser (blau) und in Quecksilber (rot). p_L Luftdruck

$$p_{\text{total}} = p_L + \rho_{\text{Medium}} \cdot g \cdot h$$

Berücksichtigen wir den herrschenden Luftdruck p_L (Abschnitt 2.3), so beträgt der

---

Gesamtdruck (beliebige Flüssigkeit)

$$p_{\text{total}} = p_L + p_{\text{statisch}} = p_L + \rho_{\text{Flüssigkeit}} \cdot h \cdot g$$

In Figur 6 ist rechts die Zunahme der Drücke p und p_{total} in Funktion der Höhe h des Volumenelements (Tiefe) für Wasser und Quecksilber grafisch dargestellt. Der Flüssigkeitsdruck p ist unabhängig von der Querschnittfläche A.

Obschon die drei Gefässe in Figur 7 unterschiedliche Formen haben und mit unterschiedlichen Wassermengen gefüllt sind, ist der Druck bei gleicher Füllhöhe h in jedem Fall gleich gross.

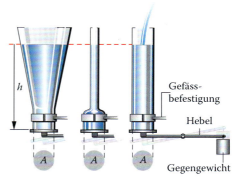

Figur 7 Experiment zum hydrostatischen Paradoxon

Bei gleichem Querschnitt A und gleicher Füllhöhe h ist in allen drei Fällen das gleiche Gegengewicht erforderlich. Der Druck beträgt also in allen drei Fällen

$$p = \rho_{\text{Wasser}} \cdot h \cdot g$$

Die Formel „Druck gleich Gewichtskraft durch Querschnittfläche" $\left(p = \frac{F_{\text{G}}}{A} \right)$ ist nur beim geraden Rohr korrekt (Figur 7, rechts), in den beiden anderen Fällen aber nicht (Figur 7, links und Mitte). Wir sprechen vom *hydrostatischen Paradoxon,* weil beim linken Gefäss die Kraft auf die Bodenplatte kleiner als das Gewicht der Flüssigkeit im Gefäss ist. Beim mittleren Gefäss übt das Wasser auf den Boden sogar mehr Kraft aus, als es selber wiegt. Die scheinbar fehlende Kraft wird von der Gefässwand auf die Flüssigkeit ausgeübt.

In einem Stausee nimmt der (hydrostatische) Druck von oben nach unten zu, hängt also nur von der Höhe der Staumauer, nicht aber von der Länge des Stausees ab. Die Wassertiefe im Grimselsee (Figur 8) beträgt maximal 100 Meter. Also beträgt der Wasserdruck am Fuss der Mauer

$$p = \rho_{\text{Wasser}} \cdot h \cdot g = 998 \cdot 100 \cdot 9.81 \ \text{Pa} \approx 10^6 \ \text{Pa} = 10 \ \text{bar}$$

2.3 Luftdruck

Figur 9 Wasserschlauch. Links: Wasser strömt nicht aus; rechts: Wasser ist ausgeströmt.

Wir füllen einen ca. 1 Meter langen Kunststoffschlauch mit Wasser. Die beiden Enden halten wir dabei auf gleicher Höhe. Dann verschliessen wir sie mit einem Stöpsel, halten sie unterschiedlich hoch und entfernen den Stöpsel von der tiefer liegenden Schlauchöffnung (Figur 9, links).

Wir stellen fest, dass das Wasser nicht ausläuft! Erst wenn wir auch das höher liegende Ende des Schlauchs öffnen, fliesst das Wasser aus (Figur 9, rechts).

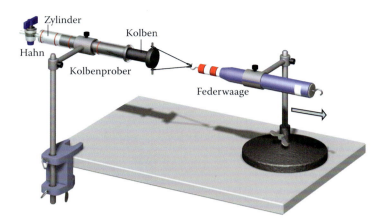

Figur 10 Messung des Luftdrucks

Wie ist dieses unerwartete Verhalten des Wassers im Schlauch zu erklären? Offensichtlich übt das Gewicht der umgebenden Luft nach dem Entfernen *eines* Daumens eine Kraft auf das Wasser im Schlauch aus, welche dieses am Auslaufen hindert. Wird auch der andere Daumen entfernt, so bewirkt diese Kraft, dass das Wasser ausläuft. Wie könnte diese Kraft gemessen werden?

Figur 10 zeigte eine Möglichkeit: Wir spannen einen Kolbenprober fest ein, schieben den Kolben vollständig in den Zylinder und schliessen den Hahn des Kolbenprobers. Jetzt ziehen wir mit einer Federwaage am Kolben und messen die Kraft, mit welcher die Luft auf den Kolben wirkt. Experimentieren wir mit verschiedenen Kolbenprobern, stellen wir fest, dass diese Kraft proportional zum Querschnitt (zur Querschnittfläche) A des Kolbens zunimmt:

Fläche A (cm²)	2	4	6	8	10
Kraft F (Newton)	20	40	60	80	100
Druck $p = \dfrac{F}{A}$ $\left(\dfrac{\text{Newton}}{\text{m}^2} = \text{Pa} \right)$	100 000	100 000	100 000	100 000	100 000

Berechnen wir den Druck, so erhalten wir in jedem Fall ungefähr den gleichen Wert von 100 000 Pascal bzw. von 1 bar.

Der Luftdruck kann, ähnlich wie in Figur 10, mit einem einseitig verschlossenen vertikalen, mit Wasser gefüllten Schlauch gemessen werden. Allerdings muss der Schlauch etwa 10 Meter lang (hoch) sein. Die Rohrlänge können wir verkürzen, wenn wir eine schwerere Flüssigkeit, d.h. eine Flüssigkeit mit grösserer Dichte, wie etwa Quecksilber, verwenden.

2.4 Druckmessgeräte

2.4.1 Klassisches Barometer nach Torricelli

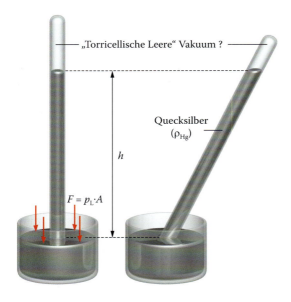

Figur 11 Barometer nach Torricelli

Mit diesem interessanten Gerät, das von Galileis Schüler Evangelista Torricelli (1608 – 1647) erfunden wurde, konnte der Luftdruck zum ersten Mal nachgewiesen werden.

Wir füllen ein etwa 80 cm langes, einseitig verschlossenes Glasrohr vollständig mit Quecksilber. Dann tauchen wir das Rohr mit verschlossener Öffnung (Zapfen aufs Rohrende!) in ein Gefäss mit Quecksilber, richten es auf und entfernen den Zapfen (Figur 11). Jetzt stellen wir fest, dass das Quecksilber nur zu einem kleinen Teil ausfliesst und dann unabhängig vom Querschnitt A des Rohrs und unabhängig von der Neigung des Rohrs in einer Höhe von ca. $h = 72$ cm über dem Quecksilberspiegel des Gefässes stehen bleibt. Der Raum über dem Quecksilber in der Röhre ist jetzt praktisch luftleer (sog. Torricelli'sche Leere).

Für den Luftdruck p_L gilt:

> ### Torricelli'sches Barometer
> $$p_L = \rho_{Hg} \cdot g \cdot h \text{ mit } \rho_{Hg} = 13\,546\,\tfrac{\text{kg}}{\text{m}^3} \quad \text{Dichte von Quecksilber (bei 20°C)}$$

Die Frage, ob es sich bei der Torricelli'schen Leere um ein wirkliches Vakuum im Sinne der Philosophie handle, wurde nach der Entdeckung des Barometers zu einem wichtigen wissenschaftlichen Problem, da es nach der damals gültigen aristotelischen Physik kein Vakuum geben durfte. Heute wissen wir, dass auch die Torricelli'sche Leere nicht vollständig leer ist, sondern einen Quecksilberdampfdruck von etwa 0.02 Pa aufweist, der die korrekte Messung des Luftdrucks aber nicht stört.

Der grosse französische Philosoph, Theologe, Mathematiker und Physiker Blaise Pascal (1623 – 1662) untersuchte mithilfe eines Torricelli'schen Barometers die Höhenabhängigkeit des Luftdrucks und entdeckte die barometrische Höhenformel, einen Ausdruck für die (exponentielle) Abnahme des Luftdrucks mit zunehmender Höhe (über Meer).

2.4.2 Aneroid-Barometer und Bourdonrohr-Manometer

Das Aneroid-Barometer ist ein präzises quecksilberfreies Hausbarometer. Es enthält eine nahezu luftleere Metalldose, die Vidie-Dose, mit einem wellig gebogenen, dünnen Deckel, der im Inneren durch eine starke Feder gehalten wird (nach Lucien Vidie, 1805 – 1866, Figur 12). Bei Luftdruckschwankungen hebt und senkt sich die Mitte des Wellblechdeckels. Durch eine Hebelübersetzung werden diese Bewegungen auf einen Zeiger, welcher vor einer Kreisskala angeordnet ist, übertragen.

In der industriellen Fertigung wird für Druckmessungen auch heute noch häufig das klassische Bourdonrohr-Manometer (nach Eugène Bourdon, Pariser Instrumentenmacher, 1844, Figur 14) eingesetzt, das auf einem ähnlichen Prinzip beruht wie das Aneroid-Barometer. Anstelle einer Dose wird ein kreisförmig gebogenes, flaches und dünnwandiges Rohr, das Bourdonrohr, verwendet, dessen Verformung ein Mass für den Druck ist. Ähnlich wie die bei Kinderfesten verwendeten Luftrüssel (Figur 13) öffnet sich das Bourdonrohr unter Druck ein wenig.

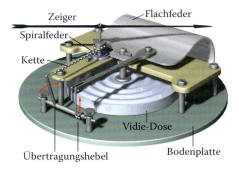

Figur 12 Aneroid-Barometer mit Vidie-Dose

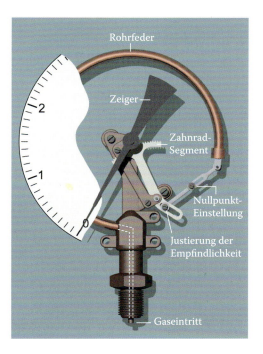

Figur 14 Bourdonrohr-Manometer

Figur 13 Luftrüssel

Immer wichtiger werden heute elektronische Sensoren, etwa das piezoresistive Manometer, welches die Druckabhängigkeit elektrischer Widerstände auf einer dünnen Siliciumscheibe zur Druckmessung ausnützt. Sie sind viel genauer als mechanische Manometer, haben aber den Nachteil, dass sie zum Betrieb externe Spannungsquellen (Batterien) benötigen.

3   Auftrieb und archimedisches Prinzip

3.1   Auftrieb im Wasser

Im Wasser eines Sees fühlen wir uns leichter, sinken aber langsam ab. Im salzhaltigen Meerwasser wird unser Körper dagegen vollständig getragen. Das Mädchen in Figur 15 muss Kraft aufwenden, um ein Stück eines Baumstamms in einem Schwimmbad unter Wasser zu drücken. Wie gross ist diese Kraft?

Figur 15 Auftrieb im Schwimmbad

Aufgaben und kleine Experimente

1. Erklären Sie die in den Figuren 16 bis 18 gezeigten Beispiele von getauchten Körpern, die unter Wasser leichter werden.
2. Führen Sie jetzt das folgende einfache Experiment durch:
    Füllen Sie einen Luftballon mit etwas Wasser, geben Sie ein paar Bleischrot- oder Glas-

Figur 16 Luftballon im Süsswasser

Figur 17 Luftballon im Salzwasser

Figur 18 Coca-Cola und Coca-Cola zero im Wasser

kügelchen dazu, pressen Sie die überschüssige Luft heraus, verknoten Sie den Ballon und tauchen Sie ihn in ein teilweise mit Wasser gefülltes Becherglas (Figur 16). Weil der Ballon mit Blei- oder Glaskügelchen belastet wird, sinkt er (langsam) ab. Geben Sie jetzt Kochsalz ins Wasser und beobachten Sie den Ballon (Figur 17).

3. Stellen Sie eine Cola-Dose und eine Cola-zero-Dose in ein mit Wasser gefülltes Aquariumgefäss und beobachten Sie die beiden Dosen (Figur 18). Warum bleibt die Cola-Büchse am Boden stehen, während die Cola-zero-Büchse aufsteigt?

3.2 Auftrieb und hydrostatischer Druck

Tauchen wir einen Körper, der an einem Kraftmessgerät, z. B. einer Federwaage, hängt, in eine Flüssigkeit, so stellen wir eine scheinbare Verkleinerung seines Gewichts fest (Figur 19).

Diese scheinbare Gewichtsabnahme wird durch eine am getauchten Körper nach oben wirkende Kraft, den Auftrieb F_A, erzeugt. Am frei hängenden Körper (Figur 19, links) wirken die Gewichtskraft F_G und die Fadenkraft F_F. Die vektorielle Kraftsumme ist null (Gleichgewicht, Figur 19, links). Die Federwaage zeigt den Betrag von F_F an. Am getauchten Körper wirken eine gleich grosse

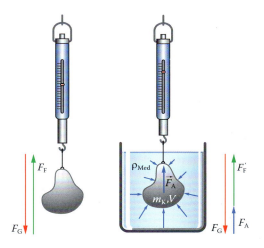

Figur 19 Messung des Auftriebs

Gewichtskraft F_G nach unten, der Auftrieb F_A sowie eine (kleinere) Fadenkraft F'_F nach oben. Die Kraftsumme ist null (Gleichgewicht, Figur 19, rechts). Die Federwaage zeigt den Betrag von F'_F an.

Der Auftrieb kann mithilfe des hydrostatischen Drucks hergeleitet werden: Wir denken uns einen zylinderförmigen Körper, z. B. aus Aluminium, der in eine Flüssigkeit eingetaucht ist, und wir berechnen die Drücke p_{oben} und p_{unten}, die von oben bzw. von unten auf diesen Zylinder wirken (Figur 20). Es gilt:

$$p_{oben} = \rho_{Medium} \cdot g \cdot h_1 \quad \text{und} \quad p_{unten} = \rho_{Medium} \cdot g \cdot h_2$$

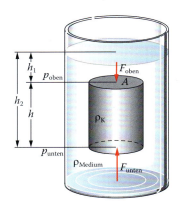

Figur 20 Auftrieb

Der Auftrieb F_A ist gleich der Differenz der durch p_{unten} und p_{oben} erzeugten Kräfte:

$$F_A = (p_{unten} - p_{oben}) \cdot A = \rho_{Medium} \cdot g \cdot \underbrace{(h_2 - h_1)}_{h} \cdot A$$

$$= \rho_{Medium} \cdot g \cdot \underbrace{h \cdot A}_{V} \quad \text{oder:}$$

Auftrieb

$F_A = \rho_{Medium} \cdot g \cdot V$ Gewicht der verdrängten Flüssigkeit

---

Der Auftrieb ist also eine Folge des hydrostatischen Drucks und ist gleich gross wie das Gewicht $F_A = \rho_{Medium} \cdot g \cdot V$ der verdrängten Flüssigkeit.

■ **Beispiel**

Ein Körper wird in Wasser getaucht. An einer Federwaage lesen wir $F_1 = (10.0 \pm 0.1)$ N *vor* dem Tauchen und $F_2 = (6.3 \pm 0.1)$ N *nach* dem Tauchen ab. Berechnen Sie den Auftrieb, das Volumen sowie die Dichte des getauchten Körpers (mit Fehlerangaben). Um welches Material könnte es sich handeln?

Lösung
Auftrieb: $F_A = F_1 - F_2 = 3.7$ N maximaler Fehler (Messungenauigkeit): $\Delta F_A = \pm 0.2$ N

Volumen: Auflösen der Auftriebsformel $F_A = \rho_{Medium} \cdot V \cdot g$ nach V liefert:

$$V = \frac{F_A}{\rho_{Wasser} \cdot g} = \frac{3.7}{998 \cdot 9.81} \, \text{m}^3 = 3.78 \cdot 10^{-4} \, \text{m}^3$$

Fehlerberechnung
Annahme: Die Wasserdichte und der Ortsfaktor sind (fast) fehlerfrei.

Maximaler Wert des Körpervolumens: $V_{max.} = \dfrac{F_{A,max.}}{\rho_{Wasser} \cdot g} = \dfrac{3.9}{998 \cdot 9.81} \, \text{m}^3 = 3.98 \cdot 10^{-4} \, \text{m}^3$

Resultat mit Fehlerangabe
$V = (3.78 \pm 0.20) \cdot 10^{-4} \, \text{m}^3$ oder besser $V = (3.8 \pm 0.2) \cdot 10^{-4} \, \text{m}^3$

Dichte: Setzen wir in den Ausdruck für das Gewicht $F_G = F_1 = \rho_{Körper} \cdot V \cdot g$ den Ausdruck für das Volumen $V = \frac{F_A}{\rho_{Wasser} \cdot g}$ ein, so erhalten wir:

$$F_G = \rho_{Körper} \cdot \frac{F_A}{\rho_{Wasser}} \quad \text{oder} \quad \rho_{Körper} = \rho_{Wasser} \cdot \frac{F_G}{F_A} = 998 \cdot \frac{10 \, \text{kg}}{3.7 \, \text{m}^3} = 2.70 \cdot 10^3 \, \frac{\text{kg}}{\text{m}^3}$$

Fehlerberechnung: Annahme: Die Wasserdichte sei (praktisch) fehlerfrei. Maximaler Wert der Körperdichte:

$$\rho_{\text{Körper,max.}} = \rho_{\text{Wasser}} \cdot \frac{F_{\text{G,max.}}}{F_{\text{A,min.}}} = 998 \cdot \frac{10.1\,\text{kg}}{3.5\,\text{m}^3} = 2.88 \cdot 10^3\,\frac{\text{kg}}{\text{m}^3}$$

Resultat mit Fehlerangabe: $\rho_{\text{Körper}} = (2.70 \pm 0.18) \cdot 10^3\,\dfrac{\text{kg}}{\text{m}^3}$ oder

$$\rho_{\text{Körper}} = (2.7 \pm 0.2) \cdot 10^3\,\frac{\text{kg}}{\text{m}^3}$$

Es könnte sich um Aluminium oder (wahrscheinlicher) um eine Aluminiumlegierung handeln.

3.3 Gedankenexperiment von Stevin

Der Auftrieb wird durch Kräfte erzeugt, welche die Flüssigkeit allseitig auf den getauchten Körper ausübt und die unten grösser sind als oben. Die Grösse des Auftriebs kann auch mithilfe eines raffinierten Gedankenexperiments bestimmt werden, das sich Simon Stevin (1548 – 1620), ein niederländischer Ingenieur, Mathematiker und Physiker, ausgedacht hat.

Denken wir uns anstelle des in die Flüssigkeit getauchten Körpers (Figur 21, links) einen genau gleich geformten Flüssigkeitskörper (Figur 21, rechts), so ist dieser offensichtlich in Ruhe, d.h. physikalisch gesehen im Gleichgewicht. Daher wirkt auf diesen Flüssigkeitskörper eine gleich grosse Kraft nach unten (Gewicht F_G) wie nach oben (Auftrieb F_A): $F_\text{A} = F_\text{G}$. Für den gedachten Flüssigkeitskörper sind Gewicht und Auftrieb also gleich gross.

Da der Auftrieb durch Kräfte der umgebenden Flüssigkeit bewirkt wird, erfährt der getauchte Körper, der ja dieselbe Form hat wie der Flüssigkeitskörper, genau denselben Auftrieb. Daher ist der Betrag des Auftriebs gleich dem Betrag des Gewichts der verdrängten Flüssigkeit.

Auftriebskräfte wirken auch in Gasen. Daher gilt allgemein:

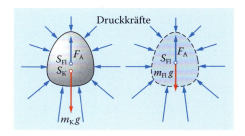

Figur 21 Stevins Gedankenexperiment

Archimedisches Prinzip

Der Betrag des Auftriebs ist gleich dem Betrag der Gewichtskraft des verdrängten Mediums (Flüssigkeit oder Gas):

Auftrieb: $F_A = m_{Medium} \cdot g = \rho_{Medium} \cdot V \cdot g$

3.4 Die Legende um Archimedes von Syrakus

Diese Gesetzmässigkeit geht auf den grossen griechischen Mathematiker, Physiker und Ingenieur Archimedes von Syrakus (287 – 212 v. Chr.) zurück. Das archimedische Prinzip und das ebenfalls von Archimedes stammende Hebelgesetz gelten als die ältesten physikalischen Gesetze, die bis zum heutigen Tag in ihrer ursprünglichen Form gültig sind. Berühmt ist eine vom römischen Architekten Vitruvius überlieferte Legende:

König Hiero von Syrakus liess eine goldene Krone als Weihgabe für die Götter anfertigen. Dazu erteilte er einem Goldschmied den Auftrag, diese Krone aus reinem Gold herzustellen, und händigte ihm die dafür erforderliche Menge des Edelmetalls aus. Die fertige Krone befriedigte ihn auch, es kam ihm aber der Verdacht, der Goldschmied könnte einen Teil des Goldes durch Silber ersetzt haben, und er erteilte Archimedes den Auftrag, dies zu überprüfen, ohne die Krone zu zerstören. Beim Baden in einer Wanne bemerkte Archimedes, dass beim Tauchen Wasser über den Wannenrand lief. Diese Beobachtung brachte ihn auf die Lösung des Kronen-Problems; der Legende nach habe er sich darüber so gefreut, dass er nackt durch die Strassen von Syrakus zum König gelaufen sei und laut „heureka" (ich habe es gefunden) gerufen habe.

Seine Lösung des Problems war ebenso einfach wie genial: Archimedes besorgte sich je eine Menge Silber und Gold mit dem genau gleichen Gewicht wie dasjenige der Krone, tauchte Silber, Gold und Krone nacheinander je in ein randvoll mit Wasser gefülltes Gefäss und bestimmte aufgrund des überlaufenden Wassers das Volumen der drei Körper (Überlaufgefäss). Bei diesem Experiment verdrängte das Silber wegen der nur etwa halb so grossen Dichte ungefähr doppelt so viel Wasser wie das Gold. Archimedes beobachtete, dass die Krone zwar weniger Wasser als reines Silber, aber mehr als reines Gold verdrängte und schloss daraus, dass die Krone nicht aus reinem Gold, sondern vermutlich aus einer Gold-Silber-Legierung bestand.

Eine andere Methode zeigt Figur 22:

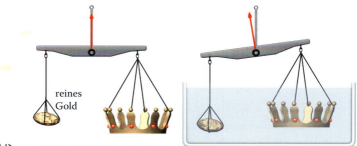

Figur 22 Materialprüfung:
Ist die Krone wirklich aus Gold?

Bringt man die austarierte Waage (horizontaler Wiegebalken) mit reinem Gold (links) und Krone (rechts) in ein Gefäss mit Wasser, so bewegt sich der Balken auf der Kronenseite nach oben; dort ist der Auftrieb grösser, weil die Krone nicht aus purem Gold besteht und somit ein grösseres Volumen hat als Gold.

3.5   Sinken, Schweben, Schwimmen

Taucht man einen Körper (Dichte ρ_K) in ein Medium, z. B. eine Flüssigkeit (Dichte ρ_F), so müssen wir je nach Körperdichte ρ_K drei Fälle unterscheiden:

a) $\rho_\mathrm{K} > \rho_\mathrm{F}$: Der Körper sinkt im Medium ab. Dann ist das Gewicht grösser als der Auftrieb.
b) $\rho_\mathrm{K} = \rho_\mathrm{F}$: Der Körper schwebt im Medium. Gewicht und Auftrieb sind gleich gross.
c) $\rho_\mathrm{K} < \rho_\mathrm{F}$: Weil der Auftrieb F_A des getauchten Körpers grösser ist als sein Gewicht F_G, bewegt er sich nach oben und taucht so weit aus, bis Gewicht F_G und Auftrieb F_A' gleich gross sind (Figur 23).

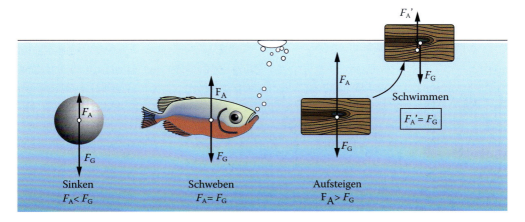

Figur 23 Sinken, Schweben, Aufsteigen, Austauchen und Schwimmen

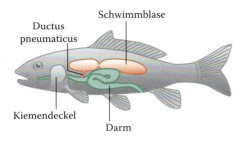

Figur 24 Schwimmblase eines Knochenfischs

Interessant ist die Regelung des Schwebezustands von Fischen mit der Schwimmblase. Dieses Organ dient Knochenfischen dazu, ihre mittlere Dichte $\bar{\rho}$ derjenigen des umgebenden Wassers anzupassen. Sie können die Schwimmblase nach Bedarf füllen oder entleeren. Wird sie mit Luft gefüllt, nimmt $\bar{\rho}$ *ab,* wird sie entleert, nimmt $\bar{\rho}$ *zu.* Füllen können die Fische dieses Organ über der Wasseroberfläche durch Schlucken von Luft. Unter Wasser wird die Schwimmblase mit Gasen (Sauerstoff, Kohlenstoff, Stickstoff) gefüllt, die im Blut gelöst waren, und geleert, indem diese Gase ausgespien werden oder zurück ins Blut gelangen (Figur 24).

3.6 Messung der Dichte von Flüssigkeiten

3.6.1 Aräometer

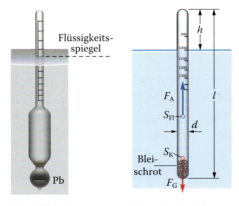

Figur 25 Aräometer

Figur 26 Modell-Aräometer

Taucht man ein dünnes, unten geschlossenes, mit Sand oder Bleischrot gefülltes Röhrchen (z. B. ein Reagenzglas) in eine Flüssigkeit, so sinkt das Röhrchen bis zur Gleichgewichtslage ein, je nach Dichte der Flüssigkeit tiefer oder weniger tief. Die Eintauchtiefe ist somit ein Mass für die Dichte der Flüssigkeit ρ_{Fl}. Man kann dieses Röhrchen mit einer entsprechenden Skala versehen und erhält so ein Messgerät für die Dichte von Flüssigkeiten.

Solche Messgeräte heissen Aräometer oder Senkwaage und werden beispielsweise zur Bestimmung des Fettgehalts von Milch, des Zuckergehalts von Traubenmost bei der Weinherstellung oder der Säurekonzentration in Autobatterien verwendet (Figur 25). Die Dichte dieser Flüssigkeiten, die mit einem Aräometer gemessen werden kann, hängt dabei vom Anteil der gelösten Stoffe (Milchfett, Zucker, Schwefelsäure) ab.

■ **Beispiel: Aräometer**

Gesucht ist die Dichte ρ_{Fl} der unbekannten Flüssigkeit in Abhängigkeit der Länge ℓ, der Austauchlänge h, des Durchmessers d und der Masse m des abgebildeten Modell-Aräometers (Figur 26):

Lösung

Gewicht und Auftrieb sind gleich gross. Daraus ergibt sich für die Kraftbeträge:

$$F_G = F_{\text{Auftrieb}} \quad \text{oder} \quad m \cdot g = \left(\frac{\pi \cdot d^2}{4} \cdot (\ell - h) \right) \cdot \rho_{Fl} \cdot g$$

und für die Dichte der Flüssigkeit:

$$\rho_{Fl} = \frac{4 \cdot m}{\pi \cdot d^2 \cdot (\ell - h)}$$

Die Dichte ρ_{Fl} ist umgekehrt proportional zur Eintauchtiefe $(\ell - h)$ des Aräometers. Die Skala eines Aräometers weist deshalb für gleiche Dichteunterschiede ungleiche Abstände auf (Figur 26).

■ Beispiel: überschichtete Flüssigkeiten

In einem offenen Glas-U-Rohr (Querschnitt $A = 1\,cm^2$, Figur 27) befinden sich zwei (nicht mischbare) Flüssigkeiten: Quecksilber (Dichte ρ_2, links) und Wasser (Dichte ρ_1, rechts). Auf welche Niveauhöhen stellen sich die beiden Flüssigkeiten ein, wenn rechts $V = 100\,cm^3$ Wasser eingefüllt wurden?

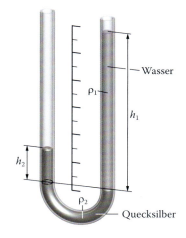

Figur 27 Offenes Glas-U-Rohr

Lösung

$$h_1 = \frac{V}{A} = \frac{100\ cm^3}{1\ cm^2} = 100\,cm$$

Lösungsidee: Auf der Höhe der Stoffgrenze sind die Drücke links und rechts gleich gross:

Wasserdruck (rechts) = Quecksilberdruck (links)

oder

$$\rho_1 \cdot g \cdot h_1 = \rho_2 \cdot g \cdot h_2 \implies h_2 = \frac{\rho_1 \cdot h_1}{\rho_2} = \frac{998.2 \cdot 100}{13546}\ cm = 7.37\,cm$$

3.6.2 Präzisionswägungen und Auftrieb in Luft

Führt man Präzisionswägungen durch, so muss der Auftrieb in Luft berücksichtigt werden: Da die Dichte von Luft ca. $\rho_{Luft} = 1.2 \frac{kg}{m^3} = 1.2 \frac{\text{Milligramm}}{\text{Kubikzentimeter}}$ beträgt, erfährt ein Kubikzentimeter eines Wieguts einen Auftrieb, der einen Wiege*fehler* von ca. 1.2 mg verursacht.

4   Zusammenfassung

Der Begriff **Materie** stammt aus dem Lateinischen und bedeutet Grundstoff. Körper im Raum sind materiell, sie bestehen aus Materie.

In der Physik hat sich im 20. Jahrhundert die atomistische Theorie der Materie endgültig durchgesetzt. Sie erklärt die drei Aggregatzustände der Materie auf der Erde, den festen, den flüssigen und den gasförmigen.

Die Materiemenge eines Körpers wird mit der **Masse** m in Kilogramm (kg) ausgedrückt. Auf der Erde (oder einem anderen Himmelskörper) hat ein Körper wegen der wirkenden Gravitation ein **Gewicht** (Gewichtskraft) $F_G = m \cdot g$, mit der Fallbeschleunigung $g = 9.81\,\frac{m}{s^2}$ (auf der Erde).

Weil der Wert von g auf der Erdoberfläche leicht variiert ($\pm 0.03\,\frac{m}{s^2}$), ist das Gewicht eines Körpers (im Gegensatz zur Masse) geringfügig ortsabhängig.

■ **Dichte**

Die Dichte eines Körpers, das Verhältnis von Masse und Volumen, $\rho = \frac{\text{Masse}}{\text{Volumen}} = \frac{m}{V}$, mit der Einheit $[\,\rho\,] = \frac{\text{Kilogramm}}{\text{Kubikmeter}} = \frac{kg}{m^3}$, ist eine Materialkonstante und beträgt z.B. für Wasser ca. $1000\,\frac{kg}{m^3}$.

■ **Druck**

Der (hydrostatische) Druck in einer Flüssigkeit oder in einem Gas ist das Verhältnis von Kraft und Fläche:

$$\text{Druck} = \frac{\text{Kraft}}{\text{Fläche}}, \; p = \frac{F}{A}, \; \text{Einheit:} \; [\,p\,] = \frac{\text{Newton}}{m^2} = \frac{N}{m^2} = \text{Pascal} = \text{Pa}.$$

Eine Flüssigkeitssäule der Höhe h erzeugt einen Schweredruck

$$p_S = \rho_{\text{Medium}} \cdot h \cdot g$$

Hinweis: Der Druck einer Flüssigkeitssäule ist unabhängig vom Querschnitt A!

Auf diesem Schweredruck beruht die Funktion des klassischen Quecksilberbarometers nach E. Torricelli zur Messung des Luftdrucks. Da der Luftdruck ungefähr 10^5 Pa beträgt, wird als zusätzliche Druckeinheit 1 bar = 100 000 Pa eingeführt.

■ **Auftrieb** (archimedisches Prinzip)

Wird ein Körper in ein Medium der Dichte ρ_{Medium}, z.B. in Wasser getaucht, so erfährt er einen Auftrieb $F_A = m_{\text{Medium}} \cdot g = \rho_{\text{Medium}} \cdot V \cdot g$, eine nach oben gerichtete Kraft, die gleich gross ist wie das Gewicht des verdrängten Mediums.

B Geometrische Optik

Themen

- Was ist Licht? Eigenschaften, Phänomene, Anwendungen
- Spiegelung (Reflexion) und Brechung (Refraktion) von Licht
- Optische Abbildungen an der Lochblende, am ebenen Spiegel und an Linsen
- Menschliches Auge und optische Geräte

1 Die Ausbreitung des Lichts

1.1 Was ist Licht?

Figur 1 Kerze: Feuer, Wärme, Licht

Feuer und Licht gehören für uns Menschen zu den ursprünglichsten Naturerscheinungen. Ohne Feuer, Wärme und Licht können wir uns ein Leben nicht vorstellen. Im übertragenen Sinn ist Licht auch ein Symbol für Erkenntnis und für die Intelligenz eines Menschen. „Stelle dein Licht nicht unter den Scheffel", sagen wir etwa, wenn wir denken, dass ein Mensch allzu bescheiden von seinen intellektuellen Fähigkeiten spricht.

Die Epoche der Aufklärung, an deren Anfang Galileo Galilei um 1600 die neue Physik entwickelt hat, heisst französisch „Siècle des Lumières", Zeitalter der Lichter. Im Johannes-Evangelium des Neuen Testaments der Bibel wird das Licht dem griechischen „logos" (Sprache, Vernunft) gleichgesetzt und ist dort ein Symbol für die Erlösung der Menschen durch die Religion. In der biblischen Schöpfungsgeschichte des Alten Testaments schafft der christliche Gott als Erstes das Licht und „scheidet es von der Finsternis" (Genesis, 1. Buch, 1.1 bis 1.5).

Die wichtigste Lichtquelle für alle Lebewesen auf der Erde ist die Sonne. Die Menschen brauchen aber auch künstliche Lichtquellen. Besonders wichtig ist die 1879 von Thomas Alva Edison (1847 – 1931) in den USA entwickelte elektrische Glühlampe (Birne) geworden. Im 20. Jahrhundert kamen Halogenlampen, Leuchtstoffröhren (Stromsparlampe), Leuchtdioden (LEDs), Laser und weitere Lichtquellen hinzu. Diese neueren Lichtquellen sind gewöhnlich sparsamer (energieeffizienter) als die Glühlampe; sie setzen einen grösseren Teil der zugeführten Energie in Licht um als die klassische Birne.

In diesem Zusammenhang unterscheiden wir zwischen selbstleuchtenden und beleuchteten Körpern, etwa zwischen der Sonne und dem von ihr beschienenen Mond oder einem Scheinwerfer und dem von diesem angestrahlten Gebäude in der Nacht. Beleuchtete Körper werfen einen Teil des einfallenden Lichts zurück, sie reflektieren es; der Rest wird absorbiert (verschluckt).

Sichtbares Licht (VIS) ist der für uns Menschen sichtbare Bereich der elektromagnetischen Strahlung (Wellen) mit einer Wellenlänge von etwa 380 (violettes Licht) bis 780 Nanometer (rotes Licht). Neben dem sichtbaren Licht gehören auch Radio- und Mikrowellen, infrarotes (IR) und ultraviolettes Licht (UV), Röntgen- und Gammastrahlung zum Spektrum der elektromagnetischen Strahlung.

Im Gegensatz zu anderen Wellen, etwa Wasserwellen (Medium: Wasser) oder Schallwellen (Medium: Luft), benötigen Lichtwellen kein materielles Trägermedium, können sich also auch im Vakuum ausbreiten.

Interessanterweise hat Licht zwar Welleneigenschaften, verhält sich aber auch ähnlich wie ein materielles Teilchen. Das Teilchenmodell des Lichts geht davon aus, dass Licht aus Teilchen, den Photonen, besteht, die sich im Vakuum mit Lichtgeschwindigkeit $c \approx 3 \cdot 10^8 \, \frac{m}{s}$ bewegen. Photonen haben zwar keine Masse, wohl aber einen physikalischen Impuls und können deshalb (experimentell nachweisbare) Stösse ausüben. Bestrahlt man z. B. eine elektrisch negativ geladene Zinkplatte mit ultraviolettem Licht, so werden Elektronen „herausgeschlagen" (Photoeffekt).

Die Lichtgeschwindigkeit c spielt in der speziellen Relativitätstheorie von Albert Einstein aus dem Jahr 1905 eine zentrale Rolle. Sie ist die höchstmögliche Geschwindigkeit (Grenzgeschwindigkeit), mit der sich materielle Körper bewegen können. Auch atomare Teilchen, z. B. Elektronen, Protonen oder Neutronen, bewegen sich in jedem Fall mit einer Geschwindigkeit, die kleiner ist als die Lichtgeschwindigkeit c.

Photonen bewegen sich mit Lichtgeschwindigkeit c. Dies gilt auch dann, wenn sich die Beobachterin oder der Beobachter auf die Lichtquelle zu oder von dieser weg bewegt. Dieses Prinzip der Konstanz der Lichtgeschwindigkeit ist eine der zentralen Annahmen der speziellen Relativitätstheorie von Albert Einstein aus dem Jahr 1905.

1.2 Optik

Die Optik ist die Lehre vom Licht. Sie beschäftigt sich mit der Untersuchung der Natur des Lichts und seinen Wechselwirkungen mit Materie. Sie stellt die Fragen:

- Wie breitet sich Licht aus?
- Wie verändern sich materielle Körper, etwa Kristalle, die mit Licht bestrahlt werden; wie sind Naturphänomene, etwa der Regenbogen, das Morgen- und das Abendrot oder die blaue Farbe des Himmels, physikalisch zu erklären?
- Auf welchen Gesetzen beruhen optische Bauteile (Spiegel, Linsen, Prismen und andere speziell geschliffene Glasstücke); wie funktionieren optische Geräte, etwa Fernrohre, Mikroskope oder Fotokameras?
- Wie entsteht Licht, etwa in der Sonne? Wie wird eine Lampe konstruiert?

1.3 Strahlenoptik oder geometrische Optik

In diesem Teil konzentrieren wir uns auf die erste und die dritte, eher technisch orientierten Fragen. Wir untersuchen optische Abbildungen mit Spiegeln und Linsen sowie die Funktion einfacher optischer Geräte.

Figur 2 Helium-Neon- (oben, rot) und Festkörper-Laser (unten, grün)

Wir benutzen dazu das Strahlenmodell des Lichts, also die Vorstellung, dass sich Licht (im Vakuum) wie ein geometrischer Strahl geradlinig ausbreitet. Wir sprechen deshalb auch von Strahlenoptik oder geometrischer Optik. Welleneigenschaften des Lichts werden in diesem Zusammenhang nicht berücksichtigt.

Der Vorstellung eines Lichtstrahls sehr nahe kommt das Licht, das von einem Laser (Figur 2, Laser ist die Abkürzung für: **L**ight **A**mplification by **S**timulated **E**mission of **R**adiation) ausgesandt wird. Selbst dieses ist aber kein unendlich dünner, geometrischer Strahl, sondern ein Parallelstrahlenbündel mit einem Durchmesser von z.B. 1 mm. Eine weitere Idealvorstellung ist die der Punktlichtquelle: Von einem Punkt gehen Lichtstrahlen in alle Richtungen aus. Viele reale Lichtquellen, z.B. Glühlampen, können für Entfernungen, die grösser als ihre Abmessungen sind, näherungsweise als Punktlichtquellen angesehen werden.

1.4   Lichtgeschwindigkeit

Im Altertum glaubte man im Anschluss an die Philosophie von Aristoteles, dass sich Licht unendlich schnell fortpflanze. Erst Galileo Galilei hat vermutet, dass Licht zu seiner Ausbreitung eine bestimmte Zeit braucht. Dem Dänen Olaf Römer (1644 – 1710) ist es dann als Erstem gelungen, näherungsweise diejenige Zeit zu bestimmen, die das Licht zum Durchlaufen einer bestimmten Strecke benötigt. Mitte des 19. Jahrhunderts entwickelte Jean Bernard Léon Foucault ein Verfahren mit einem sehr schnell rotierenden Spiegel, mit dem die Lichtgeschwindigkeit auf der Erde – und viel genauer als mit der astronomischen Methode Römers – bestimmt werden konnte.

Im Verlauf des 19. und 20. Jahrhunderts wurden die Messmethoden perfektioniert, sodass die Lichtgeschwindigkeit c heute eine der am besten bekannten Naturkonstanten ist: $c = \left(299\,792\,458.0 \pm 1.2 \right) \frac{m}{s}$. Seit 1983 ist die Lichtgeschwindigkeit durch die Meterdefinition festgelegt und nicht mehr Gegenstand von Messungen:

> Ein Meter ist diejenige Strecke, die Licht im Vakuum
> im 299 792 458sten Teil einer Sekunde zurücklegt.

1.5 Schatten und Finsternis

Wir stehen in der prallen Mittagssonne und betrachten unseren scharf begrenzten *Schlagschatten* am Boden. In den Schattenbereich fällt wenig oder gar kein Licht ein; der Bereich ausserhalb des Schattens wird voll beleuchtet (Figur 3).

Licht und Schatten können wir experimentell untersuchen (Figur 4): Wir beleuchten eine Wand mit einer punktförmigen Lichtquelle und messen die Beleuchtungsstärke mit einem Luxmeter. Die Wand wird wegen unterschiedlichem Abstand von der Punktlichtquelle nicht ganz gleichmässig ausgeleuchtet, die Beleuchtungsstärke nimmt mit zunehmender Entfernung Lampe – Wand ab. Betrachten wir aber nur einen kleinen Ausschnitt der Wand, so ist die Beleuchtungsstärke überall etwa gleich gross.

Figur 3 Schlagschatten in der Sonne   Figur 4 Schlagschatten experimentell

Nun bringen wir einen rechteckig begrenzten, undurchsichtigen Körper, eine Blende, vor die Lichtquelle: Hinter dem Körper bildet sich ein scharf begrenzter Schattenraum und auf der Wand ein Schlagschatten (Figuren 4 und 5). Figur 4 zeigt rechts den Verlauf der Beleuchtungsstärke E. Sie verschwindet im Schlagschattenbereich; ausserhalb hat sie einen bestimmten Wert (hier: 100 Lux).

Figur 5 Licht und Schlagschatten

Figur 6 Licht, Halbschatten und Schlagschatten

Figur 7 Licht, Übergangs- und Schlagschatten

25

Bringen wir zwei Punktlichtquellen vor diese Blende (Figur 6), so bilden sich neben Licht- und Schlagschatten- auch Halbschattenbereiche. Benutzen wir eine ausgedehnte Lichtquelle, so entsteht ein allmählicher Übergang vom Schlagschatten- zum Lichtbereich: Übergangsschatten (Figur 7). Wichtige Schattenerscheinungen in der Natur sind die Mondphasen, Sonnen- und Mondfinsternisse.

1.6   Auge und Sehvorgang

Unser Auge ist ein Lichtempfänger. Gegenstände können wir nur sehen, wenn sie selber Lichtsender sind, wenn also Licht von ihnen ausgeht und auf unser Auge trifft. Dabei spielt es keine Rolle, ob dieser Gegenstand selber leuchtet, also eine Lampe (primäre Lichtquelle) ist, oder ob er von einer Lampe beleuchtet wird (sekundäre Lichtquelle). In diesem Fall wird das auf den Gegenstand fallende Licht ins Auge der Beobachterin oder des Beobachters reflektiert. Wir beschränken uns hier auf die optische Funktion des Auges und gehen nicht auf die komplexe Weiterleitung von Lichtreizen und deren Verarbeitung im Gehirn ein.

Figur 8 zeigt einen Schnitt durch ein menschliches Auge: Die Wand des Auges wird von einer dicken und widerstandsfähigen harten Augenhaut (Lederhaut) gebildet. Der Glaskörper, eine gallertartige Masse, und das Kammerwasser füllen dass Innere des Augapfels aus und bestimmen die Form des Auges. Als nächste Schicht liegt die Gefässhaut (Aderhaut) der harten Augenhaut an. Sie ernährt das Auge und versorgt es mit Sauerstoff. Die schwarze Pigmenthaut verhindert die Reflexion des einfallenden Lichts. Als letzte Schicht kleidet die Netzhaut (Retina) die Hohlkugel des Augapfels aus. Dessen Durchmesser beträgt nur ca. 24 mm. Die Netzhaut ist der lichtempfindliche Teil des Auges. Zwei Stellen der Retina sind bemerkenswert, eine flache Einsenkung in der Mitte des Augenhintergrunds, der gelbe Fleck oder die Sehgrube, die Stelle des schärfsten Sehens, und der blinde Fleck an der Austrittsstelle des Sehnervs. Dort fehlt die Netzhaut mit ihren optischen Empfängern, es kann somit kein Lichteindruck wahrgenommen werden. Das optische System des menschlichen Auges besteht aus der Hornhaut, der Augenkammer mit dem Kammerwasser, der Linse mit variabler Brennweite und dem Glaskörper.

Heute betrachten wir Licht als Medium, welches auf der Netzhaut ein optisches Bild des beobachteten Ge-

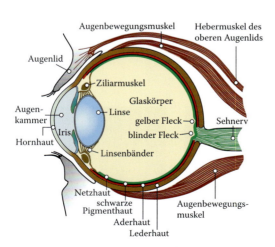

genstands erzeugt. Die Information wird ans Gehirn weitergeleitet und dort verarbeitet. Die Augen sind „nur" physikalische Sensoren, welche das Hirn mit optischen Informationen versorgen.

2 Spiegel und Reflexionen

2.1 Reflexion und Reflexionsgesetz

Spiegelungen, etwa die Mehrfachbilder der untergehenden Sonne im Meer, sind für uns Menschen vorerst rätselhafte Erscheinungen der Natur. „Spieglein, Spieglein an der Wand, wer ist die Schönste im ganzen Land?", fragt die Königin im Märchen „Schneewittchen" der Brüder Grimm. Der Spiegel wird da zum Symbol für Schönheit, aber auch für Eitelkeit, Neid und Missgunst.

In der Malerei aller Epochen finden wir Darstellungen von schönen Menschen mit ihren Spiegelbildern (Figuren 9 und 10), die uns Betrachterinnen und Betrachter in ihren Bann ziehen. Mithilfe der künstlerischen Verfremdung machen uns Malerinnen und Maler auf die Faszination des Spiegels aufmerksam.

Der antike Mythos von Narziss aus der griechischen Mythologie berichtet von einem schönen Jüngling, der sich an einer Quelle in sein Spiegelbild verliebt und dieses Spiegelbild verzweifelt zu fassen und festzuhalten versucht.

Figur 9 Pablo Picasso, Mädchen vor einem Spiegel (1932)

Figur 10 René Magritte, La reproduction interdite (1937)

Aufgaben

1. Betrachten Sie sich im Spiegel (ohne gleich in einen narzisstischen Wahn zu verfallen). Beschreiben Sie Ihr Gesicht und dessen Spiegelbild.
2. Interpretieren Sie die Bilder von Picasso und Magritte (Figuren 9 und 10). Warum faszinieren die beiden Bilder?
3 Besuchen Sie ein Spiegelkabinett, z.B. im Gletschergarten in Luzern.

Erstaunlich ist, dass sich Spiegelungen auf ein einfaches Gesetz zurückführen lassen, das in diesem Abschnitt behandelt wird. Wir beschäftigen uns hier nur mit ebenen Spiegeln.

Wir unterscheiden zwei Arten der Spiegelung: regelmässige und unregelmässige (diffuse) Reflexion. Auf rauen Körperoberflächen wird Licht unregelmässig zurückgeworfen, an geschliffenen und polierten Oberflächen (Spiegel) dagegen regelmässig. Figuren 11 und 12 zeigen diese beiden Fälle.

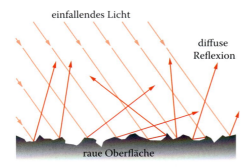

Figur 11 Diffuse Reflexion

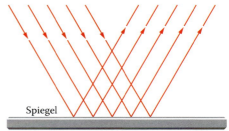

Figur 12 Regelmässige Reflexion

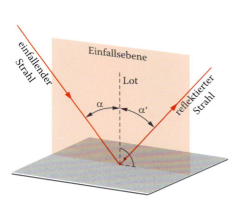

Figur 13 Strahlengang am ebenen Spiegel

Im täglichen Leben spielt die diffuse Reflexion eine viel grössere Rolle als die regelmässige. Wir können uns im Raum gut orientieren, weil die vorhandenen Körper das Licht diffus, d.h. praktisch in jede Richtung, reflektieren, so auch in die Richtung unserer Augen. In einem Spiegelkabinett wird das Licht fast nur regelmässig reflektiert. Deshalb haben wir grosse Mühe, uns dort zurechtzufinden.

Wir experimentieren nun mit einem Lichtstrahl, etwa dem Strahlenbündel eines Lasers, den wir auf einen ebenen Spiegel fallen lassen, und beobachten den reflektierten (gespiegelten) Lichtstrahl. Dabei stellen wir fest, dass dieser Lichtstrahl unter dem gleichen Winkel reflektiert wird, wie er einfällt (Figur 13):

Reflexionsgesetz: Einfallswinkel α = Ausfallswinkel α'

Der einfallende Strahl, der reflektierte (gespiegelte) Strahl und das Lot zum Spiegel liegen in *einer* Ebene, der Einfallsebene.

Das (Einfalls-)Lot bildet also die Symmetrieachse zwischen einfallendem und reflektiertem Lichtstrahl. Bei der Reflexion ist das Prinzip der Umkehrung des Lichtwegs erfüllt: Lassen wir den Lichtstrahl unter dem Winkel α' längs des reflektierten Strahls einfallen, so wird er unter dem Winkel α längs des ursprünglich einfallenden Strahls reflektiert. Dieser Strahl legt also denselben Weg zurück wie der ursprüngliche, aber in umgekehrter Richtung.

Das Reflexionsgesetz gilt auch für die diffuse Reflexion: Auf einer rauen Oberfläche trifft ein parallel einfallendes Strahlenbündel auf viele verschieden geneigte Reflexionsebenen und wird deshalb in viele verschiedene Richtungen reflektiert (Figur 11).

2.2 Reflektoren

Drei rechtwinklig zueinander angeordnete Spiegel werfen einen Lichtstrahl, der an jedem der drei Spiegel reflektiert wird, in die ursprüngliche Einfallsrichtung zurück (Figur 14). Auf diesem Prinzip funktionieren Corner-Reflektoren, die in der Landvermessung und in der Radartechnik eingesetzt werden. Reflektoren an Strassenfahrzeugen (z. B. Rückstrahler am Fahrrad, Figur 15) bestehen aus einer grossen Anzahl sehr kleiner Eckspiegel (siehe auch Kapitel 4.2).

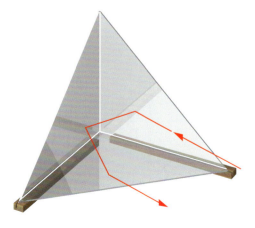

Figur 14 Eckspiegel

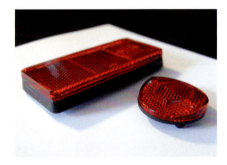

Figur 15 Rückstrahler

Geometrische Optik

2.3 Drehspiegelverfahren zur Messung der Lichtgeschwindigkeit

Eine präzise Methode zur Bestimmung der Lichtgeschwindigkeit ist das Drehspiegelverfahren von J. B. L. Foucault (1819 – 1868): Eine schmale Spaltblende wird mit dem Licht einer intensiven Lichtquelle, z. B. einer Quecksilberdampflampe (Hg-Lampe), beleuchtet. Das Spaltlicht gelangt dann über einen Strahlteiler (halb durchlässiger Spiegel) und eine Linse auf einen sehr schnell rotierenden Spiegel.

Von dort legt das Licht einen längeren Weg, z. B. 30 m, bis zu einem Hohlspiegel zurück, wird dort reflektiert und kommt über Drehspiegel, Linse und Strahlteiler zum Okular, in dem ein Bild der Spaltblende beobachtet werden kann (Figur 16).

Vergleicht man die Spaltbilder bei ruhendem und rotierendem Spiegel, so stellt man eine Verschiebung fest, die darauf zurückzuführen ist, dass sich der Spiegel während der Zeit, die das Licht benötigt, um die $s = 2 \cdot 30\,\text{m} = 60\,\text{m}$ lange Strecke vom Drehspiegel zum Hohlspiegel und zurück zum Hohlspiegel zurückzulegen (0.0 000 002 Sekunden), ein wenig gedreht hat. Mithilfe dieser Verschiebung, der Laufstrecke s und der Drehzahl des rotierenden Spiegels kann die Lichtgeschwindigkeit c auf etwa 1 % genau bestimmt werden.

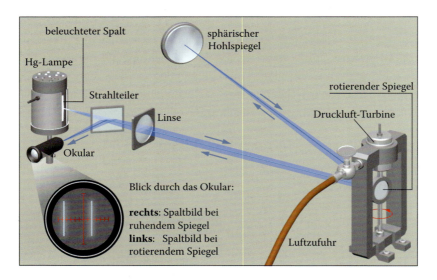

Figur 16 Drehspiegelverfahren nach J. B. L. Foucault

3   Lichtbrechung und Totalreflexion

3.1   Lichtbrechung im Alltag

Neben der Spiegelung ist die Brechung von Licht eine Erscheinung, die wir im Alltag beobachten können.

Tauchen wir einen (geraden) Bleistift in ein Glas Wasser, so erscheint er an der Grenzfläche zwischen Luft und Wasser (der Mediengrenze) nach oben geknickt (Figur 17). Diese Veränderung des optischen Bilds eines in Wasser getauchten Gegenstands kann mit dem Brechungsgesetz erklärt werden.

Das Brechungsgesetz ist auch die physikalische Grundlage für Brillen und andere optische Geräte, die in unserem Leben unentbehrlich geworden sind.

Figur 17 Lichtbrechung: Ein in Wasser getauchter Bleistift erscheint geknickt

3.2   Brechungsgesetz von Snellius

Wir lassen einen Lichtstrahl unter einem Einfallswinkel α auf ein durchsichtiges Medium fallen, hier ist es ein halbkreisförmiger Glaskörper (Figur 18). Der Strahl wird im Glas zum Einfallslot hin abgelenkt (gebrochen). Der Brechungswinkel β ist also kleiner als der Einfallswinkel α.

Neben dem gebrochenen Strahl tritt an der Oberfläche auch ein reflektierter Strahl auf. Die Intensität des gebrochenen Strahls ist daher kleiner als diejenige des einfallenden Strahls.

Wir messen jetzt den Brechungswinkel β in Funktion des Einfallswinkels α und bestimmen zugleich die Hilfsgrössen p, q und $r = 15$ cm (fester Radius):

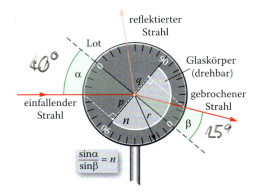

Figur 18 Experiment zum Brechungsgesetz

α	0°	10°	20°	30°	40°	50°	60°	70°	80°	90°
β	0°	7°	13°	20°	25°	30°	35°	39°	41°	–
p (cm)	0	2.6	5.1	7.5	9.6	11.5	13.0	14.1	14.8	–
q (cm)	0	1.8	3.4	5.1	6.3	7.5	8.6	9.4	9.8	–
p/q	–	1.44	1.50	1.50	1.52	1.53	1.51	1.50	1.51	–

Wie wir aus den Werten der Tabelle entnehmen, ergibt sich keine einfache direkte Beziehung zwischen den Einfallswinkeln α und den Brechungswinkeln β, wohl aber zwischen den Hilfsgrössen p und q: $\frac{p}{q} \approx$ konst. Es gilt das Brechungsgesetz nach Snellius, das 1618 vom Holländer Willebrord van Roijen Snell und praktisch zur gleichen Zeit auch vom berühmten französischen Mathematiker und Philosophen René Descartes angegeben wurde:

> **Brechungsgesetz (erste Form)**
> **Übergang vom Vakuum (Luft) in ein Medium (z. B. Glas)**
>
> $$\frac{p}{q} = \frac{\frac{p}{r}}{\frac{q}{r}} = \frac{\sin\alpha}{\sin\beta} = n \quad n: \textit{Brechungsindex (dimensionslos)}$$
>
> α und β sind die Winkel zum Lot, α ist der grössere Winkel im optisch dünneren Medium. Der Strahlengang ist umkehrbar.

Die Materialkonstante n heisst Brechzahl oder Brechungsindex und hängt von der verwendeten Glassorte ab. Ein Glas mit grösserem Brechungsindex bezeichnet man im Vergleich zu einem Glas mit kleinerem Brechungsindex als optisch dichter.

Geht ein Lichtstrahl von einem optisch dünneren zu einem optisch dichteren Medium über, so wird er zum Einfallslot hin gebrochen. Der einfallende, der reflektierte und der gebrochene Strahl sowie das Einfallslot liegen in *einer* Ebene.

Brechwerte (Brechungsindizes) n

Vakuum	Luft (bodennah)	Eis	Wasser	menschliche Augenlinse
1.000 000	1.000 292	1.31	1.33	1.35 bis 1.42
Brillenglas (Kronglas)	Organisches Brillenglas	Brillenglas (Mineralglas)	Diamant	Bleisulfid
1.5	1.5	1.6 bis 1.9	2.42	3.90

Wegen der Umkehrbarkeit des Lichtwegs gilt für den Übergang des Lichtstrahls von einem optisch dichteren Medium (Glaskörper, Brechungsindex n, Figur 19) zu einem optisch dünneren Medium (Luft bzw. Vakuum):

$$\frac{p}{q} = \frac{\sin\alpha}{\sin\beta} = \frac{1}{n} \quad \text{(Brechungsgesetz, zweite Form)}$$

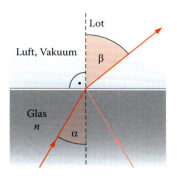

Figur 19 Brechungsgesetz: Übergang optisch dicht zu optisch dünn

Geht ein Lichtstrahl von einem optisch dichten zu einem optisch dünneren Medium über, so wird er vom Einfallslot *weg* gebrochen.

Diese beiden Formen des Brechungsgesetzes sind Spezialfälle eines allgemeinen Brechungsgesetzes: Beim Übergang von einem optisch durchsichtigen Medium 1 (z.B. Wasser) zu einem optischen Medium 2 (z.B. Glas) wird ein Lichtstrahl teilweise reflektiert und teilweise abgelenkt (Figur 20). Dabei gilt das allgemeine Brechungsgesetz:

Allgemeines Brechungsgesetz von Snell (dritte Form)

$$\frac{p_1}{p_2} = \frac{\sin\alpha_1}{\sin\alpha_2} = \frac{n_2}{n_1}$$

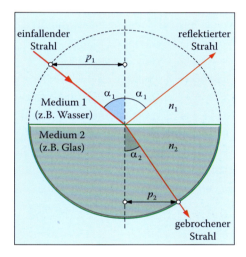

Figur 20 Allgemeines Brechungsgesetz

3.3 Brechungsgesetz und Lichtgeschwindigkeit

In einem optisch dichteren Medium ist die Lichtgeschwindigkeit kleiner als in einem optisch dünneren. Dabei ist der Brechungsindex ein Mass für die Verkleinerung der Lichtgeschwindigkeit. Hat die Lichtgeschwindigkeit im Vakuum den Wert $c \approx 3 \cdot 10^8 \frac{m}{s}$, so beträgt sie in einem Medium mit dem Brechungsindex $n = 1.5$, z.B. Brillenglas, nur noch

$$c_{\text{Medium}} = \frac{c}{n} \approx \frac{3 \cdot 10^8 \frac{m}{s}}{1.5} = 2 \cdot 10^8 \frac{m}{s}$$

Der Brechungsindex n eines Mediums gibt also das Verhältnis der Lichtgeschwindigkeit im Vakuum zu derjenigen im Medium an. Damit können wir das Brechungsgesetz mit den Lichtgeschwindigkeiten c_1 im Medium 1 und c_2 im Medium 2 neu schreiben:

Allgemeines Brechungsgesetz von Snell (dritte Form)

$$\frac{p_1}{p_2} = \frac{\sin\alpha_1}{\sin\alpha_2} = \frac{n_2}{n_1} = \frac{c_1}{c_2} \qquad c: \text{Lichtgeschwindigkeit im Medium}$$

Der französische Mathematiker Pierre de Fermat (ca. 1607/8 – 1665) hat auf dieser Grundlage das Brechungsgesetz anders formuliert: Bewegt sich ein Lichtstrahl von einem Punkt P_1 im Medium 1 (Brechungsindex n_1, Lichtgeschwindigkeit c_1) zu einem Punkt P_2 im Medium 2, (Brechungsindex n_2, Lichtgeschwindigkeit c_2), so wählt er unter allen möglichen Wegen immer denjenigen aus, auf dem er *am schnellsten,* d. h. in der kürzesten Zeit, von P_1 nach P_2 gelangt (Figur 21, links).

Im Diagramm (Figur 21, rechts) ist die Laufzeit t zwischen den Punkten P_1 und P_2 als Funktion des Punktes an der Mediengrenze (hier als x-Achse bezeichnet) dargestellt. Bei P_m ist die Laufzeit minimal, und hier gilt auch das Brechungsgesetz! Für die Gerade $P_1 Q P_2$ ist die Laufzeit nicht minimal. Dasselbe Problem hat ein Orientierungsläufer, der sich in einem ersten Geländeabschnitt, etwa auf einem Weg, schneller bewegen kann als in einem Wald mit Unterholz. Auch für ihn gilt das Fermat'sche Prinzip: Es ist für ihn günstiger, nicht auf der geraden Verbindungslinie von einem Punkt P_1 zu einem Punkt P_2 im Gelände zu laufen, sondern etwas länger auf dem Weg (Medium 1) zu bleiben, bevor er im Punkt P_m ins Unterholz (Medium 2) abzweigt.

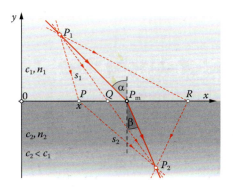 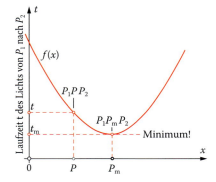

Figur 21 Fermat'sches Prinzip

Beispiel: Geknickter Bleistift

Um welchen Winkel erscheint der in Figur 17 gezeigte Bleistift nach oben geknickt? Für die Lösung betrachten wir Figur 22 mit einem Einfallswinkel α von 30°.

Lösung

$$\frac{\sin \alpha}{\sin \beta} = n \quad \Rightarrow \quad \beta = \arcsin\left(\frac{1}{n} \cdot \sin \alpha\right) \quad \text{und}$$

$$\varepsilon = \alpha - \beta = \alpha - \arcsin\left(\frac{1}{n} \cdot \sin \alpha\right)$$

$$= 30° - \arcsin\left(\frac{1}{1.33} \cdot \sin 30°\right) = 7.9°$$

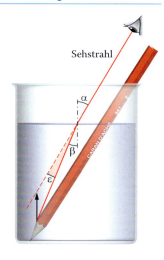

Figur 22 „Geknickter Bleistift"

3.4 Totalreflexion, Grenzwinkel

Geht ein Lichtstrahl von einem optisch dichteren in ein optisch dünneres Medium über, so wird er zum einen Teil *vom Lot weg* gebrochen: $\alpha_2 > \alpha_1$ (Figur 23, links). Zum anderen Teil wird er an der Grenzfläche der beiden Medien reflektiert. Wird der Einfallswinkel α_1 vergrössert, so nimmt auch der Winkel α_2 des ausfallenden Strahls zu und erreicht den Wert 90°, wenn der Strahl unter dem sog. Grenzwinkel $\alpha_1 = \varphi$ einfällt (Figur 23, Mitte). Zugleich nimmt die Intensität des gebrochenen Strahls ab, und er verschwindet bei $\alpha_2 = 90°$, während die Intensität des reflektierten Strahls zunimmt. Ist der Einfallswinkel grösser oder gleich dem Grenzwinkel ($\alpha_1 \geq \varphi$), so gibt es nur noch den reflektierten Strahl: Wir sprechen von Totalreflexion (Figur 23, rechts).

Der Grenzwinkel für Totalreflexion $\alpha_1 = \varphi$ kann mithilfe eines Rechners leicht bestimmt werden. Für den Übergang von einem Medium wie Glas (Brechungsindex n_1) in Luft (bzw. Vakuum, $n_2 = 1$) gilt (Figur 23, Mitte):

$$\frac{\sin \varphi}{\sin 90°} = \frac{n_2}{n_1} \quad \Rightarrow \quad \sin \varphi = \frac{n_2}{n_1} \quad \text{d.h.} \quad \varphi = \arcsin \frac{n_2}{n_1}$$

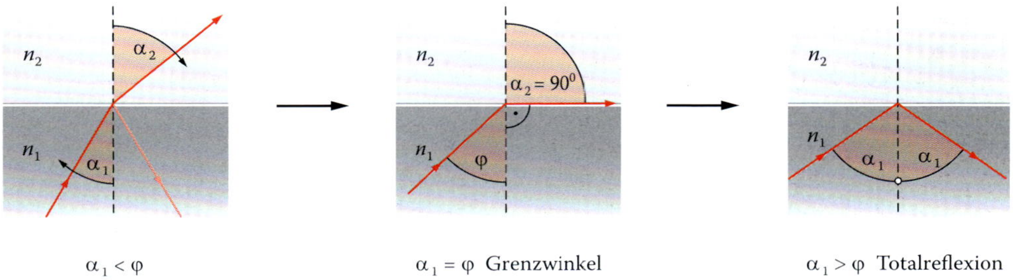

n_2 $\quad\alpha_2$	n_2 $\quad\alpha_2 = 90°$	n_2
n_1 $\quad\alpha_1$	n_1 $\quad\varphi$	n_1 $\quad\alpha_1 \quad \alpha_1$
$\alpha_1 < \varphi$	$\alpha_1 = \varphi$ Grenzwinkel	$\alpha_1 > \varphi$ Totalreflexion

Figur 23 Übergang vom optisch dichteren zum optisch dünneren Medium: Totalreflexion

Geometrische Optik

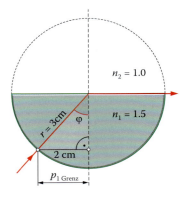

Für den Übergang von Brillenglas ($n_1 = 1.5$) zu Luft ($n_2 = 1.0$) erhalten wir damit:

$$\varphi = \arcsin\frac{n_2}{n_1} = \arcsin\frac{1.0}{1.5} = 41.81°$$

Der Grenzwinkel kann auch mit einer Konstruktion ermittelt werden (Figur 24). Wählen wir $r = 3$ cm, so erhalten wir

$$\frac{p_{1,\,Grenz}}{r} = \frac{n_2}{n_1} \quad oder \quad p_{1,\,Grenz} = 3\ cm \cdot \frac{1}{1.5} = 2\ cm$$

Figur 24 Konstruktion des Grenzwinkels

Der Grenzwinkel φ kann jetzt gemessen werden (Transporteur, Geo-Dreieck).

3.5   Optische Prismen

Unter einem optischen Prisma versteht man einen lichtdurchlässigen Körper mit zwei geschliffenen und polierten, gegeneinander geneigten Begrenzungsebenen (Figur 25). Prismen sind wie Spiegel oder Linsen wichtige Bauelemente der Optik.

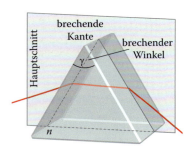

Figur 25 Prisma

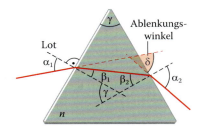

Figur 26 Strahlengang am Prisma

Die Schnittkante dieser beiden Ebenen heisst brechende Kante, der Winkel zwischen den beiden Ebenen brechender Winkel.

Ein Lichtstrahl wird in einem Prisma abgelenkt (Figur 26). Der Ablenkungswinkel δ kann mithilfe des Brechungsgesetzes und Winkelüberlegungen im ebenen Dreieck berechnet werden.

■ Beispiel: Strahlengang am Prisma

Berechnen Sie den in Figur 27 skizzierten Strahlengang an einem optischen Prisma mit $\alpha = 30°$, $\gamma = 60°$, $n = 1.5$ (Kronglas). Zeigen Sie zuerst, dass $\gamma = \beta_1 + \beta_2$ gilt.

Lösung

γ ist der Aussenwinkel im Dreieck, daher gilt: $\gamma = \beta_1 + \beta_2$

$$\frac{\sin\alpha_1}{\sin\beta_1} = n \quad \Rightarrow \quad \beta_1 = \arcsin\left(\frac{\sin\alpha_1}{n}\right) = \arcsin\left(\frac{\sin 30°}{1.5}\right)$$
$$= 19.47°$$

$$\beta_2 = \gamma - \beta_1 = 60° - 19.47° = 40.53°$$

$$\frac{\sin\beta_2}{\sin\alpha_2} = \frac{1}{n} \quad \Rightarrow \quad \alpha_2 = \arcsin(n \cdot \sin\beta_2) = \arcsin(1.5 \cdot \sin 40.53°) = 77.10°$$

$$\delta = (\alpha_1 - \beta_1) + (\alpha_2 - \beta_2) = (30° - 19.47°) + (77.10° - 40.53°) = 47.10°$$

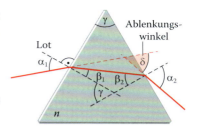

Figur 27 Strahlengang am Prisma

Zusatzaufgabe

Berechnen Sie den in Figur 27 skizzierten Strahlengang an einem optischen Prisma mit $\alpha_1 = 30°$, $\gamma = 60°$, $n = 1.7$ (in diesem Fall tritt Totalreflexion auf!).

3.6 Umkehrung des Lichtwegs, Brechung im inhomogenen Medium

Vertauscht man Lichtquelle und Beobachter, so bleibt der Lichtweg derselbe, d.h., der Lichtweg ist umkehrbar. In einem gleichmässig aufgebauten optischen (homogenen) Medium, z.B. in Wasser, in einem Stück Glas oder im Vakuum, ist dies eine Folge der geradlinigen Ausbreitung des Lichts.

Erstaunlicherweise ist der Lichtweg aber auch in inhomogenen Medien umkehrbar, z.B. der Weg eines (leicht gekrümmten) Lichtstrahls eines Sterns in der Erdatmosphäre (Figur 28): Vertauscht man den Ort des Beobachters auf der Erde mit demjenigen des Sterns, so bewegt sich das Licht vom Stern zum Beobachter immer noch auf demselben gekrümmten Weg durch die Atmosphäre.

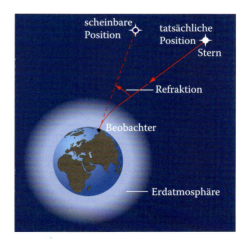

Figur 28 Refraktion: Krümmung des Lichts eines Sterns in der Erdatmosphäre

4 Optische Abbildungen

4.1 Abbildung an einer Lochblende: reelles Bild

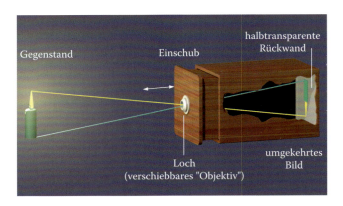

Figur 29 Strahlengang bei der Lochkamera

Eine direkte Anwendung der geradlinigen Ausbreitung des Lichts ist die Lochkamera (Figur 29). Eine Lochkamera ist das einfachste Gerät, mit dem optische Abbildungen erzeugt werden können. Die Lochkamera ist eine Vorläuferin des Fotoapparats und der Digitalkamera. Im Gegensatz zu diesen benötigt sie keine optische Linse zur Abbildung eines Gegenstands,

sondern nur eine dunkle, lichtdichte Zelle (eine „camera obscura"), mit einer kleinen, verschiebbaren Öffnung in dieser Zelle. Das auf der gegenüberliegenden Innenseite entstehende Bild lässt sich auf einem halb transparenten Schirm festhalten.

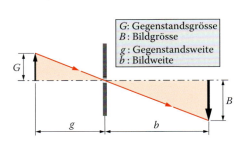

Figur 30 Abbildung an einer Lochkamera

Die Funktion einer Lochkamera zeigt Figur 30: Die Spitze des Gegenstands G (Kerze) ist eine Punktlichtquelle und sendet Lichtstrahlen in jede Raumrichtung aus. Ein schmales Lichtbündel dringt durchs Loch und erzeugt im Abstand b auf dem Schirm ein optisches Bild B der Spitze des Gegenstands G, das allerdings unscharf ist, weil der leuchtende Punkt (Spitze des Pfeils G) nicht in einem Punkt, sondern in ein leuchtendes Scheibchen abgebildet wird. Die

Bildschärfe hängt von der Lochgrösse ab. Je kleiner der Lochdurchmesser ist, desto schmaler sind die Lichtbündel und desto schärfer erscheint die Abbildung.

Das optische Bild, das mit einer Lochkamera erzeugt wird, kann mit einer Mattscheibe aufgefangen werden. Solche Bilder heissen reelle (wirkliche) Bilder. Gegenüber Linsenkameras hat die Lochkamera den Vorteil, dass sie einfacher zu verstehen ist.

Abbildungsgleichung der Lochkamera

$$v = \frac{B}{G} = \frac{b}{g} \quad \textit{Abbildungsmassstab}$$

G Gegenstandsgrösse, B Bildgrösse, b Bildweite, g Gegenstandsweite

Das Verhältnis B/G zwischen der Grösse des reellen Bilds und derjenigen des Gegenstands bezeichnen wir als Abbildungsmassstab. Hingegen sprechen wir beim virtuellen Bild einer Lupe (Kapitel 5.3) von Vergrösserung.

4.2 Abbildung an einem ebenen Spiegel: virtuelles Bild

In einem ebenen Spiegel sehen wir das Spiegelbild E eines Gegenstands D auf dem Lot $\overline{DP}$ zur Spiegelebene ebenso weit *hinter* dem Spiegel, wie sich dieser Gegenstand *vor* dem Spiegel befindet (Figur 31):

$$\overline{DP} = \overline{PE}$$

Dies ist eine direkte Folge des Reflexionsgesetzes: Die von der Punktlichtquelle D ausgehenden Lichtstrahlen $\overline{DA}$ und $\overline{DC}$ werden an der Spiegelebene in A bzw. in C reflektiert. Die reflektierten Strahlen treffen von dort auf das beobachtende Auge. Das Auge erkennt ein scheinbares (virtuelles) Bild an der Stelle E, im Schnittpunkt der beiden rückwärts verlängerten Strahlen.

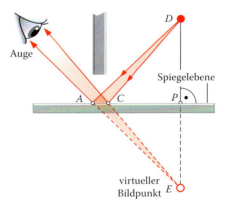

Figur 31 Reflektiertes Strahlenbündel

Diese erfüllen das Reflexionsgesetz genau dann, wenn die Dreieckspaare APD und APE sowie CPD und CPE kongruent (deckungsgleich) sind. Mithilfe virtueller Bildpunkte lassen sich Strahlengänge zwischen mehreren ebenen Spiegeln und komplexe Spiegelbilder konstruieren.

Figur 32 zeigt das Vorgehen: Um den Strahlengang von einer Punktlichtquelle G zu einem Augenpunkt A zwischen zwei Spiegeln zu konstruieren, bestimmt man nacheinander die Bildpunkt B' sowie B'' von G und ermittelt den Strahlengang anschliessend stückweise: als Streckenzug $\overline{AS_2}$ auf $\overline{AB''}$, $\overline{S_2\,S_1}$ auf $\overline{S_2\,B'}$ und schliesslich $\overline{S_1\,G}$.

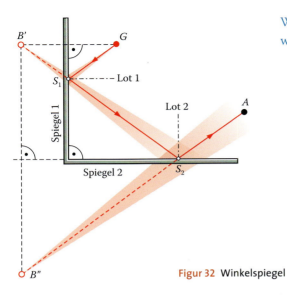

Weitere Unterlagen zum Thema siehe
www.hep-verlag.ch/physik-mittelschulen

Figur 32 Winkelspiegel

4.3 Linsen und Linsenabbildungen

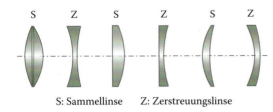

S: Sammellinse   Z: Zerstreuungslinse

Figur 33 Linsenformen

Optische Linsen sind durchsichtige Körper, die (im einfachsten Fall) auf beiden Seiten von Kugelflächen (sphärischen Flächen) oder auf der einen Seite von einer Kugelfläche, auf der anderen Seite von einer Ebene begrenzt sind.

Wir unterscheiden Sammellinsen (oder konvexe Linsen) und Zerstreuungslinsen (konkave Linsen, Figur 33). Sammellinsen sind in der Mitte dicker, Zerstreuungslinsen dünner als am Rand.

Die Bezeichnungen „Sammel-" bzw. „Zerstreuungslinse" entsprechen den optischen Eigenschaften:

Fällt ein Parallelstrahlbündel auf eine Sammellinse, so läuft es hinter der Linse (mehr oder weniger genau) in einem Punkt, dem Brennpunkt F, zusammen (Figur 34). Fällt es auf eine Zerstreuungslinse, so läuft es hinter der Linse auseinander.

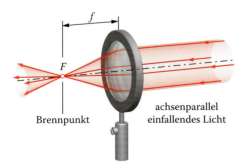

Brennpunkt

achsenparallel
einfallendes Licht

Figur 34 Strahlenverlauf an einer Sammellinse bei achsenparallelem Lichteinfall

Der Abstand des Brennpunkts vom optischen Mittelpunkt (Zentrum der Linse) heisst Brennweite f der Linse.

Für Brillen ist auch die sogenannte Brechkraft D mit der Einheit Dioptrie (dpt) gebräuchlich. Als Linsenmaterial werden meistens Gläser oder Kunststoffe (mit unterschiedlichen Brechindizes) verwendet, gelegentlich auch Kristalle.

$$D = \frac{1}{f} \text{ mit der Einheit } [D] = \frac{1}{\text{Meter}} = \frac{1}{\text{m}} = 1 \text{ Dioptrie} = 1 \text{ dpt}$$

Jede Konvexlinse hat zwei Brennpunkte, die gleich weit vom optischen Mittelpunkt der Linse entfernt sind, und zwar auch dann, wenn die Begrenzungsflächen verschiedene Krümmungsradien haben. Die Sammeleigenschaft von Konvexlinsen können wir uns so veranschaulichen, dass wir uns die Linse aus vielen Prismen zusammengesetzt denken, deren brechende Winkel von aussen zur Mitte hin abnehmen (Figur 35). Der Strahl in der optischen Achse wird nicht abgelenkt.

Gegen aussen hin werden die Strahlen eines achsenparallelen Strahlenbündels zunehmend stärker abgelenkt, sodass sich die gebrochenen Strahlen bei geeigneter Krümmung der Linsenoberfläche im Brennpunkt F treffen (Figur 35). Die Brechung an den beiden Grenzflächen der Linse ersetzen wir durch einen „Knick" des Strahls in der Linsenmitte (Figur 36).

Parallel- und Brennstrahl werden in der Mitte geknickt. Der Mittelpunktstrahl verläuft durch die Linsenmitte. Ist die Linse dünn, so wird der Mittelpunktstrahl (fast) nicht verschoben.

Sphärische Konvexlinsen sind keine völlig idealen Sammellinsen: Achsenferne Parallelstrahlen verlaufen nicht genau durch denselben Punkt wie achsennahe Strahlen (sphärische Aberration). Um die Berechnungen nicht zu komplizieren, beschrän-

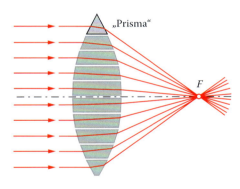

Figur 35 Sammellinse

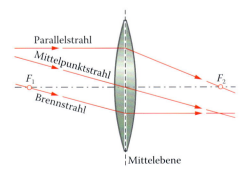

Figur 36 Vereinfachter Strahlengang an einer dünnen Linse

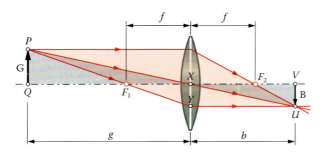

Figur 37 Bildkonstruktion an der Sammellinse: reelles Bild

ken wir uns im Folgenden auf achsennahe Strahlen und auf dünne Linsen.

Zur geometrischen Konstruktion des optischen Bilds eines Gegenstands (Figur 37, Punkt P) benutzen wir einen Parallel-, einen Brenn- und einen Mittelpunktstrahl.

Das optische Bild U entsteht im Schnittpunkt der entsprechenden an der Linse gebrochenen Strahlen. Aus Figur 37 lesen wir für den Abbildungsmassstab v (ähnliche Dreiecke PQX und UVX):

$$v = \frac{B}{G} = \frac{\overline{UV}}{\overline{PQ}} = \frac{b}{g} \text{ (Abbildungsmassstab)}$$

Die Proportionen der ähnlichen Dreiecke PQF_1 und YXF_1 (Figur 37, reelles Bild) lauten:

$$\frac{b}{g} = \frac{B}{G} = \frac{\overline{YX}}{\overline{PQ}} = \frac{f}{g - f} \text{ oder } b \cdot g - b \cdot f = f \cdot g \Rightarrow b \cdot g = f \cdot g + b \cdot f$$

Division durch $(b \cdot g \cdot f)$ ergibt: $\dfrac{1}{f} = \dfrac{1}{b} + \dfrac{1}{g}$ (Linsengleichung)

Liegt der Gegenstand G *zwischen der Linse und einem Brennpunkt* (in Figur 37 zwischen X und F_2 oder zwischen X und F_1), so laufen die von P ausgehenden Strahlen nach der Brechung an der Linse auseinander (sie divergieren) und erzeugen deshalb kein reelles Bild.

Verlängert man diese Strahlen aber rückwärts (Figur 38), so schneiden sie sich in einem Punkt U und erzeugen dort ein virtuelles Bild B. Die Abbildungsgleichungen

$$v = \frac{B}{G} = \frac{b}{g} \text{ und } \frac{b}{g} = \frac{f}{g - f}$$

gelten auch für das virtuelle Bild (Figur 38, ähnliche Dreiecke PQX und UVX bzw. PQF_2 und YXF_2).

Die Bildweite b, die Bildgrösse B und der Abbildungsmassstab v werden jetzt negativ, weil der Nenner $(g - f)$ negativ ist.

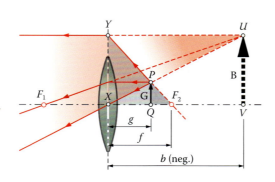

Figur 38 Bildkonstruktion an der Sammellinse: virtuelles Bild

Abbildungsgleichungen an Sammellinsen

$$\frac{1}{f} = \frac{1}{b} + \frac{1}{g} \qquad \text{und} \qquad v = \frac{B}{G} = \frac{b}{g} \text{ (Abbildungsmassstab)}$$

f Brennweite der Sammellinse, b Bildweite, g Gegenstandsweite
$G = \overline{PQ}$ Gegenstandsgrösse, $B = \overline{UV}$ Bildgrösse (Figuren 37 und 38)

Je nach Lage des Gegenstands unterscheiden wir fünf Fälle:

Lage des Gegenstands (Gegenstandsweite g)	Lage des Bilds (Bildweite b)	Eigenschaften des Bilds	Abbildungsmassstab
$g = 2 \cdot f$ in doppelter Brennweite von der Linse entfernt	$b = g = 2 \cdot f$ in doppelter Brennweite von der Linse entfernt	umgekehrt, seitenvertauscht, reell	$v = \dfrac{B}{G} = \dfrac{b}{g} = 1$
$g = f$ im Brennpunkt der Linse	$b \to \infty$	Im Endlichen entsteht kein Bild.	$v = \dfrac{B}{G} = \dfrac{b}{g} \to \infty$
$2 \cdot f < g < \infty$ ausserhalb der doppelten Brennweite der Linse	$b = \dfrac{f \cdot g}{g - f} = \dfrac{f}{1 - \frac{f}{g}}$ zwischen einfacher und doppelter Brennweite der Linse	umgekehrt, seitenvertauscht, verkleinert, reell	$v = \dfrac{B}{G} = \dfrac{b}{g}$ $= \dfrac{f}{g - f} < 1$
$f < g < 2 \cdot f$ zwischen einfacher und doppelter Brennweite der Linse	$b = \dfrac{f \cdot g}{g - f} = \dfrac{f}{1 - \frac{f}{g}}$ ausserhalb der doppelten Brennweite der Linse	umgekehrt, seitenvertauscht, vergrössert, reell	$v = \dfrac{B}{G} = \dfrac{b}{g}$ $= \dfrac{f}{g - f} > 1$
$0 < g < f$ zwischen Linse und Brennpunkt	$b = \dfrac{f \cdot g}{g - f} = \dfrac{f}{1 - \frac{f}{g}}$ (negativ) auf der Gegenstandsseite (Figur 38)	aufrecht, seitenrichtig, vergrössert, virtuell	$v = \dfrac{B}{G} = \dfrac{b}{g}$ $= \dfrac{f}{g - f} \begin{cases} > -\infty \\ < -1 \end{cases}$

5 Optische Instrumente und das Auge

5.1 Fotoapparate

Die Herstellung bleibender Lichtbilder wurde erst möglich, nachdem man entdeckt hatte, dass es Stoffe gibt, die sich durch Licht chemisch verändern. In der Praxis verwendete man ursprünglich Silberbromid, das man in feinen Körnern von einigen Hundertstelmillimetern Durchmesser mithilfe einer durchsichtigen Haltemasse (sog. Gelatine) gleichmässig auf einem ebenfalls durchsichtigen Träger (aus Glas: fotografische Platte; aus Kunststoff: Film) verteilte. Film und fotografische Platte wurden gegen Ende des 20. Jahrhunderts durch elektronische Sensoren verdrängt, welche direkt in die Fotokamera, die Digitalkamera, eingebaut werden.

Der Aufbau einer fotografischen Kamera entspricht derjenigen einer Lochkamera (Figur 29); anstelle des Lochs tritt eine Linse bzw. ein Linsensystem, das Objektiv. Wird ein Gegenstand mithilfe einer Linse (Objektiv) durch bestimmte Filter scharf auf den Bildsensor einer Digitalkamera abgebildet (Figur 39), so entsteht ein umgekehrtes, seitenvertauschtes, reelles Bild. Der CCD-Bildsensor wird nach dem Betätigen des Auslöserknopfs der Kamera während einer bestimmten Zeit belichtet. In dieser Zeit werden in jedem der z. B. 6 Millionen Bildelemente (Pixel) des Sensors drei Farbhelligkeitswerte (rot, grün, blau) registriert, dann im Analog-Digital-Wandler (A/D-Wandler) in Zahlen verwandelt (digitalisiert) und schliesslich elektronisch gespeichert. Die Gesamtheit aller dieser Werte ergibt zusammen das fotografische Bild, das auf einem kleinen Bildschirm angezeigt wird. Dieser Prozess wird von einem eingebauten Computer, der Central Processing Unit (CPU), mit einem komplexen, von der Kamerafirma entwickelten Programm (Firmware) gesteuert.

Da der Bildsensor einer Digitalkamera aus einzelnen, sehr kleinen Bildelementen (Pixel) aufgebaut ist, setzt sich das fotografische Bild wie ein Mosaik aus elektronischen „Bildkörnern" zusammen. Diese sind zwar sehr klein (einige Mikrometer), aber nicht punktförmig. Aus diesem Grund ist es nicht sinnnvoll, auf einem Bildsensor optische Bilder zu erzeugen, welche schärfer sind, als es dem Durchmesser eines einzelnen solchen Bildkorns entspricht.

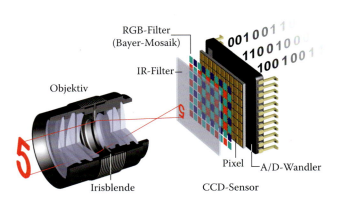

Figur 39 Bildentstehung und Bildverarbeitung in einer Digitalkamera

Anders ausgedrückt: Wird ein leuchtender Punkt durch die Linse eines Fotoapparats auf ein Kreisscheibchen mit dem Durchmesser eines solchen Bildkorns abgebildet, so ist diese Abbildung zwar im mathematischen Sinn noch unscharf, im fotografischen Sinn aber scharf, da mit dem eingesetzten Sensor ja in keinem Fall eine grössere Schärfe erreicht werden kann.

Dieser Effekt bewirkt, dass ein fotografisches Bild nicht nur bei der Gegenstandsweite, z. B. $g = 10$ m, gemäss der Linsengleichung $\frac{1}{f} = \frac{1}{b} + \frac{1}{g}$, sondern in einem ganzen Bereich, z. B. von 8 m bis 12 m, scharf erscheint. Dieser Bereich heisst Schärfentiefe. Seine Grösse hängt von der Einstellung der in der Kamera eingebauten Blende ab. Bei kleiner Blendenöffnung werden die Punkte G_1 und G_2 auf der Sensorebene in kleine Zerstreuungskreise abgebildet (Figur 40). Haben diese die Grösse eines Bildkorns, so ist die Abbildung scharf; im Abstand zwischen G_1 und G_2 werden also alle Gegenstände scharf abgebildet. Wird die Blende weiter geöffnet (Figur 41), so trifft zwar mehr Licht aufs Objektiv, die Belichtungszeit wird kürzer, dafür werden jetzt die Zerstreuungskreise von G_1 und G_2 grösser als das Bildkorn, und die Abbildung wird unscharf. In der fotografischen Praxis gilt das Bild eines Punkts als scharf, wenn der Durchmesser seines Zerstreuungskreises kleiner als $^1/_{1500}$ der Bilddiagonalen ist. Bei den heute gängigen Bildsensoren sind dies ca. 10 – 20 Pixel.

Im Vergleich zu der früher besprochenen Lochkamera hat eine Linsenkamera den grossen Vorteil, dass sie scharfe und viel lichtstärkere Bilder liefert. Auch wenn die Blende geöffnet wird, entstehen (anders als bei der Lochkamera) scharfe Bilder.

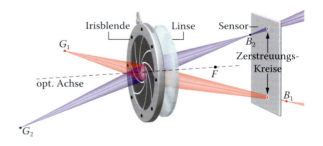

Figur 40 Schärfentiefe bei kleiner Blendenöffnung

Die klassische Fotokamera und die Digitalkamera haben im Wesentlichen denselben mechanischen und optischen Aufbau. Sie weisen dieselben Hauptbestandteile auf: Objektiv, Blende, Verschluss, evtl. Sucher, Entfernungs- und Belichtungsmessgeräte.

Wir merken uns die Faustregel, dass die Brennweite des Normalobjektivs einer Fotokamera etwa gleich der Diagonalenlänge des Bildsensors ist, für

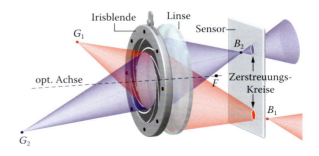

Figur 41 Schärfentiefe bei grosser Blendenöffnung

digitale Kompaktkameras beträgt sie typischerweise 9 mm. Weitwinkelobjektive haben kleinere, Teleobjektive grössere Brennweiten. Die Brennweite von Zoomobjektiven ist veränderlich, für eine digitale Kompaktkamera beispielsweise von 7.7 bis 28.5 Millimeter.

■ Beispiel: Digitalkamera

Die professionelle digitale Spiegelreflexkamera A hat nach Firmenangaben einen CMOS-Sensor der Grösse 23.6 mm × 15.8 mm mit 12.2 Megapixeln (4288 × 2848 Pixel).

Eine digitale Kompaktkamera B weist bei 14.7 Megapixeln (4416 × 3312 Pixel) eine Sensorgrösse von nur ca. 7.6 mm × 5.7 mm auf.

a) Berechnen Sie die ungefähre Pixelgrösse der Bildsensoren dieser beiden Kameras.
b) Auf welches Maximalformat darf ein mit diesen Kameras (in Höchstauflösung) aufgenommenes Bild maximal vergrössert werden, wenn das Papierbild eine Auflösung von 600 dpi (dots per inch, entspricht 600 Pixeln auf 25.4 mm) aufweist?
c) Warum spricht man im Hinblick auf die hohe Auflösung moderner Digitalkameras gelegentlich von „Pixelwahn"? Warum bezieht sich diese Kritik auf die Kompaktkamera, nicht aber auf das professionelle Gerät?
d) Berechnen Sie die ungefähre Brennweite eines Normalobjektivs für diese beiden Kameras.
e) Nach Firmenangaben hat die Kompaktkamera ein Zoomobjektiv mit einem Brennweitenbereich von $f = 7.7$ mm bis 28.5 mm. Die Naheinstellgrenze ab Objektivvorderseite beträgt $g = 5$ cm (bei Weitwinkeleinstellung mit $f_W = 7.7$ mm).

Berechnen Sie die zugehörige Bildweite b_{nah} (Abstand Objektiv – Bildsensor). Wie gross ist die Bildweite b_{fern} für einen (optisch) unendlich weit entfernten Gegenstand?

Lösung

a) A: $\ell = \dfrac{23.6}{4288}$ mm $= 5.50\,\mu m$, $b = \dfrac{15.8}{2848}$ mm $= 5.55\,\mu m$, $A = \ell \cdot b = 30.5\,\mu m^2$

  B: $\ell = \dfrac{7.6}{4416}$ mm $= 1.72\,\mu m$, $b = \dfrac{5.7}{3312}$ mm $= 1.72\,\mu m$, $A = \ell \cdot b = 2.96\,\mu m^2$

b) A: $\ell' = \dfrac{25.4}{600} \cdot 4288$ mm $= 18.2$ cm, $b' = \dfrac{25.4}{600} \cdot 2848$ mm $= 12.1$ cm

  B: $\ell' = \dfrac{25.4}{600} \cdot 4416$ mm $= 18.7$ cm, $b' = \dfrac{25.4}{600} \cdot 3312$ mm $= 14.0$ cm

c) Die Pixelzahl allein ist nicht das Hauptqualitätsmerkmal einer Digitalkamera. Wichtiger ist die Sensorgrösse. So ist die Pixelfläche der professionellen Kamera rund 10-mal grösser als diejenige der Kompaktkamera. Mit kleinen Pixeln gelangt man an die Grenze der Auflösung des Objektivs einer Kamera; zudem nimmt das Verhältnis zwischen elektrischem Bildsignal und unerwünschtem elektrischem *Rauschen* mit abnehmender Pixelgrösse ab (Farbrauschen). Deshalb ist es möglich, dass eine Kompaktkamera mit kleinerer Pixelzahl, aber grösserer Pixelfläche bessere Bilder liefert. Für Kompaktkameras sind Bildsensoren mit ca. 6 Megapixeln optimal; für professionelle Kameras mit Sensorgrössen bis zu 24 mm × 36 mm (Kleinbildformat!) sind auch Sensoren mit mehr als 20 Megapixeln noch sinnvoll.

d) A: $f = \sqrt{23.6^2 + 15.8^2} \text{ mm} = 28.4 \text{ mm}$

B: $f = \sqrt{7.6^2 + 5.7^2} \text{ mm} = 9.50 \text{ mm}$

e) $\dfrac{1}{f_W} = \dfrac{1}{b_{nah}} + \dfrac{1}{g} \quad \Rightarrow \quad \dfrac{1}{b_{nah}} = \dfrac{1}{f_W} - \dfrac{1}{g} = \dfrac{g - f_W}{g \cdot f_W} \quad \Rightarrow \quad b_{nah} = \dfrac{g \cdot f_W}{g - f_W} = \dfrac{5 \cdot 0.77}{5 - 0.77} \text{ cm} = 0.910 \text{ cm}$

$\dfrac{1}{f_W} = \dfrac{1}{b_{fern}} + \underbrace{\dfrac{1}{g \to \infty}}_{0} \quad \Rightarrow \quad \dfrac{1}{b_{fern}} = \dfrac{1}{f_W} \qquad \Rightarrow \quad b_{fern} = f_W = 0.77 \text{ cm}$

Wir gehen hier nicht näher auf die faszinierende moderne Fototechnik ein. Interessierte finden in der Fachliteratur (Fotogeschäft) und im Internet unter den oben erwähnten Stichworten wertvolle weiterführende Informationen.

5.2 Menschliches Auge und Brillen

Figur 42 zeigt noch einmal einen Schnitt des menschlichen Auges: Durch die Hornhaut tritt das Licht in das Auge ein. Die Regenbogenhaut oder Iris bestimmt den Lichteinfall. Ihre Blendenöffnung, die kreisförmige Pupille, wird enger, wenn die Intensität des einfallenden Lichts erhöht wird, sie wird weiter, wenn die Lichtintensität abnimmt.

Die Linse des menschlichen Auges wird durch den Ziliarmuskel in ihrer Lage festgehalten; ihre Form kann durch die Linsenbänder verändert werden, ihre Brechkraft variiert zwischen $D = 19$ Dioptrien bei Ferneinstellung (Desakkomodation) und $D = 33$ Dioptrien bei Naheinstellung (Akkomodation) des Auges. Dies entspricht einem Brennweitenbereich von etwa $f = 1/D \approx 5$ cm bis 3 cm.

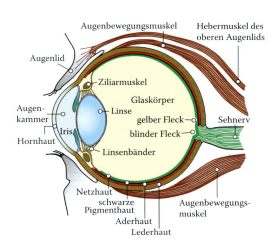

Figur 42 Das menschliche Auge

Die Lichtstrahlen, die von einem Gegenstand ins menschliche Auge fallen, werden gesammelt und erzeugen auf der Netzhaut ein reelles, umgekehrtes, verkleinertes und seitenvertauschtes, lichtstarkes Bild. Trotzdem sehen wir aufrechte und seitenrichtige Bilder. Dies ist ein Resultat der Gewöhnung, die dadurch zustande kommt, dass wir Gegenstände nicht nur sehen, sondern auch berühren können. Die Umkehrung der Bilder erfolgt im Gehirn.

Die Netzhaut ist mit lichtempfindlichen Empfängern (Fotorezeptoren), den Stäbchen- und den Zapfenzellen, bedeckt. Analog zu den Bildelementen (Pixel) einer Digitalkamera besitzt ein menschliches Auge ca. 3 bis $6 \cdot 10^6$ farbempfindliche Zapfen- und 75 bis $125 \cdot 10^6$ Schwarz-Weiss-empfindliche Stäbchenzellen. Sie verwandeln das einfallende Licht der Aussenwelt in ein elektrisches Signal, das im Hirn ausgewertet wird.

Die hoch empfindlichen Stäbchenzellen erlauben uns, während der Dämmerung und in der Nacht zu sehen. Sie vermitteln dem Hirn nur ein Schwarz-Weiss-Bild. Die Zapfenzellen vermitteln am Tag oder bei stärkerer Beleuchtung ein Farbbild. Dieses setzt sich aus den Signalen von drei verschiedenen Zapfenarten zusammen, die Rot-, Grün- bzw. Blauempfindlich sind.

Der bildseitige Brennpunkt liegt bei einem normalsichtigen, völlig desakkomodierten Auge auf der Netzhaut. Parallel einfallende Strahlen werden dann auf der Netzhaut vereinigt, sodass von einem weit entfernten Gegenstand auf der Netzhaut ein scharfes Bild entsteht. Um näher gelegene Gegenstände scharf sehen zu können, muss die Brechkraft der Augenlinse vergrössert werden (Akkomodation).

Ein Auge ist weitsichtig, wenn nur weiter entfernte Gegenstände scharf, nahe gelegene Gegenstände aber unscharf gesehen werden, weil das Licht durch das Auge *hinter* der Netzhaut fokussiert wird (Figur 43, oben).

Weitsichtigkeit lässt sich durch eine Brille mit Sammellinse korrigieren (Figur 43 unten).

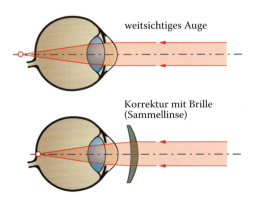

weitsichtiges Auge

Korrektur mit Brille
(Sammellinse)

Figur 43 Weitsichtiges Auge

Ein Auge ist kurzsichtig, wenn nur nahe gelegene Gegenstände scharf gesehen werden, weiter entfernte dagegen verschwommen, weil das Bild dann *vor* der Netzhautebene entsteht. Zur Korrektur der Kurzsichtigkeit muss die Brechkraft des Auges verkleinert werden, indem man konkave Brillengläser verwendet. Wir merken uns:

Kurzsichtige brauchen *konkave* Brillengläser, **W**eitsichtige brauchen *konvexe* Brillengläser.

5.3 Lupe

Unter der Bezugssehweite s_0 (deutliche oder konventionelle Sehweite) versteht man den kürzesten Abstand, auf den das Auge ohne merkliche Anstrengung akkomodieren kann. Für das normalsichtige Auge beträgt $s_0 = 25\ cm$. Dieses Auge kann natürlich auch Gegenstände in geringeren Abständen deutlich sehen, dazu ist aber eine Anstrengung erforderlich, die nach einiger Zeit zur Ermüdung des Auges führt.

Die Lupe ist eine Sammellinse kleiner Brennweite, die es erlaubt, einen Gegenstand $\overline{AB}$ unter einem grösseren Sehwinkel σ zu beobachten (Figur 44): Man hält die Lupe dicht vor das Auge und nähert sich dem zu betrachtenden Gegenstand $\overline{AB}$ so weit, dass dieser mit entspanntem (desakkomodiertem) Auge scharf zu sehen ist. Dies ist der Fall, wenn sich $\overline{AB}$ in der Brennebene der Lupe befindet (Figur 44, unten).

Dann verlassen die von $\overline{AB}$ ausgehenden Lichtstrahlen die Lupe parallel und werden vom Auge in einem Punkt der Netzhaut vereinigt, genau wie dies bei einem (optisch!) unendlich weit entfernten Gegenstand der Fall wäre.

Das Bild entsteht in diesem Fall im Auge selbst und nicht auf einem Schirm wie bei einer Lochkamera-, Hohlspiegel- oder Linsenabbildung. Deshalb sprechen wir jetzt nicht vom *Abbildungsmassstab,* sondern von einer *Vergrösserung.*

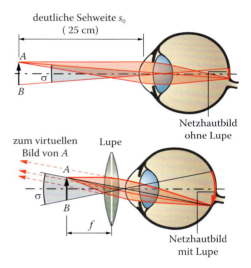

Figur 44 Eine Lupe vergrössert den Sehwinkel

Eine Vergrösserung bezieht sich immer auf den Eindruck des Auges; entscheidend ist dabei der *Sehwinkel,* unter welchem das Auge den Gegenstand $\overline{AB}$ wahrnimmt. Wir vergleichen das Bild des vergrösserten Gegenstands mit demjenigen desselben Gegenstands in der deutlichen Sehweite s_0. Sein Sehwinkel (im Bogenmass, Figur 44, oben) beträgt (ohne Lupe) näherungsweise $\sigma_{\text{ohne Lupe}} \approx \frac{\overline{AB}}{s_0}$, mit Lupe (Figur 44, unten) $\sigma_{\text{mit Lupe}} \approx \frac{\overline{AB}}{f}$.

Die Vergrösserung v_{Lupe} ist als Verhältnis dieser beiden Sehwinkel definiert, also gleich dem Verhältnis von Bezugssehweite s_0 und Lupenbrennweite f.

Lupenvergrösserung

$$v_{\text{Lupe}} = \frac{\sigma_{\text{mit Lupe}}}{\sigma_{\text{ohne Lupe}}} \approx \frac{\overline{AB} / f}{\overline{AB} / s_0} = \frac{s_0}{f},$$

deutliche Sehweite $s_0 \approx 25$ cm, Brennweite f in cm

Die Lupenvergrösserung v_{Lupe} ist umso grösser, je kleiner die Brennweite der Lupe ist. Mit abnehmender Brennweite werden Linsen dicker und liefern schliesslich keine einwandfreien Bilder mehr. Deshalb beträgt die typische Vergrösserung einer Lupe $v_{\text{Lupe}} \approx 2$ bis 6.

5.4 Fernrohre (Teleskope)

Fernrohre haben die Aufgabe, das Bild weit entfernter Gegenstände näher zu bringen, also den Sehwinkel, unter welchem diese Gegenstände gesehen werden, zu vergrössern.

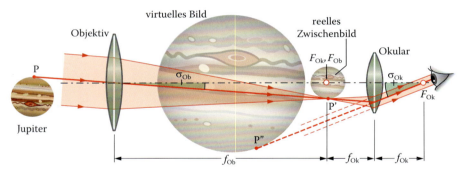

Figur 45 Kepler'sches Fernrohr

Figur 45 zeigt den Strahlengang eines astronomischen Teleskops nach Johannes Kepler (1611). Dieses Linsenteleskop (Refraktor) besteht, ähnlich wie das Mikroskop, aus zwei Sammellinsen. Eine Objektivlinse erzeugt im Brennpunkt ein reelles Zwischenbild B eines (praktisch unendlich) weit entfernten Gegenstands, welches von einer als Lupe wirkenden Okularlinse betrachtet wird. Die Brennpunkte von Objektiv und Okular fallen daher zusammen.

Weitere Unterlagen zum Thema siehe www.hep-verlag.ch/physik-mittelschulen

6 Zusammenfassung

Der Lichtstrahl ist ein Modell für die geradlinige Ausbreitung des Lichts.

Im Vakuum beträgt die Lichtgeschwindigkeit ca. $c_{\text{Vakuum}} \approx 3 \cdot 10^8 \, \frac{\text{m}}{\text{s}}$

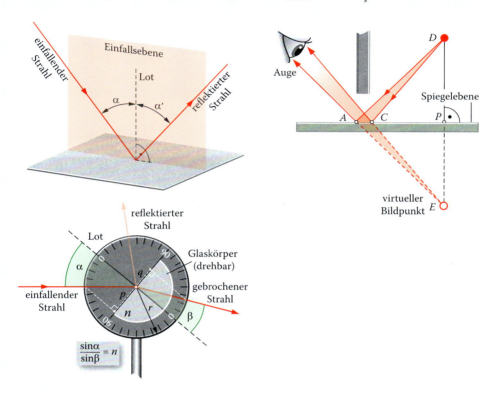

An einem (idealen) Spiegel wird ein Lichtstrahl fast vollständig reflektiert (Figur oben links), an einem durchsichtigen physikalischen Körper, etwa einem Stück Glas, zusätzlich zum Lot hin gebrochen (Figur unten). Es gilt:

$$\alpha = \alpha' \,(\text{Reflexionsgesetz}) \quad \text{und} \quad \frac{\sin\alpha}{\sin\beta} = \frac{c_{\text{Vakuum}}}{c_{\text{Glas}}} = n \,(\text{Brechungsgesetz})$$

Die Materialkonstante n heisst Brechzahl (Glas: $n \approx 1.5$). Sie ist das Verhältnis zwischen den Lichtgeschwindigkeiten im Vakuum und im Glas.

Geht ein Lichtstrahl von einem optisch dichteren Medium 1 zu einem optisch dünneren Medium 2 über, z.B. von Glas zu Luft, so wird er vom Lot weg gebrochen.

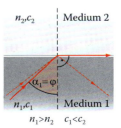

Erreicht der Ausfallswinkel den Wert 90°, der Einfallswinkel den Grenzwert $\alpha_1 = \varphi$, so existiert nur noch der reflektierte Strahl, wir sprechen von **Totalreflexion.**

Hinter einer Sammellinse wird parallel einfallendes Licht (näherungsweise) im Brennpunkt (Fokus) F vereinigt. Mithilfe solcher Strahlen können an Sammellinsen reelle Bilder konstruiert und berechnet werden, die auf einem Schirm aufgefangen werden können.

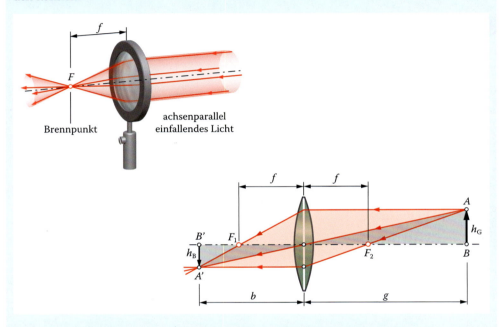

$$\text{Abbildungsgesetz: } \frac{1}{f} = \frac{1}{b} + \frac{1}{g} \qquad \text{und} \qquad v = \frac{h_B}{h_G} = \frac{b}{g} \quad \text{(Abbildungsmassstab)}$$

f Brennweite, b Bildweite, g Gegenstandsweite
$h_G = \overline{AB}$ Gegenstandsgrösse, $h_B = \overline{A'B'}$ Bildgrösse

Auf dieser Grundlage kann die Funktion von Brillen, Lupen, Digitalkameras, Mikroskopen und Fernrohren sowie des menschlichen Auges erklärt werden.

C Mechanik, Bewegung und Kraft

Themen

- Was ist Physik?
- Bewegung von Körpern: Geschwindigkeit und Beschleunigung
- Gleichgewicht der Kräfte und der Drehmomente
- Kraft als Bewegungsursache
- Grundgesetze der Newton'schen Physik
- Erhaltungsgrössen Energie, Impuls und Drehimpuls
- Gravitationsgesetz

1   Raum, Zeit und Bewegung

1.1   Was ist Physik?

Seit etwa 400 Jahren ist die Physik eine messende und zählende Naturwissenschaft. Mit technischen Messgeräten und mit mathematischen Methoden wird versucht, Naturerscheinungen quantitativ zu fassen und zu erklären: Die Physik ist eine quantitative Wissenschaft. Physikerinnen und Physiker suchen nach Prinzipien und Naturgesetzen, die Antworten auf die Frage nach dem „Wie viel?" geben (quantitative Naturerklärung) und nicht mehr, wie bis etwa ins Jahr 1600, auf die Frage nach dem „Was?", dem „Wie?" oder dem „Warum?" (qualitative Naturerklärung).

Figur 1 Galileo Galilei

Begründer dieser bis heute gültigen (quantitativen) Methode der Physik ist der grosse italienische Naturforscher Galileo Galilei (1564 – 1642). Nachfolgende Physiker wie Isaac Newton (Mechanik), Ludwig Boltzmann (Wärmelehre), Michael Faraday (Elektrizitätslehre) oder Thomas Young (Licht) haben diese Methoden weiter zum Gebäude der klassischen Physik entwickelt. Ende des 19. Jahrhunderts war diese Entwicklung der Physik zu einem umfassenden, grossartigen System zur Erklärung der Natur abgeschlossen.

Im 20. Jahrhundert zeigte es sich, dass die klassische Physik nicht die ganze Natur erklärt. Im Mikrokosmos der Atome, Atomkerne und Elementarteilchen ist sie nicht gültig. Die meisten Erscheinungen des täglichen Lebens erklärt die klassische Physik aber bis heute mit einer unübertroffenen Präzision.

Galileo Galilei war überzeugt, dass letztlich nur die Mathematik wahre Naturerkenntnis liefern kann. In seinem Werk „Il Saggiatore" schreibt er im Jahre 1623:

Die Philosophie (der Natur) ist in jenem grossartigen Buch geschrieben, das uns dauernd vor Augen steht (ich meine das Universum), welches man aber nicht verstehen kann, wenn man nicht vorher die Sprache verstehen und die Buchstaben kennen lernt, in welchen es geschrieben ist. Es ist in mathematischer Sprache geschrieben, und seine Buchstaben sind Dreiecke, Kreise und andere geometrische Figuren; ohne diese Hilfsmittel ist es unmöglich, von diesem Buch auch nur ein Wort zu verstehen, ohne sie ist es wie ein vergebliches Sich-Drehen durch ein dunkles Labyrinth.

Für ein korrektes Naturverständnis sind nach Galilei nur diejenigen Erscheinungen von Bedeutung, welche mess- und zählbar sind und welche sich durch eine mathematische

Formel ausdrücken lassen, also alles, was quantitativ erklärt werden kann. Qualitative, nicht direkt messbare Erscheinungen, etwa Äusserungen des menschlichen Gefühls, sind für ein solches Naturverständnis dagegen nur subjektiv, zweitrangig und für das physikalische Verständnis der Natur bedeutungslos.

Dieses aus philosophischer Sicht einseitige, reduktionistische Naturverständnis ist bis heute Grundlage der Physik geblieben. Wahrscheinlich war es gerade diese nur auf den mathematischen Aspekt der Natur konzentrierte Methode, die der Physik, aber auch den anderen Naturwissenschaften und der Technik zu einer beispiellos erfolgreichen Entwicklung verholfen hat.

1.2 Was ist Bewegung?

Nach Aristoteles (384 – 322 v. Chr.), dem wichtigsten Naturphilosophen der Antike, bedeutet der philosophische Begriff der Bewegung die Veränderung eines (lebendigen) Körpers und kann bedeuten:

- seine Ortsveränderung,
- eine qualitative Veränderung (etwa seiner Farbe oder Form),
- eine quantitative Veränderung (etwa sein Wachstum) oder
- Geburt oder Tod.

Seit Galileo Galilei bedeutet eine physikalische Bewegung nur noch eine Ortsveränderung von Körpern. In seinem berühmten Werk, den „Discorsi", unterscheidet er 1638 drei bis heute wesentliche physikalische Bewegungsarten, nämlich:

- die gleichförmige Bewegung,
- die gleichförmig beschleunigte Bewegung und
- die gewaltsame Bewegung der Wurfgeschosse.

1.3 Was sind Raum und Zeit?

Körper bewegen sich in Raum und Zeit. Deshalb wäre es wichtig zu wissen, was Raum und Zeit eigentlich sind. Denkt man über diese Begriffe nach, kommt man in Schwierigkeiten und merkt schnell, dass wir die Begriffe Raum und Zeit im Grunde nicht verstehen, nicht „be-greifen" können. Ursprünglich bedeutete Raum das Nicht-Ausgefüllte, den freien Platz zwischen den Dingen. Wesentliche Merkmale des Raums sind seine Ausdehnung sowie der Abstand von Gegenständen im Raum.

Der Kirchenvater Aurelius Augustinus (354 – 430) sagt in seinen „Bekenntnissen" zur Zeit: *Was also ist Zeit? Wenn mich niemand fragt weiss ich es, soll ich es einem Fragenden erklären, weiss ich es nicht.*

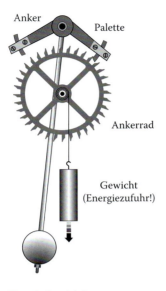

Anker

Palette

Ankerrad

Gewicht
(Energiezufuhr!)

Figur 2 Pendeluhr

Augustinus stellt die Unterteilung der Zeit in Vergangenheit, Gegenwart und Zukunft infrage. Da die Vergangenheit nicht mehr ist und die Zukunft noch nicht ist, existiert eigentlich nur die Gegenwart als Augenblick des Übergangs von der Vergangenheit in die Zukunft. Augustinus unterscheidet zwischen Zeit und Ewigkeit. Der Begriff der Ewigkeit bedeutet nach ihm einerseits „unendliche Dauer", andererseits „Unzeitigkeit", die Eigenschaft des christlichen Gottes, „nicht in der Zeit zu sein".

Ähnlich unterscheiden wir heute zwischen qualitativer Zeit, wie wir sie als Mensch erleben, und quantitativer, physikalischer Zeit, die mit einer Uhr gemessen wird. Für die meisten Physiker sind die Fragen „Was ist Zeit?" oder „Was ist Raum?" weniger wichtig als die Frage „Wie messen wir Zeit und Raum?".

Für die Messung der Zeit verwendet man Vorgänge, die sich, wie die Bewegung eines Pendels, ständig in gleicher Weise wiederholen (Figur 2). Wir sprechen von periodischen Vorgängen. In der Physik stellt sich die Frage, ob es eine überall im Universum gültige, absolute Zeit gibt, eine universelle Uhr, welche ohne Beziehung auf irgendeinen äusseren Gegenstand existiert und von der die Zeit überall im Weltall gleich abgelesen werden kann.

Figur 3 Sir Isaac Newton

Eine solche absolute Zeit hatte Isaac Newton (1643 – 1727), der Begründer der neuzeitlichen (klassischen) Mechanik, angenommen. Neben der absoluten Zeit führte Newton auch einen absoluten Raum in die Physik ein. Den Newton'schen absoluten Raum können wir uns wie ein überall gleiches, unbewegliches Gefäss vorstellen, das unabhängig von den in seinem Inneren enthaltenen Gegenständen und stattfindenden physikalischen Vorgängen ist. In dem nach ihm benannten Mach'schen Prinzip lehnte der bedeutende österreichische Physiker Ernst Mach (1838 – 1916) den absoluten Raum Newtons ab.

Albert Einstein (1879 – 1955) führte auf dieser Grundlage mit seiner Relativitätstheorie eine neue Physik des Raums, der Zeit und der Gravitation (Schwerkraft) ein, in der Raum und Zeit „nur" noch relative, d. h. nicht überall gleiche Grössen sind. Die Newton'sche absolute Zeit und den absoluten Raum kann es nach Einstein nicht geben. Zwei Beobachter können trotz gleicher Messgeräte verschiedene Werte für die Zeitspanne zwischen denselben zwei Ereignissen oder für die Länge desselben Gegenstands messen, wenn sie sich relativ zueinander bewegen. Auf einem sehr schnell bewegten (Himmels-)Körper läuft eine Uhr langsamer und ein Meterstab erscheint kürzer als auf einem ruhenden.

Bewegt sich ein Körper langsam, d.h. viel langsamer als das Licht (Lichtgeschwindigkeit $c = 300\,000$ km/s), so spielt die Unterscheidung zwischen absolutem und relativem Raum bzw. zwischen absoluter und relativer Zeit keine Rolle mehr. Wir untersuchen deshalb im Folgenden nur langsame Körper, die sich mit weniger als 1 % der Lichtgeschwindigkeit bewegen. Für solche Körper dürfen wir annehmen, dass sie sich in einem absoluten Raum bewegen und dass die Zeit für sie unabhängig von ihrer Bewegung mit einer ruhenden Uhr gemessen werden darf.

Wir beschäftigen uns vorerst mit Massepunkten, welche sich geradlinig bewegen. Ein Massepunkt ist ein Modell, d.h. eine Vereinfachung eines wirklichen, ausgedehnten Körpers.

1.4 Zusammenfassung

Seit etwa 400 Jahren ist die Physik eine messende, quantitative Naturwissenschaft. Naturphänomene werden mit Messgeräten erfasst, die gemessenen Daten mit mathematischen Methoden ausgewertet und mit mathematischen Theorien, z.B. mit Formeln, erklärt.

In der Mechanik werden Bewegungen physikalischer Körper in Raum und Zeit untersucht. Unter einer Bewegung verstehen wir die Ortsveränderungen eines Körpers.

Newton führte Raum und Zeit als absolute, fest gegebene Grössen ein, Einstein wies nach, dass Raum und Zeit relative Grössen sind: Bewegte Uhren gehen langsamer, bewegte Stäbe werden kürzer. Diese Effekte können aber erst bei sehr hohen Geschwindigkeiten beobachtet werden.

Weitere Unterlagen zum Thema siehe www.hep-verlag.ch/physik-mittelschulen

2 Geradlinig gleichförmige Bewegungen

2.1 Wie kann Bewegung geometrisch dargestellt werden?

Die Bewegung von physikalischen Körpern kann geometrisch in einem dreidimensionalen, orthogonalen (d. h. rechtwinkligen) Koordinatensystem ausgedrückt werden.

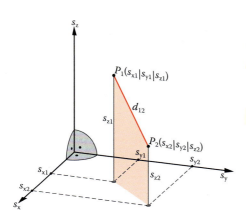

Figur 4 Dreidimensionales kartesisches Koordinatensystem

In einem Koordinatensystem wird jeder Raumpunkt P durch ein Zahlentripel (s_x | s_y | s_z) eindeutig beschrieben. Man nennt s_x, s_y und s_z die *Koordinaten* von P. Mithilfe dieser Koordinaten ergibt sich der *Abstand* d_{12} zweier Punkte $P_1(s_{x_1}$ | s_{y_1} | $s_{z_1})$ und $P_2(s_{x_2}$ | s_{y_2} | $s_{z_2})$ durch Anwendung des Satzes von Pythagoras im Raum:

$$d_{12} = \sqrt{(s_{x2} - s_{x1})^2 + (s_{y2} - s_{y1})^2 + (s_{z2} - s_{z1})^2}$$

Damit wird es möglich, die Lage geometrischer Objekte sowie die Bewegung physikalischer Körper im Raum rechnerisch zu erfassen.

In der Physik beschränkt man sich nicht auf die drei räumlichen Achsen s_x, s_y und s_z, sondern es wird zusätzlich eine Zeitachse t eingeführt. So entsteht ein vierdimensionales Koordinatensystem, die *Raumzeit*. Interessanterweise behandelt die Physik die Zeit also gleich wie eine Raumrichtung. In den nachfolgenden Kapiteln der Bewegungslehre (Kinematik) beschränken wir uns vorerst auf eine Raumrichtung (räumlich eindimensionale Welt) und damit auf geradlinige Bewegungen. Den von einem Körper zurückgelegten (geraden) Weg bezeichnen wir in diesem Fall mit s.

2.2 Geradlinig gleichförmige Bewegung

Die Bewegung eines Körpers (Massepunkts) heisst *geradlinig gleichförmig*, wenn dieser in (beliebig wählbaren) gleichen Zeiten gleiche Strecken zurücklegt, sich also mit einer konstanten Geschwindigkeit v (Richtung und Betrag sind konstant) bewegt.

Ein Schlauchboot, das ohne Antrieb auf einem geraden Fluss treibt (Figur 5), bewegt sich (näherungsweise) gleichförmig. Auch ein Automobil, das mit einer konstanten Geschwindigkeit von z. B. 120 km/h auf einem geraden Stück einer Autobahn fährt, bewegt sich gleichförmig. Physikalisch verstehen wir eine geradlinig gleichförmige Bewegung eines

Boots oder eines Fahrzeugs am besten, wenn wir den zurückgelegten Weg s, die Geschwindigkeit v und später auch die Beschleunigung a als Funktion der Zeit t in Diagrammen darstellen und untersuchen.

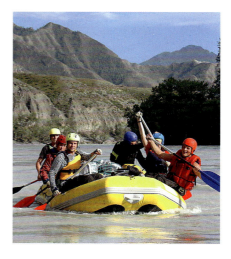

2.3 Geschwindigkeit

Unter der Geschwindigkeit v eines Körpers verstehen wir das Verhältnis zwischen dem zurückgelegten Weg Δs und der dazu erforderlichen Zeit Δt:

Figur 5 Flussfahrt im Schlauchboot

Geschwindigkeit

$$\text{Geschwindigkeit} = \frac{\text{Weg}}{\text{Zeit}} \quad \text{oder} \quad v = \frac{\Delta s}{\Delta t} \quad \text{Einheit:} \; [v] = \frac{\text{m}}{\text{s}}$$

Ein Körper, der sich mit konstanter Geschwindigkeit, d. h. immer gleich schnell in der gleichen Richtung bewegt, führt eine geradlinig gleichförmige Bewegung aus.

2.4 Physikalische Grössen und physikalische Einheiten

Strecke, Zeit und Geschwindigkeit sind physikalische Grössen. Gewöhnlich werden physikalische Grössen in physikalischen Einheiten gemessen, wir schreiben:

$$[s] = \text{Meter} = \text{m} \quad [t] = \text{Sekunde} = \text{s} \quad [v] = \frac{\text{Meter}}{\text{Sekunde}} = \frac{\text{m}}{\text{s}}$$

Die eckigen Klammern [...] bedeuten dabei „Einheit von", z. B. [t] „Einheit der Zeit".

International hat man sich auf ein Masssystem mit sieben Basisgrössen geeinigt, das sogenannte SI-System (SI = Système international d'Unités), welches auf das 1793 während der Französischen Revolution von Charles Maurice de Talleyrand vorgeschlagene metrische System zurückgeht. Meter und Sekunde sind SI-Basiseinheiten, Meter pro Sekunde ist eine abgeleitete SI-Einheit. Für die Geschwindigkeit ist auch die Masseinheit Kilometer pro Stunde zugelassen. Es gilt:

2.5   Bewegungsdiagramme

Zeitliche Bewegungsabläufe können mithilfe von Diagrammen anschaulich und verständlich gemacht werden: Die Grössen Weg s, Geschwindigkeit v und die Beschleunigung a (Geschwindigkeitsänderung pro Zeit) des bewegten Körpers werden in Funktion der Zeit t dargestellt. So erhalten wir das Weg-Zeit-(s-t-) und das Geschwindigkeit-Zeit-(v-t-)Diagramm.

Auf die Beschleunigung a, die im Beschleunigung-Zeit-(a-t-)Diagramm dargestellt ist, gehen wir im nächsten Abschnitt ein. Für die geradlinig gleichförmige Bewegung ist sie null ($a = 0$).

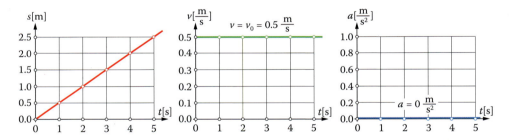

Figur 6 s-t-, v-t- und a-t-Bewegungsdiagramme der geradlinig gleichförmigen Bewegung

Figur 6 zeigt diese Diagramme für ein gleichförmig bewegtes Fahrzeug mit konstanter Geschwindigkeit $v_0 = 0.5$ m/s. Der vom Fahrzeug zurückgelegte Weg verändert sich und nimmt als Funktion der Zeit t linear zu.

Gesetze der geradlinig gleichförmigen Bewegung (Figur 6)

$$s = s_0 + v_0 \cdot t \qquad v = v_0 = \text{konstant}$$

---

s bezeichnet den Ort (die Koordinate) des untersuchten Körpers zum Zeitpunkt t, s_0 den Ort zum Zeitpunkt $t = 0$. Der Körper legt in der Zeit t den Weg $\Delta s = s - s_0$ zurück. In den Diagrammen wird durchgehend $s_0 = 0$ angenommen.

> **Geschwindigkeit als Steigung** (Figur 7)
>
> Die Geschwindigkeit $v = \dfrac{\Delta s}{\Delta t} = \dfrac{1.5\ \text{m}}{3\ \text{s}} = 0.5\,\dfrac{\text{m}}{\text{s}}$
>
> ist die Steigung des Graphen im $s\text{-}t$-Diagramm.

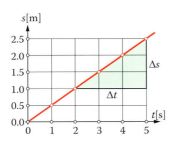

Figur 7 Geschwindigkeit als Steigung im s-t-Diagramm

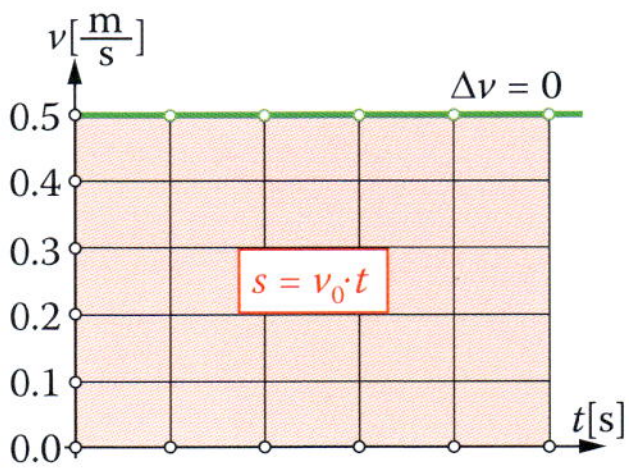

Figur 8 Strecke als Fläche im v-t-Diagramm

Der zurückgelegte Weg ist $\Delta s = s - s_0 = v_0 \cdot \Delta t$. Weil wir $s_0 = 0$ annehmen, schreiben wir für den Weg häufig nur $s = v_0 \cdot t$; im $v\text{-}t$-Diagramm ist $v_0 \cdot t$ die Rechtecksfläche (= Länge mal Breite) unter dem Graphen (Figur 8). Dies gilt auch für ungleichförmige Bewegungen:

> **Fläche als Weg** (Figur 8)
>
> Der Inhalt der Fläche $s = v_0 \cdot t$ unter dem Graphen im $v\text{-}t$-Diagramm
> ist gleich dem zurückgelegten Weg.

■ Beispiel: Mittlere Geschwindigkeit eines Automobils

Ein Automobil fährt die Strecke $s = 15$ km innerorts mit einer Geschwindigkeit $v_1 = 60$ km/h, anschliessend dieselbe Strecke ausserorts mit $v_2 = 100$ km/h.

a) Wie gross ist seine mittlere Geschwindigkeit $\overline{v}$?

b) Warum ist das Resultat $\overline{v} = \dfrac{60 + 100}{2}\,\dfrac{\text{km}}{\text{h}} = 80\,\dfrac{\text{km}}{\text{h}}$ falsch?

Lösung

a) Δs, der gesamte zurückgelegte Weg, und Δt, die gesamte *dazu* erforderliche Zeit, betragen:

$$\Delta s = 2 \cdot s = 30\ \text{km} \quad \text{und} \quad \Delta t = t_1 + t_2 = \frac{s}{v_1} + \frac{s}{v_2} = (0.25 + 0.15)\,\text{h} = 0.40\ \text{h}$$

Gemäss Definition der Geschwindigkeit gilt für den Betrag der mittleren Geschwindigkeit:

$$\overline{v} = \frac{\Delta s}{\Delta t} = \frac{30\ \text{km}}{0.4\ \text{h}} = 75\,\frac{\text{km}}{\text{h}}$$

Mechanik, Bewegung und Kraft

61

b) Der Mittelwert der Geschwindigkeit eines Fahrzeugs darf nicht als arithmetisches Mittel von Teilgeschwindigkeiten, sondern muss mit der Definition der Geschwindigkeit als Quotient von Strecke und Zeit berechnet werden.

■ Beispiel: Treffpunkt

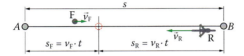

Figur 9 Situationsskizze

Auf dem $s = 7$ km langen Aareweg zwischen Münsingen (A) und Kiesen-Jaberg (B) im Kanton Bern sind eine Fussgängerin und ein Radfahrer unterwegs und bewegen sich aufeinander zu.

Die Fussgängerin (F) startet in Münsingen (Geschwindigkeit $v_F = 1.4$ m/s) zur gleichen Zeit wie der Radfahrer R (Geschwindigkeit $v_R = 5.6$ m/s) in Kiesen-Jaberg. Wann und wo treffen sie sich?

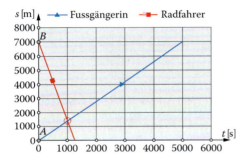

Figur 10 Kreuzung im s-t-Diagramm

Lösung

Aus der Situationsskizze (Figur 9) lesen wir ab:

$$s = v_F \cdot t + v_R \cdot t; \qquad \text{daraus folgt:}$$

$$t = \frac{s}{v_F + v_R} = 1000 \text{ s}$$

Für die zurückgelegten Strecken erhalten wir:

Fussgängerin: $s_F = v_F \cdot t = 1400$ m   **Radfahrer:** $s_R = v_R \cdot t = 5600$ m

Die beiden Bewegungen können in einem Weg-Zeit-Diagramm (Figur 10) dargestellt werden. Es gibt die beiden Funktionen $s_F = v_F \cdot t$ und $s_R = s - v_R \cdot t$ wieder. Die Koordinaten des Schnittpunkts der Geraden geben an, wann und wo sich die Fussgängerin und der Radfahrer kreuzen.

2.6 Zusammenfassung

Physikalische Bewegungen können geometrisch in einem dreidimensionalen, rechtwinkligen Koordinatensystem (Koordinaten s_x, s_y, und s_z) beschrieben werden. Den Ort des Körpers bezeichnen wir mit s, den zurückgelegten Weg mit Δs.

Für die physikalische Behandlung von geradlinig gleichförmigen Bewegungen benutzt man die grundlegende Definition der Geschwindigkeit:

$$\text{Geschwindigkeit} = \frac{\text{Weg}}{\text{Zeit}} \quad \text{oder} \quad v = \frac{\Delta s}{\Delta t}$$

Wir benutzen das SI-Einheitensystem mit den Einheiten Meter für die Länge, Sekunde für die Zeit. Meter und Sekunde sind Basiseinheiten. Aus ihnen lassen sich neue Einheiten ableiten, z. B. Meter pro Sekunde für die Geschwindigkeit.

$$\text{Umrechnung: } 1.0 \frac{\text{m}}{\text{s}} = 3.6 \frac{\text{km}}{\text{h}}$$

Gleichförmig bewegte Körper haben eine konstante Geschwindigkeit.

Geradlinig gleichförmige Bewegung

Strecke = Geschwindigkeit mal Zeit oder $s = v \cdot t + s_0$ mit v = konstant

Bewegungsabläufe gleichförmig bewegter Körper werden verständlicher, wenn sie im s-t- und v-t-Diagramm dargestellt werden. Im s-t-Diagramm ist die Geschwindigkeit die Steigung des Graphen, im v-t-Diagramm ist die zurückgelegte Strecke die Fläche unter dem Graphen.

3 Beschleunigte Bewegungen

3.1 Beschleunigung

Ändert sich die Geschwindigkeit eines bewegten Körpers, etwa eines Wagens, wenn der Fahrer „Gas gibt" oder abbremst, so führt er eine *beschleunigte Bewegung* aus. Der in Figur 11 dargestellte Bewegungsablauf eines Saltos ist ein Beispiel für eine komplizierte beschleunigte Bewegung. Zur Beschreibung beschleunigter Bewegungen wird die Beschleunigung eingeführt:

Figur 11 Salto

Beschleunigung

$$\text{Beschleunigung} = \frac{\text{Geschwindigkeitsänderung}}{\text{Zeit}} \quad \text{oder} \quad a = \frac{\Delta v}{\Delta t}$$

$$\text{Einheit: } [\,a\,] = \frac{[\,\Delta v\,]}{[\,\Delta t\,]} = \frac{\frac{m}{s}}{s} = \frac{m}{s^2} = \frac{\text{Meter}}{\text{Quadratsekunde}}$$

Die Beschleunigung a ist eine abgeleitete physikalische Grösse. Ihre Einheit ist *Meter pro Quadratsekunde*. $\Delta v = v_2 - v_1$ bedeutet hier spätere minus frühere Geschwindigkeit.

Die **Beschleunigung** drückt die **Geschwindigkeitsänderung pro Zeit** aus. Ein Fahrzeug, das aus dem Stillstand in 10 s die Geschwindigkeit von 100 km/h $\left(= 27.8\,\frac{m}{s}\right)$ erreicht, beschleunigt mit

$$a = \frac{27.8\,\frac{m}{s}}{10\text{ s}} = 2.78\,\frac{m}{s^2}\,.$$

3.2 Geradlinig gleichmässig beschleunigte Bewegungen

Die Bewegung eines Körpers (Massepunkts) heisst geradlinig gleichmässig beschleunigt, wenn der Körper sich mit einer konstanten Beschleunigung a geradlinig bewegt. Wird er konstant beschleunigt, so *verändert* sich seine *Geschwindigkeit linear mit der Zeit.*

Beispiele sind ein Automobil mit einem Fahrer, der auf gerader Strasse Gas gibt (positive Beschleunigung) oder abbremst (negative Beschleunigung).

Auch frei fallende Körper bewegen sich auf der Erde unter bestimmten Bedingungen geradlinig gleichmässig beschleunigt. Hier bestimmt die Erdanziehung (Gravitation) den Wert der Beschleunigung, im Mittel beträgt sie $g = -9.81\,\frac{m}{s^2}$. Die Fallbeschleunigung g wird hier negativ definiert, weil sie nach unten zeigt.

Reale beschleunigte Bewegungen, wie z.B. die eines startenden Schnellläufers oder eines anfahrenden Autos, sind in jedem Fall *nur näherungsweise* gleichmässig beschleunigt.

3.3 Beschleunigte Bewegungen ohne Anfangsgeschwindigkeit

Bewegt sich ein Körper (Massepunkt) *geradlinig gleichmässig beschleunigt aus der Ruhe* (d.h. ohne Anfangsgeschwindigkeit), so nimmt seine Geschwindigkeit v bei konstanter Beschleunigung a proportional zur verstrichenen Zeit zu: $v = a \cdot t$.

> ### Beschleunigung als Steigung
>
> Die Beschleunigung $a = \dfrac{\Delta v}{\Delta t}$ ist die Steigung des Graphen im v-t-Diagramm.

Für einen Beschleunigungswert von $a = 0.5 \text{ m/s}^2$ ergeben sich während einer Zeit von $t = 5$ s die folgenden Diagramme (Figuren 12, 13 und 14):

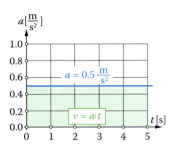

Figur 12 a-t-Diagramm

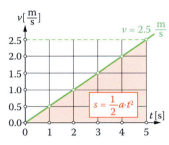

Figur 13 v-t-Diagramm

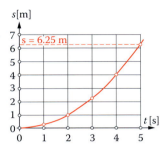

Figur 14 s-t-Diagramm, $s_0 = 0$

Im a-t-Diagramm (Figur 12) ist die *Fläche* $a \cdot t = 0.5 \text{ m/s}^2 \cdot 5 \text{ s} = 2.5 \text{ m/s}$ unter dem Graphen gleich der Endgeschwindigkeit v, die nach $t = 5$ Sekunden erreicht wird.

Das v-t-Diagramm (Figur 13) zeigt, dass die Geschwindigkeit proportional zur Zeit zunimmt. Es gilt $v = a \cdot t$; nach 5 Sekunden beträgt die Endgeschwindigkeit $v = 2.5 \text{ m/s}$. Der Inhalt der *Dreiecksfläche* unter dem v-t-Graphen (Figur 13) ist gleich dem in der Zeit $t = 5$ Sekunden zurückgelegten Weg

$$\Delta s = s - s_0 = \frac{1}{2} \cdot v \cdot t = \frac{1}{2} \cdot 2.5 \frac{\text{m}}{\text{s}} \cdot 5 \text{ s} = 6.25 \text{ m}.$$

Wiederum bezeichnet s den Ort (die Koordinate) des untersuchten Körpers zum Zeitpunkt t, s_0 den Ort zum Zeitpunkt $t = 0$. Während der Zeit t legt der Körper den Weg $\Delta s = s - s_0$ zurück. In den Diagrammen nehmen wir durchgehend $s_0 = 0$ an.

Mit $\Delta s = s = \frac{1}{2} \cdot v \cdot t$ und $v = a \cdot t$ erhalten wir für den in einer beliebigen Zeitspanne t zurückgelegten Weg Δs eines gleichmässig beschleunigten Körpers $\Delta s = s = \frac{1}{2} \cdot a \cdot t^2$. Der zurückgelegte Weg Δs (bzw. s) ist also proportional zum Quadrat der verstrichenen Zeit t. Das s-t-Diagramm (Figur 14) zeigt daher eine Parabel, deren Scheitel im Ursprung des Koordinatensystems liegt, sowie den Wert $s = 6.25$ m des zurückgelegten Wegs nach 5 Sekunden.

Löst man die Gleichung $v = a \cdot t$ nach der Zeit t auf und setzt in die Gleichung $s = 0.5 \, a \cdot t^2$ ein, so erhält man ein zeitfreies *Bewegungsgesetz*:

65

$$\Delta s = \frac{1}{2} \cdot a \cdot t^2 \text{ und } t = \frac{v}{a} \text{ ergeben}$$

$$\Delta s = \frac{1}{2} \cdot a \cdot \frac{v^2}{a^2} \text{ bzw. } v^2 = 2 \cdot a \cdot \Delta s = 2 \cdot a \cdot (s - s_0)$$

Gesetze der geradlinig gleichmässig beschleunigten Bewegung ohne Anfangsgeschwindigkeit

$$v = a \cdot t \qquad \Delta s = (s - s_0) = \frac{1}{2} \cdot a \cdot t^2 \qquad v^2 = 2 \cdot a \cdot \Delta s = 2 \cdot a \cdot (s - s_0)$$

■ Beispiel: Geschwindigkeit eines beschleunigten Fahrrads

Ein Radfahrer beschleunigt sein Rad aus dem Stillstand gleichmässig mit $a = 2$ m/s^2.
Berechnen Sie die Geschwindigkeit v_1 nach $t_1 = 2$ s, und v_2 nach $t_2 = 7$ s.
Wie gross ist die mittlere Geschwindigkeit im Intervall $[t_1, t_2]$?

Lösung

Momentangeschwindigkeiten: $v_1 = a \cdot t_1 = 4 \frac{m}{s}$ und $v_2 = a \cdot t_2 = 14 \frac{m}{s}$

Mittlere Geschwindigkeit: $\bar{v} = \dfrac{\Delta s}{\Delta t} = \dfrac{s_2 - s_1}{t_2 - t_1}$ mit

$$s_2 - s_1 = 0.5 \cdot a \cdot t_2^2 - 0.5 \cdot a \cdot t_1^2 = (49 - 4)\,m = 45\,m$$

$$\bar{v} = \frac{45\,m}{5\,s} = 9 \frac{m}{s}$$

Variante: Für Bewegungen mit konstanter Beschleunigung gilt:

$$\bar{v} = \frac{v_1 + v_2}{2} = \frac{4 + 14}{2} \frac{m}{s} = 9 \frac{m}{s}$$

Dieser Zusammenhang folgt direkt aus dem v-t-Diagramm (Figur 13).

3.4 Beschleunigte Bewegungen mit Anfangsgeschwindigkeit

Hat der geradlinig gleichmässig beschleunigt bewegte Körper zu Beginn der Untersuchung seiner Bewegung schon eine Anfangsgeschwindigkeit, z.B. $v_0 = 1.5$ m/s, so ändern sich die Bewegungsgesetze nur geringfügig.

Das a-t-Diagramm (Figur 15) ändert nicht; die Beschleunigung ist weiterhin konstant und beträgt in unserem Beispiel $a = 0.5$ m/s^2.

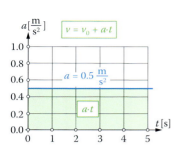

Figur 15 a-t-Diagramm

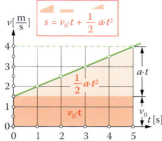

Figur 16 v-t-Diagramm

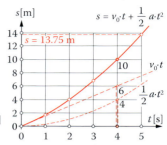

Figur 17 s-t-Diagramm, $s_0 = 0$

Zum Ausdruck für die Geschwindigkeit $v = a \cdot t$ muss eine Anfangsgeschwindigkeit v_0 addiert werden (Figur 16), und man erhält das Geschwindigkeit-Zeit-Gesetz $v = v_0 + a \cdot t$. Mit dem Zeitwert $t = 5$ s erhalten wir in Figur 16 für die Endgeschwindigkeit:

$$v = v_0 + a \cdot t = 1.5 \frac{m}{s} + 0.5 \frac{m}{s^2} \cdot 5 \ s = 4 \frac{m}{s}$$

Die *Fläche* unter dem Graphen des *v-t*-Diagramms (Dreieck plus Rechteck, Figur 16) ergibt den Weg $\Delta s = s - s_0$, den der beschleunigt bewegte Körper in der Zeit t zurückgelegt hat:

$$\text{Zurückgelegter Weg} \ \ \Delta s = s - s_0 = v_0 \cdot t + \frac{1}{2} \cdot a \cdot t^2$$

$$\text{bzw. Ort} \ s = s_0 + v_0 \cdot t + \frac{1}{2} \cdot a \cdot t^2$$

Mit $s_0 = 0$ und $t = 5$ s erhalten wir:

$$s = v_0 \cdot t + \frac{1}{2} \cdot a \cdot t^2 = 1.5 \frac{m}{s} \cdot 5 \ s + \frac{1}{2} \cdot 0.5 \frac{m}{s^2} \cdot 5^2 \ s^2 = 13.75 \ m$$

Der Graph $s = s(t)$ des Ortes als Funktion der Zeit ist wie in Figur 14 eine Parabel, die durch den Ursprung des Koordinatensystems verläuft ($s_0 = s(t = 0) = 0$). Der Scheitel dieser Parabel liegt aber nicht mehr im Ursprung (Figur 17).

Löst man die Gleichung $v = v_0 + a \cdot t$ nach t auf und setzt in die Weg-Zeit-Gleichung $\Delta s = s - s_0 = v_0 \cdot t + \frac{1}{2} \cdot a \cdot t^2$ ein, so erhält man ein zeitfreies Bewegungsgesetz:

$$t = \frac{v - v_0}{a} \ \ \rightarrow \ \ \Delta s = (s - s_0) = v_0 \cdot \frac{v - v_0}{a} + \frac{1}{2} \cdot a \cdot \frac{(v - v_0)^2}{a^2} = \frac{v^2 - v_0^2}{2 \cdot a}$$

$$\text{oder} \ \ \ v^2 = v_0^2 + 2 \cdot a \cdot (s - s_0)$$

Gesetze der geradlinig gleichmässig beschleunigten Bewegung
mit Anfangsgeschwindigkeit

$$v = v_0 + a \cdot t \qquad s = s_0 + v_0 \cdot t + \frac{1}{2} \cdot a \cdot t^2 \qquad v^2 = v_0^2 + 2 \cdot a \cdot (s - s_0)$$

Diese drei Gesetze enthalten auch die Spezialfälle der geradlinig gleichförmigen Bewegung ($a = 0$) und der geradlinig gleichmässig beschleunigten Bewegung ohne Anfangsgeschwindigkeit ($v_0 = 0$).

■ Beispiel: Reaktionszeit, Hindernis auf der Fahrbahn

Ein Automobilist fährt mit einer Geschwindigkeit $v_0 = 30$ m/s. Auf der Fahrbahn taucht ein Hindernis auf. Nach einer Reaktionszeit von 1 Sekunde bremst er mit $a = -3.0$ m/s² ab und bleibt dann unmittelbar vor dem Hindernis stehen.

a) Skizzieren Sie das v-t-Diagramm dieses Bewegungsablaufs.
b) Welchen Weg s_R legt das Auto während der Reaktionszeit des Fahrers zurück?
c) Wie gross ist der Bremsweg s_B des Fahrzeugs?
d) In welchem Abstand $\Delta s'$ vom Hindernis kommt das Auto zum Stehen, wenn die Reaktionszeit des Fahrers nur $t'_R = 0.5$ s beträgt?
e) Mit welcher Geschwindigkeit v fährt er in das Hindernis hinein, wenn seine Reaktionszeit wegen Unaufmerksamkeit $t''_R = 1.5$ s beträgt?
f) Wann erfolgt der Zusammenstoss?

Lösung

Aus Figur 18 lesen wir ab (grafische Lösung):

a)

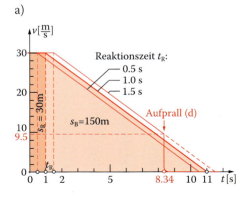

Figur 18 Geschwindigkeit-Zeit-Diagramm

b) $s_R = 30$ m

c) $s_B = 150$ m, total 180 m

d) Es ändert sich nur die Reaktionszeit, und damit wird der Reaktionsweg halbiert. $\Delta s' = 15$ m.

e) Nach 45 m beginnt der Bremsvorgang, dann beträgt die Distanz zum Hindernis $s''_R = 135$ m und die Geschwindigkeit:

$$v = \sqrt{v^2 + 2 \cdot a \cdot s''_R} = \sqrt{30^2 - 2 \cdot 3 \cdot 135} \, \frac{\text{m}}{\text{s}}$$

$$= 9.48 \, \frac{\text{m}}{\text{s}} = 34.2 \, \frac{\text{km}}{\text{h}}$$

f) Der Zusammenstoss erfolgt nach

$$t = t''_R + \frac{v - v_0}{a} = 1.5\ \text{s} + \frac{9.48 - 30}{-3}\ \text{s} = 8.34\ \text{s}$$

3.5 Zusammenfassung

Für die physikalische Behandlung von Bewegungen gibt es zwei grundlegende Definitionen:

$$\text{Geschwindigkeit} = \frac{\text{Weg}}{\text{Zeit}} \quad \text{oder} \quad v = \frac{\Delta s}{\Delta t}$$

$$\text{Beschleunigung} = \frac{\text{Geschwindigkeitsänderung}}{\text{Zeit}} \quad \text{oder} \quad a = \frac{\Delta v}{\Delta t}$$

Die geradlinig gleichmässig beschleunigte Bewegung mit der Anfangsgeschwindigkeit v_0 kann mathematisch durch drei Formeln ausgedrückt werden:

$$v = v_0 + a \cdot t \qquad s = s_0 + v_0 \cdot t + \frac{1}{2} \cdot a \cdot t^2 \qquad v^2 = v_0^2 + 2 \cdot a \cdot (s - s_0)$$

Die Spezialfälle der gleichmässig beschleunigten Bewegung ohne Anfangsgeschwindigkeit ($v_0 = 0$) und die gleichförmige Bewegung (a = 0) sind darin enthalten.

Grafisch kann die geradlinig gleichmässig beschleunigte Bewegung mit dem *a-t-*, dem *v-t-* und dem *s-t*-Diagramm beschrieben werden. Für das Verständnis am wichtigsten ist das Geschwindigkeits-Zeit-(*v-t-*)Diagramm. Der zurückgelegte Weg $\Delta s = s - s_0$ kann als Fläche unter dem Graphen betrachtet werden, die Steigung im *v-t-*Diagramm ist die Beschleunigung *a*.

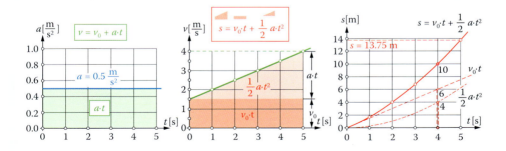

Im Weg-Zeit-Diagramm ist die *Momentangeschwindigkeit v* die Steigung des Graphen.

Weitere Unterlagen zum Thema siehe www.hep-verlag.ch/physik-mittelschulen

4 Bewegungs- und Fallexperimente

4.1 Warum experimentieren wir in der Physik?

Galileo Galilei hat zu Beginn des 17. Jahrhunderts die Physik als quantitative Wissenschaft begründet, die seither die qualitativ-spekulative Physik der Antike (Aristoteles) abgelöst hat. Er war davon überzeugt, dass mit Experimenten Fragen an die Natur gestellt werden können und dass man sinnvolle Antworten erhält, sofern diese Experimente intelligent geplant und mit angemessenen mathematischen Methoden ausgewertet werden.

Galilei setzte seine quantitative Methode schon sehr früh zur Untersuchung von beschleunigten Bewegungen ein. In einem Brief an seinen venezianischen Freund Pater Paolo Sarpi schrieb er im Oktober 1604 zum ersten Mal vom mathematischen Gesetz einer beschleunigten Bewegung, das z. B. für den freien Fall eines Körpers oder die Rollbewegung einer Kugel längs einer geneigten Ebene (Figur 19) gilt und einen Zusammenhang zwischen Strecke und Zeit angibt: Der aus der Ruhe zurückgelegte Weg ist proportional zum Quadrat der erforderlichen Zeit t.

$$s \sim t^2 \ oder \ s = k \cdot t^2$$

k ist dabei eine konstante physikalische Grösse. Dieses Gesetz bedeutet nach Galilei auch, dass die von einem beschleunigt bewegten Körper in gleichen Zeiten nacheinander zurückgelegten Strecken sich verhalten wie die Folge der ungeraden Zahlen 1, 3, 5, 7, 9, ... Legt eine polierte Elfenbeinkugel auf einer schiefen Ebene in der ersten Sekunde nach dem Start eine Strecke von 10 cm zurück, so beträgt ihr Weg in der zweiten Sekunde 30 cm, in der dritten Sekunde 50 cm, in der vierten Sekunde 70 cm usw. Die von der Kugel zurückgelegte Gesamtstrecke beträgt dabei nach der ersten Sekunde 10 cm, nach der zweiten Sekunde 40 cm, nach der dritten Sekunde 90 cm, nach der vierten Sekunde 160 cm (Figur 19).

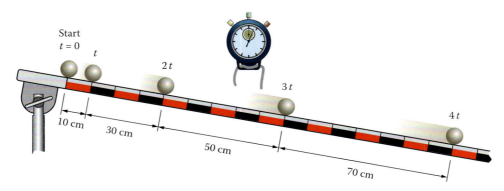

Figur 19 Schiefe Ebene

Damit hat Galilei das mathematische Gesetz der geradlinig gleichförmig beschleunigten Bewegung entdeckt und mit der schiefen Ebene auch eine experimentelle Methode benutzt.

4.2 Geradlinig gleichmässig beschleunigte Bewegung auf der Fahrbahn

Zur experimentellen Bestätigung der Gesetze der beschleunigten Bewegung setzen wir hier ein ähnliches Experiment wie Galilei ein. Zur Zeitmessung benutzen wir moderne Methoden. Ein Gleiter wird auf einer reibungsarmen Fahrbahn, z.B. einer Luftkissenbahn, mit einem Gewicht G längs einer Strecke s aus dem Stillstand bewegt (Figur 20). Beim Start wird der Stromkreis eines Haltemagneten unterbrochen und zugleich eine erste elektronische Stoppuhr (Zeit t) betätigt.

Zuerst bewegt sich der Gleiter längs einer Strecke s gleichmässig beschleunigt; sobald das Gewicht den Fangbecher mit einem elektronischen Schalter erreicht, wird die erste Stoppuhr angehalten, und der Gleiter bewegt sich mit der konstanten Endgeschwindigkeit v gleichförmig weiter. Diese Geschwindigkeit wird bestimmt, indem mit einer zweiten Uhr die Zeit t' gemessen wird, die der Gleiter zum Zurücklegen einer fest vorgegebenen Strecke s' (z.B. von 10 cm) benötigt.

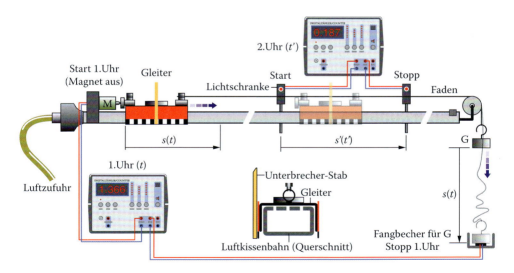

Figur 20 Luftkissenfahrbahn: Geradlinig gleichförmig beschleunigte Bewegung

4.3 Auswertung von Messresultaten

In der unten stehenden Tabelle sind 5 Messungen dargestellt und ausgewertet. Die Beschleunigung wird dabei einerseits aus dem s-t- (Beschleunigung $a_1 = \frac{2 \cdot s}{t^2}$), andererseits aus dem v-t-Gesetz (Beschleunigung $a_2 = v/t$) bestimmt. Direkt gemessen werden s, t, $s' = 10$ cm und t'. Für die Endgeschwindigkeit gilt $v = s'/t'$.

s(cm)	t(s)	$a_1 = \frac{2 \cdot s}{t^2}\left(\frac{cm}{s^2}\right)$	t'(s)	$v = \frac{s'}{t'}\left(\frac{cm}{s}\right)$	$a_2 = \frac{v}{t}\left(\frac{cm}{s^2}\right)$
104.3	2.306	39.2	0.111	90.1	39.1
72.5	1.936	38.7	0.133	75.2	38.8
36.4	1.366	39.0	0.187	53.5	39.1
18.7	0.974	39.4	0.257	38.9	39.9
7.4	0.609	39.9	0.388	25.8	42.3
		$\bar{a}_1 = (39.2 \pm 0.2)\frac{cm}{s^2}$			$\bar{a}_2 = (39.8 \pm 0.6)\frac{cm}{s^2}$

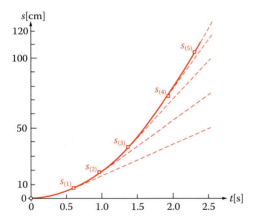

Figur 21 Messwerte im s-t-Diagramm   Figur 22 Messwerte im v-t-Diagramm

Geschwindigkeit-Zeit-Diagramm

Der Graph des v-t-Diagramms (Figur 22) ergibt (innerhalb der Grenzen der Messfehler) eine Gerade durch den Ursprung, also gilt:

$$v = a_2 \cdot t \quad \text{bzw.} \quad a_2 = \frac{v}{t}$$

Die Werte für die Beschleunigung a_2 sind in der Tabelle (oben) eingetragen. Der Mittelwert der fünf Beschleunigungswerte beträgt $\bar{a}_2 = 39.8 \frac{cm}{s^2}$.

Weg-Zeit-Diagramm

Aufgrund unserer Überlegungen zur gleichmässig beschleunigten Bewegung vermuten wir, dass der (gekrümmte) Graph (Figur 21) eine Parabel ist und dass das s-t-Gesetz $s = \frac{a_1}{2} \cdot t^2$ bzw. $a_1 = \frac{2 \cdot s}{t^2}$ lautet. Der Mittelwert der fünf Beschleunigungswerte beträgt $\bar{a}_1 = (\, 39.2 \pm 0.2 \,) \frac{cm}{s^2}$. $\bar{a}_2$ stimmt innerhalb der statistischen Streuung (Standardabweichung des Mittelwerts) mit $\bar{a}_1$ überein.

Die Werte der in Figur 22 angegebenen Geschwindigkeiten sind gleich gross wie die Steigungen der Tangenten an die Weg-Zeit-Parabel in Figur 21.

4.4 Freier Fall und der vertikale Wurf

4.4.1 Experiment zum freien Fall

Mit der in Figur 23 skizzierten Apparatur lassen wir einen Körper (Stahlkugel) aus verschiedenen Höhen h frei fallen. Sobald der Auslösemechanismus (Fotoauslöser) betätigt wird, beginnt die Kugel zu fallen und unterbricht einen Stromkreis, wodurch die elektronische Uhr gestartet wird. Unten fällt die Kugel auf einen mechanischen Schalter, welcher die Uhr stoppt: Wir lesen die Fallzeit t in Sekunden ab. Die Fallhöhe h wird im Bereich von etwa 0 bis 3 m verändert und gemessen. Erstaunlicherweise kann mit diesem einfachen Aufbau sehr präzise gemessen werden; die Längen auf 1 mm, die Zeit sogar (reproduzierbar!) auf 0.0001 s, also auf eine Zehntelmillisekunde genau.

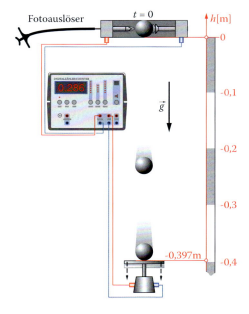

Figur 23 Experiment zum freien Fall

Die Auswertung ergibt, dass die Fallhöhe proportional zum Quadrat der Zeit zunimmt; die Fallbewegung ist also eine gleichförmig beschleunigte Bewegung. Folglich nimmt die Fallgeschwindigkeit linear mit der Zeit zu.

4.4.2 Gesetze des freien Falls und des vertikalen Wurfs

Für die Fallbeschleunigung benutzen wir den Buchstaben g; sie hat einen Wert von ungefähr $g = -9.81 \frac{m}{s^2}$. g wird gelegentlich auch als Ortskonstante oder *Ortsfaktor* bezeichnet.

> ### Gesetze des freien Falls
> Der freie Fall ist eine gleichmässig beschleunigte Bewegung.
>
> $$g = -9.81\frac{m}{s^2} \qquad v_z = g \cdot t \qquad s_z - s_{z,0} = h = \frac{1}{2} \cdot g \cdot t^2 \qquad v_z^2 = 2 \cdot g \cdot h$$

Diese Gesetze stimmen exakt mit denjenigen der geradlinig gleichmässig beschleunigten Bewegung überein. Wir benutzen eine nach oben gerichtete z-Achse. s_z bezeichnet den Ort (die Koordinate) des untersuchten Körpers (Massepunkts) zum Zeitpunkt t, $s_{z,0}$ den Ort (die Koordinate) zum Zeitpunkt $t = 0$. Der Körper legt während t den Weg $h = s_z - s_{z,0}$ zurück. Im Weg-Zeit-Diagramm ist $s_{z,0} = 0$.

Da wir auf der z-Achse nach oben positiv zählen, nehmen s_z, h und v beim freien Fall negative Werte an.

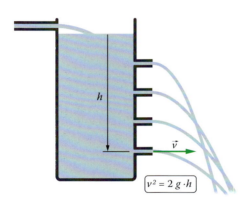

Der Wert der Fallbeschleunigung g variiert auf der Erde leicht. Dabei spielen der Abstand vom Erdmittelpunkt bzw. die Höhe h über Meer und die geografische Breite φ eine Rolle.

Für Bern gilt:

$$\varphi = 46°55'52'' \quad h = 563\ m \quad g = -9.8064\ \tfrac{m}{s^2}$$

Interessanterweise fliesst Wasser der Niveauhöhe h aus einem oben offenen Behälter ebenfalls mit der Geschwindigkeit $v = \sqrt{2 \cdot g \cdot h}$ (g und h negativ!) des freien Falls durch ein horizontal angebrachtes Ausflussrohr (Ausflussgesetz von Torricelli, Figur 24).

Figur 24 Ausflussgesetz von Torricelli

Wird ein Körper mit einer Anfangsgeschwindigkeit v_0 in vertikaler Richtung auf- oder abwärts geworfen, so sprechen wir von einem vertikalen Wurf. Für den zurückgelegten Weg h und die Endgeschwindigkeit v eines vertikal geworfenen Körpers gelten die Beziehungen der gleichmässig beschleunigten Bewegung mit der Anfangsgeschwindigkeit $v_{z,0}$ in Richtung der z-Achse (Figuren 25 und 26).

> ### Gesetze des vertikalen Wurfs
>
> $$v_z = v_{z,0} + g \cdot t \qquad s_z = s_{z,0} + v_{z,0} \cdot t + \frac{1}{2} \cdot g \cdot t^2 \qquad v_z^2 = v_{z,0}^2 + 2 \cdot g \cdot (s_z - s_{z,0})$$
>
> $$\text{Fallbeschleunigung } g = -9.81\frac{m}{s^2}$$

In der Steigzeit t_s wird der höchste Punkt h_s erreicht. Im höchsten Punkt ist die Geschwindigkeit null, dann ändert sich die Richtung der Geschwindigkeit, das Vorzeichen wird negativ.

Beispiel: Jet d'eau in Genf

Zum Betrieb dieser bekannten Wasserfontäne in Genf (Figur 27) werden pro Sekunde 500 Liter Wasser in eine Höhe von 140 Metern gespritzt.

a) Mit welcher Geschwindigkeit strömt das Wasser durch die Düse am Boden? Warum ist die berechnete Geschwindigkeit etwas kleiner als der effektive Wert von 200 km/h?

b) Wie lange dauert es, bis ein Wassertröpfchen die Maximalhöhe erreicht?

c) Welche Geschwindigkeit haben die Wassertröpfchen in der halben Höhe (70 m) dieser Fontäne?

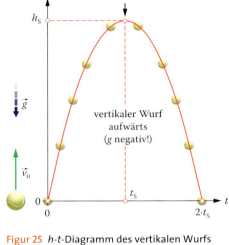

Figur 25 h-t-Diagramm des vertikalen Wurfs

Figur 27 Jet d'eau in Genf

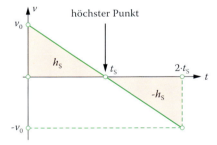

Figur 26 v-t-Diagramm des vertikalen Wurfs

Lösung

a) $v_z^2 = 0 = v_{z,0}^2 + 2 \cdot g \cdot (s_z - s_{z,0}) \implies$

$$v_{z,0} = \sqrt{-2 \cdot g \cdot (s_z - s_{z,0})} = \sqrt{-2 \cdot (-9.81) \cdot 140} \ \frac{m}{s} = 52.4 \ \frac{m}{s} = 189 \frac{km}{h}$$

Die Geschwindigkeit des ausströmenden Wassers muss etwas grösser als 189 km/h sein, weil das Wasser zusätzlich die Luftreibung überwinden muss.

b) $v_z = 0 = v_{z,0} + g \cdot t \quad \Rightarrow \quad t = -\dfrac{v_{z,0}}{g} = -\dfrac{52.4}{-9.81}\,\text{s} = 5.34\,\text{s}$

c) $v_z^2 = v_{z,0}^2 + 2 \cdot g \cdot (s_z - s_{z,0}) \Rightarrow v_z = \sqrt{v_{z,0}^2 + 2 \cdot g \cdot (s_z - s_{z,0})} = \sqrt{52.4^2 + 2 \cdot (-9.81) \cdot 70}\,\dfrac{\text{m}}{\text{s}}$

$= 37.1\dfrac{\text{m}}{\text{s}}$

Die Geschwindigkeit beträgt etwa 70 % der Anfangsgeschwindigkeit.

4.5   Luftwiderstand, Fallröhre

Bei unseren Messungen wurde der Luftwiderstand nicht berücksichtigt; für die im Fallexperiment verwendete Stahlkugel und die erreichte Geschwindigkeit ist er vernachlässigbar klein. Vergleicht man aber den Fall dieser kleinen Stahlkugel mit demjenigen eines ausgedehnten Körpers, z. B. einer Daunenfeder, so stellt man fest, dass der ausgedehntere Körper bereits nach einer sehr kurzen Beschleunigungsphase mit konstanter Geschwindigkeit fällt. Dies ist eine Folge der Luftreibung. Bringt man die beiden Körper nämlich in ein geschlossenes Glasrohr (Fallröhre) und pumpt dieses leer, so fallen sie gleich.

Die Bremsbeschleunigung a_R auf einen in (turbulent strömender) Luft bewegten Körper ist proportional zur Dichte ρ_{Luft} der Luft, zum Quadrat der Geschwindigkeit v des Körpers, zu dessen Querschnitt A, zum (formabhängigen) Widerstandsbeiwert c_W und umgekehrt proportional zur Körpermasse m (in Kilogramm):

Newton'sches Reibungsgesetz für einen turbulent umströmten Körper

$$a_R = \frac{F_R}{m} = \frac{1}{2} \cdot \frac{c_W \cdot \rho_{\text{Luft}} \cdot A \cdot v^2}{m}$$

Kugel $c_W = 0.45$, Auto $c_W = 0.30\ldots0.35$, $\rho_{\text{Luft}} \approx 1.20\,\dfrac{\text{kg}}{\text{m}^3}$

Ein fallender Körper bewegt sich nur so lange beschleunigt, als die Fallbeschleunigung grösser als diese Bremsbeschleunigung a_R ist. Bei einer bestimmten Geschwindigkeit werden die beiden Beschleunigungen betragsmässig gleich gross, der Körper ist dann im Gleichgewicht und wird nicht mehr schneller.

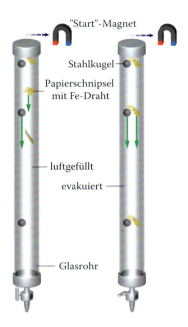

Figur 28 Fallröhre

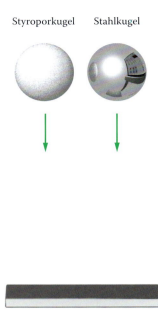

Figur 29 Grosse Styropor- und Stahlkugeln fallen im 3 Meter hohen Schulzimmer auch mit Luftwiderstand erstaunlicherweise fast gleich schnell, von einer 30 m hohen Brücke aber nicht mehr

■ Beispiel: Luftreibung

Bei welcher Geschwindigkeit ist die auf eine frei fallende Styroporkugel (Masse $m = 0.02$ kg, Radius $r = 0.05$ m) wirkende (durch die Luft erzeugte) Bremsbeschleunigung gerade gleich gross wie der Betrag $|g| = +9.81 \frac{m}{s^2}$ der Fallbeschleunigung? ($c_W = 0.45$, $\rho_{Luft} = 1.2 \frac{kg}{m^3}$)

Lösung

$$a_R = |g| = \frac{1}{2} \cdot \frac{c_W \cdot \rho_{Luft} \cdot A \cdot v^2}{m} \quad \Rightarrow$$

$$v = \sqrt{\frac{2 \cdot m \cdot |g|}{c_W \cdot \rho_{Luft} \cdot A}} = \sqrt{\frac{2 \cdot 0.02 \cdot 9.81}{0.45 \cdot 1.2 \cdot \pi \cdot 0.05^2}} \; \frac{m}{s} \approx 9.6 \frac{m}{s} \approx 35 \frac{km}{h}$$

Weitere Unterlagen zum Thema siehe www.hep-verlag.ch/physik-mittelschulen

77

4.6 Zusammenfassung

Seit Galilei wird in der Physik experimentiert. Experimente erlauben es, die Natur quantitativ mit Messungen zu erfassen. Die gleichmässig beschleunigte Bewegung kann auf einer nahezu reibungsfreien Luftkissenfahrbahn untersucht werden. Direkt gemessen werden die von einem bewegten Wägelchen zurückgelegten Strecken und die dazu erforderlichen Zeiten. Daraus resultieren *s-t-* und *v-t*-Diagramme, welche die Bewegungsgesetze wiedergeben. Analoge Resultate liefert die Untersuchung des freien Falls einer kleinen Stahlkugel.

Der freie Fall ($a = g = -9.81 \frac{m}{s^2}$, $v_{z,0} = 0$) und der vertikale Wurf ($v_{z,0} \neq 0$) sind Spezialfälle der geradlinig gleichmässig beschleunigten Bewegung. Deshalb gilt:

$$v_z = v_{z,0} + g \cdot t \qquad s_z = s_{z,0} + v_{z,0} \cdot t + \frac{1}{2} \cdot g \cdot t^2 \qquad v_z^2 = v_{z,0}^2 + 2 \cdot g \cdot (s_z - s_{z,0})$$

Diese Gesetze gelten, falls die Luftreibung vernachlässigt werden kann. Mit der Luftreibung wirkt eine geschwindigkeitsabhängige Bremsbeschleunigung a_R entgegen, die von der Masse m, dem Querschnitt A, der Luftdichte ρ, dem Quadrat der Geschwindigkeit v^2 und dem Luftwiderstandsbeiwert c_W abhängig ist. Der fallende Körper wird dabei nur so lange schneller, als $a_R < g$ ist.

Newton'sches Reibungsgesetz für einen turbulent umströmten Körper

$$a_R = \frac{F_R}{m} = \frac{1}{2} \cdot \frac{c_W \cdot \rho_{Luft} \cdot A \cdot v^2}{m}; \quad \text{Kugel } c_W = 0.45; \quad \rho_{Luft} \approx 1.20 \frac{kg}{m^3}$$

5 Bewegungen in zwei Dimensionen

5.1 Vektoren in der Physik

5.1.1 Definition

Vektoren sind gerichtete physikalische Grössen, die durch ihren Absolutbetrag (oder Betrag, stets positiv) und durch ihre Richtung gegeben sind. Wichtige Beispiele sind der Vektor des Weges $\Delta \vec{s}$ (Differenz von Ortsvektoren) und die Geschwindigkeit $\vec{v}$. Grafisch werden Vektoren als Pfeile dargestellt, deren Länge ein Mass für ihren Absolutbetrag ist (Figur 30): Wird eine Geschwindigkeit von 3 m/s beispielsweise mit einem Vektor der Länge 3 cm ausgedrückt, so hat der Vektor der Geschwindigkeit 6 m/s die doppelte Länge, nämlich 6 cm. Das zugehörige Formelzeichen wird mit einem Pfeil versehen. Der Betrag

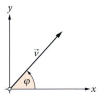

Figur 30 Vektor

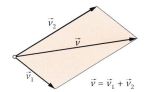

Figur 31 Vektoraddition

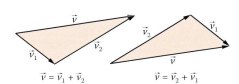

Figur 32 Vereinfachte Vektoraddition

eines Vektors $\vec{v}$ wird mit $|\vec{v}|$ oder einfacher mit v (ohne Pfeil) bezeichnet. Der Winkel φ gibt die Richtung des Vektors (in der Ebene) an. Ein Vektor $\vec{v}$ der Ebene ist durch die Angabe des Betrags $|\vec{v}|$ und des Winkels φ eindeutig bestimmt.

5.1.2 Addition von Vektoren: die Parallelogrammregel

Mit Vektoren kann man rechnen, wobei allerdings besondere Regeln gelten. Die Vektoraddition ist etwas anderes als eine gewöhnliche Addition von Zahlen. Formal schreiben wir die Addition zweier Vektoren zwar ähnlich, nämlich als $\vec{v} = \vec{v}_1 + \vec{v}_2$. Den Summenvektor $\vec{v}$, die sogenannte Resultierende, erhalten wir jedoch mit einer geometrischen Konstruktion.

Parallelogrammregel (Figur 31)
Den Summenvektor $\vec{v}$ zweier Vektoren $\vec{v}_1$ und $\vec{v}_2$ erhält man, indem man

- durch die Spitze von $\vec{v}_1$ eine zu $\vec{v}_2$ parallele Hilfsgerade,
- durch die Spitze von $\vec{v}_2$ eine zu $\vec{v}_1$ parallele Hilfsgerade zeichnet und
- den Ausgangspunkt der beiden Vektoren $\vec{v}_1$ und $\vec{v}_2$ mit dem gegenüberliegenden Diagonalenpunkt des entstandenen Parallelogramms verbindet.

Vereinfachte Parallelogrammregel (Figur 32)
Den Summenvektor $\vec{v}$ erhalten wir auch, wenn wir die beiden Vektoren $\vec{v}_1$ und $\vec{v}_2$ (oder umgekehrt $\vec{v}_2$ und $\vec{v}_1$) einfach aneinanderfügen.

5.1.3 Lösungsmethoden

Für die Lösung physikalischer Probleme mit der Vektorrechnung gibt es zwei Methoden:

- *Grafische Methode*
  Die Vektoren werden mithilfe eines frei wählbaren Darstellungsmassstabs gezeichnet.
  Beispiel: $1\frac{m}{s} \triangleq 10$ cm. Das Zeichen $\triangleq$ bedeutet „entspricht".
  Dann wird die Vektorkonstruktion durchgeführt, es werden Richtung (Winkel) und Betrag (Länge) des gesuchten Vektors gemessen, der Betrag wird mit dem Massstab in

Einheiten der gegebenen physikalischen Grösse umgerechnet. Dieses Resultat hat natürlich nur eine beschränkte Genauigkeit.

- ***Analytische oder rechnerische Methode***
  Richtung und Betrag des gesuchten Vektors werden mithilfe von Dreiecksbeziehungen, des Satzes von Pythagoras und der Trigonometrie oder in einem Koordinatensystem berechnet. In der Ebene gibt es zwei mögliche Vektordarstellungen:

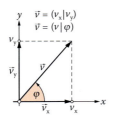

Figur 33 Kartesische Koordinaten und Polarkoordinaten

- Darstellung in kartesischen Koordinaten:
  $$\vec{v} = (\, v_x \mid v_y \,), v_x = v \cdot \cos(\varphi), v_y = v \cdot \sin(\varphi)$$

- Darstellung in Polarkoordinaten:
  $$\vec{v} = (\, v \mid \varphi \,), v = \sqrt{v_x^2 + v_y^2}, \tan(\varphi) = \frac{v_y}{v_x}$$

In der Darstellung mit kartesischen Koordinaten vereinfacht sich die Vektoraddition zur Addition der v_x- bzw. der v_y-Koordinaten:
$$\vec{v}_1 + \vec{v}_2 = (\, v_{1,x} \mid v_{1,y} \,) + (\, v_{2,x} \mid v_{2,y} \,) = (\, v_{1,x} + v_{2,x} \mid v_{1,y} + v_{2,y} \,)$$

■ Beispiel: Vektoraddition im Koordinatensystem

Gegeben sind die Geschwindigkeitsvektoren $\vec{v}_1 = (\, 6 \mid 8 \,)\frac{m}{s}$ und $\vec{v}_2 = (\, 2 \mid -5 \,)\frac{m}{s}$. Bestimmen Sie den Summenvektor, dessen Richtung und Betrag in einem v_x-v_y-Koordinatensystem.

Lösung

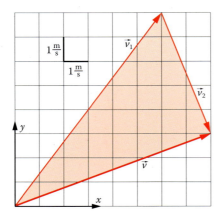

$$\vec{v} = \vec{v}_1 + \vec{v}_2 = (\, 6 \mid 8 \,)\frac{m}{s} + (\, 2 \mid -5 \,)\frac{m}{s} = (\, 8 \mid 3 \,)\frac{m}{s},$$

$$\left| \vec{v} \right| = \sqrt{8^2 + 3^2}\ \frac{m}{s} = 8.54\ \frac{m}{s}$$

$$\varphi = \arctan\left(\frac{3}{8}\right) = 20.6°$$

Figur 34 Vektoraddition

5.2 Unabhängigkeitsprinzip der Bewegung

Die effektive Bewegung eines Flugzeugs in bewegter Luft oder einer Schwimmerin in einem Fluss setzt sich aus zwei voneinander unabhängigen Teilbewegungen zusammen, der Eigenbewegung und der Bewegung des umgebenden Mediums, der Luft bzw. des Wassers. Erstaunlicherweise kann jede Bewegung eines physikalischen Körpers auf diese Weise in zwei oder mehrere voneinander unabhängige Teilbewegungen zerlegt werden. Diese grundlegende und keineswegs selbstverständliche Eigenschaft jeder physikalischen Bewegung bezeichnen wir als Unabhängigkeitsprinzip. Es ist eine direkte Folge der Vektoreigenschaft der Geschwindigkeit.

■ Beispiel: Flug München–Wien

Ein Flugzeug fliegt von München nach Wien exakt in östlicher Richtung und anschliessend wieder westwärts zurück nach München. Die Distanz zwischen den beiden Städten beträgt 350 km. Die Eigengeschwindigkeit bei Windstille beträgt $v_F = 175$ m/s. Bestimmen Sie die effektive Fluggeschwindigkeit v_{eff} bezüglich des Bodens sowie die gesamte Reisezeit für den Hin- und Rückflug:

a) bei Windstille,
b) bei einem konstanten Westwind mit $v_W = 25$ m/s,
c) bei einem konstanten Nordwind mit $v_N = 25$ m/s.

Lösung

a) **Windstille**
   Bei Windstille ist die effektive Geschwindigkeit gleich der Reisegeschwindigkeit des Flugzeugs, und es gilt $v_{eff} = v_F = 175$ m/s.
   Die **Reisezeit** beträgt für den Hinflug und Rückflug:

$$t_{hin} = t_{zurück} = \frac{s}{v_{eff}} = \frac{350\,000\ \text{m}}{175\ \frac{\text{m}}{\text{s}}} = 2000\ \text{s} \quad \text{Total also } t = 4000\ \text{s}$$

b) **Konstanter Westwind**
   Bei konstantem Westwind ist die effektive Geschwindigkeit nicht mehr gleich der Eigengeschwindigkeit des Flugzeugs.
   Hinflug (Figur 35, oben): Vektorgleichung der Geschwindigkeiten $\vec{v}_{eff} = \vec{v}_F + \vec{v}_W$, Betragsgleichung der Geschwindigkeiten: $v_{eff} = v_F + v_W$.

   Flugzeit: $t_{hin} = \frac{s}{v_{eff}} = \frac{350\,000\ \text{m}}{175 + 25\ \frac{\text{m}}{\text{s}}} = 1750\ \text{s}$

Rückflug (Figur 35, unten): Vektorgleichung der Geschwindigkeiten: $\vec{v}_{\text{eff}} = \vec{v}_{\text{F}} + \vec{v}_{\text{W}}$
Betragsgleichung der Geschwindigkeiten: $v_{\text{eff}} = v_{\text{F}} - v_{\text{W}}$

Flugzeit: $\quad t_{\text{zurück}} = \dfrac{s}{v_{\text{eff}}} = \dfrac{350\,000}{175 - 25} \dfrac{\text{m}}{\text{m/s}} = 2333$ s Total $t = 1750$ s $+ 2333$ s $= 4083$ s

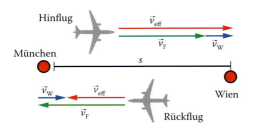

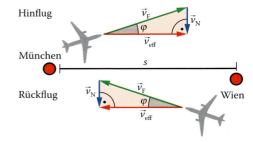

Figur 35 Flug mit Westwind

Figur 36 Flug mit Nordwind

c) **Konstanter Nordwind**

Auch bei konstantem Nordwind (Figur 36) ist die effektive Geschwindigkeit nicht gleich der Eigengeschwindigkeit des Flugzeugs.

Hinflug und Rückflug: Vektorgleichung der Geschwindigkeiten: $\vec{v}_{\text{eff}} = \vec{v}_{\text{F}} + \vec{v}_{\text{N}}$

$$\vec{v}_{\text{eff}} = \vec{v}_{\text{F}} + \vec{v}_{\text{N}} = (\, v_{\text{eff}} \mid 0\,) = (\, v_{\text{F,x}} \mid v_{\text{F,y}} \,) + (\, 0 \mid -v_{\text{N}} \,) = (\, v_{\text{F}} \cdot \cos\varphi \mid v_{\text{F}} \cdot \sin\varphi \,) + (\, 0 \mid -v_{\text{N}} \,)$$

d.h. $0 = v_{\text{F}} \cdot \sin\varphi - v_{\text{N}}$ oder $\varphi = \arcsin\dfrac{v_{\text{N}}}{v_{\text{F}}} = 8.21°$ und $v_{\text{eff}} = v_{\text{F}} \cdot \cos\varphi = 173.2\dfrac{\text{m}}{\text{s}}$

Flugzeit: $\quad \dfrac{350\,000}{173.2}$ s $= 2020.7$ s Total $t = 4041$ s $t_{\text{hin}} = t_{\text{zurück}} = \dfrac{s}{v_{\text{eff}}}$

5.3 Horizontaler Wurf

Figur 37 Kater Toby Tatze mit Steinschleuder
aus: Tomi Ungerer, *Kein Kuss für Mutter*

Galilei hat das Unabhängigkeitsprinzip als Erster erfolgreich zur Berechnung von Wurfbewegungen eingesetzt. Vor ihm hatte man während fast 2000 Jahren (!) erfolglos versucht, die Flugbahn von Wurfgeschossen von Katapulten oder Schleudern (Figur 37) mit den physikalischen Methoden von Aristoteles zu berechnen. Die erfolgreiche Methode Galileis besteht darin, die komplizierte Wurfbewegung in zwei einfachere Teilbewegungen zu zerlegen. Für den horizontalen Wurf kann die Gültigkeit des Unabhängigkeitsprinzips anhand zweier einfacher Demonstrationen experimentell gezeigt werden.

5.3.1 Unabhängigkeitsprinzip in vertikaler Richtung

Eine kleine Stahlkugel wird mit einem Federmechanismus auf eine Geschwindigkeit v_0 beschleunigt und dann in horizontaler Richtung weggestossen (Figur 38). Zu gleicher Zeit wird eine zweite Stahlkugel aus der gleichen Höhe frei fallen gelassen: Die beiden Kugeln treffen zugleich am Boden auf, was man deutlich hört.

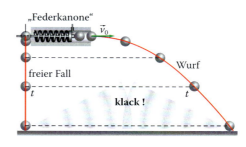

Figur 38 Unabhängigkeitsprinzip vertikal

Fotografiert man die beiden Kugeln in gleichen Zeitabständen, so stellt man fest, dass sie sich zu jedem Zeitpunkt in gleicher Höhe befinden. Offenbar bewegen sich beide Kugeln mit der gleichen Fallbeschleunigung g vertikal nach unten. Die Fallbewegung wird bei der horizontal weggestossenen Kugel von der horizontal gerichteten Anfangsgeschwindigkeit nicht beeinflusst; die Fallbeschleunigung ist also von der Anfangsgeschwindigkeit unabhängig.

5.3.2 Unabhängigkeitsprinzip in horizontaler Richtung

In einem zweiten Experiment wird jetzt gezeigt, dass das Unabhängigkeitsgesetz auch in horizontaler Richtung gilt, d.h., dass die horizontale gleichförmige Bewegung nicht durch die Fallbeschleunigung beeinflusst wird.

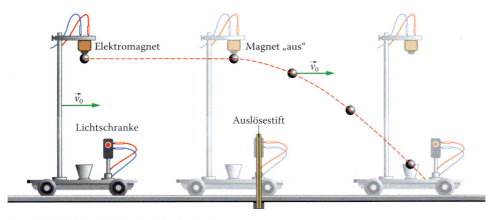

Figur 39 Unabhängigkeitsprinzip horizontal

Wir montieren die Kugel an einem kleinen Mast, der an einem Experimentierwagen befestigt ist. Dieser ist auf einer horizontalen Fahrbahn leicht beweglich. Die Kugel wird dabei von einem am Mast angebrachten Elektromagneten gehalten. Der Stromkreis des Elektromagneten ist mit einer Infrarot-Lichtschranke verbunden, die unterbrochen wird, sobald der Wagen einen an der Fahrbahn angebrachten Auslösestift passiert, worauf die Kugel in einen vertikal unter ihr angebrachten Becher fällt (Figur 39).

Jetzt wird der Wagen angestossen: Kugel und Wagen bewegen sich *gleichförmig* in horizontaler Richtung mit einer Geschwindigkeit v_0, der Auslösestift unterbricht die Lichtschranke und den Stromkreis des Haltemagneten, die Kugel fällt unter der Wirkung der Fallbeschleunigung g nach unten, nimmt aber auch ihre Geschwindigkeit v_0 in horizontaler Richtung mit und trifft den Fangbecher auf dem Experimentierwagen, der sich mit der gleichen Geschwindigkeit v_0 bewegt: Das Unabhängigkeitsprinzip gilt auch in horizontaler Richtung!

5.3.3 Bewegungsgesetze des horizontalen Wurfs

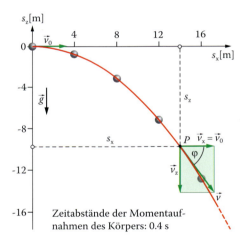

Figur 40 Horizontaler Wurf

Ein Körper wird mit einer Anfangsgeschwindigkeit $v_0 = 10$ m/s im Ursprung eines Koordinatensystems horizontal (in s_x-Richtung) gestossen. Unter der Wirkung der Fallbeschleunigung g entsteht eine gekrümmte Bahn (Figur 40). Vernachlässigen wir die Luftreibung, so können wir diese komplizierte Bewegung mithilfe des Unabhängigkeitsprinzips in zwei einfachere zerlegen:

- in eine geradlinig gleichförmige Bewegung ohne Beschleunigung in der horizontalen s_x-Richtung (Geschwindigkeit v_0) und

- in eine geradlinig gleichmässig beschleunigte Bewegung (freier Fall ohne Anfangsgeschwindigkeit) in der vertikalen s_z-Richtung.

Für die in Figur 40 dargestellten Bahnpunkte erhält man folgende charakteristische Werte:

t	s_x	s_z	v_x	v_z	φ	$v = \sqrt{v_x^2 + v_z^2}$
0.4 s	4.0 m	−0.78 m	10 m/s	3.92 m/s	21.4°	10.74 m/s
0.8 s	8.0 m	−3.14 m	10 m/s	7.85 m/s	38.1°	12.71 m/s
1.2 s	12.0 m	−7.06 m	10 m/s	11.77 m/s	49.7°	15.45 m/s
1.6 s	16.0 m	−12.56 m	10 m/s	15.70 m/s	57.5°	18.61 m/s

Für Beschleunigung und Anfangsgeschwindigkeit in den beiden Raumrichtungen gilt:

	Art der Bewegung	Anfangsgeschwindigkeit	Beschleunigung
In s_x-Richtung:	gleichförmige Bewegung	$v_x = v_0$ = konstant	$a_x = 0$
In s_z-Richtung:	gleichmässig beschleunigte Bewegung	$v_z = 0$	$a_z = g = -9.81$ m/s^2

Bemerkung

- Der Ursprung des s_x-s_z-Koordinatensystems muss immer im Abwurfpunkt des Körpers gewählt werden.
- Beim horizontalen Wurf eines Körpers überlagern sich zwei Bewegungen:
  - eine gleichförmige Bewegung in horizontaler s_x-Richtung und
  - eine gleichförmig beschleunigte Fallbewegung in s_z-Richtung.

Auf dieser Grundlage kann der horizontale Wurf berechnet werden.
Für die s_x- und s_z-Komponenten des Wegs und der Geschwindigkeit gilt:

Gesetze des horizontalen Wurfs

$$s_x = v_0 \cdot t \qquad s_z = \frac{g}{2} \cdot t^2 \qquad v_x = v_0 \qquad v_z = g \cdot t \qquad \text{mit} \qquad g = -9.81 \frac{\text{m}}{\text{s}^2}$$

Der Geschwindigkeitsvektor $\vec{v}$ in einem Bahnpunkt $P(s_x \mid s_y)$ liegt auf der Tangente an die Flugbahn. Er kann auch mit dem Betrag v und dem Winkel φ bezüglich der Horizontalen ausgedrückt werden (Figur 41):

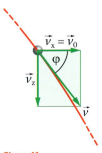

$$v = \sqrt{v_x^2 + v_z^2} = \sqrt{v_0^2 + g^2 \cdot t^2} \qquad \tan\varphi = \frac{|v_z|}{v_x} = \frac{-g \cdot t}{v_0}$$

Figur 41

Geschwindigkeit

Wir leiten einen direkten Zusammenhang zwischen s_x und s_z ohne die Zeit t her: Aus $s_x = v_0 \cdot t$ folgt $t = \frac{s_x}{v_0}$. Eingesetzt in $s_z = \frac{g}{2} \cdot t^2$, ergibt das den Ausdruck für die Wurfparabel:

Wurfparabel

$$s_z = \frac{g}{2} \cdot \frac{s_x^2}{v_0^2} \quad \text{Scheitel in } (0 \mid 0)$$

$$g = -9.81 \frac{\text{m}}{\text{s}^2} \quad \text{Horizontale Anfangsgeschwindigkeit } v_0$$

■ Beispiel: Horizontaler Wurf vom Turm

Von einem h = 50 m hohen Turm wird ein Stein mit einer Schleuder horizontal abgeschossen. Die Anfangsgeschwindigkeit des Steins beträgt v_0 = 20 m/s.

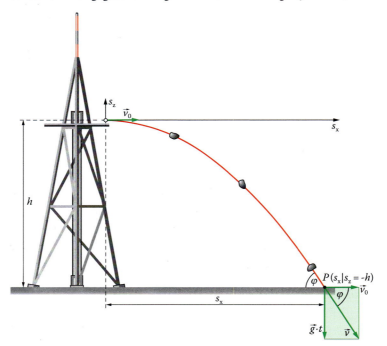

Figur 42 Steinwurf vom Turm

a) Nach welcher Zeit t und in welcher Entfernung s_x vom Fuss des Turms trifft der Stein den horizontalen Erdboden?

b) Wie gross sind dann seine Geschwindigkeit v und sein Aufprallwinkel φ am Boden?

Lösung

Vertikale Richtung: $\qquad s_z = -h = \dfrac{g}{2} \cdot t^2 \quad \Rightarrow \quad t = \sqrt{\dfrac{2 \cdot h}{-g}} = \sqrt{\dfrac{2 \cdot 50}{9.81}}\ \text{s} = 3.19\ \text{s}$

Horizontale (Wurfweite): $\ s_x = v_0 \cdot t = 20 \cdot 3.19\ \text{m} = 63.9\ \text{m}$

Geschwindigkeit: $\qquad v = \sqrt{v_x^2 + v_z^2} = \sqrt{v_0^2 + g^2 \cdot t^2} \;\; = \sqrt{20^2 + 9.81^2 \cdot 3.19^2}\ \dfrac{m}{s} = 37.16\ \dfrac{\text{m}}{\text{s}}$

$$\varphi = \arctan\left(\dfrac{|v_z|}{v_x}\right) = \arctan\left(\dfrac{-g \cdot t}{v_0}\right) = \arctan\left(\dfrac{9.81 \cdot 3.19}{20}\right) = 57.4°$$

Bei unseren Berechnungen haben wir den **Luftwiderstand** vernachlässigt. Berücksichtigt man diese Störung, so werden die Rechnungen viel schwieriger; die Flugbahn kann dann nur noch näherungsweise und mithilfe der Differenzialrechnung ermittelt werden. Weil der Luftwiderstand vom Betrag der Geschwindigkeit, also von $v = \sqrt{v_x^2 + v_z^2}$ abhängt, können wir die Bewegungen in s_x- und s_z-Richtung nicht mehr unabhängig voneinander betrachten. Im Newton'schen Reibungsgesetz (S. 76) haben beide Geschwindigkeitskomponenten einen Einfluss auf die Bremsbeschleunigung. Die tatsächliche Flugbahn, die *ballistische Kurve*, weicht deshalb von der Parabelbahn ab.

5.4 Gleichförmige Kreisbewegung

5.4.1 Einige wichtige Definitionen

Wir betrachten einen Körper (Punktmasse), der sich gleichförmig, d.h. mit konstantem Geschwindigkeitsbetrag v, auf einer Kreisbahn mit Radius r bewegt (Figur 43). Die Richtung des Geschwindigkeitsvektors $\vec{v}$ ändert sich während dieser Bewegung ständig.

Um die Strecke (Bogen) Δb von (1) nach (2) zurückzulegen, braucht der Körper eine Zeit Δt. Für den Betrag der Geschwindigkeit schreiben wir:

$$|\vec{v}_1| = |\vec{v}_2| = |\vec{v}_3| = |\vec{v}_4| = \ldots = \dfrac{\Delta b}{\Delta t} = v$$

Für den Winkel $\Delta\varphi$ im Bogenmass gilt:

$$\Delta\varphi = \dfrac{\text{Bogen}}{\text{Radius}} = \dfrac{\Delta b}{r}$$

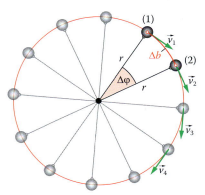

Figur 43 Gleichförmige Kreisbewegung

Neu führen wir die *Winkelgeschwindigkeit (ω)* ein und stellen eine Beziehung mit dem Geschwindigkeitsbetrag *v* her.

$$\omega = \frac{\text{Winkel}}{\text{Zeit}} = \frac{\Delta\varphi}{\Delta t} \qquad [\omega] = \text{s}^{-1}$$

$$\omega = \frac{\Delta\varphi}{\Delta t} = \frac{\Delta b / r}{\Delta t} = \frac{\Delta b}{r \cdot \Delta t} = \frac{v}{r}$$

Die Zeit *T*, welche der Körper für einen vollen Umlauf braucht (2 π rad $\triangleq$ 360°), heisst Umlaufzeit oder Periode. Für die Winkelgeschwindigkeit ω gilt also:

$$\omega = \frac{v}{r} = \frac{2 \cdot \pi}{T} \quad \text{oder} \quad v = \omega \cdot r = \frac{2 \cdot \pi \cdot r}{T} \qquad [\omega] = \frac{1\,\text{rad}}{1\,\text{Sekunde}} = \frac{1}{\text{s}} = \text{s}^{-1}$$

Die Einheit „rad" für den Winkel im Bogenmass wird meistens weggelassen. Die physikalische Grösse, welche die Anzahl Umläufe eines Körpers pro Zeiteinheit (Sekunde) angibt, heisst Frequenz (Formelzeichen *f*). Es gilt:

$$f = \frac{1}{T} = \frac{\omega}{2 \cdot \pi} \quad \text{Einheit der Frequenz: } [\,f\,] = \frac{1}{\text{s}} = 1\,\text{Hertz} = 1\,\text{Hz}$$

Die Einheit „Hertz" wird nur für die Frequenz, nicht aber für die Winkelgeschwindigkeit verwendet.

5.4.2 Zentripetal- oder Radialbeschleunigung

Wir betrachten wiederum einen gleichförmig kreisenden Massepunkt. Der Geschwindigkeitsvektor ändert seine Richtung dauernd, sein Betrag bleibt aber konstant. Bewegt er sich längs eines Kreisbogens Δb, so beträgt seine Geschwindigkeit am Anfang $\vec{v}_1$, am Ende $\vec{v}_2$ und es gilt $\vec{v}_1 + \Delta\vec{v} = \vec{v}_2$

Um die Geschwindigkeitsänderung $\Delta\vec{v}$ zu berechnen, betrachten wir das Vektordreieck von Figur 44. Dieses Vektordreieck ist gleichschenklig. Im Vektorplan liegen die Spitzen der beiden Geschwindigkeitsvektoren $\vec{v}_1$ und $\vec{v}_2$ auf der Peripherie eines Kreises mit Radius $v = |\vec{v}_1| = |\vec{v}_2|$. Wählt man den Winkel $\Delta\varphi$ zwischen den beiden Geschwindigkeitsvektoren $\vec{v}_1$ und $\vec{v}_2$ klein, so ist Δv näherungsweise gleich gross wie die Länge des Kreisbogens zwischen den Spitzen der beiden Vektoren. Diese Näherung ist umso genauer, je kleiner der Winkel $\Delta\varphi$ gewählt wird. Aus der Definition „Winkel gleich Bogen über Radius" folgt: $\Delta v \approx \Delta\varphi \cdot v$

Die Geschwindigkeitsänderung Δv erfolgt während einer Zeit Δt. Es wirkt eine Beschleunigung a_z, die Zentripetal- oder Radialbeschleunigung, auf den rotierenden Massepunkt. Für den Betrag dieser Beschleunigung gilt

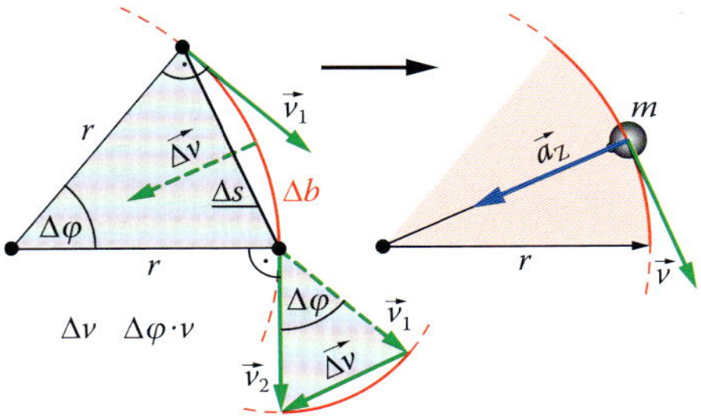

Figur 44 Herleitung der Zentripetalbeschleunigung

$$a_Z = \frac{\Delta v}{\Delta t} \approx \frac{\Delta\varphi \cdot v}{\Delta t} = \omega \cdot v$$

Mit $\omega = \dfrac{v}{r}$ bzw. $v = \omega \cdot r$ erhalten wir für die Zentripetalbeschleunigung

$$a_Z = \frac{v^2}{r} \quad \text{bzw.} \quad a_Z = \omega^2 \cdot r$$

Die Richtung des Beschleunigungsvektors $\vec{a}_z$ ist parallel zum Vektor $\Delta\vec{v}$ und *zeigt ins Zentrum* der Kreisbahn (Figur 44).

Gesetz der gleichförmigen Kreisbewegung

Ein Massepunkt bewegt sich genau dann mit einer Geschwindigkeit v (Betrag) auf einer Kreisbahn mit dem Radius r, wenn er eine Zentripetalbeschleunigung

$$a_z = \frac{v^2}{r}$$

in Richtung des Zentrums der Kreisbahn erfährt.

■ Beispiel: Autorad

Ein Auto fährt mit einer Geschwindigkeit von 120 km/h. Der Reifendurchmesser beträgt 62.1 cm.

a) Berechnen Sie die Umlaufzeit (Periode), die Frequenz (in Hertz) und die Drehzahl (Umdrehungen pro Minute, rpm) eines Rades.

b) Welche Beschleunigung erfährt ein Steinchen, das in den Rillen des Pneus eingeklemmt ist? Vergleichen Sie das Resultat mit der Fallbeschleunigung g.

Lösung

a) $v = \dfrac{120\,000}{3600}\,\dfrac{\text{m}}{\text{s}} = 33.3\,\dfrac{\text{m}}{\text{s}}$ Umlaufzeit: $T = \dfrac{2 \cdot \pi \cdot r}{v} = \dfrac{\pi \cdot d}{v} = \dfrac{\pi \cdot 0.621}{33.3}\text{s} = 0.0585\text{ s}$

Mechanik, Bewegung und Kraft

Frequenz $f = \dfrac{1}{T} = \dfrac{1}{0.0585}$ Hz = 17.1 Hz

Anzahl Umdrehungen pro Minute $n = \dfrac{60\,\text{s}}{0.0585\,\text{s}} = 1025$

b) Beschleunigung $a_Z = \dfrac{v^2}{r} = \dfrac{2 \cdot v^2}{d} = \dfrac{2 \cdot 33.3^2}{0.621}\,\dfrac{\text{m}}{\text{s}^2} = 3578\,\dfrac{\text{m}}{\text{s}^2}$;

also 365-mal die Fallbeschleunigung g!

■ Beispiel: Kreisbahn eines Satelliten

Ein Satellit bewegt sich auf einer Kreisbahn um die Erde. Seine Höhe beträgt $h = 300$ km (Figur 45), der Erdradius ist $R_E \approx 6370$ km, die Fallbeschleunigung in der Höhe h ist $g \approx (-)\,8.95$ m/s^2.

a) Wie gross ist die Geschwindigkeit v des Satelliten (Betrag)?
b) Wie lange dauert ein Umlauf?

Lösung

a) Die Fallbeschleunigung liefert die Zentripetalbeschleunigung, und es gilt:

$$a_z = |\,g\,| = \dfrac{v^2}{r} \quad \text{oder}$$

$$v = \sqrt{r \cdot g} = \sqrt{(R_E + h) \cdot g} = \sqrt{6.67 \cdot 10^6 \cdot 8.95}\,\dfrac{\text{m}}{\text{s}}$$

$$= 7.73\,\dfrac{\text{km}}{\text{s}} \quad \text{(ca. 23-fache Schallgeschwindigkeit!)}$$

b) $T = \dfrac{2 \cdot \pi \cdot (R_E + h)}{v} = \dfrac{2 \cdot \pi \cdot 6.67 \cdot 10^6}{7.73 \cdot 10^3}\,\text{s} = 5424\,\text{s} = 90.4\,\text{min}$

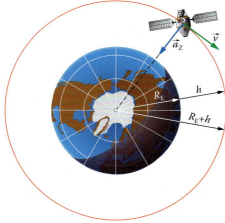

Figur 45 Kreisförmige Satellitenbahn

5.5 Zusammenfassung

Mithilfe von *Vektoren* kann die Richtung der Geschwindigkeit $\vec{v}$ in der Ebene oder im Raum mathematisch erfasst werden.

Wir beschränken uns auf ebene (zweidimensionale) Bewegungen:

$$\vec{v} = (\, v_x \mid v_z \,) \text{ mit } v_x = v \cdot \cos(\varphi) \text{ und } v_z = v \cdot \sin(\varphi)$$

$$v = \sqrt{v_x^2 + v_z^2} \qquad \text{und} \qquad \tan(\varphi) = \frac{v_z}{v_x}$$

Die *Vektoraddition* erlaubt es, die „Überlagerung" zweier Geschwindigkeiten unabhängig voneinander zu berechnen, z.B. die von einem Flugzeug in bewegter Luft bezüglich des Erdbodens wirklich zurückgelegte Strecke. Dabei werden die Vektorpfeile der Eigengeschwindigkeit des Flugzeugs und der Windgeschwindigkeit aneinandergefügt (Unabhängigkeitsprinzip):

Überlagerung als Vektoraddition: $\vec{v}_{\text{total}} = \vec{v}_{\text{Flugzeug}} + \vec{v}_{\text{Luft}}$

In kartesischen Koordinaten: $(\, v_{\text{total,x}} \mid v_{\text{total,y}} \,) = (\, v_{\text{Flugzeug,x}} \mid v_{\text{Flugzeug,y}} \,) + (\, v_{\text{Luft,x}} \mid v_{\text{Luft,y}} \,)$

Zur Berechnung der Bewegungsgleichungen des *horizontalen Wurfs* benutzt man das Unabhängigkeitsprinzip und zerlegt die komplizierte Wurfbewegung in zwei einfachere Teilbewegungen, nämlich einen freien Fall (in *z*-Richtung) und eine horizontale gleichförmige Bewegung (in *x*-Richtung).

	x-Richtung	*z*-Richtung
Weg	$s_x = v_0 \cdot t$	$s_z = \dfrac{g}{2} \cdot t^2$, mit $g = -9.81\,\dfrac{\text{m}}{\text{s}^2}$
Geschwindigkeit	$v_x = v_0$ (konstant)	$v_z = g \cdot t$

Für die Kreisbewegung benötigen wir folgende physikalische Grössen:

Radius	Umlaufzeit	Frequenz	Geschwindigkeit	Winkelgeschwindigkeit
r	T	$f = \dfrac{1}{T}$	$v = \dfrac{Bogen}{Zeit} = \dfrac{2 \cdot \pi \cdot r}{T}$	$\omega = \dfrac{Winkel}{Zeit} = \dfrac{2 \cdot \pi}{T} = \dfrac{v}{r}$

Da die Richtung der Geschwindigkeit eines gleichförmig kreisenden Körpers (Massepunkts) dauernd ändert, ist die gleichförmige Kreisbewegung eine beschleunigte Bewegung. Auf einen gleichförmig rotierenden Körper wirkt eine Beschleunigung (Zentripetalbeschleunigung) $\boldsymbol{a_z} = \frac{v^2}{r}$ ins Zentrum der Kreisbahn.

6 Die Newton'schen Gesetze der Mechanik

6.1 Einleitung

Die drei Grundgesetze (Axiome) der Mechanik, das Trägheits-, das Bewegungs- und das Reaktionsgesetz, wurden von Isaac Newton in seinem Werk „Mathematische Prinzipien der Naturlehre" („Philosophiae Naturalis Principia Mathematica") im Jahre 1686 eingeführt. Die „Principia" sind eines der wichtigsten Werke der Naturwissenschaften überhaupt. Newton führt darin die von Galilei begonnene mathematische Behandlung der Mechanik weiter und baut sie auf der Grundlage des Trägheits-, des Bewegungs-, des Reaktions- sowie des Gravitationsgesetzes zu einer umfassenden Theorie aus. Bis zum heutigen Tag bildet diese Theorie, die klassische Physik, auch eine wesentliche Grundlage der Technik, etwa für die Konstruktion von Bauwerken und Maschinen.

Die Newton'sche Physik war ausserordentlich erfolgreich. Auf ihrer Grundlage gelang es, praktisch alle mechanischen Erscheinungen des täglichen Lebens, aber auch am Sternenhimmel mathematisch zu fassen und so zu erklären. Kein physikalisches Werk hat die Naturwissenschaften vorher so stark geprägt und verändert wie die „Principia". Erst gegen Ende des 19. Jahrhunderts zeigte sich, dass die auf den „Principia" beruhende Mechanik Grenzen hat und im Bereich der Atome, der Atomkerne und der Elementarteilchen sowie für extrem schnell bewegte Körper nicht mehr angewendet werden darf.

6.2 Physikalische Kraft

6.2.1 Kraft im Alltag

Figur 46 Die „Kraft der Jugend"

„Kraft" bedeutet in der deutschen Sprache die körperliche, seelische und intellektuelle Voraussetzung, die erfüllt sein muss, damit ein Mensch körperliche, aber auch geistige Tätigkeiten verrichten kann. So ist Kraft erforderlich, um einen 400-Meter-Lauf zu überstehen, aber auch um ein literarisches oder wissenschaftliches Werk zu vollenden (schöpferische Kraft). Mit diesem Kraftbegriff wird die Möglichkeit, das Potenzial eines Menschen, zum Verrichten einer ausserordentlichen Leistung ausgedrückt. Das Wort „Kraft" kann sich aber ebenso gut auf die (wirkliche) Ausführung einer Tätigkeit selbst beziehen; so kann ich Kraft ausüben, eine treibende Kraft sein oder unter einer über-grossen äusseren Kraft (Belastung) zusammenbrechen.

Ins Umfeld des Worts „Kraft" gehören aber auch Begriffe wie Arbeitskraft, Schreibkraft (Büro), Streitkräfte (Armee), konservative oder progressive Kräfte (Politik) oder Heilkraft (Medizin). Der Begriff „Kraft" kann, etwa in der französischen und in der englischen Sprache („force"), Macht oder Stärke bedeuten.

Dass „Kraft" als totalitärer Begriff stark ideologisch besetzt sein kann, zeigt sich ab 1933 auch in Deutschland, wo die nationalsozialistische Organisation „Kraft durch Freude" (KdF) versuchte, die Freizeit der Bevölkerung zu gestalten, zu überwachen und gleichzu-schalten.

6.2.2 Kraft in der Physik

Als präziser physikalischer Fachbegriff wurde die Kraft von Isaac Newton zusammen mit seinen drei Axiomen eingeführt. Noch bis ins 20. Jahrhundert benutzten auch Physiker das Wort „Kraft" ungenau, etwa in der Bedeutung von Energie. Im Vergleich zum umgangs-sprachlichen Kraftbegriff ist die physikalische Kraft Newtons viel bedeutungsärmer und bezeichnet ausschliesslich die Ursache für zwei Kraftwirkungen, nämlich:

1. für die Verformung (Deformation) eines Körpers durch die Einwirkung äusserer Kräfte, etwa eines Pfeilbogens beim Spannen der Sehne, und
2. für die Änderung des sogenannten Bewegungszustands eines Körpers, d. h. seiner Ge-schwindigkeit, etwa beim Anstossen eines Fussballs.

Eine physikalische Kraft F ist nach Newton also **Ursache** für eine Deformation bzw. für eine beschleunigte Bewegung eines Körpers. „Kraft" ist ein abstrakter Begriff. Eine Kraft ist, im Gegensatz zu Kraftwirkungen, nicht direkt sichtbar oder mit Sinnen erfahrbar.

Eine **physikalische Kraft $\vec{F}$** ist durch ihren Betrag (positiver Zahlenwert), ihre Rich-tung und ihren Angriffspunkt an einem Körper gegeben; sie ist ein *gebundener Vektor*. Man kennt eine Kraft also erst, wenn man weiss, wie stark sie ist, in welche Richtung sie wirkt und wo sie angreift. Die Masseinheit der Kraft heisst Newton. 1 Newton ist ungefähr gleich dem Gewicht einer Tafel Schokolade, also gleich dem Betrag derjenigen Kraft, mit der die Erde eine 100-Gramm-Tafel Schokolade anzieht.

6.2.3 Die Grundkräfte der Natur

In der Physik unterscheiden wir heute vier Grundkräfte oder Wechselwirkungen:

1. die *Gravitationskraft*, die Gewichts- oder Schwerkraft, welche die gegenseitige Anzie-hung von physikalischen Körpern beschreibt,
2. die *elektromagnetische Kraft*, welche zwischen elektrischen Ladungen der Materie wirkt,

Mechanik, Bewegung und Kraft

93

3. die *starke Kraft*, die zwischen Protonen und Neutronen (Hadronen, die aus Quarks aufgebaut sind) wirkt und den Atomkern zusammenhält, und

4. die *schwache Kraft*, die zwischen Quarks und Leptonen (z. B. dem Elektron) wirkt und z. B. für den Zerfall des Neutrons in ein Proton und für die Energieproduktion der Sonne verantwortlich ist (siehe Teil G, Materie, Atome, Kerne).

Im täglichen Leben erfahren wir vor allem elektromagnetische und Gravitationskräfte. Berühren wir einen Körper, so sind elektromagnetische Kräfte wirksam; im freien Fall ist es die Gewichtskraft, die einen Körper beschleunigt bewegt.

6.2.4 Kraft als Vektor: experimenteller Nachweis

Die Wirkung einer Kraft an einem Körper hängt nicht nur von ihrer Stärke, sondern auch von ihrer Richtung und von ihrem Angriffspunkt ab. Um zu zeigen, dass sich eine bestimmte physikalische Grösse wie ein Vektor verhält, muss man experimentell nachweisen können, dass für sie die Vektoraddition (Parallelogrammkonstruktion) gilt. Für die Kraft $\vec{F}$ bedeutet dies, dass wir experimentell zeigen müssen, dass die Wirkung zweier einzelner Kräfte $\vec{F}_1$ und $\vec{F}_2$ dieselbe ist wie diejenige der Vektorsumme $\vec{F}_{12} = \vec{F}_1 + \vec{F}_2$.

Demonstration: Deformation einer Blattfeder in zwei Richtungen
An einem bestimmten Punkt einer Blattfeder lassen wir zwei Kräfte F_1 und F_2 unter einem rechten Winkel angreifen, indem wir über dünne Fäden sowie Umlenkrollen die Gewichtskräfte, $\left|\vec{F}_1\right| = 4$ Newton und $\left|\vec{F}_2\right| = 3$ Newton wirken lassen. Die Lage der Blattfeder beobachten wir mithilfe einer Referenzmarke (siehe Figur 47). Hierauf entfernen wir die Gewichtssteine und lassen jetzt nur noch eine Kraft $\vec{F}_{12} = \vec{F}_1 + \vec{F}_2$ mit dem Betrag

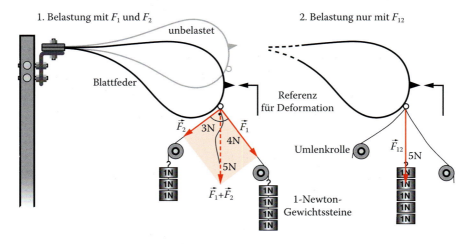

Figur 47 Kraft ist ein Vektor

$\left|\vec{F}_{12}\right| = \sqrt{F_1^2 + F_2^2} = \sqrt{4^2 + 3^2}$ N = 5 N in der grafisch ermittelten Richtung von $\vec{F}_{12}$ wirken.

Das Experiment zeigt: Die Deformation dieser Feder ist dieselbe, unabhängig davon, ob die beiden Kräfte $\vec{F}_1$ und $\vec{F}_2$ wirken oder ob die Einzelkraft $\vec{F}_{12} = \vec{F}_1 + \vec{F}_2$ wirkt.

Frage: Wie gross wird F_{12}, wenn der Federbogen mit F_1 = 5 N und F_2 = 12 N im rechten Winkel belastet wird?

Lösung: F_{12} = 13 N.

6.3 Kraftmessung: Federgesetz

Federn sind elastische Gegenstände, die ihre Form unter der Einwirkung äusserer Kräfte ändern, ihre ursprüngliche Form aber wieder annehmen, sobald diese Kräfte nicht mehr wirken.

Als Federwerkstoffe werden spezielle Stähle, heute auch glasfaserverstärkte Kunststoffe oder Gase (Gasfedern) verwendet. Federn werden vor allem im Maschinenbau eingesetzt, z.B. als Teil des Aufzugsmechanismus von mechanischen Uhren, zur Federung von Fahrzeugen (Stossdämpfer) oder im Mechanismus eines Kugelschreibers.

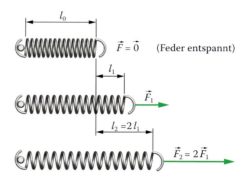

Figur 48 Schraubenfeder (Zugfeder)

In der Schulphysik werden Federn für die Messung von Kräften eingesetzt (Federwaage). Grundlage des elastischen Verhaltens von Federn ist das Federgesetz, ein mathematischer Zusammenhang zwischen der Verlängerung ℓ und der belastenden Kraft F. Für ideale Schraubenfedern verdoppelt sich die Verlängerung ℓ, wenn die Zugkraft verdoppelt wird (Figur 48). Innerhalb eines gewissen Längenbereichs verhält sich eine solche Feder also elastisch. Ihre Verlängerung ist proportional zur wirkenden Kraft: Der Graph dieser Funktion ist eine Gerade durch den Ursprung im F-ℓ-Koordinatensystem (Figur 49).

Federgesetz

$F \sim D \cdot \ell$ oder $F = D \cdot \ell$ Einheit der Federkonstanten: $[D] = \dfrac{\text{N}}{\text{m}}$

Die Proportionalitätskonstante D in der obigen Gleichung heisst **Federkonstante**. Sie gibt an, wie gross die Kraft (in N) pro Verlängerung (in m) der Feder ist. Ein grosser Wert be-

Wertetabelle	
F [N]	l [cm]
0	0.0
0.5	2.6
1.0	5.1
1.5	7.3
2.0	10.2
2.5	13.0
3.0	15.5

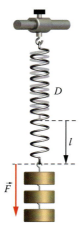

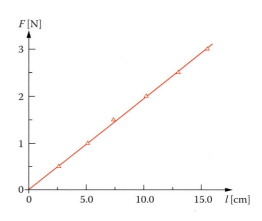

Figur 49 Federgesetz

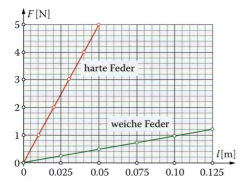

Figur 50 Harte und weiche Feder

deutet eine harte, ein kleiner Wert eine weiche Feder. Figur 50 zeigt die Kraft-Verlängerung-Diagramme einer weichen und einer harten Feder. Die Federkonstanten betragen $D_1 = 100$ N/m (harte Feder) und $D_2 = 10$ N/m (weiche Feder). Wird eine Feder stärker belastet, so ist das Kraft-Verlängerung-Diagramm nicht mehr gerade; die elastische Deformation geht in die plastische über. Die Feder wird „weicher" und reisst schliesslich.

■ Beispiel: Doppelfeder (zwei Federn „in Serie")

An zwei miteinander verbundenen Federn, Federkonstanten mit $D_1 = 100$ N/m und $D_2 = 10$ N/m, wird horizontal mit einer Kraft F = 1 N gezogen. Berechnen Sie die Verlängerung ℓ und die Federkonstante D dieser Doppelfeder.

Figur 51 Doppelfeder

Lösung

Die beiden Federn werden mit derselben Kraft belastet:

$$\ell = \frac{F}{D} = \ell_1 + \ell_2 = \frac{F}{D_1} + \frac{F}{D_2} = \left(\frac{1}{100} + \frac{1}{10} \right) m = 0.11\,m \quad \text{und}$$

$$\frac{1}{D} = \frac{1}{D_1} + \frac{1}{D_2} \quad \rightarrow \quad D = \frac{D_1 \cdot D_2}{D_1 + D_2} = \frac{100 \cdot 10}{(100 + 10)} \frac{N}{m} = 9.1 \frac{N}{m}$$

6.4 Krafteaddition am Massepunkt, am Festkörper und am starren Körper

Wir dürfen Kräfte wie Vektoren behandeln. Wir müssen aber unterscheiden, ob diese Kräfte an einem Massepunkt, an einem starren Körper oder an einem realen Festkörper angreifen. Problemlos ist die Krafteaddition an Massepunkten, da in diesem Fall alle angreifenden Kräfte denselben Angriffspunkt, den Massepunkt, haben, wo sie addiert werden können. Kraftvektoren, die an realen (elastischen) Festkörpern, etwa an einer Schraubenfeder, angreifen, sind ortsfest, d. h., sie verändern ihre Wirkung im Allgemeinen, wenn der Angriffspunkt am Körper ändert.

Am *starren* Körper gilt die Verschiebungsregel.

> **Verschiebungsregel**
> Kräfte, die an starren Körpern angreifen, dürfen längs ihrer Wirkungslinien beliebig verschoben werden, ohne dass sich ihre Wirkung am Körper ändert.

6.5 Masse eines Körpers

Die Gravitation der Erde ist die Ursache der Schwerkraft bzw. des Gewichts F_G eines Körpers auf der Erde. Wegen der Gravitation haben alle Körper auf der Erde ein bestimmtes Gewicht. Die Gravitation bewirkt auch die Bahn der Erde und der anderen Planeten um die Sonne und spielt eine wichtige Rolle bei der Erklärung der Vorgänge im Universum (Astrophysik). Neben dem **Gewicht** F_G (gemessen in Newton) eines Körpers ist seine **Masse** m (gemessen in Kilogramm, abgekürzt kg) eine wichtige Eigenschaft.

Die Masse, die elektrische Ladung und der sogenannte Spin sind grundlegende Eigenschaften, die das physikalische Verhalten eines Körpers bestimmen. So können wir etwa ein Elektron physikalisch beschreiben, indem wir seine Masse ($9.11 \cdot 10^{-31}$ kg), seine elektrische Ladung und seinen Spin, eine Art Eigenrotation (Eigendrehimpuls), angeben.

Die Masse drückt die Materiemenge eines Körpers aus. Die Masse eines Körpers zeigt sich in zwei Erscheinungen:

Mechanik, Bewegung und Kraft

97

■ Er wird von anderen Körpern, z. B. der Erde, angezogen, weil er schwer ist und damit auf der Erde ein Gewicht (in Newton) hat. Wir sprechen von *schwerer Masse*. Das Körpergewicht, das wir feststellen, ist also eine Folge davon, dass er Masse hat und von der Erde angezogen wird. Im schwerelosen Zustand, etwa im freien Fall oder im Weltall weit weg von anderen Himmelskörpern, hat er immer noch Masse, aber kein Gewicht mehr.

■ Er setzt einer Bewegungsänderung einen „Widerstand" entgegen, er ist träge. Je grösser die Masse eines Körpers ist, umso mehr Kraft muss man aufwenden, um ihn gleich stark zu beschleunigen. Wir sprechen von *träger Masse*.

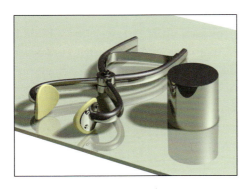

Ursprünglich wurde 1 Kilogramm als die Masse von 1 Liter Wasser bei minimaler Dichte (Temperatur von 3.96 °C) und einem Luftdruck von 1013 hPa festgelegt. Um eine höhere Messgenauigkeit erzielen zu können, wurde 1889 ein Körper gleicher Masse aus einer Platin-Iridium-Legierung, das Ur-Kilogramm oder der Kilogramm-Prototyp, hergestellt (Figur 52). Es wird in einem Tresor des Internationalen Büros für Mass und Gewicht (BIPM) in Sèvres bei Paris aufbewahrt. Die Schweiz besitzt eine Kopie dieses Ur-Kilogramms.

Figur 52 Ur-Kilogramm mit Haltezange

Im SI-System, zu dem auch die Masseinheiten Meter und Sekunde gehören, sind für die Masse auch die Einheiten Karat (1 Kt = 0.2 g) und Tonne (1 t = 1000 kg) zugelassen.

Messgeräte für Massen heissen Waagen. Eine besonders wichtige Stellung hat die Balkenwaage, mit der Gewichtskräfte an einem Hebel verglichen werden können. Die Balkenwaage erlaubt es, die unbekannte Masse m_x eines Körpers durch Vergleich mit der bekannten Masse m_w von Wiegestücken an einem Hebel zu bestimmen (Figur 53). Diese Messung ist *ortsunabhängig*.

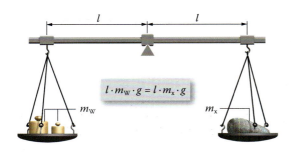

$$l \cdot m_w \cdot g = l \cdot m_x \cdot g$$

Balkenwaagen sind mechanische Präzisionsmessgeräte. In modernen Waagen werden Wiegebalken zusammen mit elektromagnetischen Messsystemen eingesetzt, die (bei gleicher oder höherer Genauigkeit) eine viel schnellere Wägung erlauben. Mit Balkenwaagen wird die schwere Masse eines Körpers gemessen. Seine träge Masse kann be-

Figur 53 Balkenwaage

stimmt werden, indem man ihn mit einer Kraft beschleunigt bewegt. Die träge Masse ist dann das Verhältnis von beschleunigender Kraft und Beschleunigung.

6.6 Gewicht eines Körpers

Im Gegensatz zur Masse m ist das Gewicht (die Gewichtskraft) $\vec{F}_G$ eines Körpers ortsabhängig. Den Zusammenhang der beiden Grössen gibt das Newton'sche Bewegungsgesetz an, auf das wir später eingehen:

$$\vec{F}_G = m \cdot \vec{g} \quad \text{mit der Fallbeschleunigung} \quad g = (-)\,9.81\,\frac{m}{s^2}, \quad [F_G] = \text{Newton} = \text{N}$$

Am sog. Norm-Ort auf der Erde (geografische Breite 45°, Meereshöhe) kann die Einheit Newton für die physikalische Kraft mithilfe des Gewichts eines Körpers festgelegt werden. Ein Körper der Masse $m = 1$ Kilogramm hat also ein Gewicht von

$$F_G = m \cdot g = 1 \cdot 9.81\,\frac{\text{kg} \cdot \text{m}}{s^2} = 9.81\,\text{N}, \quad 1\,\text{N} = 1\,\frac{\text{kg} \cdot \text{m}}{s^2}$$

Das Gewicht F_G eines Körpers ist auf der Erde (oder auf einem anderen Himmelskörper) proportional zur herrschenden Fallbeschleunigung g. Weil g ortsabhängig ist, ist es auch F_G.

Eigenschaften der Gewichtskraft

- Die Gewichtskraft jedes Körpers auf der Erde zeigt ins Erdzentrum.
- Auf der Erdoberfläche ist das Gewicht eines Körpers nicht überall genau gleich gross, die Unterschiede sind aber gering (ca. ± 0.3 %).
- Auf anderen Himmelskörpern hat das Gewicht eines Körpers einen anderen Wert. Auf dem Mond ist es ca. 6-mal kleiner als auf der Erde.

6.6.1 Messung der Gewichtskraft

Mit der statischen Messmethode misst man die Deformation, die ein Gewicht an einem elastischen Festkörper hervorruft. Eine einfache Methode ist die Messung der Verlängerung einer Schraubenfeder unter der Einwirkung einer äusseren Kraft. Das entsprechende Messgerät ist die Federwaage (Figur 54). Die Federwaage ist ein veraltetes Messgerät, das

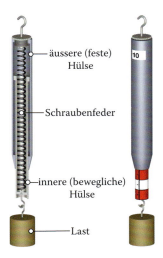

äussere (feste)
Hülse

Schraubenfeder

innere (bewegliche)
Hülse

Last

nur noch selten eingesetzt wird. Für den Schulunterricht hat es aber im Vergleich zu modernen (elektronischen) Kraftmessgeräten den grossen Vorteil, dass man direkt sieht, wie es funktioniert. Moderne Messgeräte beruhen auf der Messung elektrischer Signale, welche durch Kräfte in Kraftsensoren erzeugt werden: piezoresistive, piezoelektrische sowie induktive Messwandler, Dehnungsmessstreifen und andere.

Figur 54 Federwaage

6.7 Gesetze des Gleichgewichts

6.7.1 Trägheitsgesetz oder erstes Newton'sches Gesetz

In der Mechanik beschäftigen wir uns mit dem zeitlichen Ablauf von Bewegungen physikalischer Körper, etwa von Flug- oder Fahrzeugen, im (dreidimensionalen) Raum. Dabei interessieren wir uns für die Ursachen dieser Bewegungen, für die an diesen Körpern angreifenden Kräfte. Auf der Erde greifen an physikalischen Körpern immer Kräfte an; trotzdem müssen sich diese Körper nicht zwingend bewegen.

An einem unbewegten (ruhenden) Körper, z.B. einer Frau am Schwebebalken (Figur 55), heben sich die angreifenden Kräfte in ihrer Wirkung nämlich auf (Gesamtkraft null). Wir sprechen von einem *Gleichgewicht*. Auch bewegte Körper können erstaunlicherweise im Gleichgewicht sein.

Figur 55 Gleichgewicht am Schwebebalken

Figur 56 Gleichgewichtsbewegung: Flugzeug

Figur 57 Gleichgewichtsbewegung: Pferdewagen

Newton'sches Trägheitsgesetz: Definition des Gleichgewichts eines Körpers (erstes Newton'sches Gesetz)

Ein physikalischer Körper befindet sich „im Gleichgewicht", wenn er entweder in Ruhe ist oder sich geradlinig gleichförmig, d. h. mit konstanter Geschwindigkeit, bewegt:

$$\vec{v} = \text{konstant}$$

Dann verschwindet die Gesamtkraft, d. h. die Vektorsumme aller am Körper angreifenden Kräfte.

$$\vec{F}_1 + \vec{F}_2 + \vec{F}_3 + \cdots = \vec{0}$$

Ein mit konstanter Geschwindigkeit geradeaus fliegendes Flugzeug ist genauso im Gleichgewicht wie ein geradlinig gleichförmig bewegter Pferdewagen (Figur 56 und 57). Gleichgewichtsprobleme gehören in die *Statik*, ein Teilgebiet der Mechanik. Bewegen sich Körper nicht geradlinig gleichförmig, sondern beschleunigt, wie etwa ein Sportler beim Salto, so heben sich die wirkenden Kräfte nicht mehr auf. Solche Probleme gehören in ein anderes Teilgebiet der Mechanik, in die *Dynamik*.

Das Trägheitsgesetz war eine der grossen Neuerungen der Physik nach Galilei. Es stellt eine Zumutung für unser „natürliches Empfinden" und die Alltagserfahrung dar: Ein kräftefreier Körper, etwa eine ideal runde Kugel, welche auf einer blank polierten horizontalen Ebene reibungsfrei rollt, behält seine Geschwindigkeit bei und wird nicht abgebremst! Zur Veranschaulichung stellen wir uns eine solche Kugel vor, die reibungsfrei durch eine gebogene Fahrrinne rollt, welche aus zwei schiefen Ebenen zusammengesetzt ist. Wenn sie links in einer Höhe *h* losgelassen wird, steigt sie rechts gleich hoch (keine Reibung, Figur 58, links). Im untersten Punkt der Fahrrinne erreicht die Kugel eine bestimmte Geschwindigkeit *v*. Nun verkleinern wir in Gedanken die Neigung der rechten schiefen Ebene fortwährend (I, II, III, IV) und machen sie zugleich länger (Figur 58, rechts).

Die Kugel wird rechts wieder die gleiche Höhe *h* erreichen, legt dabei aber zunehmend einen längeren Weg *s* zurück und braucht mehr Zeit *t* dazu. Mit abnehmender Neigung der rechten schiefen Ebene werden *s* und *t* zunehmend grösser, bei horizontaler Bahn unendlich gross, weil die Kugel die ursprüngliche Höhe *h* nie mehr erreichen kann: Sie be-

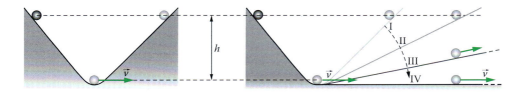

Figur 58 Gedankenexperiment zum Trägheitsgesetz

wegt sich dann gleichförmig mit konstanter Geschwindigkeit v und kommt nicht zur Ruhe (Trägheitsgesetz).

6.7.2 Reaktionsprinzip oder Wechselwirkungsgesetz

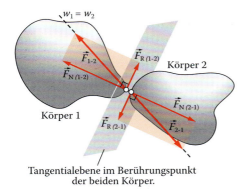

Tangentialebene im Berührungspunkt
der beiden Körper.

Figur 59 Reaktionsgesetz

Kräfte zwischen zwei oder mehreren Körpern treten immer paarweise auf. Übt ein Körper *A* auf einen anderen Körper *B* eine Kraft (lateinisch *actio*) aus, so wirkt stets eine gleich grosse, aber entgegengerichtete Kraft vom Körper *B* auf den Körper *A* zurück *(reactio)*.

Solche Kräfte bezeichnen wir als *Kontakt-, Reaktions-* oder *Wechselwirkungskräfte.* In der Technischen Mechanik heissen sie auch *Bindungs-* oder *Lagerkräfte.*

Newton'sches Reaktionsgesetz, Prinzip von Actio und Reactio
(drittes Newton'sches Gesetz)

Wirkt ein Körper 1 auf einen Körper 2 mit einer Kraft $\vec{F}_{21}$, so wirkt Körper 2 auf Körper 1 mit einer Kraft $\vec{F}_{12}$ zurück, welche den gleichen Betrag, aber entgegengesetzte Richtung hat:

$$\vec{F}_{12} = -\vec{F}_{21}$$

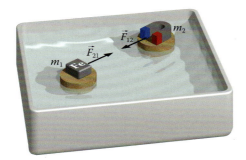

Figur 60 actio-reaktio-Paar Magnet und Eisen

Das Reaktionsgesetz gilt unabhängig vom Bewegungszustand für Körper, die im Gleichgewicht und solche, die nicht im Gleichgewicht sind.

Reibungskräfte wirken in der gemeinsamen Tangentialebene zweier sich berührender Körper (siehe Figur 59).

Figur 59 zeigt, wie diese Kontaktkräfte $\vec{F}_{12}$ und $\vec{F}_{21}$ sinnvoll in die Komponenten $\vec{F}_{N(1,2)}$ und $\vec{F}_{R(1,2)}$ bzw. $\vec{F}_{N(2,1)}$ und $\vec{F}_{R(2,1)}$ zerlegt werden können: Die Reibungskräfte $\vec{F}_{R(1,2)}$

und $\vec{F}_{R(2,1)}$ wirken in der gemeinsamen Tangentialebene der beiden Körper im Berührungspunkt. Die Normalkräfte $\vec{F}_{N(1,2)}$ und $\vec{F}_{N(2,1)}$ wirken senkrecht (normal) zu dieser Ebene.

Figur 60 zeigt zwei Korkstücke im Wasser, auf dem einen ist ein Magnet, auf dem anderen ein Stück Eisen befestigt. Beide Körper erfahren entgegengesetzt gleich grosse anziehende Kräfte, auf den Magneten wirkt $\vec{F}_{12}$, auf das Eisenstück $\vec{F}_{21}$.

Bemerkung

- Die beiden Kontaktkräfte $\vec{F}_{12}$ und $\vec{F}_{21}$ greifen an zwei verschiedenen Körpern und dürfen deshalb nicht (zu null) addiert werden. Dies gilt nur, wenn die beiden Körper isoliert sind und nicht als Teile eines grösseren Gesamtsystem, z. B. eines Festkörpers, definiert werden.
- In einem reibungsfreien physikalischen Modell fallen Kontakt- und Normalkräfte zusammen.

6.7.3 Reibung

Das Reaktionsprinzip ist von grosser praktischer Bedeutung. Nur dank Reibungskräften können sich Menschen und Tiere, aber auch mechanisch angetriebene Fahrzeuge wie Autos und Eisenbahnen überhaupt fortbewegen.

Erstaunlicherweise existiert ein mathematischer Zusammenhang zwischen den Komponenten der Kontaktkraft, der Reibungskraft $\vec{F}_{\text{Reib}}$ und der Normalkraft $\vec{F}_{\text{N}}$. Wir unterscheiden drei Fälle:

a) Die Haftreibung

Haftreibungskräfte treten zwischen ruhenden Körpern auf, etwa dann, wenn man erfolglos versucht, eine schwere Kiste auf dem Boden vorwärts zu stossen (Figur 61). Unabhängig davon, ob meine Stosskraft $\vec{F}$ etwas grösser oder etwas kleiner ist, wirkt ihr immer eine betragsmässig gleich grosse Reibungskraft $\vec{F}_{\text{Reib}}$ entgegen.

Coulomb'sches Gesetz für die Haftreibung

$$F_{\text{R, Haft}} \leq \mu_{\text{H}} \cdot F_{\text{N}} \qquad F_{\text{N}}: \text{Normalkraft rechtwinklig zur Unterlage}$$

Figur 61 Haftreibung

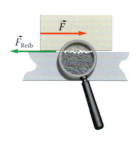

Figur 62 Zur Entstehung der Haftreibung

Die Haftreibungszahl μ_{H} ist eine Materialkonstante. Sie hängt unter anderem von der Oberflächenbeschaffenheit der beiden Körper ab (Figur 62).

Figur 63 zeigt ein Schulexperiment zur Haftreibung mit zwei Holzquadern der Masse m. Die Zugkraft F, welche mit einer Federwaage gemessen wird, ist betragsmässig gleich der Reibungskraft F_{Reib}. F wird bis zu einem Maximalwert

F_{max} vergrössert; dann bewegt sich der Quader. Bewegt er sich gerade noch nicht, hat die Haftreibungskraft ihren maximalen Wert erreicht, die Reibung ist voll entwickelt, und es gilt: $F_{R,\,max} = \mu_H \cdot F_N$

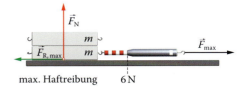

max. Haftreibung   6 N

Figur 63 Experiment zur Haftreibung

Würde das Experiment nur mit *einem* statt mit zwei Holzquadern der Masse m durchgeführt, so wären die Normalkraft F_N und die maximale Haftreibungskraft $F_{R,\,max}$ nur halb so gross. $F_{R,\,max} = \mu_H \cdot F_N$ ist die grösstmögliche Kraft, mit der ein Fahrzeug, z. B. ein Auto auf einer Strasse oder eine Eisenbahn auf der Schiene, beschleunigt oder abgebremst werden kann.

b) Die Gleitreibung

Für einen bewegten Körper auf fester Unterlage gilt:

Coulomb'sches Gesetz für die Gleitreibung (trockene Reibung)

$$F_{R,Gleit} = \mu_G \cdot F_N$$

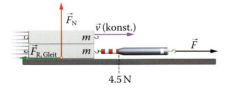

4.5 N

Figur 64 Experiment zur Gleitreibung

Figur 64 zeigt das entsprechende Experiment zur Gleitreibung: Die erforderliche Zugkraft F ist jetzt etwas kleiner als die maximale Zugkraft F_{max} bei Haftreibung. Dies bedeutet, dass die Gleitreibungszahl μ_G etwas kleiner ist als die Haftreibungszahl μ_H.

Figur 65 zeigt diesen Sachverhalt in einem Reibung-Zugkraft-Diagramm.

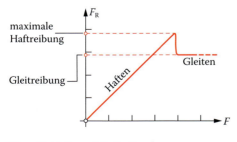

Figur 65 Haft- und Gleitreibung

Übung

Bestimmen Sie die Haft- und die Gleitreibungszahlen für die in den Figuren 63 und 64 dargestellten Situationen, falls die Masse der Einzelquader m = 1 kg beträgt.

c) Der Rollwiderstand (Rollreibung)

Auch beim Rollen tritt am rollenden Gegenstand, z. B. am Rad eines Eisenbahnwaggons, eine bremsende Wirkung auf. Weil dieser Effekt nichts mit Gleit- und Haftreibung zu tun hat, sondern auf anderen Ursachen beruht, bezeichnen wir ihn hier als Rollwiderstand und nicht als Rollreibung. Ein Rollwiderstand tritt genau dann auf, wenn sich einer oder beide beteiligten Körper deformieren.

Figur 66a zeigt ein Rad auf einer horizontalen Unterlage, z. B. das Stahlrad einer Eisenbahn auf einer Stahlschiene. Der Einfachheit halber nehmen wir an, dass nur das Stahlrad deformiert wird Figur (66b). So wird der Berührungspunkt B zu einer Berührungsfläche mit verteilten Normalkräften $F(x)$. Die Kraftsumme $\vec{F}'$ greift in einem (unbekannten) Abstand a von B an (66b). Führen wir im Punkt B zwei sich gegenseitig aufhebende Kräfte $\vec{F}_N$ und $\vec{F}''$ mit dem Betrag von $\vec{F}'$ ein (Figur 66d), so können wir das Problem mithilfe einer sogenannten Dyname beschreiben, die aus der Normalkraft $\vec{F}_N$ und dem Kräftepaar $M = (\vec{F}', \vec{F}'')$ besteht (Figur 66d). Dieses Kräftepaar bildet ein „reines", d. h. vom Bezugspunkt B unabhängiges Drehmoment $M_a = a \cdot \vec{F}'$ bzw. $M_a = a \cdot F_N$ (siehe S. 111f.), das für den Rollwiderstand verantwortlich ist.

Die sogenannte *Rollwiderstandslänge a* ist daher ein Mass für den Rollwiderstand und entspricht der Haftreibungszahl μ_H bzw. der Gleitreibungszahl μ_G, hat aber im Gegensatz zu diesen die Dimension einer Länge. Benötigt man zur Beschreibung des Rollreibungswiderstands eine dimensionslose Grösse, so kann in Analogie zu μ_H und μ_G eine Rollreibungszahl $\mu_G = a/R$ definiert werden, wobei R den Krümmungsradius im Berührungspunkt B bzw. den Radius des Rads bezeichnet.

Die Rollwiderstandslänge a bzw. die Rollreibungszahl μ_R hängen stark von der konkreten Situation ab, d. h. von der Grösse der Kontaktfläche und der Geometrie des rollenden Körpers. Dagegen hängen μ_H und μ_G bei trockenen Verhältnissen und niedriger Geschwindigkeit nur von den Materialien ab.

Besonders günstig ist das Rollen eines Stahlrads auf einer Stahlschiene (Eisenbahn): In diesem Fall beträgt der Rollreibungskoeffizient nur ca. $\mu_R \approx 0.003$ (= 0.3 %). Der geringe Rollreibungskoeffizient macht die

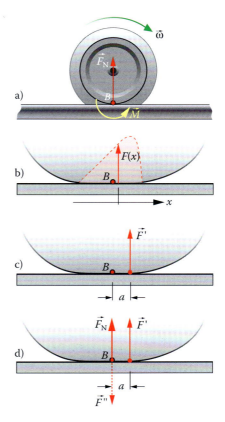

Figur 66 Modell des Rollwiderstands

Käfig

Laufrille

innerer Ring

äusserer Ring

Eisenbahn zu einem der energiegünstigsten und die Umwelt am wenigsten belastenden Verkehrsmittel.

Eine wichtige technische Anwendung der Rollreibung sind Rollen-, Kugel- und Nadellager zur Lagerung rotierender Wellen, etwa von Motoren. Figur 67 zeigt ein im Maschinenbau gebräuchliches, offenes einreihiges Rillenkugellager.

Weitere Unterlagen zum Thema siehe
www.hep-verlag.ch/physik-mittelschulen

Figur 67 Rillenkugellager

6.8 Anwendung von Trägheits- und Reaktionsgesetz

6.8.1 Grundkonstruktionen der Statik starrer Körper

Mithilfe der Verschiebungsregel können zwei Kräfte $\vec{F}_1$ und $\vec{F}_2$, die an verschiedenen Punkten A und B eines starren Körpers angreifen, vektoriell zu einer Summenkraft $\vec{F}_{12}$ addiert werden.

Wir konstruieren den Schnittpunkt S der beiden Wirkungslinien w_1 und w_2, verschieben die Angriffspunkte von $\vec{F}_1$ und von $\vec{F}_2$ in den Schnittpunkt S und addieren diese beiden Kräfte vektoriell. Die Wirkungslinie w_{12} der Summenkraft $\vec{F}_{12}$ verläuft ebenfalls durch S. Den Summenvektor $\vec{F}_{12}$ bezeichnet man auch als *Resultierende*.

Um die Konstruktion übersichtlicher zu gestalten, wird die Vektoraddition gewöhnlich in einer getrennten Konstruktion, im *Kräfteplan* KP, und nicht direkt im *Lageplan* LP durchgeführt (Figur 68).

Mit einem analogen Konstruktionsverfahren können wir auch das Hauptproblem der Statik, das **Drei-Kräfte-Gleichgewichtsproblem,** lösen: Gegeben ist ein starrer Körper, an dem in zwei verschiedenen Punkten A und B die Kräfte $\vec{F}_1$ und $\vec{F}_2$ angreifen. Gesucht ist eine Kraft $\vec{F}_3$, die ein Gleichgewicht herstellt, sodass die Vektorsumme aller Kräfte gleich null ist:

$$\vec{F}_1 + \vec{F}_2 + \vec{F}_3 = \vec{0}.$$

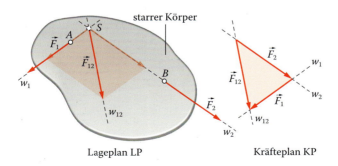

starrer Körper

Lageplan LP

Kräfteplan KP

Figur 68 Kräfteaddition am starren Körper

Wegen $\vec{F}_1 + \vec{F}_2 = -\vec{F}_3$ wird die dritte Kraft gleich konstruiert wie die Resultierende $\vec{F}_{12}$ in Figur 68, nur liegt sie antiparallel zu $\vec{F}_{12}$ (Figur 69): Greifen an einem starren Körper drei nicht parallele Kräfte an, so ist dieser genau dann im Gleichgewicht,

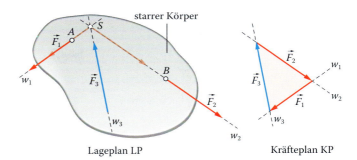

Figur 69 Drei-Kräfte-Gleichgewicht am starren Körper

- wenn sich das Vektordreieck der Kräfte schliesst (Kräfteplan) und
- wenn sich die Wirkungslinien dieser drei Kräfte in *einem* Punkt S schneiden (Lageplan).

Diese beiden Vektorkonstruktionen sind die Grundlage der Statik starrer Körper.

Mechanik, Bewegung und Kraft

■ Beispiel: Kräfte am menschlichen Fuss

Wir machen eine Momentaufnahme des linken Fusses eines Menschen im Laufschritt (Figur 70). Dabei trägt der linke Fuss das ganze Gewicht des Menschen, welches sich als von unten angreifende Normalkraft $\vec{F}_N$ bemerkbar macht. Den Fuss selber nehmen wir als gewichtslos an. Daneben wirken zwei anatomisch bedingte Kräfte, die bestimmt werden sollen, nämlich:

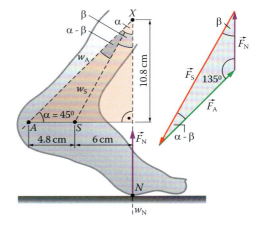

- eine Zugkraft $\vec{F}_A$ im Angriffspunkt A der Achillessehne und
- eine Druckkraft $\vec{F}_S$ im Auflagepunkt S des Schienbeins (Fussgelenk).

Figur 70 Kräfte am menschlichen Fuss

Gegeben sind die drei Kraftangriffspunkte A, S und N, die Wirkungslinien w_A mit $\alpha = 45°$ und w_N sowie der Betrag der Normalkraft (das Gewicht des Menschen auf einem Fuss, $F_N = 800$ N).

Lösung

Zuerst wird im Lageplan die einzige noch fehlende Wirkungslinie w_S durch den Schnittpunkt X von w_A und w_N gezeichnet. Anschliessend werden F_N sowie die beiden Wirkungslinien w_A und w_S in den Kräfteplan übertragen und das sich schliessende Kräftedreieck gezeichnet.

Für den Winkel β entnehmen wir dem Lageplan: $\beta = \arctan\frac{6\ cm}{10.8\ cm} = 29.1°$.
Der Sinussatz liefert jetzt im Kräftedreieck:

$$\frac{F_S}{\sin 135°} = \frac{F_N}{\sin(\alpha - \beta)}$$

$$F_S = F_N \cdot \frac{\sin 135°}{\sin(\alpha - \beta)} = 800\ N \cdot \frac{\sin 135°}{\sin(45° - 29°)}$$

$$= 2059\ N$$

$$\frac{F_A}{F_N} = \frac{\sin \beta}{\sin(\alpha - \beta)} \quad \text{oder}$$

$$F_A = F_N \cdot \frac{\sin \beta}{\sin(\alpha - \beta)} = \frac{800\ N \cdot \sin 29°}{\sin(45° - 29°)} = 1414\ N$$

Die an diesem Fuss auftretenden Kräfte können also viel grösser als das Körpergewicht des Läufers sein. Dieses Phänomen erklärt typische Fussverletzungen beim Sport, wie etwa den Riss der Achillessehne.

◼ Beispiel: Gleichgewicht auf der schiefen Ebene

Ein quaderförmiger Körper (Gewicht $F_G = 100\ N$) liegt auf einer schiefen Ebene (Neigungswinkel $\alpha = 20°$, Figur 71). Der Haftreibungskoeffizient beträgt $\mu_H = 0.577$. Berechnen Sie alle wirkenden Kräfte. Bei welchem Winkel α_{max} ist die Reibung voll entwickelt?

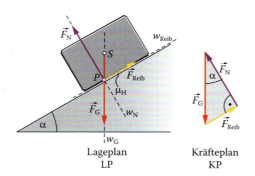

Lageplan
LP

Kräfteplan
KP

Figur 71 Kräfte auf der schiefen Ebene

Konstruktive Lösung

Zuerst zeichnen wir im Lageplan die schiefe Ebene, den Quader, den Gewichtsvektor $\vec{F}_G$ im Schwerpunkt des Quaders sowie die beiden Wirkungslinien w_G und w_{Reib} der Reibungskraft $\vec{F}_{Reib}$ entlang der schiefen Ebene. Durch den Schnittpunkt P dieser beiden Geraden verläuft die Wirkungslinie w_N der Normalkraft $\vec{F}_N$ senkrecht zur schiefen Ebene.

Im Kräfteplan zeichnen wir jetzt das Gewicht $\vec{F}_G$ sowie die beiden Wirkungslinien w_N durch den Schaft und w_{Reib} durch die Spitze von $\vec{F}_G$. Jetzt tragen wir die Vektoren von $\vec{F}_N$ und von $\vec{F}_{Reib}$ so ein, dass sich das Vektordreieck schliesst (Gleichgewicht), und übertragen $\vec{F}_N$ und $\vec{F}_{Reib}$ in den Lageplan.

Rechnerische Lösung

Die Beträge von $\vec{F}_\mathrm{N}$ und $\vec{F}_\mathrm{Reib}$ erhalten wir aus dem rechtwinkligen Kräftedreieck im Kräfteplan:

$F_\mathrm{N} = F_\mathrm{G} \cdot \cos\alpha = 100\ \mathrm{N} \cdot \cos 20° \approx 93.97\ \mathrm{N}$ und $F_\mathrm{Reib} = F_\mathrm{G} \cdot \sin\alpha = 100\ \mathrm{N} \cdot \sin 20° \approx 34.20\ \mathrm{N}$

wobei $F_\mathrm{Reib} \approx 34.20\ \mathrm{N} < \mu_\mathrm{H} \cdot F_\mathrm{N} = 0.577 \cdot 93.97\ \mathrm{N} = 54.22\ \mathrm{N}$; die Reibung ist nicht voll entwickelt.

Für voll entwickelte Reibung gilt:

$$\mu_\mathrm{H} = \frac{F_\mathrm{Reib,max}}{F_\mathrm{N}} = \frac{F_\mathrm{G} \cdot \sin\alpha}{F_\mathrm{G} \cdot \cos\alpha} = \tan\alpha \quad \text{oder} \quad \alpha = \arctan\mu_\mathrm{H} = \arctan 0.577 \approx 30°$$

Bei einem Winkel von $\alpha \approx 30°$ ist die Reibung voll entwickelt. Für $\alpha > \arctan\mu_\mathrm{H}$ beginnt der Körper zu rutschen.

Bemerkungen

- Liegt der Punkt P ausserhalb des Quaders, so kippt der Körper.
- Mithilfe einer schiefen Ebene können der Haft- und der Gleitreibkoeffizient von Materialien gemessen werden.

6.8.2 Parallele Kräfte und das Hebelgesetz

Greifen in zwei Punkten S_1 und S_2 eines starren Körper zwei *parallele* Kräfte $\vec{F}_1$ und $\vec{F}_2$ an (Figur 72), so versagt die Additionskonstruktion nach Figur 68 vorerst, weil sich die Wirkungslinien dieser Kräfte *nicht* schneiden. Wir führen zwei antiparallele Hilfskräfte $\vec{F}_{12}$ und $-\vec{F}_{12}$ mit gleichem Betrag und gleicher Wirkungslinie w_{12} ein, deren Wirkung sich aufhebt.

Dann bilden wir die Vektoren $\vec{F}_{13} = \vec{F}_1 + \vec{F}_{12}$ bzw. $\vec{F}_{23} = \vec{F}_2 + (-\vec{F}_{12})$. Damit führen wir dieses Problem auf die vektorielle Addition von zwei nicht parallelen Kräften zurück und können die Summenkraft $\vec{F}_3$ bestimmen (Figur 72).

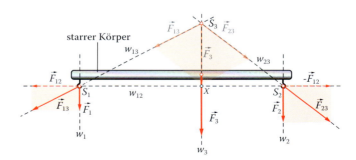

Figur 72 Addition paralleler Kräfte am starren Körper

Mithilfe ähnlicher Dreiecke (Figur 72) können wir die Lage der Resultierenden $\vec{F}_3$ berechnen:

$$\frac{F_1}{F_{12}} = \frac{\overline{S_3\,X}}{\overline{S_1\,X}} \quad \text{oder} \quad F_1 \cdot \overline{S_1\,X} = F_{12} \cdot \overline{S_3\,X} \quad \text{und}$$

$$\frac{F_2}{F_{12}} = \frac{\overline{S_3\,X}}{\overline{S_2\,X}} \quad \text{oder} \quad F_2 \cdot \overline{S_2\,X} = F_{12} \cdot \overline{S_3\,X}$$

Daraus erhalten wir die Beziehung:

Hebelgesetz von Archimedes (um 230 v. Chr.)

$$F_1 \cdot \overline{S_1\,X} = F_2 \cdot \overline{S_2\,X}$$

Kraftarm mal Kraft = Lastarm mal Last

Bemerkung

Wenn der Hebel (Figur 72) in einem Punkt der Wirkungslinie w_3 mit $\vec{F}_3' = -\vec{F}_3$ (Reaktionsgesetz) unterstützt wird, ist der Hebel im Gleichgewicht.

■ Beispiel: Hebelgesetz

Figur 73 zeigt einen Demonstrationshebel für den Physikunterricht.

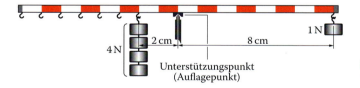

4 N
2 cm
8 cm
1 N
Unterstützungspunkt
(Auflagepunkt)

Figur 73 Demonstrationshebel im Gleichgewicht

Übung

Am Hebel in Figur 73 hängt rechts ein 1-N-Gewicht in 8 cm Abstand vom Auflagepunkt. Wie kann der Hebel mit drei 1-N-Gewichten auf der linken Seite ins Gleichgewicht gebracht werden? Der Hebel besitzt Haken zum Einhängen von Gewichten im Abstand von 1 cm.

Das Hebelgesetz hat viele anatomische und technische Anwendungen. So wird die Kraft am menschlichen Arm mit einem *einarmigen Hebel* übertragen. Auch Scheren, Zangen, Rollen und Zahnradgetriebe funktionieren nach dem Hebelprinzip. Die Beisszange (Kneifzange) in Figur 75 wirkt wie ein *Winkelhebel*.

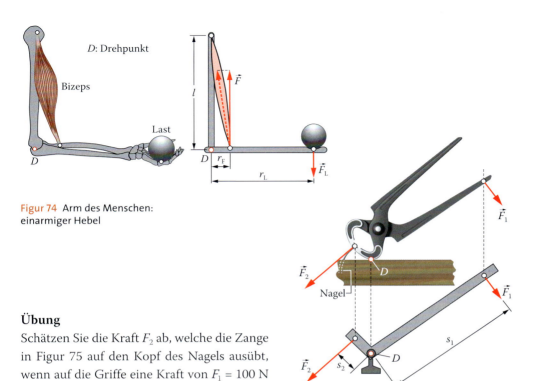

Figur 74 Arm des Menschen:
einarmiger Hebel

Übung

Schätzen Sie die Kraft F_2 ab, welche die Zange in Figur 75 auf den Kopf des Nagels ausübt, wenn auf die Griffe eine Kraft von $F_1 = 100$ N wirkt und die Hebelarme $s_1 = 20$ cm und $s_2 = 3$ cm betragen.

Figur 75 Winkelhebel

6.8.3 (Dreh-)Moment, Kräftepaar, Gleichgewicht

Hinter dem Produkt Kraft mal Abstand, das wir beim Hebelgesetz kennengelernt haben, steckt eine wichtige physikalische Grösse, das Drehmoment M.

Wir betrachten einen um eine Achse drehbar gelagerten Körper, an welchem eine Kraft $\vec{F}$ angreift (Figur 76). Den (vertikalen) Abstand r_0 von der Drehachse zur Wirkungslinie w der Kraft $\vec{F}$ bezeichnet man als *Hebelarm* oder *wirksame Hebellänge*.

Es gilt: $r_0 = r \cdot \sin\alpha$; $\sin\alpha$ und $\sin(180° - \alpha)$ sind gleich gross.

Die Grössen „Kraftarm mal Kraft" bzw. „Lastarm mal Last" (Hebelgesetz, S. 110) bezeichnen wir auch als *Moment* oder *Drehmoment.* Ein Drehmoment kann eine Drehbewegung bewirken (Figur 76).

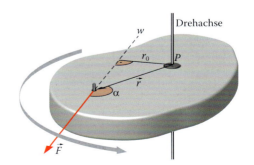

Figur 76 Definition des Drehmoments

111

An einem um eine Achse drehbar gelagerten Körper wirkt eine Kraft $\vec{F}$ in einem (vertikalen) Abstand r_0 von der Drehachse zur *Wirkungslinie w* der Kraft $\vec{F}$. Die „Stärke" dieser Drehbewegung hängt sowohl von $\vec{F}$ als auch von r_0 ab, oder eben vom Drehmoment M:

Moment oder Drehmoment bezüglich eines Punkts P

$$M = r_0 \cdot F = r \cdot F \cdot \sin\alpha,$$

r: Entfernung des Bezugspunkts P zum Kraftangriffspunkt,

Einheit: $[M] = \text{N} \cdot \text{m}$

$M > 0$ (positiv): Drehung im Gegenuhrzeigersinn

$M < 0$ (negativ): Drehung im Uhrzeigersinn

Diese Definition ist oft praktisch, wegen der Definition des Vorzeichens aber mathematisch nicht ganz befriedigend: Betrachtet man das Drehmoment in Figur 76, so ist es *positiv*, wenn man *von oben*, *negativ*, wenn man *von unten* auf den Körper schaut. Mathematisch eindeutig ist dagegen die vektorielle Definition des Drehmoments $\vec{M}$ mithilfe des Vektorprodukts:

Vektorielle Definition des Drehmoments bezüglich eines Punkts P

$$\vec{M} = \vec{r} \times \vec{F}, \quad \text{Betrag des Vektors } \vec{M}: \ |\vec{M}| = r \cdot F \cdot \sin\alpha$$

r: Entfernung vom Bezugspunkt P zum Kraftangriffspunkt,

Einheit: $[M] = \text{N} \cdot \text{m}$

Die Richtungen der drei Vektoren $\vec{M}$, $\vec{r}$ und $\vec{F}$ können mit der „Rechte-Hand-Regel" ($\vec{M}$ Daumen, $\vec{r}$ Zeigefinger, $\vec{F}$ Mittelfinger) bestimmt werden. Die drei Vektoren bilden dabei eine Rechtsschraube (Figur 77a).

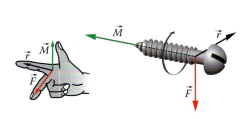

Figur 77a Rechte-Hand-Regel, Rechtsschraube

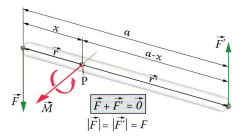

Figur 77b Kräftepaar: reines Drehmoment

Das Drehmoment $\vec{M}$ ist eine neue mathematische Grösse der Mechanik, die gleich wichtig ist wie die Kraft. Das Drehmoment setzt nicht zwingend eine Drehung voraus, sondern zeigt die *Tendenz* (Möglichkeit) zu einer Drehbewegung auf.

Ein *reines Drehmoment* ist ein *Kräftepaar*, das aus zwei entgegengesetzt gleich grossen Kräften $\vec{F}$ und $\vec{F}'$ im Abstand a besteht (Figur 77 b).

Für den Betrag des Drehmoments dieser beiden Kräfte gilt:

$$\left|\vec{M}\right| = x \cdot \left|\vec{F}\right| + (a - x) \cdot \left|\vec{F}'\right| = x \cdot F + (a - x) \cdot F = a \cdot F$$

Die Richtung des Vektors des Drehmoments ermittelt man mithilfe der „Rechte-Hand-Regel". Das Drehmoment $\vec{M}$ eines *Kräftepaars* ist also gleich dem (Vektor-)Produkt *einer* Einzelkraft $\vec{F}$ und dem Abstand $\vec{a}$ der beiden Kräfte.

$\vec{M}$ ist ein „reines" Drehmoment, weil es unabhängig vom Bezugspunkt P ist und weil seine *vektorielle Kraftsumme* gleich *null* ist. Das Kräftepaar haben wir bei der Rollreibung schon kennengelernt (S. 105 f).

Gleichgewicht eines starren Körpers

Ein starrer Körper befindet sich im Gleichgewicht, wenn die Vektorsumme aller an ihm angreifenden Kräfte und die Summe der zugehörigen Drehmomente bezüglich eines frei wählbaren Bezugspunkts verschwinden. Dann ist er in Ruhe oder er bewegt sich geradlinig gleichförmig.

Es lässt sich zeigen, dass diese Gleichgewichtsdefinition gleichbedeutend ist mit der Erhaltung des Impulses $\vec{p}$ und des Drehimpulses $\vec{L}$ eines Körpers. Auf diese beiden Erhaltungsgrössen wird zu Beginn von Abschnitt 7 (S. 127) kurz eingegangen.

Erstaunlicherweise sind mit dieser Definition auch gewisse rotierende Körper im Gleichgewicht, etwa der in Figur 77 c dargestellte aufrecht rotierende Kreisel.

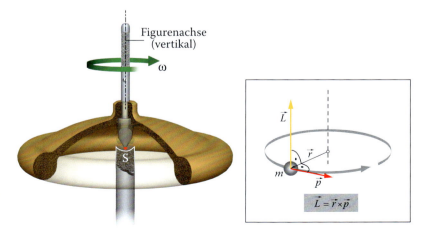

Figur 77 c Kräfte- und momentenfreier Kreisel

6.8.4 Schwerpunkt oder Massenmittelpunkt eines Körpers

Wir stellen uns die Frage, wo die Gewichtskraft eines ausgedehnten Körpers angreift. Diese Frage ist nicht einfach zu beantworten, da das Gewicht in diesem Fall nicht wie beim Massepunkt in *einem* (mathematischen) Punkt konzentriert, sondern über den ganzen Körper „verteilt" ist. Um den Angriffspunkt des Gesamtgewichts eines ausgedehnten Körpers konstruieren zu können, müssen wir diesen in viele (fast punktförmige) Teilkörper aufteilen und deren Gewichtsvektoren mit der Parallelkräftekonstruktion zum Gesamtgewicht des Körpers addieren.

Definition des Schwerpunkts

Der Schwerpunkt *SP* eines (ausgedehnten starren oder festen) Körpers ist der Angriffspunkt der Gewichtskraft $\vec{F}_\mathrm{G}$ für jede beliebige Lage dieses Körpers.

Bemerkungen

- Jeder Körper hat genau einen Schwerpunkt.
- Der Schwerpunkt eines Körpers kann durch Zerlegen in mehrere Teilkörper berechnet werden.
- Der Schwerpunkt eines Körpers kann auch ausserhalb des Körpers liegen (Beispiel: kreisringförmige Scheibe).

Der Schwerpunkt eines Körpers kann experimentell bestimmt werden:

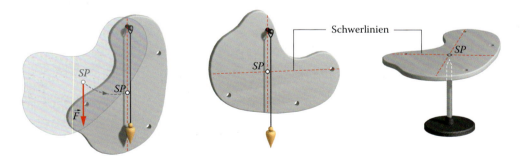

Figur 78 Experimentelle Bestimmung des Schwerpunkts

Hängt man einen Körper in einem Punkt *P* auf, so bildet die Verbindungsgerade von *P* zum Schwerpunkt *SP* eine *Schwerlinie*. Hängt man einen Körper nacheinander an zwei verschiedenen Punkten auf, so ist sein Schwerpunkt *SP* der Schnittpunkt der beiden Schwerlinien (Figur 78).

Beispiel: Parallelkräfte

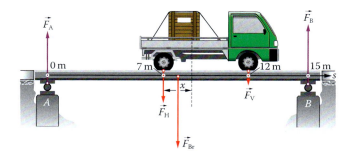

Figur 79 Kräfte auf einer Brücke

Die abgebildete kleine Brücke (Figur 79) wiegt F_{Br} = 150 kN. Auf der Brücke steht ein Last-wagen (Radabstand s_R = 5 m), welcher die Brücke mit den Vorderrädern mit F_V = 30 kN, mit den Hinterrädern mit F_H = 60 kN belastet. Die Länge der Brücke beträgt s_{BR} = 15 m, der Abstand vom Auflagepunkt A zum Hinterrad s = 7 m.

Gesucht sind a) die Lage des Fahrzeugschwerpunktes und b) die Auflagekräfte F_A und F_B in den Punkten A und B der Brücke.

Lösung

a) Für die Bestimmung des Schwerpunktes nehmen wir an, dass sich bei der Hinterachse eine Drehachse befinde. Dann gibt es zwei Drehmomente, die sich aufheben müssen: 30 kN · 5.0 m = 90 kN · x. Die Strecke $x \approx$ 1.67 m ist der Abstand der Schwerlinie von der Hinterachse. Über die Höhe des Schwerpunktes können wir nichts aussagen.

b) An der Brücke greifen insgesamt fünf parallele bzw. antiparallele Kräfte an. Weil die Brücke im Gleichgewicht (in Ruhe) ist, muss die vektorielle Summe der Kräfte sowie die (Vektor-)Summe der zugehörigen Drehmomente bezüglich einer beliebigen Dreh-achse null ergeben:

$$\vec{F}_A + \vec{F}_H + \vec{F}_{Br} + \vec{F}_V + \vec{F}_B = \vec{0} \quad \text{und} \quad M_A + M_H + M_{Br} + M_V + M_B = 0$$

Wir wählen A als Bezugspunkt und berechnen die Summe der Drehmomente aller Kräfte. Dabei verschwindet das Drehmoment der Kraft $F_A \neq 0$, $M_A = 0$.

$$0 - s \cdot F_H - \frac{s_{Br}}{2} \cdot F_{Br} - (s + s_R) \cdot F_V + s_{Br} \cdot F_B = 0 \quad \text{oder}$$

$$F_B = \frac{s \cdot F_H + \dfrac{s_{Br}}{2} \cdot F_{Br} + (s + s_R) \cdot F_V}{s_{Br}} = \frac{(7 \cdot 60 + 7.5 \cdot 150 + 12 \cdot 30)\,\text{m} \cdot \text{kN}}{15\ \text{m}} = 127\ \text{kN}$$

Die Betragsgleichung für die Kräfte lautet: $F_A + F_B = F_H + F_{Br} + F_V$.

Daraus erhalten wir für F_A:

$$F_A = F_H + F_{Br} + F_V - F_B = (60 + 150 + 30 - 127)\,\text{kN} = 113\ \text{kN}$$

■ Beispiel: Drehbar reibungsfrei gelagerte Stange

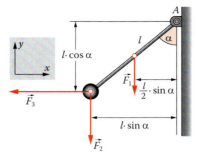

Eine drehbar gelagerte Stange (Gewicht F_1, Länge l) trägt an ihrem unteren Ende eine Punktmasse (Gewicht $\vec{F}_2$, Figur 80).

a) Wie gross muss die horizontale Kraft $\vec{F}_3$ sein, damit die Stange bei einem Winkel α im Gleichgewicht ist?

b) Wie gross ist die Belastung im Drehgelenk bei Punkt A?

Figur 80 Stange mit Gewicht

Lösung

a) Wir beginnen mit dem Gleichgewicht der Drehmomente. Der Winkel zwischen der Stange und der Kraft $\vec{F}_3$ misst ($90° + \alpha$):

$$F_1 \cdot \frac{\ell}{2} \cdot \sin\alpha + F_2 \cdot \ell \cdot \sin\alpha = F_3 \cdot \ell \cdot \sin(90° + \alpha) = F_3 \cdot \ell \cdot \cos\alpha$$

Die Länge ℓ kürzt sich weg: $F_3 = \dfrac{(0.5 \cdot F_1 + F_2) \cdot \sin\alpha}{\cos\alpha} = (0.5 \cdot F_1 + F_2) \cdot \tan\alpha$

b) Im Gleichgewicht muss die (Vektor-)Summe aller Kräfte null sein. Wir schreiben die Vektorgleichung $\vec{F}_1 + \vec{F}_2 + \vec{F}_3 + \vec{F}_A = \vec{0}$; mit Koordinaten (Figur 80):

$$\vec{F}_A = (0 \mid F_1) + (0 \mid F_2) + (F_3 \mid 0)$$

Bei A muss also eine Kraft nach rechts oben wirken: $\vec{F}_A = (F_3 \mid F_1 + F_2)$.

Betrag und Winkel dieser Kraft: $F_A = \sqrt{F_3^2 + \left(F_1 + F_2 \right)^2}$ $\varphi = \arctan\left(\dfrac{F_1 + F_2}{F_3} \right)$

Weitere Unterlagen zum Thema siehe www.hep-verlag.ch/physik-mittelschulen

6.9   Das Bewegungsgesetz der klassischen Mechanik

6.9.1 Das Bewegungsgesetz

Das zweite Newton'sche Gesetz lautet in seiner ursprünglichen Form:

> **Newton'sches Bewegungsgesetz (allgemeine Form)**
> **(zweites Newton'sches Gesetz)**
> Die zeitliche Änderung der Bewegungsgrösse $\vec{p} = m \cdot \vec{v}$ eines beschleunigt bewegten Körpers ist gleich der bewegenden Kraft $\vec{F}$. Die Änderung der Bewegungsgrösse erfolgt in Richtung dieser bewegenden Kraft.

Im Zentrum dieses Gesetzes steht die *Bewegungs-grösse*, eine von Newton neu eingeführte physikalische Grösse:

$$\vec{p} = m \cdot \vec{v},$$

die wir heute als *Impuls* bezeichnen. Der Impuls ist das Produkt aus der Masse eines Körpers und dessen Geschwindigkeit.

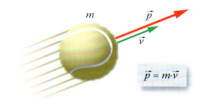

Gemäss dem zweiten Newton'schen Gesetz ändert diese Bewegungsgrösse (der Impuls), wenn eine Kraft $\vec{F}$ angreift, und es gilt:

$$\vec{F} = \frac{\Delta \vec{p}}{\Delta t} = \frac{\Delta (m \cdot \vec{v})}{\Delta t}, \text{ falls } m \text{ konstant ist, gilt: } \vec{F} = m \cdot \frac{\Delta \vec{v}}{\Delta t} = m \cdot \vec{a}.$$

Die Gleichung $\vec{F} = \frac{\Delta \vec{p}}{\Delta t} = \frac{\Delta (m \cdot \vec{v})}{\Delta t}$ beschreibt das Verhalten eines physikalischen Körpers, wenn eine äussere Kraft $\vec{F}$ wirkt und wenn sich sowohl die Geschwindigkeit v als auch die Masse m des Körpers ändern kann, wie etwa bei einer Rakete, die unmittelbar nach dem Start einen grossen Teil ihrer Masse (Treibstoff) verliert.

Die Gleichung $\vec{F} = m \cdot \vec{a}$ gilt für eine beschleunigte Bewegung eines Körpers (Fahrzeugs), dessen Masse konstant bleibt:

Newton'sches Bewegungsgesetz (für konstante Masse)

$\vec{F}_{\text{res}} = m \cdot \vec{a}$, $\vec{F}_{\text{res}}$ ist die Summe aller am Körper angreifenden Kräfte.

$\vec{F}_{\text{res}}$ ist immer die Vektorsumme aller Kräfte, die an diesem Körper angreifen: $\vec{F}_{\text{res}} = \vec{F}_1 + \vec{F}_2 + \cdots$, und heisst *Resultierende*. Wir benutzen das Bewegungsgesetz immer in dieser Form: Die Beschleunigung $\vec{a}$ eines Körpers ist proportional zur beschleunigenden Kraft $\vec{F}_{\text{res}}$; Proportionalitätskonstante ist die Körpermasse m.

Bemerkung

Das Bewegungsgesetz enthält das Newton'sche **Trägheitsgesetz** als Spezialfall: Verschwindet die beschleunigende Kraft $\vec{F}_{\text{res}}$ = Summe aller Kräfte = $\vec{0}$, so ist die Beschleunigung $\vec{a} = \vec{0}$, der Körper ist im Gleichgewicht, d.h., er bewegt sich geradlinig gleichförmig, oder er ist in Ruhe.

In der Nähe der Erdoberfläche kann das Newton'sche Bewegungsgesetz auf jeden frei fallenden Körper der Masse m mit der Beschleunigung $g = (-)9.81$ m/s^2 angewendet werden. Auf diesen Körper wirkt das Eigengewicht $\vec{F}_{\text{G}}$ als beschleunigende Kraft.

Newton'sches Bewegungsgesetz: Gewichtskraft

$$\vec{F}_G = m \cdot \vec{g}$$

■ **Ein Beispiel zum Bewegungsgesetz**

Figur 82 Fussballer

Ein Fussballer beschleunigt einen Fussball (400 g) längs einer Strecke von 0.4 Meter aus der Ruhe auf 140 km/h ≈ 40 m/s und erzielt damit eine Beschleunigung von

$$a = \frac{v^2}{2 \cdot s} \approx \frac{40^2}{2 \cdot 0.4} \frac{\mathrm{m}}{\mathrm{s}^2} = 2000 \frac{\mathrm{m}}{\mathrm{s}^2}$$

(200-fache Fallbeschleunigung)

$$\text{in } \Delta t = \frac{v}{a} = \frac{40 \frac{\mathrm{m}}{\mathrm{s}}}{2000 \frac{\mathrm{m}}{\mathrm{s}^2}} = 20 \text{ ms („Kickzeit")}$$

Mit dem Newton'schen Bewegungsgesetz können wir die Kraft berechnen, mit der der Fussball beschleunigt wird:

$$F = m \cdot a \approx 0.4 \cdot 2000 \frac{\mathrm{kg} \cdot \mathrm{m}}{\mathrm{s}^2} = 800 \text{ N}$$

6.9.2 Schwere Masse und träge Masse

Ursprünglich ist die Masse m eines Körpers (in Kilogramm, kg) ein Mass dafür, aus wie viel Materie dieser Körper besteht. Etwas ungenau ausgedrückt, ist die Masse eines Körpers ein Mass für die Menge an „Stoff" bzw. für den Materieinhalt eines Körpers. Da der Materieinhalt eines bestimmten Körpers nicht ändert, wenn er von einem Ort zum anderen bewegt wird, ist seine Masse vom Ort unabhängig, d.h., sie ist überall (auf der Erde und im Weltall) gleich gross.

In der Formel $F_G = m \cdot g$ drückt m die Schwere, das „Schwersein" des Körpers aus; m wird deshalb auch als schwere Masse m_s bezeichnet.

In der Formel $\vec{F}_{res} = m \cdot \vec{a}$ hat die Masse m eine andere Bedeutung, sie ist die träge Masse m_t, eine ganz andere Körpereigenschaft. Sie bewirkt, dass die Beschleunigung a bei konstanter beschleunigender Kraft $\vec{F}_{res}$ im gleichen Mass abnimmt, wie die Körpermasse m zunimmt. Dabei bleibt das Produkt $m \cdot a$ konstant und ist gleich der beschleunigenden Kraft $\vec{F}_{res}$.

Wie wir schon gesehen haben, sind die träge und die schwere Masse eines Körpers gleich gross, wie schon Newton wusste und wie der ungarische Physiker Loránd Eötvös vor etwa 100 Jahren mit hoher Genauigkeit experimentell nachgewiesen hat. Die erstaunliche Gleichheit von träger und schwerer Masse ist der Inhalt eines der wichtigsten Gesetze der neuen Physik, des Äquivalenzprinzips von Albert Einstein aus dem Jahr 1915. Im Folgenden werden wir nicht mehr zwischen schwerer bzw. träger Masse eines Körpers unterscheiden und sprechen nur noch von seiner Masse m.

> **Äquivalenzprinzip der Physik (Einstein 1915)**
> Schwere und träge Masse eines Körpers sind gleich gross.

6.9.3 Ein Basisexperiment zum Newton'schen Bewegungsgesetz

In diesem Abschnitt lernen Sie eine klassische Methode zur Untersuchung des zweiten Newton'schen Gesetzes kennen, den beschleunigten Gleiter auf der Luftkissenbahn. Dieses Experiment erlaubt es, Bewegungen von Körpern mit kleinen Beschleunigungen ($a < g$) zu untersuchen. Dieses Beispiel ist auch deshalb wichtig, weil es ein vertieftes Verständnis des Newton'schen Bewegungsgesetzes und dessen Anwendung auf ein System von mehreren Körpern erlaubt.

Bewegungen werden im Schulunterricht oft auf der reibungsarmen Luftkissenbahn untersucht (Figur 83): Der Gleiter wird dabei durch ausströmende Luft etwas angehoben und bewegt sich dann nahezu ohne Reibung; deshalb können wir Reibungskräfte praktisch vernachlässigen.

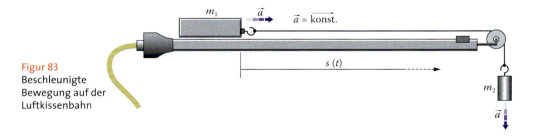

Figur 83
Beschleunigte
Bewegung auf der
Luftkissenbahn

Im hier dargestellten Fall ist die beschleunigende Kraft $F_{res} = m_2 \cdot g$, die gesamte beschleunigte Masse $m = m_1 + m_2$. Damit lautet das Newton'sche Bewegungsgesetz:

$$m_2 \cdot g = (m_1 + m_2) \cdot a$$

und wir erhalten für die Beschleunigung, mit der sich beide Körper bewegen,

$$a = g \cdot \frac{m_2}{m_1 + m_2}$$

Dieses Ergebnis kann experimentell überprüft werden: Man wiegt einerseits den Gleiter und das beschleunigte Gewicht (Massen m_1 und m_2), bestimmt $a = g \cdot \frac{m_2}{m_1 + m_2}$ und vergleicht diesen Wert mit der Beschleunigung $a = \frac{2 \cdot s}{t^2}$ aus dem zurückgelegten Weg s und der Zeit t.

Berechnung der wirkenden Kräfte:

Die Gewichtskraft und die Normalkraft des Gleiters kompensieren sich $\vec{F}_{N1} + m_1 \cdot \vec{g} = \vec{0}$ (Figur 84). Auf den Körper 1 wirkt nur noch die Faden-Kraft $\vec{F}_1$ in horizontaler Richtung, welche vom Gewicht m_2 über den Faden auf den Gleiter übertragen wird.

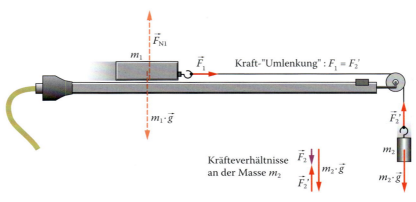

Figur 84 Gewichtskraft und Normalkraft kompensieren sich

Die Fadenkraft $\vec{F}_1$ ist kleiner als $m_2 \cdot \vec{g}$, weil mit der Gewichtskraft $m_2 \cdot \vec{g}$ nicht nur der Gleiter m_1 beschleunigt werden muss, sondern auch die Masse m_2 selbst.

$\vec{F}_1$ ist die resultierende Kraft für m_1. Wir kennen die Beschleunigung a und können F_1 mithilfe des zweiten Newton'schen Gesetzes berechnen: $F_1 = m_1 \cdot a = \frac{m_1 \cdot m_2 \cdot g}{m_1 + m_2}$.

Für die Kräfte am hängenden Körper m_2 gilt $m_2 \cdot \vec{g} + \vec{F}_2' = \vec{F}_2$. Die Fadenkraft $\vec{F}_2'$ zeigt nach oben und hat nach dem Wechselwirkungsgesetz (*actio = reactio*) denselben Betrag wie $\vec{F}_1$. Die Resultierende $\vec{F}_2$ beschleunigt das Gewicht m_2 und zeigt nach unten.

Da wir sowohl die Beschleunigung a als auch die Masse m_2 kennen, berechnen wir F_2 analog zu F_1: $F_2 = m_2 \cdot a = \frac{m_2^2 \cdot g}{m_1 + m_2}$

Zur Kontrolle addieren wir die beiden Kräfte F_1 und F_2 und erhalten:

$$F_1 + F_2 = \frac{m_1 \cdot m_2 \cdot g}{m_1 + m_2} + \frac{m_2^2 \cdot g}{m_1 + m_2} = \frac{(m_1 + m_2) \cdot m_2 \cdot g}{m_1 + m_2} = m_2 \cdot g$$

Wir können uns den Beschleunigungsvorgang auf der Luftkissenbahn also so vorstellen, dass die beschleunigende Kraft $m_2 \cdot \vec{g}$ in zwei Teilkräfte $\vec{F}_1$ und $\vec{F}_2$ aufgeteilt wird, von denen die eine den Gleiter, die andere das Gewicht beschleunigt.

■ Beispiel: Haft-, Gleit- und Rollreibung bei der Eisenbahn

Wir untersuchen das Anfahr-, Fahrt- und Bremsverhalten des InterCity-Neigezugs RABDe 500 (ICN) der SBB auf horizontaler Strecke (Figur 85).

Der siebenteilige Triebzug weist leer eine Masse von 355 Tonnen auf, wobei die beiden vorderen und die beiden hinteren Wagen des ICN auf je zwei von vier Achsen angetrieben werden.

Figur 85 InterCity-Neigezug SBB

Insgesamt hat der ICN also 8 Triebachsen neben 20 nicht angetriebenen Laufachsen. Wir nehmen an, dass sich das Gewicht des Zugs gleichmässig auf diese 28 Achsen verteilt. Die maximale Anfahrzugkraft beträgt 210 kN.

a) Wie gross ist die maximale Anfahrbeschleunigung dieses Zugs?
b) Wie gross ist die maximale Haftreibungskraft, welche auf die 16 Räder der 8 Triebachsen wirkt ($\mu_H = 0.20$)? Vergleichen Sie diese Kraft mit der maximalen Anfahrzugkraft.
c) Welche Zugkraft ist erforderlich, wenn der Zug mit konstanter Geschwindigkeit fährt? Der geschwindigkeitsabhängige Fahrtwiderstand (Rollreibung plus Luftwiderstand) beträgt etwa $\mu_R = 0.005$.
d) Wie lange dauert eine optimale Vollbremsung, wenn der Zug mit der Höchstgeschwindigkeit (200 km/h ≈ 56 m/s) fährt ($\mu_H = 0.20$)? Wie gross ist der Bremsweg?
e) Wie lange dauert eine Vollbremsung mit blockierten Rädern, wenn der Zug mit der Höchstgeschwindigkeit fährt ($\mu_G = 0.10$)? Wie gross ist der Bremsweg in diesem Fall?
f) Wie lange dauert es bis zum Stillstand, wenn die Motoren bei Höchstgeschwindigkeit ausgeschaltet werden und der Zug, ohne zu bremsen, ausrollt ($\mu_R = 0.005$)? Welchen Weg legt er dabei zurück?
g) Welche Vorteile hat ein solcher *Triebzug* im Vergleich zu einem Zug, der aus nur einer Lokomotive und nicht angetriebenen Wagen besteht?

Lösung

a) $a = \dfrac{F_{Z,max}}{m} = \dfrac{210\,000}{355\,000}\,\dfrac{m}{s^2} = 0.59\,\dfrac{m}{s^2}$

genauer: $a = \dfrac{F_{Z,max}}{m} - \mu_R \cdot g = \left(\dfrac{210\,000}{355\,000} - 0.005 \cdot 9.81 \right)\dfrac{m}{s^2} = 0.54\,\dfrac{m}{s^2}$

b) $F_{R,Haft} = \dfrac{8}{28} \cdot m \cdot \mu_H \cdot g = \dfrac{8}{28} \cdot 355000 \cdot 0.20 \cdot 9.81 \text{ N} \approx 199 \text{ kN} \approx F_{Z,max}$,

   ungefähr gleich gross wie $F_{Z,max}$

c) $F_Z = m \cdot \mu_R \cdot g = 355000 \cdot 0.005 \cdot 9.81 \text{ N} \approx 17 \text{ kN} \ll F_{Z,max}$, viel kleiner als $F_{Z,max}$

d) $a = \dfrac{\Delta v}{\Delta t} \rightarrow \Delta t = \dfrac{\Delta v}{a} = \dfrac{\Delta v}{-\mu_H \cdot g} = \dfrac{-56}{-0.20 \cdot 9.81} \text{s} \approx 29 \text{ s}$

   $v^2 = 0 = v_0^2 + 2 \cdot a \cdot s \rightarrow s = \dfrac{-v_0^2}{2 \cdot a} = \dfrac{-v_0^2}{-2 \cdot \mu_H \cdot g} = \dfrac{56^2}{2 \cdot 0.20 \cdot 9.81} m \approx 0.80 \text{ km}$

e) Zweimal länger, weil $\mu_G = \dfrac{1}{2} \cdot \mu_H$, d.h. $\Delta t \approx 57$ s und $s \approx 1.6$ km.

f) Vierzigmal länger, weil $\mu_R = \dfrac{1}{40} \cdot \mu_H$, d.h. $\Delta t = 1140$ s und $s \approx 32$ km.

g) Eine Lokomotive (typische Masse 80 Tonnen) kann höchstens mit der aus dem Eigengewicht ($m \cdot g$) resultierenden Haftreibungskraft $\mu_H \cdot m \cdot g \approx 157$ kN (= maximale Anfahrzugkraft) beschleunigen. Beim ICN ist diese Kraft mit 210 kN grösser, weil mehr belastete Achsen angetrieben werden. Die grössere Zahl an Antriebsachsen erlaubt es zudem, die Masse der Triebwagen auf ca. 50 Tonnen zu reduzieren und so Energie zu sparen.

■ **Beispiel: Beschleunigte Bewegung auf einer schiefen Ebene**

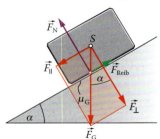

Figur 86 Schiefe Ebene: beschleunigte Bewegung

Ein quaderförmiger Körper (Gewicht $F_G = 100$ N) bewegt sich auf einer schiefen Ebene beschleunigt abwärts (Neigungswinkel $\alpha = 30°$, Figur 86).

Der Gleitreibungskoeffizient beträgt $\mu_G = 0.30$. Gesucht sind alle wirkenden Kräfte und die Beschleunigung a des Quaders.

Lösung

Am Quader greift eine Gewichtskraft $\vec{F}_G$ an, die in eine Parallelkomponente $\vec{F}_{\parallel}$ und in eine senkrechte Komponente $\vec{F}_\perp$ (Figur 86) zerlegt werden kann.

$F_{\parallel} = F_G \cdot \sin\alpha = 100 \text{ N} \cdot \sin 30° = 50.0 \text{ N}$ und $F_\perp = F_G \cdot \cos\alpha = 100 \text{ N} \cdot \cos 30° = 86.6 \text{ N}$

Am Quader greift zudem eine Reaktionskraft (Kontaktkraft) $\vec{F}_{Reakt}$ (*actio = reactio*, Wechselwirkungsgesetz) an, die in eine Parallelkomponente $\vec{F}_{Reib}$ und in eine senkrechte Komponente $\vec{F}_N$ (Figur 86) zerlegt werden kann. Da sich die Normalkraft $\vec{F}_N$ und die senkrechte Komponente $\vec{F}_\perp$ des Gewichts gegenseitig aufheben ($\vec{F}_N + \vec{F}_\perp = \vec{0}$) gilt:

$$F_N = F_\perp = F_G \cdot \cos\alpha = 100\,\text{N} \cdot \cos 30° = 86.6\,\text{N} \quad \text{und}$$

$$F_{\text{Reib}} = \mu_G \cdot F_N = 0.3 \cdot 86.6\,\text{N} = 26.0\,\text{N}$$

Da sich $\vec{F}_N$ und $\vec{F}_\perp$ aufheben ($\vec{F}_N + \vec{F}_\perp = \vec{0}$), wirken nur noch die beiden Kräfte $\vec{F}_\parallel$ und $\vec{F}_{\text{Reib}}$ parallel zur schiefen Ebene, und es gilt:

$$\vec{F}_\parallel + \vec{F}_{\text{Reib}} = m \cdot \vec{a} \quad \text{bzw.} \quad m \cdot a = F_\parallel - F_{\text{Reib}} = 50.0\,\text{N} - 26.0\,\text{N} = 24.0\,\text{N} \quad \text{oder}$$

$$a = \frac{F_\parallel - F_{\text{Reib}}}{m} = g \cdot \frac{F_\parallel - F_{\text{Reib}}}{F_G} = 9.81 \cdot \frac{50.0 - 26.0}{100}\,\frac{\text{m}}{\text{s}^2} = 2.35\,\frac{\text{m}}{\text{s}^2}$$

■ Beispiel: Radfahrer in der Kurve

Um welchen Winkel φ muss sich ein Radrennfahrer in einer Kurve auf einer horizontalen Bahn nach innen legen, wenn er einen Bogen von $r = 8\,\text{m}$ Radius mit einer Geschwindigkeit von $v = 40\,\text{km/h}$ befahren will (Figuren 87 und 88)?

Vereinfachende Annahmen:
1. Radfahrer und Rad werden zusammen als dünner Zylinder (Stange) behandelt.
2. Weil dieser Körper nicht punktförmig ist, wissen wir nicht, wo die Wirkungslinie der Zentripetalbeschleunigung liegt. Wir treffen die Annahme, dass sie durch den Schwerpunkt dieses Zylinders verläuft.

Lösung

Die gleichförmige Kreisbewegung ist eine beschleunigte Bewegung; das Produkt Masse mal Zentripetalbeschleunigung bezeichnen wir als Zentripetalkraft $\vec{F}_Z = m \cdot \vec{a}_Z$.

Am System Radfahrer/Rad greifen nur zwei Kräfte an, die Gewichtskraft $\vec{F}_G$ im Schwerpunkt und eine Reaktionskraft (Kontaktkraft) $\vec{F}_R$ dort, wo das Rad den Boden berührt.

Ihre Vektorsumme ergibt die Zentripetalkraft: $\vec{F}_G + \vec{F}_R = m \cdot \vec{a}_Z = \vec{F}_Z$.

Die Reaktionskraft (Kontaktkraft) $\vec{F}_R$ beinhaltet die Reibungskraft $\vec{F}_{\text{Reib}}$ und die Normalkraft $\vec{F}_N$ (Figur 87): $\vec{F}_R = \vec{F}_N + \vec{F}_{\text{Reib}}$.

Die Gewichtskraft kann in eine Komponente $\vec{F}_{G\varphi}$ in Richtung der Kontaktkraft und in eine Komponente $\vec{F}_{G\parallel}$ zerlegt werden: $\vec{F}_G = \vec{F}_{G\varphi} + \vec{F}_{G\parallel}$.

$\vec{F}_{G\varphi}$ und $\vec{F}_R$ kompensieren sich: $\vec{F}_{G\varphi} + \vec{F}_R = \vec{0}$.

Also bleibt nur $\vec{F}_{G\parallel}$ übrig, die einerseits gleich der Zentripetalkraft $\vec{F}_Z$ ist, andererseits gleich der Reibungskraft $\vec{F}_{\text{Reib}}$.

Wir erhalten ein Drei-Kräfte-Summenproblem am starren Körper, es gilt:

$$\vec{F}_G + \vec{F}_R = \vec{F}_Z.$$

Die Wirkungslinien w_G, w_R und w_Z der drei Kräfte $\vec{F}_G$, $\vec{F}_R$ und $\vec{F}_Z$ müssen sich in *einem* Punkt schneiden. Weil sich w_G und w_Z im Schwerpunkt (des Systems Rad/Radfahrer) schneiden (Annahme 2), verläuft auch w_R durch diesen Punkt; zudem durch den Auflagepunkt am Boden.

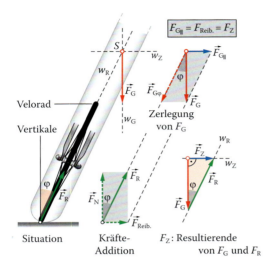

$$F_{G\parallel} = F_{\text{Reib.}} = F_Z$$

Velorad
Vertikale
Situation
Kräfte-Addition
Zerlegung von F_G
F_Z: Resultierende von F_G und F_R

Figur 87 Radfahrer in der Kurve

Figur 88 Sechstagerennen in Zürich

Damit kann auch der Kräfteplan konstruiert werden (Figur 87, rechts). Für die Neigung φ der Figurenachse gegenüber der Vertikalen erhalten wir jetzt:

$$\tan\varphi = \frac{F_Z}{m \cdot g} = \frac{m \cdot v^2}{r \cdot m \cdot g} = \frac{v^2}{r \cdot g} \quad \text{oder} \quad \varphi = \arctan\frac{v^2}{r \cdot g} = \arctan\frac{\left(\dfrac{40\,000}{3600}\right)^2}{8 \cdot 9.81} = 57.6°.$$

Wie ändern sich diese Berechnungen, wenn das Rennen auf einer Rundbahn mit einer Kurvenneigung von 44.5° stattfindet (Rennbahn in Zürich-Oerlikon)?

6.10 Zusammenfassung

Die Newton'schen Axiome

1. Das **Trägheitsgesetz:** Jeder Körper verharrt im Zustand der Ruhe oder der gleichförmig geradlinigen Bewegung (Gleichgewicht, $\vec{v}$ = konst. oder $\vec{v} = \vec{0}$), wenn die Vektorsumme aller an ihm angreifenden Kräfte (Resultierende) und Drehmomente gleich null ist.

2. Das **dynamische Grundgesetz (Bewegungsgesetz):** Die Beschleunigung $\vec{a}$ eines Körpers der Masse m ist proportional zur Vektorsumme aller wirkenden Kräfte $\vec{F}_{\text{res}}$ (Resultierende). Proportionalitätskonstante ist die Masse m.
   $\vec{F}_{\text{res}} = m \cdot \vec{a}$, für die Gewichtskraft: $\vec{F}_G = m \cdot \vec{g}$

3. Das **Wechselwirkungsprinzip** (*actio = reactio*): Die von zwei Körpern aufeinander ausgeübten Kräfte sind gleich gross und entgegengerichtet.

Kraft Die physikalische Kraft ist eine vektorielle physikalische Grösse; sie ist die Ursache einer Deformation oder einer beschleunigten Bewegung eines Körpers.

Drehmoment (Bezugspunkt P)

$M = r_0 \cdot F = r \cdot F \cdot \sin\alpha$

positiv: Drehung im Gegenuhrzeigersinn, negativ: Drehung im Uhrzeigersinn

in der Dynamik: Ursache der beschleunigten Rotationsbewegung; Bessere Definition $\vec{M} = \vec{r} \cdot \vec{F}$

Kräftepaar (reines Drehmoment)

Zwei antiparallele, gleich grosse Kräfte $\vec{F}$ und $\vec{F}'$ im Abstand $\vec{a}$ bilden ein *Kräftepaar* mit Kraftsumme null. Ein Kräftepaar bewirkt ein vom Bezugspunkt P unabhängiges, reines Drehmoment $\vec{M} = \vec{a} \cdot \vec{F}$.

Hebelgesetz (Kraftarm mal Kraft gleich Lastarm mal Last)

An einem Körper im Gleichgewicht verschwindet die Summe der Drehmomente der angreifenden Kräfte.

Reibung

Eine Reaktionskraft (Kontaktkraft) kann in zwei Komponenten zerlegt werden: die **Normalkraft** $\vec{F}_N$ senkrecht und eine **Reibungskraft** $\vec{F}_{Reib}$ parallel zur Tangentialebene der beiden sich berührenden Körper.

Wir unterscheiden drei Fälle:

Haftreibung $F_{R,Haft} \leq \mu_H \cdot F_N$,

Gleitreibung $F_{R,Gleit} = \mu_G \cdot F_N$,

Rollwiderstand $M = a \cdot F_N$, Rollwiderstandslänge a.

Federgesetz (Kraftmessung)

Die Kraft ist proportional zur Verlängerung: $F = D \cdot \ell$, F Kraft, ℓ Verlängerung, D Federkonstante in N/m

Starrer Körper (nicht deformierbarer Körper)

Kräfte dürfen längs ihrer Wirkungslinien verschoben werden.

Statik

Untersuchung von Körpern im **Gleichgewicht.**

Grundlage: erstes und drittes Newton'sches Gesetz

Mechanik, Bewegung und Kraft

125

Drei-Kräfte-Gleichgewicht

Kräfte dürfen ausschliesslich auf ihren Wirkungslinien verschoben werden.

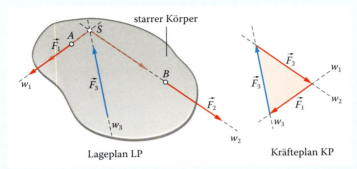

Lageplan LP   Kräfteplan KP

Gleichgewicht eines starren Körpers

Ein starrer Körper ist genau dann im Gleichgewicht, wenn die Vektorsumme aller an ihm angreifenden Kräfte und die Summe der zugehörigen Drehmomente bezüglich eines frei wählbaren Bezugspunkts verschwinden. Dann ist er in Ruhe oder er bewegt sich geradlinig gleichförmig.

Schwerpunkt

Angriffspunkt der Gewichtskraft eines Körpers

Kreisbewegung

Wenn sich ein Körper (Masse m) auf einer Kreisbahn (Radius r) mit der Geschwindigkeit v bewegt, zeigt die Vektorsumme (Resultierende) aller an ihm angreifenden Kräfte ins Zentrum der Kreisbahn und hat den Betrag $m \cdot a_Z = \frac{m \cdot v^2}{r}$ (Masse mal Zentripetalbeschleunigung).

Quader auf schiefer Ebene

Zerlegung des Quadergewichts (Figur links)

$\vec{F}_G = (\, F_{\parallel} \mid F_{\perp} \,) = (\, -m \cdot g \cdot \sin\alpha \mid -m \cdot g \cdot \cos\alpha \,)$

$\vec{F}_{\parallel}$: Hangabtriebskraft $\vec{F}_{\perp}$: vertikale Komponente des Gewichts (nicht: Normalkraft!)

Zerlegung der Reaktionskraft (Kontaktkraft) (Figur rechts):

$\vec{F}_{\text{Reakt}} = (\, F_N \mid F_{\text{Reib}} \,) = (\, m \cdot g \cdot \cos\alpha \mid \mu \cdot m \cdot g \cdot \cos\alpha \,)$

Fall 1: Gleichgewicht

$\vec{F}_G + \vec{F}_{\text{Reakt}} = \vec{0} \quad \Rightarrow \quad F_N = F_{\perp} = m \cdot g \cdot \cos\alpha \quad$ und

$F_{\parallel} = F_{\text{Reib}} = m \cdot g \cdot \sin\alpha = \mu_H \cdot m \cdot g \cdot \cos\alpha$

Fall 2: Beschleunigte Bewegung nach unten

$$\vec{F}_G + \vec{F}_{Reakt} = m \cdot \vec{a} \quad \Rightarrow \quad F_N = F_\perp = m \cdot g \cdot \cos\alpha \quad \text{und}$$

$$F_{\parallel} - F_{Reib} = m \cdot a = m \cdot g \cdot \sin\alpha - \mu_G \cdot m \cdot g \cdot \cos\alpha \quad \Rightarrow$$

$$a = g \cdot \sin\alpha - \mu_G \cdot g \cdot \cos\alpha$$

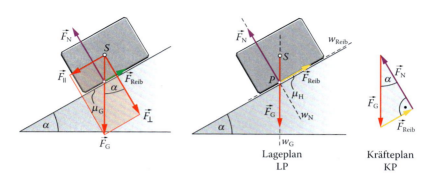

Lageplan
LP

Kräfteplan
KP

Weitere Unterlagen zum Thema siehe www.hep-verlag.ch/physik-mittelschulen

7 Die Erhaltungsgesetze der Physik

7.1 Was ist eine Erhaltungsgrösse?

In der Mechanik gibt es drei besonders wichtige physikalische Grössen, nämlich:

- die physikalische *Arbeit W,* die an einem Körper verrichtet wird, bzw. dessen Energie *E,*
- die Translationsgrösse *Impuls* $\vec{p}$ eines geradlinig bewegten Körpers und
- die Rotationsgrösse *Drehimpuls* $\vec{L}$ eines rotierenden Körpers.

Figur 89 illustriert die Definitionen dieser drei Grössen anschaulich:

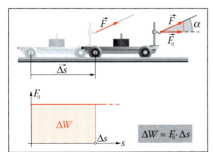
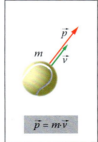
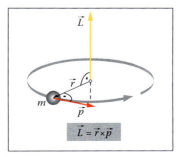

Figur 89 Erhaltungsgrössen der Mechanik

Mechanik, Bewegung und Kraft

- Die *Arbeit* ist das (Skalar-)Produkt aus der Kraft, die an einem physikalischen Körper angreift, mal dem (unter deren Wirkung) zurückgelegten Weg.
  Einheit: Newton · Meter (N · m) oder Joule (J)

- Der Impuls ist das Produkt aus Masse und Geschwindigkeit eines bewegten Körpers.

  Einheit: Kilogramm $\cdot \dfrac{\text{Meter}}{\text{Sekunde}} \left(\dfrac{\text{kg} \cdot \text{m}}{\text{s}} \right)$

- Der Drehimpuls ist das (Vektor-)Produkt aus Impuls und Radius eines rotierenden Körpers (Massepunkts).

  Einheit: Kilogramm $\cdot \dfrac{\text{Meter}^2}{\text{Sekunde}} \left(\dfrac{\text{kg} \cdot \text{m}^2}{\text{s}} \right)$

Vorerst sind diese drei Grössen scheinbar willkürlich gewählte Produkte physikalischer Grössen. Sie sind aber von besonderem physikalischem Interesse, weil für sie sogenannte *Erhaltungssätze* gelten, der Energie-, der Impuls- und der Drehimpulssatz. Es hat sich herausgestellt, dass die *Gesamt-Energie*, der *Gesamt-Impuls* bzw. der *Gesamt-Drehimpuls* eines Körpers Erhaltungsgrössen sind, die sich bei gewissen Prozessen, z. B. bei Translations- oder Rotationsbewegungen, unter bestimmten Bedingungen nicht ändern. Ursprünglich wurden diese Erhaltungssätze aus den Newton'schen Gesetzen abgeleitet (Impuls- und Drehimpulssatz), oder sie waren das Resultat von experimentellen Untersuchungen.

Weitere Unterlagen zum Thema siehe www.hep-verlag.ch/physik-mittelschulen

7.2   Arbeit und Energie

7.2.1 Arbeit *W* (engl. work)

Im täglichen Leben bedeutet Arbeit meist eine mehr oder weniger mühsame körperliche oder geistige Tätigkeit, welche die betroffenen Menschen müde macht. Der Begriff Arbeit bedeutet etwa

- eine bewusste, schöpferische Handlung (z. B. einer Künstlerin),
- eine Tätigkeit, die ausgeführt werden muss, etwa Putzen im Haushalt,
- die Erwerbstätigkeit eines Industriearbeiters,
- eine Arbeitsstelle, die ich nach einem Bewerbungsgespräch erhalten habe,
- eine Prüfung an einer Schule,
- in der Ökonomie auch einen Produktionsfaktor neben Kapital und Boden.

In der Physik wird dieser umgangssprachliche Begriff der Arbeit stark eingeschränkt und präzisiert. Eine *physikalische Arbeit* ist das mathematische Produkt aus der aufgewendeten Kraft $\vec{F}$ mal dem zurückgelegten Weg $\vec{s}$ (Figur 90). Genauer: Unter der **Arbeit** W verstehen wir das skalare Produkt von Kraft und Weg.

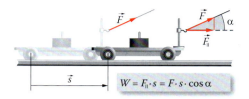

Figur 90 Definition der physikalischen Arbeit

Arbeit = Kraft mal Weg

$$W = \vec{F} \cdot \vec{s} = \underbrace{F_{\|} \cdot s}_{F \cdot \cos\alpha} = F \cdot s \cdot \cos\alpha, \quad [W] = \text{Nm}$$

Einheit: $[W] = 1\,\text{N} \cdot 1\,\text{m} = 1\,\text{N} \cdot \text{m} = 1\frac{\text{kg} \cdot \text{m}^2}{\text{s}^2} = 1\,\text{Joule} = 1\,\text{J}$

Die Arbeit hat dieselbe Einheit wie das Drehmoment, ist aber physikalisch eine andere Grösse. Diese Formel für die Arbeit gilt nur, solange die Kraft längs eines geraden Wegs konstant ist. Die Arbeit kann auch negativ werden.

7.2.2 Beispiele physikalischer Arbeit

a) Ziehen eines Wagens

Eine Person zieht den in Figur 90 dargestellten Wagen unter einem Winkel von $\alpha = 30°$ mit einer Kraft von $F = 30\,\text{N}$. Nach einem Weg von 20 m beträgt die verrichtete Arbeit $W = 30\,\text{N} \cdot 20\,\text{m} \cdot \cos 30° \approx 520\,\text{J}$.

Im physikalischen Sinn wird also nur dann eine Arbeit verrichtet, wenn sich der Wagen bewegt, d. h. eine Kraftkomponente F_{parallel} parallel zum zurückgelegten Weg wirkt. Beim reinen Hochhalten eines Körpers oder beim Tragen einer Last auf einer horizontalen Strasse wird daher im physikalischen Sinn keine Arbeit verrichtet. Auch die in Figur 91 abgebildete Laufkatze verrichtet bei der Vorwärtsbewegung (abgesehen von der Reibungsarbeit) keine Arbeit.

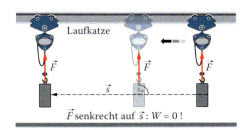

Figur 91 Werkstattkran (Laufkatze)

b) Anheben einer Last

Um eine Last, etwa ein 50-Liter-Bierfass ($m = 60$ kg), vertikal hochzuheben ($h = 5$ m), ist eine nach oben gerichtete Kraft $\vec{F}_2 = -\vec{F}_G$, Betrag: $F_G = F_2 \approx 600$ N erforderlich (Figur 92, rechts). Die verrichtete Arbeit (Hubarbeit) beträgt dann

$$W_2 = \vec{F}_2 \cdot \vec{h} = F_2 \cdot h = F_G \cdot h \approx 600 \text{ N} \cdot 5 \text{ m} = 3000 \text{ J} = 3 \text{ kJ}.$$

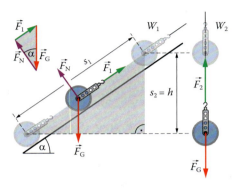

Um sich die „Arbeit zu erleichtern", benutzt man in der Praxis häufig eine Rampe (schiefe Ebene, $\alpha = 30°$), auf der die Last hochgezogen bzw. hochgerollt wird (Figur 92).

Auf der Rampe erhalten wir

$$F_1 = F_G \cdot \sin\alpha = 300 \text{ N}, \quad s_1 = \frac{h}{\sin\alpha} = 10 \text{ m}$$

und

$$W_1 = F_1 \cdot s_1 = 3 \text{ kJ}.$$

Figur 92 Bierfass auf Rampe

Für einen Neigungswinkel 30° ist die Zugkraft mit 300 N nur halb so gross wie das Gewicht, der zurückzulegende Weg wird mit 10 Metern aber doppelt so lang wie der vertikale Hubweg. Die zu verrichtende physikalische *Hubarbeit* ist in beiden Fällen gleich gross, kann auf der schiefen Ebene also weder vergrössert noch verkleinert werden. Allerdings wirkt auf einer realen Rampe eine Reibungskraft, z. B eine Rollreibung, die zusätzlich überwunden werden muss (Reibungsarbeit).

7.3 Grundformen von Arbeit und Energie

7.3.1 Hubarbeit und potenzielle Energie

Um einen Körper der Masse m um eine Höhe h anzuheben, ist eine *Hubarbeit* erforderlich.

$$W_{\text{Hub}} = F \cdot h = F_G \cdot h = m \cdot g \cdot h$$

Nachdem der Körper um die Höhe h angehoben worden ist, hat er bezüglich seiner ursprünglichen Lage eine *potenzielle Energie* (*Lageenergie*):

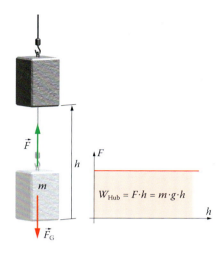

Potenzielle Energie (Lageenergie)

$$E_{\text{pot}} = m \cdot g \cdot h$$

Die Arbeit wird grafisch am besten mithilfe eines Kraft-Weg-Diagramms, des Arbeitsdiagramms, dargestellt. Die Arbeit ist gleich der rot unterlegten Fläche zwischen h-Achse und Graph, also dem Rechteck mit den Seiten Kraft $m \cdot g$ und Höhe h (Figur 93).

$$W_{\text{Hub}} = F \cdot h = m \cdot g \cdot h$$

Figur 93 Hubarbeit: Definition und Arbeitsdiagramm

7.3.2 Beschleunigungsarbeit und kinetische Energie

Um einen Körper (Wagen, Figur 94) mit der Masse m und der Anfangsgeschwindigkeit v_0 geradlinig gleichförmig auf eine Endgeschwindigkeit v zu beschleunigen, ist eine Beschleunigungsarbeit erforderlich:

$$W_{\text{Beschl.}} = \vec{F} \cdot \vec{s}$$

wobei F die beschleunigende Kraft und s der zurückgelegte Weg sind (Figur 94). Für die beschleunigende Kraft schreiben wir $\vec{F} = m \cdot \vec{a}$ und erhalten damit für die Beschleunigungsarbeit

$$W_{\text{Beschl.}} = \vec{F} \cdot \vec{s} = m \cdot \vec{a} \cdot \vec{s} = m \cdot a \cdot s \text{ , falls } \vec{a} \parallel \vec{s}$$

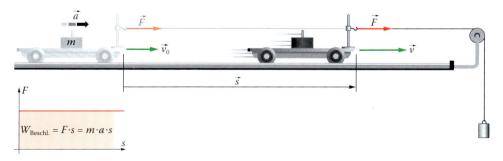

$$W_{\text{Beschl.}} = F \cdot s = m \cdot a \cdot s$$

Figur 94 Beschleunigungsarbeit: Definition und Arbeitsdiagramm

Aus der Kinematik der geradlinig gleichförmig beschleunigten Bewegung kennen wir den Ausdruck

$$v^2 = v_0^2 + 2 \cdot a \cdot s \quad \text{bzw.} \quad a \cdot s = \frac{1}{2} \cdot (v^2 - v_0^2)$$

und berechnen damit die Beschleunigungsarbeit:

$$W_{\text{Beschl.}} = \vec{F} \cdot \vec{s} = m \cdot \vec{a} \cdot \vec{s} = \frac{1}{2} \cdot m \cdot (v^2 - v_0^2)$$

Hat der Körper seine Endgeschwindigkeit v erreicht, so besitzt er *kinetische Energie*.

Kinetische Energie (Bewegungsenergie)

$$E_{\text{kin}} = \frac{1}{2} \cdot m \cdot v^2 \quad \text{mit} \quad v_0 = 0$$

Hatte der Körper schon zu Beginn eine Geschwindigkeit v_0, so besass er eine kinetische Anfangsenergie $E_{\text{kin}, 0} = \frac{1}{2} \cdot m \cdot v_0^2$. Für den Beschleunigungsvorgang ist eine Beschleunigungsarbeit erforderlich, die gleich der Differenz von End- und Anfangsenergie ist:

$$W_{\text{Beschl.}} = E_{\text{kin}} - E_{\text{kin}, 0} = \frac{1}{2} \cdot m \cdot v^2 - \frac{1}{2} \cdot m \cdot v_0^2$$

Dabei spielt es keine Rolle, *wie* der Wagen beschleunigt wurde. Die Beschleunigungsarbeit ist in jedem Fall gleich gross, wenn die Anfangs- und die Endgeschwindigkeit gegeben sind. Das Arbeitsdiagramm der Beschleunigungsarbeit (Figur 94) ist analog zu demjenigen der Hubarbeit (Figur 93).

Die potenzielle Energie $E_{\text{pot}} = m \cdot g \cdot h$ und die kinetische Energie $E_{\text{kin}} = \frac{1}{2} \cdot m \cdot v^2$ sind die wichtigsten Energieformen der Physik. Jede andere Energieart lässt sich auf diese zurückführen.

7.3.3 Spannarbeit und elastische Energie

Beim Spannen einer Feder ist die Kraft F längs des Spannwegs x nicht konstant, sondern nimmt gemäss Federgesetz $F = D \cdot x$ proportional zur Verlängerung x zu.

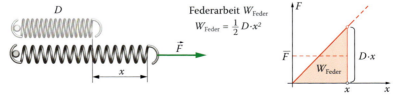

Figur 95 Spannarbeit: Definition und Arbeitsdiagramm

Weil die Kraft nicht konstant ist, kann die Arbeit nicht mehr einfach als Produkt aus Kraft und Weg berechnet werden. Durch Unterteilen des Spannwegs in kleine Wegintervalle lässt sich leicht zeigen, dass die Spannarbeit auch in diesem Fall als Fläche unter dem F-x-Graphen, hier eine Dreiecksfläche, berechnet werden kann. Für die Spannarbeit einer (Schrauben-)Feder gilt also:

Spannarbeit bzw. Federenergie

$$W_{\text{Feder}} = \frac{1}{2} \cdot F \cdot x = \frac{1}{2} \cdot D \cdot x^2 \quad \text{bzw.} \quad E_{\text{Feder}} = \frac{1}{2} \cdot D \cdot x^2$$

7.4 Arbeitsdiagramm: allgemeiner Fall

In der Praxis zeigt das F-x-Diagramm keine Gerade, sondern eine Kurve. Auch in diesem Fall ist die Fläche unter dem Graphen gleich der verrichteten Arbeit. Als praktische Anwendung zeigt Figur 96 die Charakteristik eines modernen Verbundbogens beim Bogenschiessen. Die Spannarbeit W kann in diesem Fall durch Auszählen der einzelnen Rechtecke mit einer Fläche 0.1 m · 20 N = 2.0 Joule näherungsweise bestimmt werden: Man erhält 25 ganze und 14 angeschnittene Rechtecke. Nimmt man für die Fläche der angeschnittenen Rechtecke einen mittleren Wert von 1 Joule an, so erhält man den Näherungswert für die Spannarbeit des Bogens:

$$W \approx (25 \cdot 2 + 14 \cdot 1) \text{ Joule} = 64 \text{ Joule}.$$

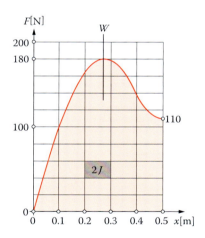

Figur 96 Arbeitsdiagramm eines Pfeilbogens

7.5 Der Energieerhaltungssatz (Energiesatz)

7.5.1 Systeme ohne Reibung (konservative Systeme)

Ein Stein der Masse 1 kg wird von der Kirchenfeldbrücke in Bern aus einer Höhe h = 38 m (über Boden) frei fallen gelassen (v_0 = 0). Wir berechnen die kinetische, die potenzielle und die totale (Summen-)Energie dieses Steins zu Beginn (in der Höhe h = 38 m), während des Fallens (in einer Höhe h' = 10 m) und unmittelbar vor dem Aufprall am Boden (h'' = 0 m, Figur 97).

Mechanik, Bewegung und Kraft

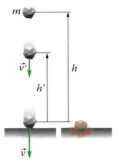

Beim freien Fall nimmt die Höhe h des fallenden Körpers und damit seine potenzielle Energie ab. Zugleich nimmt seine Geschwindigkeit v und damit seine kinetische Energie zu. Die totale Energie ist eine Erhaltungsgrösse und bleibt konstant (siehe Tabelle unten).

$$E_{total} = E_{kin} + E_{pot}$$

Figur 97 Energie-umwandlung

Ort	Höhe	potenzielle Energie	kinetische Energie	totale Energie
oben	$h = 38$ m	$m \cdot g \cdot h = 372.8$ J	0 J	372.8 J
im Fall	$h' = 10$ m	$m \cdot g \cdot h' = 98,1$ J	$\frac{1}{2} \cdot m \cdot v'^2 = m \cdot g \cdot (h - h'') = 274.7$ J	372.8 J
unten	$h'' = 0$ m	0 J	$\frac{1}{2} \cdot m \cdot v''^2 = m \cdot g \cdot h = 372.8$ J	372.8 J

■ Beispiel: hochgeworfener Ball

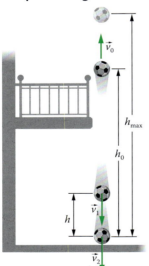

Ein Fussball (Masse $m = 0.43$ kg) wird von einem Balkon aus vertikal in die Höhe geworfen (Figur 98). Die gegen oben gerichtete Anfangsgeschwindigkeit beträgt $v_0 = 15$ m/s; der Balkon liegt $h_0 = 10$ m über dem Boden.

a) Berechnen Sie die Gesamtenergie des Balls.
b) Wie hoch steigt der Ball maximal?
c) Welche Geschwindigkeit hat der Ball $h = 2$ m über dem Boden?
d) Welche Geschwindigkeit hat der Ball unmittelbar vor dem Aufprall am Boden?

Figur 98 Fussball

Lösung

a) $E_{total} = m \cdot g \cdot h_0 + \dfrac{1}{2} \cdot m \cdot v_0^2 = \left(0.43 \cdot 9.81 \cdot 10 + \dfrac{1}{2} \cdot 0.43 \cdot 15^2 \right) J = 90.6 \, J$

b) Am höchsten Punkt ist die Geschwindigkeit null.

Energiebilanz: $m \cdot g \cdot h_0 + \dfrac{1}{2} \cdot m \cdot v_0^2 = m \cdot g \cdot h_{max} = E_{total}$

Nach h_{max} auflösen: $h_{max} = h_0 + \dfrac{v_0^2}{2 \cdot g} = \left(10 + \dfrac{15^2}{2 \cdot 9.81} \right) m = 21.5 \, m$

c) Energiebilanz: $m \cdot g \cdot h_0 + \dfrac{1}{2} \cdot m \cdot v_0^2 = m \cdot g \cdot h + \dfrac{1}{2} \cdot m \cdot v_1^2 = E_{total}$

Nach v_1 aufösen: $v_1 = \sqrt{v_0^2 + 2 \cdot g \cdot \left(h_0 - h \right)} = \sqrt{15^2 + 2 \cdot 9.81 \cdot \left(10 - 2 \right)} \, \dfrac{m}{s} = 19.5 \, \dfrac{m}{s}$

d) Energiebilanz: $m \cdot g \cdot h_0 + \dfrac{1}{2} \cdot m \cdot v_0^2 = \dfrac{1}{2} \cdot m \cdot v_2^2 = E_{total}$

Nach v_2 aufösen: $v_2 = \sqrt{v_0^2 + 2 \cdot g \cdot h_0} = \sqrt{15^2 + 2 \cdot 9.81 \cdot 10} \, \dfrac{m}{s} = 20.5 \, \dfrac{m}{s}$

■ Beispiel: vertikale Kreisbahn

Wir untersuchen einen kleinen Wagen (Masse m), der sich mit der kleinstmöglichen Geschwindigkeit auf einer vertikalen kreisförmigen Schleifenbahn bewegen soll (Bahnradius r). Diese Bewegung ist nicht gleichförmig; die Geschwindigkeit des Wagens nimmt von oben nach unten zu. Gesucht sind die Geschwindigkeiten v_{oben} im höchsten und v_{unten} im tiefsten Punkt der Schleifenbahn sowie die wirkenden Reaktionskräfte F_{oben} und F_{unten}.

Figur 99 Schleifenbahn

Bemerkung: Verwendet man statt eines kleinen Wagens eine rollende Kugel, so muss in der nachfolgenden Energiebetrachtung wegen der Rotation mit einer zusätzlichen kinetischen Energie gerechnet werden.

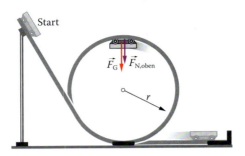

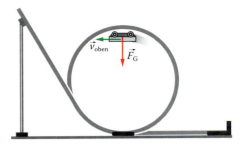

Figur 100 Kräfte im obersten Bahnpunkt

Figur 101 Oberster Punkt: minimale Geschwindigkeit

Lösung

1. Im obersten Punkt der Schleifenbahn wirken im Allgemeinen die Gewichtskraft $\vec{F}_G$ sowie die Reaktionskraft (Kontaktkraft) $\vec{F}_{Reakt}$ der Bahn auf den Wagen (Figur 100). Beide Kräfte sind nach unten gerichtet. Da wir die Reibung vernachlässigen, ist die Reaktionskraft (Kontaktkraft) gleich der Normalkraft: $\vec{F}_{Reakt} = \vec{F}_{N,\,oben}$. Bewegt sich der Wagen mit der kleinstmöglichen Geschwindigkeit, so verschwindet $F_{N,\,oben}$ im obersten Punkt (Figur 101).

   Damit gilt:

   $$\vec{F}_N = \vec{0} \quad \text{und} \quad \vec{F}_G = m \cdot \vec{g} = m \cdot \vec{a}_{Z,oben} \quad \text{(Zentripetalkraft)} \quad \text{bzw.} \quad m \cdot g = \frac{m \cdot v_{oben}^2}{r}$$

   Für die (minimale) Geschwindigkeit v_{oben} erhalten wir $v_{oben} = \sqrt{g \cdot r}$.

2. Zur Berechnung der Geschwindigkeit v_{unten} im untersten Punkt der Bahn benutzen wir eine Energiebilanz (Figur 102) mit $h = 2 \cdot r$ und $v_{oben}^2 = r \cdot g$:

   $$\frac{1}{2} \cdot m \cdot v_{oben}^2 + m \cdot g \cdot 2 \cdot r = \frac{1}{2} \cdot m \cdot v_{unten}^2 \implies v_{unten}^2 = v_{oben}^2 + 4 \cdot g \cdot r = 5 \cdot g \cdot r$$

   $$\text{oder} \quad v_{unten} = \sqrt{5 \cdot g \cdot r} = \sqrt{5} \cdot v_{oben}$$

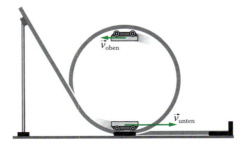

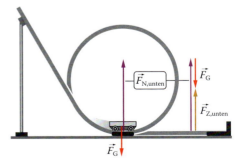

Figur 102 Geschwindigkeit oben und unten

Figur 103 Unterster Punkt der Bahn: Kräfte

3. Damit eine Kreisbahn mit der Geschwindigkeit v_{unten} möglich ist, muss im untersten Punkt eine Zentripetalkraft

$$F_{\text{Z, unten}} = m \cdot a_{\text{Z, unten}} = m \cdot \frac{v_{\text{unten}}^2}{r} = m \cdot \frac{5 \cdot g \cdot r}{r} = 5 \cdot m \cdot g$$

wirken, welche ins Zentrum der Kreisbahn, d. h. nach oben, wirkt. Diese Zentripetalkraft $\vec{F}_{\text{Z, unten}}$ setzt sich vektoriell aus den beiden am Wagen angreifenden Kräfte $\vec{F}_{\text{G}}$ (Gewicht) und $\vec{F}_{\text{N, unten}}$ (Reaktionskraft, zeigt jetzt nach oben) zusammen (Figur 103).

$$\text{Vektorgleichung: } \vec{F}_{\text{N,unten}} + \vec{F}_{\text{G}} = \vec{F}_{\text{Z,unten}}$$

Für den Betrag der auf den Wagen (und die Bahn) wirkenden Reaktionskraft $F_{\text{N, unten}}$ erhalten wir:

$$F_{\text{N,unten}} = F_{\text{G}} + F_{\text{Z,unten}} = m \cdot g + 5 \cdot m \cdot g = 6 \cdot m \cdot g$$

Auf den Wagen und die Bahn wirkt im untersten Punkt eine Reaktionskraft, welche sechsmal so gross ist wie das Gewicht.

7.5.2 Systeme mit Reibung (dissipative Systeme)

In den bisher behandelten Beispielen werden mechanische Energien ineinander umgewandelt, z.B. potenzielle in kinetische. Nach dem Aufprall am Boden verschwindet die kinetische Energie des Körpers, sie wird scheinbar vom Boden zerstört (dissipiert, lat. „dissipare" zerstreuen, verbreiten, zerstören). Seit dem Jahr 1842, als der deutsche Arzt und Physiker Julius Robert Mayer erstmals über den Energiesatz publizierte, den er anlässlich einer Schiffsfahrt nach Java entdeckt hatte, wissen wir, dass diese Vorstellung falsch ist. Die Energie des gefallenen Körpers wird am Boden nicht dissipiert (zerstört), sondern in eine andere Form umgewandelt. Der fallende Körper und der Boden werden erwärmt, ihre Temperatur nimmt zu und damit auch ihre *innere Energie U.*

Dasselbe passiert im Grunde auch immer dann, wenn ein Fahrzeug abbremst: Kinetische Energie wird scheinbar vernichtet. Der Schein trügt aber! Die Energie verschwindet keineswegs, sondern wird in Bewegungsenergie der Moleküle und Atome der Bremssysteme (Bremsbeläge) umgewandelt, welche erwärmt werden. Ihre Temperaturzunahme ist dabei proportional zur „vernichteten" kinetischen Energie.

Bis zum heutigen Tag benutzt man in der Physik die Bezeichnung *konservative* Systeme für physikalische Prozesse, an denen nur mechanische (kinetische und potenzielle) Energien beteiligt sind, und *dissipative* Systeme für solche, bei denen Wärme im Spiel ist.

> ### Energiesatz
> In einem abgeschlossenen System bleibt die Gesamtenergie erhalten.
>
> $$E_{total} = E_{kin} + E_{pot} + U = \text{konstant}$$

Ein abgeschlossenes System ist ein energetisch isoliertes System, das weder Energie gegen aussen abgeben noch von aussen, z. B. durch Erwärmung, aufnehmen kann. Reale physikalische Systeme können immer nur näherungsweise abgeschlossen sein. So geht etwa beim freien Fall einer Stahlkugel ein (sehr) kleiner Teil der potenziellen Energie wegen Reibung an die umgebende Luft über, erwärmt diese ein wenig und erhöht so ihre innere Energie.

Es war einer der grössten Erfolge der Physik, als James Prescott Joule (1818 – 1889), Hermann von Helmholtz (1821 – 1894) und Julius Robert Mayer (1814 – 1878) diese Zusammenhänge nach 1842 schrittweise klärten und so eines der wichtigsten Gesetze der Physik entdeckten.

> ### Energiesatz (zweite Form)
> Ein Perpetuum mobile erster Art, also eine Maschine, welche Energie aus dem „Nichts" erzeugt, widerspricht dem Energiesatz und ist daher nicht möglich. Auch gibt es keine Maschinen, die Energie vernichten können.

■ Beispiel: Skirennen

Ein Skirennen ohne Reibungskräfte ist undenkbar. Bei einer Höhendifferenz von 1000 m würde eine Endgeschwindigkeit von

$$v = \sqrt{2 \cdot g \cdot h} = \sqrt{2 \cdot 9.81 \cdot 1000} \, \frac{\text{m}}{\text{s}} = 140 \, \frac{\text{m}}{\text{s}} \approx 500 \, \frac{\text{km}}{\text{h}} \text{ resultieren!}$$

Die Gleitreibung ermöglicht die Richtungswechsel auf Schnee; zusätzlich hält der Luftwiderstand die Geschwindigkeit in Grenzen. Den Lauberhornrekord hält Kristian Ghedina seit 1997 mit 2 Minuten und 24.23 Sekunden. Er wog mit Ausrüstung ca. $m = 85$ kg, die maximale Geschwindigkeit lag zwischen 140 und 150 km/h, am Ziel betrug sie noch etwa $v_{Ziel} = 100$ km/h. Die Länge der Rennstrecke beträgt $s = 4480$ m, die Höhendifferenz $h = 1028$ m, die mittlere Neigung $\alpha = 14.7°$ (Figur 104).

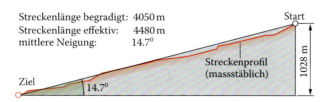

Streckenlänge begradigt: 4050 m
Streckenlänge effektiv: 4480 m
mittlere Neigung: 14.7°

Ziel · 14.7°

Start
Streckenprofil
(massstäblich)
1028 m

Figur 104 Lauberhorn: Streckenprofil

Berechnen Sie:

a) die mittlere Geschwindigkeit $\bar{v}$ von Kristian Ghedina;
b) die mittlere Luftwiderstandskraft F_L des Skifahrers mit der Formel
$\bar{F}_L = \frac{1}{2} \cdot \rho_{Luft} \cdot c_W \cdot A \cdot \bar{v}^2$; die Dichte der Luft beträgt ca. $\rho_{Luft} \approx 1.2 \text{ kg/m}^3$, der Widerstandsbeiwert des Skifahrers $c_W \approx 0.4$, seine Referenzfläche A $\approx 0.5 \text{ m}^2$;
c) die potenzielle Energie dieses Fahrers beim Start;
d) die kinetische Energie des Fahrers am Ziel;
e) die Reibungsarbeit des Luftwiderstandes;
f) die durch die Lauffläche der Skis verrichtete Reibungsarbeit;
g) die an der Lauffläche der Skis wirkende mittlere Reibungskraft;
h) die Gleitreibungszahl der Skis auf der Piste.

Lösung

a) $\bar{v} = \dfrac{s}{t} = \dfrac{4480}{144.23} \dfrac{m}{s} = 31.1 \dfrac{m}{s} = 112 \dfrac{km}{h}$

b) $\bar{F}_{Luft} = \dfrac{1}{2} \cdot \rho_{Luft} \cdot c_W \cdot A \cdot \bar{v}^2 \approx \dfrac{1}{2} \cdot 1.2 \cdot 0.4 \cdot 0.5 \cdot 31.1^2 \text{ N} = 115.8 \text{ N}$

c) $E_{pot} = m \cdot g \cdot h = 85 \cdot 9.81 \cdot 1028 \text{ J} = 857.2 \text{ kJ}$

d) $E_{kin} = \dfrac{1}{2} \cdot m \cdot \left(v_{Ziel}\right)^2 = \dfrac{1}{2} \cdot 85 \cdot \left(\dfrac{100 \cdot 1000}{3600}\right)^2 \approx 32.8 \text{ kJ}$

e) $W_{Luft} = \bar{F}_{Luft} \cdot s = 115.8 \text{ N} \cdot 4480 \text{ m} = 518.8 \text{ kJ}.$

Zunahme der inneren Energie der Luft: $\Delta U = 518.8 \text{ kJ}$

f) $W_{Ski} = E_{pot} - E_{kin} - W_{Luft} = \left(857.2 - 32.8 - 518.8\right) \text{kJ} = 305.6 \text{ kJ}$

Zunahme der inneren Energie von Ski und Schnee: $\Delta U_{Ski/Schnee} \approx 306 \text{ kJ}$

g) $F_{Ski} = \dfrac{W_{Ski}}{s} = \dfrac{306 \cdot 10^3}{4480} \text{ N} \approx 68.3 \text{ N}$

h) $\mu_G = \dfrac{F_{Ski}}{F_N} = \dfrac{F_{Ski}}{m \cdot g \cdot \cos\alpha} \approx \dfrac{68.3 \text{ N}}{85 \cdot 9.81 \cdot \cos 14.7° \text{ N}} = 0.085$

7.6   Leistung *P* und Wirkungsgrad

7.6.1 Leistung: Definition, Einheit, Anwendung

Die Leistung ist vor allem in der Technik eine wichtige Grösse, die den Energieverbrauch pro Zeiteinheit eines Geräts oder einer Maschine angibt. Die Leistungen technischer Geräte wie Lampen, Küchengeräte, Musikanlagen usw. sind gewöhnlich bekannt und werden in den Bedienungsanleitungen oder auf den Geräten angegeben. Wichtig ist, dass wir möglichst energieeffiziente Geräte und Maschinen (z. B. Autos) einsetzen, welche die Energie mit möglichst kleinen Verlusten umsetzen. Unter der physikalischen Leistung *P* (engl. *power*) versteht man den Quotienten aus der verrichteten Arbeit ΔW und der dazu erforderlichen Zeit Δt:

Leistung

$$P = \frac{\Delta W}{\Delta t} \quad \text{Einheit: } [P] = \text{Watt} = \text{W}$$

Die Einheit der Leistung heisst Watt, benannt nach James Watt (1736 – 1819), dem Erfinder der ersten industriell nutzbaren Dampfmaschine. Es gilt:

$$1\,\text{Watt} = 1\,\text{W} = \frac{1\,\text{Joule}}{1\,\text{Sekunde}} = 1\,\frac{\text{kg} \cdot \text{m}^2}{\text{s}^3} \quad \text{umgekehrt: } 1\,\text{Joule} = 1\,\text{Watt} \cdot 1\,\text{Sekunde} = 1\,\text{Ws}$$

Obwohl die Pferdestärke (Abkürzung PS oder horsepower hp) seit 30 Jahren keine gesetzliche Einheit mehr ist, hat sie sich bei Fahrzeugen im allgemeinen Sprachgebrauch gehalten. Es gilt: 1 PS = 735.5 W ≈ 3/4 kW. In der Elektrowirtschaft wird der Energiebezug meist über die Leistung in der Einheit Kilowattstunde (kWh) verrechnet. Es gilt:

$$1\,\text{kWh} = 1000\,\text{W} \cdot 3600\,\text{s} = 3.6 \cdot 10^6\,\text{Ws} = 3.6\,\text{MJ}$$

Beispiele

- Eine 10-Watt-Sparlampe benötigt in jeder Sekunde 10 Joule an elektrischer Energie.
- In der Einheit Watt ist die Zeit bereits enthalten (1 Watt = 1 Joule pro Sekunde). Eine Einheit Watt pro Sekunde, die man gelegentlich in Pressemeldungen antrifft, ist physikalisch nicht sinnvoll.
- Die 2000-Watt-Gesellschaft ist ein energiepolitisches Modell, das an der ETH Zürich entwickelt wurde. Gemäss dieser Vision sollte der Energiebedarf jedes Erdenbewohners einer durchschnittlichen Leistung von 2000 Watt entsprechen, wie dies in der Schweiz vor 1960 der Fall war. Der gegenwärtige Energiebedarf liegt in der Schweiz etwa dreimal höher. Durch Erhöhung der Effizienz an Gebäuden, Geräten und Fahrzeugen wäre eine 2000-Watt-Gesellschaft ohne Komforteinbusse realisierbar.

7.6.2 Der Wirkungsgrad einer Maschine

Der Wirkungsgrad beschreibt die Effizienz einer Maschine. Im Fall eines Elektromotors ist dies der Anteil der zugeführten elektrischen Leistung (bzw. Energie), welcher nutzbringend in mechanische Leistung (bzw. Energie) umgesetzt werden kann. Der Wirkungsgrad η (eta) (engl. *efficiency factor*) einer Maschine ist das Verhältnis zwischen abgegebener (mechanischer) Nutzleistung P_{ab} und zugeführter (elektrischer oder chemischer) Leistung P_{zu}:

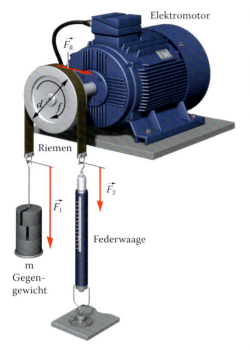

Elektromotor

Riemen

$\vec{F_2}$

$\vec{F_1}$

Federwaage

m
Gegen-
gewicht

Wirkungsgrad

$$\eta = \frac{P_{ab}}{P_{zu}} = \frac{\text{Nutzen}}{\text{Aufwand}}$$

$$[\eta] = \text{dimensionslos, meist in \%}$$

Der Wirkungsgrad ist eine dimensionslose Grösse, hat also keine Einheit und einen Wert zwischen 0 und 1, in Prozent ausgedrückt, zwischen 0 % und 100 %. Sehr hohe Wirkungsgrade von gegen 95 % erreichen Elektromotoren. Ein Wirkungsgrad von 100 % ist unmöglich, da elektrische Energie aus technischen Gründen (besonders wegen Wärmeverlusten) nie vollständig in mechanische umgesetzt werden kann. Als Faustregel merken wir uns, dass grosse Maschinen bessere Wirkungsgrade haben als kleine.

Figur 105 Messung des Wirkungsgrades eines Elektromotors

Figur 105 zeigt eine Vorrichtung zur Bestimmung des Wirkungsgrads eines Elektromotors, der mit einer elektrischen Leistung P_{el} betrieben wird. An der Motorenachse ist eine Riemenscheibe (Durchmesser d) befestigt, welche mit einer Drehzahl (Frequenz f) im Uhrzeigersinn rotiert und am Lederriemen eine Reibungsarbeit W verrichtet.

Daten: $P_{el} = 1000$ W, Drehzahl 3000 rpm (Umdrehungen pro Minute), $d = 0.20$ m, $F_1 = 28$ N.

Gewöhnlich wird die Apparatur so betrieben, dass die rechts angebrachte Federwaage entspannt ist ($F_1 = 0$) und nur das Gegengewicht links eine Reibungsarbeit verrichtet. Dabei wird die mechanische Energie des Motors an Riemen und Scheibe in Wärme umgesetzt. Es gilt:

$$P_{mech} = \frac{W}{t} = \frac{F_1 \cdot s}{t} = F_1 \cdot v = \frac{F_1 \cdot 2 \cdot \pi \cdot r}{T} = F_1 \cdot 2 \cdot \pi \cdot f \cdot \frac{d}{2} = F_1 \cdot \pi \cdot f \cdot d$$

Mechanik,
Bewegung
und Kraft

wobei r den Radius und T die Umlaufzeit bedeuten. Für den Wirkungsgrad ergibt sich damit:

$$\eta = \frac{P_{\text{mech}}}{P_{\text{el}}} = \frac{F_1 \cdot \pi \cdot f \cdot d}{P_{\text{el}}} = \frac{28\,\text{N} \cdot \pi \cdot 50\,\text{Hz} \cdot 0.2\,\text{m}}{1000\ \text{Watt}} \approx 88\%$$

Weitere Unterlagen zum Thema siehe www.hep-verlag.ch/physik-mittelschulen

7.7   Zusammenfassung

Für die Schulphysik ist die Energie die wichtigste der drei Erhaltungsgrössen Energie, Impuls und Drehimpuls.

Die Arbeit W ist eine Prozessgrösse. $W = \vec{F} \cdot \vec{s} = F \cdot s \cdot \cos(\alpha)$, $[W] = [E] = \text{Nm} = \text{J}$

Zustände werden mit Energien beschrieben: Um einen Körper anzuheben (Prozess), muss Hubarbeit verrichtet werden. Dann nimmt die potenzielle Energie zu. Wir haben drei grundlegende Energieformen kennengelernt:

$$\text{potenzielle Energie (Lageenergie)} \qquad E_{\text{pot}} = m \cdot g \cdot h$$

$$\text{kinetische Energie (Bewegungsenergie)} \quad E_{\text{kin}} = \frac{1}{2} \cdot m \cdot v^2$$

$$\text{elastische Energie (Federenergie)} \qquad E_{\text{Feder}} = \frac{1}{2} \cdot D \cdot x^2$$

Bei physikalischen Prozessen bleibt die Gesamtenergie erhalten, falls Energie weder gegen aussen abgegeben noch von aussen, z. B. durch Erwärmung, zugeführt wird:

Energiesatz $E_{\text{total}} = E_{\text{kin}} + E_{\text{pot}} + U = \text{konstant}$, $U \triangleq$ innere Energie

Damit kann eine Energiebilanz aufgestellt und z. B. bei einem freien Fall die Endgeschwindigkeit berechnet werden, indem die potenzielle Energie (oben) gleich der kinetischen Energie (unten) gesetzt wird.

Bei Reibungsprozessen wird ein Körper erwärmt. Durch Reibungsarbeit werden der Körper und die Umwelt erwärmt, die innere Energie nimmt zu.

In der Technik ist die Leistung (Arbeit pro Zeit) eine wichtige Grösse zur Beurteilung des Energiekonsums von Maschinen. Leistung $P = \frac{\Delta W}{\Delta t}$ $[P] = \text{W}$

Der Wirkungsgrad einer Maschine gibt an, welcher Teil der elektrischen Energie in mechanische Arbeit (Nutzen) und welcher Anteil in (meist nutzlose) Wärme übergeht.

$$\text{Wirkungsgrad } \eta = \frac{\text{Nutzen}}{\text{Aufwand}}$$

Wir leben in einer Zeit mit masslosem Energiekonsum. Seit 1960 stieg der Energiebedarf in der Schweiz pro Kopf der Bevölkerung um das Dreifache auf ca. 6000 Watt, d. h. rund 50 000 kWh pro Jahr an. Ein verantwortungsvoller Umgang mit der Natur und mit unseren Ressourcen verlangt eine massive Reduktion des Energiekonsums.

8   Das Newton'sche Gravitationsgesetz

8.1   Antike Theorien des Sternenhimmels

8.1.1   Einleitung

Die Menschen haben sich schon immer für den Sternenhimmel interessiert. In allen Hochkulturen wurde Astronomie getrieben. Für das Abendland ist vor allem die Astronomie der Babylonier, der Griechen und der Araber wichtig. Die Babylonier haben die Bewegung der Sterne genau beobachtet, die Griechen haben diese Bewegungen (kinematisch-geometrisch) zu erklären versucht, und die Araber haben schliesslich das antike Erbe für die Nachwelt bewahrt und ausgebaut.

Die von der Erde aus beobachteten Sterne können in drei Kategorien unterteilt werden, nämlich:

- in Fixsterne,
- in die Sonne und
- in die Planeten (griechisch für Irr- oder Wandelsterne).

8.1.2   Bewegung der Fixsterne: das Zwei-Kugel-Universum

Figur 106 zeigt einen Blick zum nächtlichen Sternenhimmel in nördlicher Richtung. Im Sternbild des Kleinen Bären finden wir einen Stern, den Polarstern (Polaris), der seine Lage am Himmel fast nicht ändert. Ihn umgeben (im hellblauen Bereich) Sterne, die dauernd sichtbar sind, die Zirkumpolarsterne und -sternbilder wie der Grosse Bär oder Kassiopeia, Weiter aussen (im dunkelblauen Bereich) liegen die auf- und untergehenden Sterne. Die gelben Kreisbogen (Pfeile) zeigen Bahnen, die von Sternen in ca. 3 Stunden beschrieben werden. Solche Aufnahmen erhält man, wenn man den Himmel nachts mit einer Belichtungszeit von ca. 3 Stunden fotografiert.

Das Zwei-Kugel-Universum (Figur 107) ist eine der ältesten Theorien des Sternenhimmels, welche die in Figur 106 beschriebenen Erscheinungen am Sternenhimmel wiedergibt. Sie nimmt an, dass alle Fixsterne von der Erde gleich weit entfernt und auf einer unsichtbaren Kugel (Himmelskugel) befestigt sind, die sich einmal pro Tag in der West-Ost-Richtung um die *ruhende* Erde

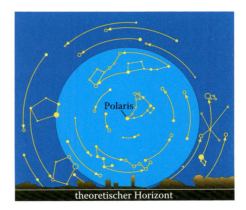

Figur 106 Blick in den Sternenhimmel (nach Norden)

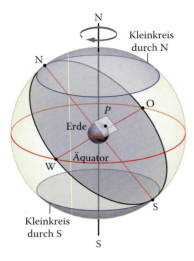

Figur 107 Das Zwei-Kugel-Universum

dreht. Im Vergleich zur Grösse der Himmelskugel ist die Erdkugel sehr klein. Der Beobachter am Ort P der Erdkugel, dessen Horizontebene (Ebene in P) die vier Himmelsrichtungen (N, O, S, W) umfasst, kann zu einem bestimmten Zeitpunkt die Hälfte des Inneren der Himmelskugel sehen, nämlich die Halbkugel über der Horizontebene. Im Verlauf einer ganzen Drehung der Himmelskugel, während eines Tages, sieht man von P aus denjenigen Teil der Himmelskugel, der oberhalb des Kleinkreises durch den Südpunkt S liegt. Sterne und Sternbilder, die unterhalb dieses Kreises liegen, etwa das Kreuz des Südens, können von P aus nie gesehen werden. Dagegen verläuft die Bahn von Sternen oberhalb des Kleinkreises durch N über der Horizontebene und kann deshalb von P aus immer gesehen werden (Zirkumpolarsterne), Sterne auf der Kugelzone zwischen diesen beiden Kleinkreisen gehen, von P aus gesehen, auf und unter. Die rote Kreislinie ist der *Himmelsäquator*, die Schnittlinie des Erdäquators mit der Himmelskugel.

Auch wenn wir heute wissen, dass Fixsterne unterschiedliche Entfernungen von der Erde haben, die Theorie des Zwei-Kugel-Universums also eigentlich auf falschen Grundlagen beruht, so gibt sie die am Himmel beobachteten astronomischen Phänomene doch mit höchster Präzision wieder. Sie wurde noch bis in die Mitte des 20. Jahrhunderts erfolgreich zur astronomischen Orts- und Zeitbestimmung, etwa von Schiffen und Flugzeugen(!) aus, eingesetzt.

8.1.3 Bewegung der Sonne im Zwei-Kugel-Universum

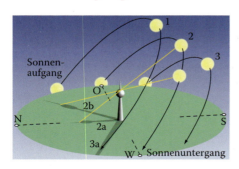

Figur 108 Sonnenbahnen von der Erde aus

Im Gegensatz zu den eben beschriebenen Fixsternen ändert die Sonne ihre Position auf der Himmelskugel im Verlauf eines Jahrs: Im Winter steht sie tiefer, im Sommer höher. Figur 108 zeigt die Sonnenbahnen zu verschiedenen Jahreszeiten von einem Standort auf der Erde aus beobachtet.

Die grüne Horizontebene des Beobachters enthält die vier Himmelsrichtungen (N, O, S und W). 1, 2 und 3 bezeichnen die Sonnenbahnen zu den Zeitpunkten der Sommersonnenwende SS (21. Juni), der Frühlings- bzw. Herbst-Tagundnachtgleiche (FT und HT, Äquinoktien, 21. März und 23. September) sowie der Wintersonnenwende WS (21. Dezember). Im Zentrum dieser Ebene befindet sich ein vertikaler Stab (Gnomon), dessen Schattenlänge Aufschluss über die Sonnenposition gibt. 2a ist der Mittagsschatten der Bahn 2, 2b der 14-Uhr-Schatten und 3a der Schatten kurz nach Sonnenaufgang.

Um die Bewegung der Sonne im Zwei-Kugel-Universum erklären zu können, muss eine weitere Ebene, die sog. Ekliptik, eingeführt werden (Figur 109). Diese Ebene ist um den *Frühlingswinkel* $\varphi = 23.5°$ gegen die Äquatorebene geneigt und schneidet diese im *Frühlingspunkt* FT bzw. im *Herbstpunkt* HT.

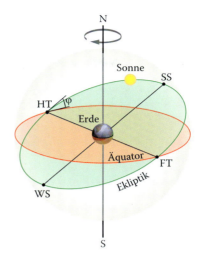

Figur 109 Lage der Ekliptik auf der Himmelskugel

Die Sonne bewegt sich auf der Himmelskugel entlang der Ekliptik mit einer Umlaufzeit von einem Jahr. So befindet sie sich am 21. März in FT, am 21. Juni in SS, am 23. September in HT und am 21. Dezember in WS. Dabei macht die Sonne die tägliche Rotation der Himmelskugel mit, sie „schraubt" sich also vom 21. Dezember bis zum 21. Juni auf der Himmelskugel hoch, anschliessend macht sie im zweiten Halbjahr die umgekehrte Bewegung. Zum Zeitpunkt der Äquinoktien, der Tag- und Nachtgleichen FT und HT, liegt die Sonnenbahn auf dem Himmelsäquator; die Sonne geht dann exakt im Osten auf und im Westen unter.

8.1.4 Bewegung der Planeten

Die Bewegung der Planeten ist viel schwieriger zu erklären als diejenige der Fixsterne und der Sonne. Die exakte Erklärung der komplexen Bahnen der Planeten war das grösste astronomische Problem der Antike bis in die Neuzeit (16. Jahrhundert).

Figur 110 zeigt die schleifenförmige Bahn des Planeten Mars durch das Sternbild der Zwillinge, die sehr nahe bei der Ekliptik verläuft. Generell bewegt er sich in West-Ost-Richtung, von Anfang Dezember 1992 bis Ende Februar 1993 z.B. verlief diese Bewegung aber erstaunlicherweise rückwärts. Diese Rückläufigkeitsphase der Marsbahn hat immer etwa die gleiche Form und Dauer, ereignet sich jedoch nicht jedes Mal zu demselben Datum und an derselben Stelle am Himmel.

Figur 110 Die Bahn des Planeten Mars

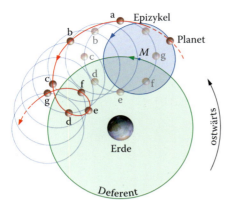

Figur 111 Epizykeltheorie

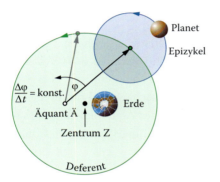

Figur 112 Ausgebaute Epizykeltheorie

In seinem astronomischen Hauptwerk, dem „Almagest", entwickelte Ptolemaios (lat. Ptolemäus, 150 n. Chr.) von Alexandria das geozentrische Weltbild: Die Erde bildet den festen Mittelpunkt, die Fixsterne bewegen sich auf perfekten Kreisbahnen, die Sonne auf der Ekliptik und die Planeten auf zusammengesetzten Kreisbahnen, sog. Epizyklen, um die Erde.

Nach Ptolemäus durchläuft der Planet einen kleinen Kreis, den Epizykel, dessen Zentrum sich seinerseits auf der Peripherie eines grösseren Kreises, des Deferenten, um die ruhende Erde bewegt. Wie Figur 111 zeigt, kommt auf diese Weise eine Schleifenbewegung des Planeten zustande. Jeder Planet besitzt ein eigenes Epizykel-Deferent-System. Dies genügt aber nicht für alle Planeten. Für gewisse (äussere) Planeten liegt die Erde E nicht mehr im Zentrum Z des Deferenten, sondern ist etwas verschoben (Exzenter). Bezüglich des Zentrums Z symmetrisch zur Erde liegt der sog. Äquant Ä (Figur 112). Das Zentrum des Epizykels bewegt sich jetzt bezüglich des Äquanten und nicht etwa bezüglich Z oder E mit konstanter Winkelgeschwindigkeit gleichförmig auf dem Deferenten.

Diese Theorie wurde mit grossem Erfolg bis ins 16. Jahrhundert verwendet. Über Jahrhunderte beschäftigten sich die Astronomen damit, unter ungeheurem Rechenaufwand für jeden einzelnen Planeten die passenden Kreiskombinationen zu finden. Im Verlaufe der Zeit konnten sie Planetenpositionen am Himmel auf etwa 5 Winkelminuten genau vorhersagen ($^1/_6$ des Vollmonddurchmessers). Dies wurde durch die Einführung mehrerer einander überlagerter Epizykel im Hochmittelalter möglich. Diese Theorie ist also auch nach heutigen Vorstellungen korrekt.

8.2 Die kopernikanische Wende

8.2.1 Heliozentrisches Weltbild

Das ptolemäische Weltbild war eine ausserordentlich umständliche Theorie. Nikolaus Kopernikus (1473–1543) störte aber nur ein scheinbares Detail, nämlich die Äquanten, die für die Konstruktion der Bahnen einzelner (nicht aller) Planeten erforderlich sind. Er versuchte eine astronomische Theorie zu konstruieren, die diesen fiktiven Ausgleichspunkt nicht braucht. Bei Aristarch von Samos (um 280 v. Chr.), einem pythagoreischen Philosophen der Spätantike, fand er ein astronomisches Weltbild, in dessen Zentrum nicht die Erde, sondern die Sonne steht.

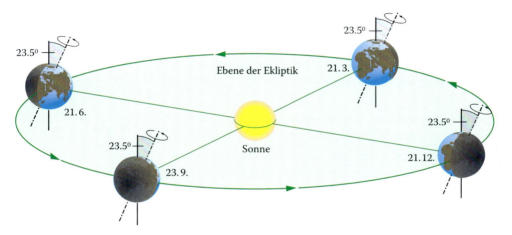

Figur 113 Bahn des Planeten Erde um die Sonne

Die kopernikanische Theorie zum Aufbau des Weltalls umfasst folgende Neuerungen:

- Im Zentrum des Weltalls steht die Sonne.
- Die Planeten, zu denen jetzt auch die Erde zählt (Figur 113), bewegen sich auf Kreisbahnen mit unterschiedlichen Radien r und Umlaufzeiten T um die Sonne.
- Die Himmelskugel (Fixsternsphäre) ist in Ruhe, dafür dreht sich die Erde pro Tag einmal um ihre Achse.
- Damit wird die Himmelskugel im Grunde überflüssig, und die Fixsterne müssen nicht mehr zwingend gleich weit von der Erde entfernt sein. Bald erkannte man auch, dass die Fixsterne viel weiter von der Erde entfernt sind, als man in der Antike dachte, nämlich mindestens einige Lichtjahre.

Auf den ersten Blick scheint das kopernikanische System viel einfacher zu sein als das ptolemäische; dies ist aber eine Täuschung. Um die gleiche Genauigkeit in der Berechnung der Planetenbahnen zu erzielen, war Kopernikus genau wie Ptolemäus auf Epizykel ange-

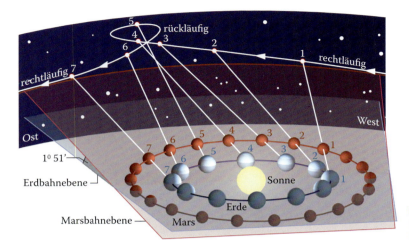

Figur 114 Der Planet Erde überholt den Planeten Mars

wiesen. Deshalb brachte die kopernikanische Theorie vorerst kaum Vorteile gegenüber der ptolemäischen.

Immerhin erlaubt sie eine anschauliche Erklärung der Schleifenbahnen der Planeten, wie Figur 114 zeigt: Der langsamer um die Sonne rotierende Planet (z. B. Mars) wird von der Erde überholt. Von der Erde aus gesehen, beschreibt Mars während der Überholphase vor dem Sternenhimmel eine schleifenförmige Bahn.

Das kopernikanische System arbeitet also auch mit Epizykeln und ist deshalb etwa ähnlich kompliziert wie das ptolemäische. Aus diesem Grund ist es erstaunlich, dass sich dieses neue Weltbild überhaupt durchzusetzen vermochte. Dies geschah allerdings erst allmählich in einem Zeitraum von mehr als hundert Jahren.

Das heliozentrische Weltbild bedeutete für die Menschen des 16. und 17. Jahrhunderts eine ungeheure theologische und weltanschauliche Zumutung. Die katholische Kirche hatte das geozentrische aristotelische und ptolemäische Weltbild im 13. Jahrhundert zur offiziellen christlichen Lehre erklärt (Thomas von Aquin). Trotzdem gestand sie den Astronomen das heliozentrische Weltsystem für Forschungszwecke zu, erlaubte ihnen aber nicht, über dessen Wahrheitsgehalt zu befinden. Galilei hielt sich nicht an diese Vorschrift, vertrat das heliozentrische Weltbild vehement und machte in einem seiner beiden Hauptwerke die Anhänger des geozentrischen Weltbilds und damit die Kirche lächerlich. 1616 verbot die katholische Kirche alle Bücher, welche ein heliozentrisches Weltbild vertraten. In einem Prozess musste Galilei im Jahr 1633 seinen Theorien abschwören. Der Kirchenbann gegen Galilei wurde erst im Jahre 1992 aufgehoben.

8.2.2 Kepler'sche Gesetze: die entscheidende Verbesserung

Johannes Kepler (1571 – 1630) stützte seine Untersuchungen auf Messungen am Planeten Mars, welche Tycho de Brahe (1546 – 1601) in seiner Sternwarte Uranienborg auf der Öresund-Insel Ven (Dänemark) durchgeführt hatte. Uranienborg war damals das weltweit beste astronomische Observatorium; der dänische Staat steckte erhebliche finanzielle Mittel in dieses Projekt de Brahes. Während fast zehn Jahren versuchte Kepler, die Erd- und die Marsbahn zu bestimmen. Als erster Astronom rückte er von der Idee der Kreisbahnen ab und versuchte es mit elliptischen Bahnen, auf welchen sich die Planeten mit variabler Geschwindigkeit bewegen. Diese Methode führte schliesslich zum Erfolg.

> **Erstes Kepler'sches Gesetz**
> Die Planeten bewegen sich auf elliptischen Bahnen um die Sonne. Die Sonne befindet sich in einem gemeinsamen Brennpunkt der Bahnellipsen (Figur 115).

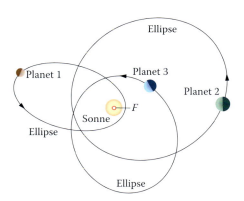

Figur 115 Erstes Kepler'sches Gesetz

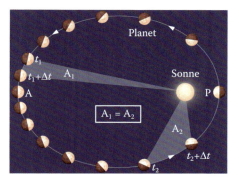

Figur 116 Zweites Kepler'sches Gesetz

> **Zweites Kepler'sches Gesetz (Flächensatz)**
> Die Planeten bewegen sich so auf ihren Ellipsenbahnen, dass die Verbindungsstrecke (Radiusvektor) Sonne – Planet in gleichen Zeiten gleiche Flächen überstreicht (Figur 116).

In Figur 116 braucht der Planet die jeweils gleiche Zeit Δt, um von einer Position zur nächsten vorzurücken, da die von den Radiusvektoren überstrichenen Flächen A immer gleich gross sind, z. B. $A_1 = A_2$. Die Geschwindigkeit des Planeten nimmt zu, wenn er sich der

149

Sonne nähert, sie nimmt ab, wenn er sich von ihr entfernt. Im sonnennächsten Punkt, dem *Perihel*, hat er die grösste, im sonnenfernsten Punkt, dem *Aphel*, hat er die kleinste Geschwindigkeit.

Drittes Kepler'sches Gesetz

Die Planeten bewegen sich so auf elliptischen Bahnen um die Sonne, dass die Quadrate der Umlaufzeiten T_1 bzw. T_2 zweier Planeten sich verhalten wie die dritten Potenzen der grossen Halbachsen ihrer Bahnen, a_1 bzw. a_2:

$$\frac{T_1^2}{T_2^2} = \frac{a_1^3}{a_2^3} \quad \text{(Figur 117)}$$

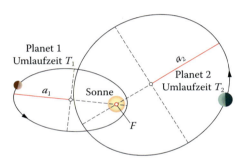

Figur 117 Drittes Kepler'sches Gesetz

Für beliebige Planeten desselben Sonnensystems gilt die Potenzfunktion

$$\frac{T_1^2}{a_1^3} = k = konst. \Rightarrow T^2 = k \cdot a^3 \quad \text{oder}$$

$$T = k' \cdot a^{1,5}.$$

Für die Entwicklung der Astronomie und der Physik war die Einführung von Ellipsenbahnen durch Kepler entscheidend. Erst die Ellipsenbahnen erlaubten eine exakte Beschreibung von Planetenbahnen ohne Epizykel. Dieser wesentliche Schritt vereinfachte das heliozentrische kopernikanisch-keplersche Weltsystem und machte es so zu einer Voraussetzung für die Entdeckung des Gravitationsgesetzes durch Newton.

■ Beispiel: Komet

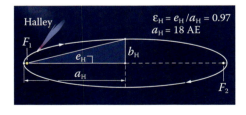

Figur 118 Bahn des Halleyschen Kometen

Der Halley'sche Komet H umläuft die Sonne in einer spitz-elliptischen Bahn mit folgenden Daten (Figur 118):

grosse Halbachse $\quad a_H = 18$ AE

Numerische Exzentrizität $\quad \varepsilon_H = \dfrac{e_H}{a_H} = 0.97$

Daten der Erde: $a_E = 1$ AE: Halbachse der Erdbahn um die Sonne
$\qquad\qquad\qquad\qquad\qquad$ (1 AE = $1.496 \cdot 10^{11}$ m)

$\qquad\qquad\quad T_E = 1$ y: Umlaufzeit der Erde um die Sonne

a) Berechnen Sie die Perihel- und die Aphel-Distanz von der Sonne (d_P und d_A in AE).
b) Berechnen Sie die Umlaufzeit T_H dieses Kometen in Jahren (Kepler 3).
c) Berechnen Sie das Verhältnis $v_\mathrm{P}/v_\mathrm{A}$ seiner Bahngeschwindigkeiten im Perihel und im Aphel (Kepler 2).

Lösung

a) Distanzen:

$$d_\mathrm{P} = a_\mathrm{H} - e_\mathrm{H} = a_\mathrm{H} - \varepsilon_\mathrm{H} \cdot a_\mathrm{H} = a_\mathrm{H} \cdot (1 - \varepsilon_\mathrm{H}) = 18\ \text{AE} \cdot (1 - 0.97) = 0.54\ \text{AE}$$

$$d_\mathrm{A} = a_\mathrm{H} + e_\mathrm{H} = a_\mathrm{H} + \varepsilon_\mathrm{H} \cdot a_\mathrm{H} = a_\mathrm{H} \cdot (1 + \varepsilon_\mathrm{H}) = 18\ \text{AE} \cdot (1 + 0.97) = 35.46\ \text{AE}$$

b) Umlaufzeit: $\dfrac{T_\mathrm{H}^2}{a_\mathrm{H}^3} = \dfrac{T_\mathrm{E}^2}{a_\mathrm{E}^3} \quad \Rightarrow \quad T_\mathrm{H} = T_\mathrm{E} \cdot \sqrt{\dfrac{a_\mathrm{H}^3}{a_\mathrm{E}^3}} = 1\sqrt{18^3}\ \text{y} \approx 76.4\ \text{y}$

c) Die Ellipsensektoren werden näherungsweise als Dreiecke (bzw. Kreissektoren) behandelt:

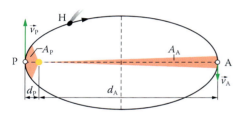

Figur 119 Flächensatz

$$A_\mathrm{P} = A_\mathrm{A} \approx \frac{1}{2} \cdot v_\mathrm{P} \cdot \Delta t \cdot (a_\mathrm{H} - e_\mathrm{H})$$

$$\approx \frac{1}{2} \cdot v_\mathrm{A} \cdot \Delta t \cdot (a_\mathrm{H} + e_\mathrm{H})$$

$$\frac{v_\mathrm{P}}{v_\mathrm{A}} \approx \frac{a_\mathrm{H} + e_\mathrm{H}}{a_\mathrm{H} - e_\mathrm{H}} = \frac{a_\mathrm{H} \cdot (1 + \varepsilon_\mathrm{H})}{a_\mathrm{H} \cdot (1 - \varepsilon_\mathrm{H})} =$$

$$\frac{1 + \varepsilon_\mathrm{H}}{1 - \varepsilon_\mathrm{H}} = \frac{1 + 0.97}{1 - 0.97} \approx 65.7$$

8.3 Gravitationsgesetz von Isaac Newton

8.3.1 Planetenbahn und Gravitationsgesetz

Newton kannte die Planetenbewegung (Kepler'sche Gesetze) und wusste, dass sich ein Körper nur dann auf einer krummlinigen Bahn bewegen kann, wenn eine Kraft auf ihn einwirkt. Er vermutete die Ursache dieser Kraft (zu Recht) in den Massen M der Sonne und m des Planeten. Wir beschränken uns hier auf die Newton'sche Überlegung für eine kreisförmige Planetenbahnen als Spezialfall einer Kepler-Ellipse.

Bewegt sich ein Planet auf einer Kreisbahn mit dem Radius r um die Sonne, so muss auf ihn eine Zentripetalbeschleunigung (Figur 120) in Richtung Sonne wirken: $a_\mathrm{Z} = \frac{v^2}{r}$.

Für die Geschwindigkeit des Planeten (Betrag) gilt:

$$v = \frac{2 \cdot \pi \cdot r}{T}$$

Mechanik, Bewegung und Kraft

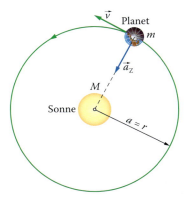

Figur 120 Planetenbahn und Gravitationsgesetz

wobei T die Umlaufzeit des Planeten ist. Für die Zentripetalbeschleunigung a_Z des Planeten gilt:

$$a_Z = \frac{v^2}{r} = \frac{\left(\dfrac{2 \cdot \pi \cdot r}{T}\right)^2}{r} = \frac{4 \cdot \pi^2 \cdot r}{T^2}$$

Nach dem dritten Kepler'schen Gesetz gilt:

$$T^2 = k \cdot r^3 \qquad \text{k: Konstante}$$

wobei der Radius r die grosse Halbachse a eines Kreises ist.

Für die Zentripetalbeschleunigung a_Z erhält man:

$$a_Z = \frac{4 \cdot \pi^2 \cdot r}{T^2} = \frac{4 \cdot \pi^2 \cdot r}{k \cdot r^3} = \frac{4 \cdot \pi^2}{k} \cdot \frac{1}{r^2}$$

Diese einfache Überlegung liefert das ausserordentlich wichtige Resultat, dass die Zentripetalbeschleunigung des Planeten umgekehrt proportional zum Quadrat des Abstands von der Sonne ist.

Bemerkung

Genau genommen, rotiert das System Sonne – Planet um seinen gemeinsamen Schwerpunkt. Da die Sonne aber eine mehr als 800-mal grössere Masse als alle Planeten zusammen besitzt, ist der in der obigen Rechnung begangene Fehler vernachlässigbar klein.

Newton nahm an, dass die Gravitationsbeschleunigung a_Z von der Sonne ausgeht – sie befindet sich ja im Zentrum der Planetenbahn – und dass a_Z proportional zur Sonnenmasse M sein muss. Da wegen des Newton'schen Reaktionsgesetzes der Planet mit einer genau gleich grossen Kraft auf die Sonne zurückwirkt, muss der Betrag der Gravitationskraft F einerseits proportional zu den beiden Massen M und m von Sonne und Planet sein, andererseits umgekehrt proportional zum Quadrat ihres Abstands r.

8.3.2 Gravitationsgesetz

Diese Überlegung gilt nicht nur für Himmelskörper, sondern auch für physikalische Körper auf der Erde: Für die Beträge F der anziehenden Kräfte $\vec{F}_1$ bzw. $-\vec{F}_1$, welche zwei Massepunkte m_1 und m_2 im Abstand r gegenseitig aufeinander ausüben, gilt das Newton'sche Gravitationsgesetz:

Newton'sches Gravitationsgesetz

$$F = \frac{G \cdot m_1 \cdot m_2}{r^2} \qquad \text{mit} \qquad G = 6.674 \cdot 10^{-11}\,\frac{\text{N} \cdot \text{m}^2}{\text{kg}^2}$$

G ist die Gravitationskonstante. Sie drückt die „Stärke" dieser Wechselwirkung aus.

Figur 121 zeigt die Zusammenhänge: Im Abstand r_1 wirkt auf den Massepunkt m_2 eine Kraft $\vec{F}_1$. Wegen des Reaktionsgesetzes *(actio = reactio)* wirkt auf m_1 eine Kraft $-\vec{F}_1$ mit demselben Betrag zurück. Wird der Abstand verdoppelt ($r_2 = 2\,r_1$), so wird die Gravitationskraft viermal kleiner: $\vec{F}_2 = \frac{1}{4} \cdot \vec{F}_1$.

Das Gravitationsgesetz gilt allgemein; ausgedehnte Körper müssen in möglichst kleine, nahezu punktförmige Teilkörper zerlegt werden, für welche Teilgravitationskräfte berechnet werden können. Die gesamte Gravitationskraft ergibt sich dann als Summe (sog. Integral) dieser Teilgravitationskräfte aller (evtl. unendlich vieler) Teilkörper.

Für homogene, kugelförmige Körper kann das Gravitationsgesetz direkt verwendet werden: Für r setzt man den Abstand der beiden Kugelzentren ein (Figur 122). Dies gilt auch für Kugeln, die nicht homogen (ungleichmässig) aufgebaut sind, falls ihre Massenverteilung kugelsymmetrisch ist.

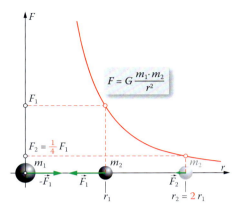

Figur 121 Newton'sches Gravitationsgesetz

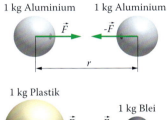

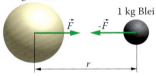

Figur 122 Die Gravitationskraft ist unabhängig vom Material

Die Proportionalitätskonstante G heisst Gravitationskonstante. Sie ist eine Naturkonstante, wie etwa die Lichtgeschwindigkeit. Henry Cavendish hat sie 100 Jahre nach der Entdeckung des Gravitationsgesetzes experimentell bestimmt. Heute ist sie die am wenigsten genau bekannte Naturkonstante.

8.3.3 Eine Anwendung: Bestimmung der Erdmasse

Auf der Erdoberfläche (Erdmasse: M_E, Erdradius R_E) kann das Gewicht F_G eines Körpers der Masse m mit zwei Gesetzen ausgedrückt werden, mit dem zweiten Newton'schen Gesetz und dem Gravitationsgesetz:

$$F_G = m \cdot g_0 = \frac{G \cdot M_E \cdot m}{R_E^2} \Rightarrow g_0 = \frac{G \cdot M_E}{R_E^2} = \frac{6.67428 \cdot 10^{-11} \cdot 5.9736 \cdot 10^{24}}{\left(6.371 \cdot 10^6\right)^2}\,\frac{m}{s^2} = 9.823\,\frac{m}{s^2}$$

153

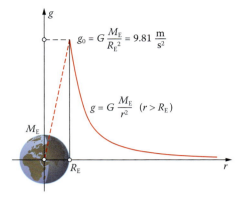

Figur 123 Die Erdbeschleunigung g innerhalb und ausserhalb der Erde

Falls die Gravitationskonstante G, die Erdbeschleunigung g_0 und der Erdradius R_E bekannt sind, kann mithilfe dieser Gleichung die Erdmasse M_E berechnet werden:

$$M_E = \frac{g_0 \cdot R_E^2}{G} =$$

$$\frac{9.82 \cdot 6\,371\,000^2}{6.67428 \cdot 10^{-11}}\,\mathrm{kg} = 5.97 \cdot 10^{24}\,\mathrm{kg}$$

Figur 123 zeigt die Erdbeschleunigung in Funktion des Abstands vom Erdzentrum innerhalb ($r < R_E$) und ausserhalb ($r \geq R_E$) der Erde.

8.3.4 Messung der Gravitationskonstanten G

Sechzig Jahre nach Newtons Tod konnte der britische Adlige Henry Cavendish (1731 – 1810) das Gravitationsgesetz auch experimentell bestätigen. Als Kraftmessgerät benutzte er dazu eine hochempfindliche Drehwaage, eine sog. Torsionsdrehwaage (Fi-

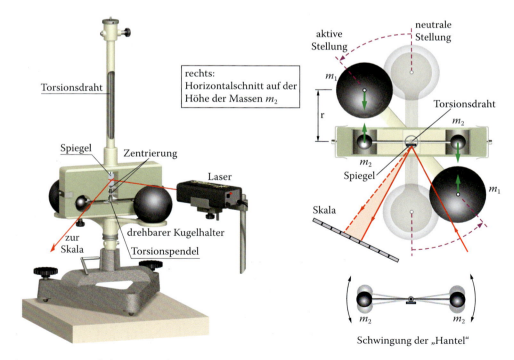

Figur 124 Torsionsdrehwaage nach Cavendish

gur 124): Eine leichte Stange mit einer kleinen Kugel an jedem Ende (eine kleine Hantel mit zwei Kugeln der Masse m_2) hängt an einem langen dünnen Torsionsfaden aus Gold oder Quarz. Um störende Luftströmungen fernzuhalten, ist die Waage in einem geschlossenen Gefäss aufgestellt. Ausserhalb dieses Gefässes befinden sich zwei schwere Kugeln der Masse m_1.

Nähert man die beiden grossen Kugeln den beiden kleinen Kugeln m_2, so wirken Gravitationskräfte, welche den dünnen Torsionsfaden verdrehen. Wegen dieser Verdrehung erzeugt der Faden eine Gegenkraft, welche eine Schwingung der Hantel bewirkt, die mithilfe eines Laserstrahls an der Wand sichtbar gemacht werden kann und die von der Luft nur sehr schwach gedämpft wird. Nach einiger Zeit kommt die Hantel in einer neuen Gleichgewichtslage zur Ruhe (Figur 124). Aus der Schwingungsdauer kann die Torsionskonstante D des Drahts (entspricht der Federkonstante) und damit schliesslich die wirkende Gravitationskraft ermittelt werden.

8.3.5 Kreisbahn eines Satelliten: erste kosmische Geschwindigkeit

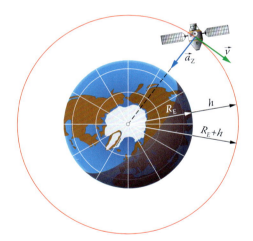

Figur 125 Satellitenbahn

Wir untersuchen einen Satelliten, der in einer Höhe h um die Erde kreist, und berechnen seine Geschwindigkeit v (Figur 125). Die auf diesen Satelliten wirkende Gravitationskraft ist gleich dem Produkt aus Satellitenmasse m_S und Zentripetalbeschleunigung a_Z:

$$\frac{G \cdot M_E \cdot m_S}{(R_E + h)^2} = m_S \cdot a_z = m_S \cdot \frac{v^2}{R_E + h} \quad \text{oder}$$

$$v = \sqrt{\frac{G \cdot M_E}{R_E + h}}$$

Fliegt der Satellit sehr tief, z. B. in einer Höhe von $h = 300$ km, so können wir die Höhe h im Vergleich zum Erdradius R_E vernachlässigen und erhalten für die Geschwindigkeit v näherungsweise:

$$v \approx \sqrt{\frac{G \cdot M_E}{R_E}} = \sqrt{\frac{6.674 \cdot 10^{-11} \cdot 5.974 \cdot 10^{24}}{6.371 \cdot 10^6}} \, \frac{\text{m}}{\text{s}} = 7.910 \frac{\text{km}}{\text{s}}$$

Diese Geschwindigkeit heisst erste kosmische Geschwindigkeit. Wir haben sie schon früher mithilfe des Gewichts $m_S \cdot g$ statt der Gravitationskraft $\frac{G \cdot M_E \cdot m_S}{(R_E + h)^2}$ berechnet (siehe S. 90).

155

■ Beispiel: Abschätzung der Masse der Milchstrasse

Unser Sonnensystem ist etwa 26 000 Lichtjahre vom galaktischen Zentrum entfernt und umkreist dieses in 230 Millionen Jahren (Figur 130). Schätzen Sie aufgrund dieser Angaben die Gesamtmasse der Milchstrasse ab.

Annahmen: Ein punktförmiges Sonnensystem (Masse m) bewegt sich auf einer Kreisbahn um eine punktförmige Milchstrasse (Masse M).

Lösung

$$\frac{G \cdot M \cdot m}{r^2} = m \cdot \frac{v^2}{r} = m \cdot \frac{\left(\frac{2 \cdot \pi \cdot r}{T}\right)^2}{r} = m \cdot \frac{4 \cdot \pi^2 \cdot r}{T^2} \quad \Rightarrow$$

$$M = \frac{4 \cdot \pi^2 \cdot r^3}{G \cdot T^2} = \frac{4 \cdot \pi^2 \cdot \left(26\,000 \cdot 365.25 \cdot 24 \cdot 60 \cdot 60 \cdot 3 \cdot 10^8\right)^3}{6.674 \cdot 10^{-11} \cdot \left(230 \cdot 10^6 \cdot 365.25 \cdot 24 \cdot 60 \cdot 60\right)^2} \text{ kg} = 1.67 \cdot 10^{41} \text{ kg}$$

Betrachten wir das Modell einer ausgedehnten Milchstrasse, so ist M die Masse innerhalb einer Kugel mit dem Radius von 26 000 Lichtjahren um das galaktische Zentrum. Man weiss heute, dass diese Masse ungefähr gleich der Hälfte der Gesamtmasse der Lichtstrasse ist. Damit erhält man $M_{\text{Milchstrasse}} \approx 2 \cdot M = 3.34 \cdot 10^{41}$ kg für die Masse der Milchstrasse; dieser Wert weicht nur um etwa 7 % von der heute bekannten Masse der Milchstrasse ab ($3.6 \cdot 10^{41}$ kg)!

8.4   Gravitationsarbeit

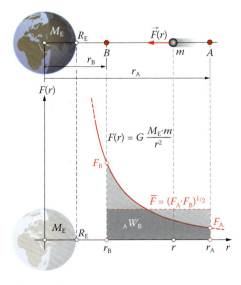

Figur 126 Gravitationsarbeit

Wir berechnen die Hubarbeit W, die verrichtet werden muss, um einen Körper der Masse m in eine grosse Höhe, z. B. von B nach A über der Erde, anzuheben (Figur 126). Dazu muss das Gewicht (die Gravitationskraft zwischen Körper und Erde) überwunden werden. Diese ist längs dieses Wegs nicht konstant, sondern nimmt gemäss Gravitationsgesetz proportional zum reziproken Abstandsquadrat von $F_B = \frac{G \cdot M_E \cdot m}{r_B^2}$ auf $F_A = \frac{G \cdot M_E \cdot m}{r_A^2}$ ab.

Die bisher verwendete Formel für die Hubarbeit $\quad W_{\text{Hub}} = m \cdot g \cdot (r_A - r_B) = m \cdot g \cdot h$ darf für einen so grossen Weg nicht mehr verwendet werden.

Grafisch ausgedrückt, ist die Arbeit $_\mathrm{A}W_\mathrm{B}$ gleich der Fläche unter dem (roten) Graphen zwischen r_B und r_A im Arbeitsdiagramm (Figur 126). Es gilt (ohne Beweis):

$$_\mathrm{A}W_\mathrm{B} = \sqrt{F_\mathrm{A} \cdot F_\mathrm{B}} \cdot (r_\mathrm{A} - r_\mathrm{B}) = \frac{G \cdot M_\mathrm{E} \cdot m}{r_\mathrm{A} \cdot r_\mathrm{B}} \cdot (r_\mathrm{A} - r_\mathrm{B}) = G \cdot M_\mathrm{E} \cdot m \cdot \left(\frac{1}{r_\mathrm{B}} - \frac{1}{r_\mathrm{A}} \right)$$

Diese Arbeit entspricht der Fläche des in Figur 126 grau getönten Rechtecks.

Dasselbe Resultat liefert die Integralrechnung:

$$_\mathrm{A}W_\mathrm{B} = \int_{r_\mathrm{B}}^{r_\mathrm{A}} \frac{G \cdot M_\mathrm{E} \cdot m}{r^2} \cdot dr$$

$$= G \cdot M_\mathrm{E} \cdot m \cdot \left(\frac{1}{r_\mathrm{B}} - \frac{1}{r_\mathrm{A}} \right)$$

Benutzen wir die Beziehung zwischen der Gravitationskonstante G und der Fallbeschleunigung g:

$$m \cdot g_0 = \frac{G \cdot M_\mathrm{E} \cdot m}{R_\mathrm{E}^2} \quad \text{bzw.} \quad g_0 \cdot R_\mathrm{E}^2 = G \cdot M_\mathrm{E},$$

so erhalten wir für diese Arbeit vom Erdboden ($r_\mathrm{B} = R_\mathrm{E}$) in eine Höhe h ($r_\mathrm{A} = R_\mathrm{E} + h$):

$$_\mathrm{A}W_\mathrm{B} = G \cdot M_\mathrm{E} \cdot m \cdot \left(\frac{1}{r_\mathrm{B}} - \frac{1}{r_\mathrm{A}} \right) = g_0 \cdot R_\mathrm{E}^2 \cdot m \cdot \frac{\overbrace{r_\mathrm{A} - r_\mathrm{B}}^{h}}{r_\mathrm{A} \cdot r_\mathrm{B}} = m \cdot g_0 \cdot h \cdot \frac{R_\mathrm{E}^2}{(R_\mathrm{E} + h) \cdot R_\mathrm{E}}$$

$$= m \cdot g_0 \cdot h \cdot \frac{R_\mathrm{E}}{R_\mathrm{E} + h}$$

Ist die Höhe h klein im Vergleich zum Erdradius R_E, so ist $\frac{R_\mathrm{E}}{R_\mathrm{E} + h} \approx 1$, und der Ausdruck für die Hubarbeit strebt gegen den schon früher hergeleiteten Ausdruck $W = m \cdot g_0 \cdot h$ für die Hubarbeit bzw. die potenzielle Energie. Wir können jetzt auch die Arbeit berechnen, die erforderlich ist, um den Körper m von der Erdoberfläche ($r_\mathrm{B} = R_\mathrm{E}$) unendlich weit weg zu entfernen. In diesem Fall strebt der Bruch $1/r_\mathrm{A}$ gegen null, und wir erhalten:

$$W_{R_\mathrm{E} \to \infty} = \frac{G \cdot M_\mathrm{E} \cdot m}{R_\mathrm{E}}$$

Diese Formel kann man sich besonders gut merken, da sie, mit Ausnahme der ersten Potenz im Nenner, die gleiche mathematische Form wie das Gravitationsgesetz hat.

■ Beispiel: Kreisbahn eines Satelliten um die Erde

Ein Satellit der Masse m = 300 kg bewegt sich auf einer äquatorialen Kreisbahn in einer Höhe h = 300 km über der Erdoberfläche (Figur 127).

Der Erdradius beträgt R_E = 6371 km, die Erdmasse M_E = 5.976 · 10²⁴ kg.

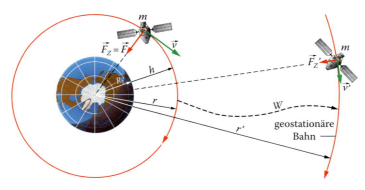

Figur 127 Kreisförmige Satellitenbahn

Bestimmen Sie:

a) das Gewicht F des Satelliten,

b) seine Geschwindigkeit v,

c) seine Umlaufdauer T,

d) seine kinetische Energie E_{kin},

e) seine potenzielle Energie E_{pot} (in Bezug zu einem unendlich fernen Punkt),

f) seine Gesamtenergie E_{total},

g) seine Höhe h' über dem Äquator, wenn er sich auf einer Kreisbahn (Radius r') mit der Erde bewegt (Umlaufszeit $T' = 1$ Tag, Synchronsatellit), sowie

h) die Arbeit, die erforderlich ist, um ihn von der tieferen auf die höhere Bahn zu befördern.

Lösung

a) Das Satellitengewicht ist gleich der Gravitationskraft:

$$F = \frac{G \cdot m \cdot M_{\text{E}}}{(R_{\text{E}} + h)^2} = \frac{6.67428 \cdot 10^{-11} \cdot 300 \cdot 5.976 \cdot 10^{24}}{6671000^2} \text{N} = 2689 \text{ N}$$

b) Damit diese Kreisbahn möglich ist, muss die Gravitationskraft die Bedingung für eine Kreisbahn erfüllen, d. h. gleich der Zentripetalkraft sein:

$$\frac{G \cdot m \cdot M_{\text{E}}}{(R_{\text{E}} + h)^2} = \frac{m \cdot v^2}{(R_{\text{E}} + h)} \quad \text{oder}$$

$$v = \sqrt{\frac{G \cdot M_{\text{E}}}{R_{\text{E}} + h}} = \sqrt{\frac{6.67428 \cdot 10^{-11} \cdot 5.976 \cdot 10^{24}}{6671000}} \; \frac{\text{m}}{\text{s}} \approx 7.732 \; \frac{\text{km}}{\text{s}}$$

c) Für die Umlaufzeit T des Satelliten erhält man:

$$T = \frac{2 \cdot \pi \cdot (R_{\text{E}} + h)}{v} = \sqrt{\frac{4 \cdot \pi^2 \cdot (R_{\text{E}} + h)^3}{G \cdot M_{\text{E}}}}$$

$$= \sqrt{\frac{4 \cdot \pi^2 \cdot 6671000^3}{6.67428 \cdot 10^{-11} \cdot 5.976 \cdot 10^{24}}} \; \text{s} = 5421 \text{ s} \approx 90 \text{ min}$$

d) Kinetische Energie:

$$E_{kin} = \frac{m \cdot v^2}{2} = \frac{G \cdot m \cdot M_E}{2 \cdot (R_E + h)} = \frac{6.674 \cdot 10^{-11} \cdot 300 \cdot 5.976 \cdot 10^{24}}{2 \cdot 6671000} \, N \approx 8.97 \cdot 10^9 \, J$$

e) Potenzielle Energie (bezüglich unendlich fernem Punkt):

$$E_{pot} = -\frac{G \cdot m \cdot M_E}{R_E + h} = -2 \cdot E_{kin} \approx -2 \cdot 8.97 \cdot 10^9 \, J = -17.94 \cdot 10^9 \, J$$

f) Totale Energie = kinetische plus potenzielle Energie:

$$E_{total} = E_{kin} + E_{pot} = \frac{G \cdot m \cdot M}{2 \cdot (R_E + h)} - \frac{G \cdot m \cdot M}{R_E + h} = -\frac{G \cdot m \cdot M}{2 \cdot (R_E + h)} \approx -8.97 \cdot 10^9 \, J$$

g) Bahnradius r' eines geostationären Satelliten (Sterntag $T' = 86\,164$ s):

$$\frac{G \cdot m \cdot M}{r'^2} = \frac{m \cdot v'^2}{r'} \quad \text{oder} \quad v'^2 = \frac{4 \cdot \pi^2 \cdot r'^2}{T'^2} = \frac{G \cdot M}{r'} \quad \text{oder}$$

$$r' = \sqrt[3]{\frac{T'^2 \cdot G \cdot M}{4 \cdot \pi^2}} = \sqrt[3]{\frac{86\,164^2 \cdot 6.674 \cdot 10^{-11} \cdot 5.9736 \cdot 10^{24}}{4 \cdot \pi^2}} \, m = 42\,167 \, km$$

Die Höhe h' eines geostationären Satelliten über dem Erdboden beträgt damit:

$$h' = r' - R_E = (42\,167 - 6370) \, km = 35\,797 \, km$$

h) Arbeit gleich Differenz der beiden Totalenergien:

$$W = E'_{total} - E_{total} = \left(-\frac{G \cdot m \cdot M}{2 \cdot r'} \right) - \left(-\frac{G \cdot m \cdot M}{2 \cdot (R_E + h)} \right)$$

$$= G \cdot m \cdot M \cdot \left(\frac{1}{2 \cdot (R_E + h)} - \frac{1}{2 \cdot r'} \right)$$

$$W = 6.674 \cdot 10^{-11} \cdot 300 \cdot 5.9736 \cdot 10^{24} \cdot \left(\frac{1}{2 \cdot 6671\,000} - \frac{1}{2 \cdot 42\,173\,000} \right) J = 7.550 \cdot 10^9 \, J$$

8.4.1 Fluchtgeschwindigkeit: zweite kosmische Geschwindigkeit

Ein Körper der Masse m wird von der Oberfläche der Erde abgeschossen. Auf welche Geschwindigkeit v_F (Fluchtgeschwindigkeit) muss man ihn mindestens beschleunigen, damit er nie mehr auf die Erde zurückfallen kann, also von der Erde unendlich weit weg bewegt wird? Die Arbeit, die dieser Körper verrichten muss, um sich von der Erde unendlich weit weg zu bewegen, beträgt (Erdmasse M_E, Erdradius R_E):

$$W_{R_E \to \infty} = \frac{G \cdot M_E \cdot m}{R_E}$$

Diese Arbeit kann der Körper m verrichten, wenn ihm auf der Erde eine gleich grosse kinetische Energie $W_{kin} = \frac{1}{2} \cdot m \cdot v_F^2$ erteilt wird, indem er auf eine Geschwindigkeit v_F beschleunigt wird:

$$\frac{1}{2} \cdot m \cdot v_F^2 = \frac{G \cdot M_E \cdot m}{R_E}$$

Daraus erhält man für v_F:

$$v_F = \sqrt{\frac{2 \cdot G \cdot M_E}{R_E}} = \sqrt{\frac{2 \cdot 6.674 \cdot 10^{-11} \cdot 5.9736 \cdot 10^{24}}{6.371 \cdot 10^6}} \frac{m}{s} = 11.19 \frac{km}{s}$$

Diese Geschwindigkeit heisst *Fluchtgeschwindigkeit* oder zweite kosmische Geschwindigkeit. Ihr Betrag hängt weder von der Masse m des abgeschossenen Körpers noch von der Abschussrichtung ab. Auf der Erdoberfläche beträgt sie also 11.19 km/s, auf der Mondoberfläche dagegen nur noch 2.38 km/s (prüfen Sie nach!).

2.38 km/s erreichen die energiereichsten Gasmoleküle schon bei Zimmertemperatur. Sie können daher den Gravitationsbereich des Mondes verlassen. Hätte der Mond eine Atmosphäre, so würde diese immer dünner. Der Mond ist also zu klein, um eine Atmosphäre halten zu können. Auf der Erde ist die Fluchtgeschwindigkeit rund fünfmal grösser als auf dem Mond. Daher ist der Verlust viel geringer und kann leicht durch vulkanische Gasausbrüche gedeckt werden. Daher hat die Erde ihre Atmosphäre nicht verloren.

8.5 Newton und Kepler

8.5.1 Zweikörperproblem

Mit seiner Gravitationstheorie hat Newton auch das allgemeine Zweikörperproblem gelöst, also die Frage nach allen möglichen Bahnen, auf welchen sich zwei Körper mit beliebigen Anfangsgeschwindigkeiten bewegen können, wenn zwischen ihnen Gravitation wirkt.

Das Resultat lautet: Die Bahnkurven müssen *Kegelschnitte* sein. Gerade, Kreise, Ellipsen, Parabeln oder Hyperbeln (Figur 128).

Welche dieser Bahnkurven der Körper tatsächlich durchläuft, hängt von seiner Abschussgeschwindigkeit v_0 ab.

Wir betrachten in Gedanken einen Erdsatelliten, der nur wenige Meter über einer ideal runden ruhenden Erdoberfläche ohne Luftwiderstand abgeschossen wird. In Abhängigkeit der Anfangsgeschwindigkeit v_0 dieses Satelliten ergeben sich die folgenden möglichen Bahnen (Tabelle):

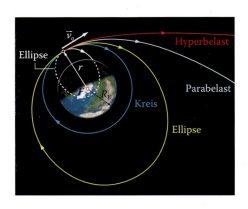

Figur 128 Zweikörperbahnen

Startgeschwindigkeit v_0	$v_0 = 0\,\frac{km}{s}$	$0 < v_0 < 7.9\,\frac{km}{s}$	$v_0 = v_1 = 7.9\,\frac{km}{s}$
Bahn	Gerade	Ellipse	Kreis

Startgeschwindigkeit v_0	$7.9\,\frac{km}{s} < v_0 < 11.2\,\frac{km}{s}$	$v_0 = v_2 = 11.2\,\frac{km}{s}$	$v_0 > 11.2\,\frac{km}{s}$
Bahn	Ellipse	Parabel	Hyperbel

8.5.2 Zweites Kepler'sches Gesetz: Drehimpulserhaltung

Wir betrachten die (ebene) Bahnkurve eines Planeten und berechnen die (rot markierte) Dreiecksfläche ΔA (Figur 129), die der Radiusvektor Sonne – Planet überstreicht (r_1, r_2), wenn sich der Planet auf der Bahn um eine Strecke $v_1 \cdot \Delta t$ (Grundlinie des Dreiecks) vorwärtsbewegt.

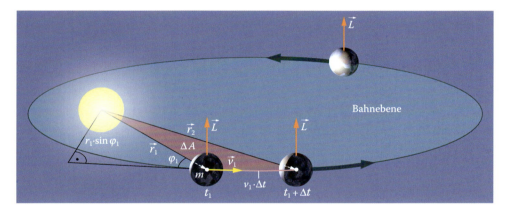

Figur 129 Drehimpulserhaltung am Himmel

Die Höhe des Dreiecks beträgt $r_1 \cdot \sin\varphi_1$. Für ΔA ergibt sich näherungsweise:

$$\Delta A \approx \frac{1}{2} \cdot \text{Grundlinie mal Höhe} = \frac{1}{2} \cdot v_1 \cdot \Delta t \cdot r_1 \cdot \sin\varphi_1$$

Und für die Flächengeschwindigkeit: $\dfrac{\Delta A}{\Delta t} \approx \dfrac{1}{2} \cdot v_1 \cdot r_1 \cdot \sin\varphi_1$

Multiplizieren wir diese Flächengeschwindigkeit mit zwei Planetenmassen $2\,m$, so erhalten wir:

$$2 \cdot m \cdot \frac{\Delta A}{\Delta t} \approx m \cdot v_1 \cdot r_1 \cdot \sin\varphi_1 = L_1$$

wobei L_1 der Betrag des Drehimpulsvektors ist. Mit dem Grenzübergang $\lim\limits_{\Delta t \to 0}$ gilt diese Gleichung exakt. Ist die Flächengeschwindigkeit $\Delta A / \Delta t$ eines Planeten konstant, so ist es

161

auch der Betrag des Drehimpulses $\vec{L} = m \cdot \vec{r} \times \vec{v}$. Da die Bahnebene fest im Raum liegt, ist auch die Richtung von $\vec{L}$ konstant, also gilt:

> **Das zweite Kepler'sche Gesetz, der Flächensatz, ist eine andere Formulierung des Drehimpuls-Erhaltungssatzes für Planeten des Sonnensystems.**

8.5.3 Newtons Korrektur des dritten Kepler'schen Gesetzes

Aus der Bedingung für die Kreisbahn (Radius r, Umlaufzeit T, Figur 120)

$$\frac{G \cdot M \cdot m}{r^2} = m \cdot \frac{v^2}{r} = m \cdot \frac{\left(\frac{2 \cdot \pi \cdot r}{T}\right)^2}{r} = m \cdot \frac{4 \cdot \pi^2 \cdot r}{T^2}$$

eines Planeten (Masse m_{p}) um die Sonne (Masse M) erhalten wir das dritte Kepler'sche Gesetz für den Spezialfall einer Kreisbahn:

$$\frac{G \cdot M}{r^2} = \frac{4 \cdot \pi^2 \cdot r}{T^2} \quad \text{oder} \quad \frac{T^2}{r^3} = \frac{4 \cdot \pi^2}{G \cdot M}$$

Für die Ellipsenbahnen zweier Planeten (Massen $m_{\text{P,1}}, m_{\text{P,2}}$, grosse Bahnhalbachsen a_1, a_2; Umlaufzeiten T_1, T_2) um die Sonne ergaben die exakten Berechnungen Newtons (ohne Herleitung):

$$\frac{T_1^2}{a_1^3} \cdot (M + m_{\text{P,1}}) = \frac{T_2^2}{a_2^3} \cdot (M + m_{\text{P,2}}) = \frac{4 \cdot \pi^2}{G \cdot M}$$

Das ursprüngliche Kepler'sche Gesetz wird also mit einem Faktor $(M + m_{\text{P,1}})$ bzw. $(M + m_{\text{P,2}})$ korrigiert. Diese beiden Korrekturfaktoren verändern die Ergebnisse des dritten Kepler'schen Gesetzes nur geringfügig, weil die Sonnenmasse M rund 800-mal grösser ist als die Gesamtmasse $(m_{\text{P,1}} + m_{\text{P,2}} + ...)$ aller Planeten. Kepler wäre es nicht möglich gewesen, diesen Faktor aufgrund der ihm vorliegenden Beobachtungsdaten zu finden. Dies zeigt uns, dass in der Physik die Theorie (unter günstigen Bedingungen) mehr Informationen liefern kann als die reine Beobachtung, das reine Experiment!

8.6 Erfolg, Auswirkungen und Grenzen der Gravitationstheorie

8.6.1 Entzauberung des Himmels durch die Himmelsmechanik

Auf der Grundlage der Newton'schen Gravitationstheorie werden die Planetenbewegungen als dynamisches und nicht mehr, wie in der Antike, nur als kinematisches Problem verstanden. Die „bestimmende Kraft" zwischen Körpern ist die Gravitationskraft. Das Newton'sche Gravitationsgesetz hat seit seiner Entdeckung viele Bewährungsproben bestanden. Scheinbare Widersprüche, die sich zunächst noch zwischen der Beobachtung und der Theorie ergaben, konnten in (fast) allen Fällen dadurch beseitigt werden, dass sich entweder die Rechnungen oder die Beobachtungen als nicht genügend genau erwiesen oder dass störende Einflüsse gefunden wurden, die für die Abweichungen verantwortlich waren und die man zunächst übersehen hatte.

Da das System Sonne – Planeten nicht nur ein Zwei-, sondern ein Vielkörperproblem darstellt, ist die exakte Berechnung der Bewegung der Planeten komplizierter als bisher dargestellt. Die Kepler'schen Gesetze und die Newton'schen Berechnungen auf der Grundlage des Zweikörperproblems würden nur dann exakt gelten, wenn die Sonne von einem einzigen Planeten umkreist würde. In Wirklichkeit ist aber eine grössere Anzahl von Planeten vorhanden, welche auch untereinander Gravitationskräfte ausüben. Wenn diese Kräfte wegen der kleineren Planetenmassen auch viel kleiner sind als die Anziehungskraft der Sonne, so bewirken sie doch geringfügige Abweichungen von den Kepler-Ellipsenbahnen und vom Flächensatz. Grundsätzlich können diese störenden Einflüsse natürlich rechnerisch berücksichtigt und die genauen Planetenbahnen berechnet werden. Es handelt sich dabei aber um ein Mehrkörperproblem, das mathematisch nicht exakt (geschlossen) lösbar ist; mithilfe der sogenannten Störungsrechnung können aber Näherungslösungen ermittelt werden.

Es war einer der grossen Erfolge der exakten Naturwissenschaften, als es dem französischen Mathematiker Urbain Le Verrier 1846 gelang, aus bis anhin nicht erklärbaren Störungen des damals äussersten Planeten Uranus Ort, Bahn und Masse des unbekannten Planeten Neptun zu berechnen, der kurze Zeit später an der von Leverrier angegebenen Stelle auch gefunden wurde. Ein ähnlicher Vorgang hat sich später noch einmal wiederholt, wobei jedoch der Zufall eine grössere Rolle gespielt hat. Auch der Planet Neptun zeigte bei seiner Bewegung Unregelmässigkeiten, die auf das Vorhandensein eines weiteren Planeten ausserhalb der Neptunbahn schliessen liessen. Ein solcher Planet, nämlich Pluto, konnte 1930 auch tatsächlich gefunden werden. Genauere Untersuchungen haben dann aber gezeigt, dass die Masse dieses Planeten zu klein ist, um damit die Störungen der Neptunbahn erklären zu können. Seit 1992 wurden Hunderte transneptunische Objekte entdeckt, zu denen auch Pluto gehört, der seit 2006 nicht mehr als Planet klassifiziert wird.

Das Vertrauen in die Allgemeingültigkeit des Newton'schen Gravitationsgesetzes wuchs immer weiter, insbesondere als es schliesslich gelang, die Gültigkeit dieses Gesetzes auch ausserhalb unseres Planetensystems nachzuweisen. Mit dem Newton'schen Gravitationsgesetz war die Physik ihrem Ziel, die Mannigfaltigkeit der Natur durch wenige, möglichst einfache Naturgesetze zu beschreiben, einen grossen Schritt näher gekommen. Die Himmelsmechanik beschreibt die Welt als ein mechanisches System von Körpern, deren Bewegung sich auf die Wirkung einer universellen Anziehungskraft, der Gravitation, zurückführen lässt, über deren Natur sie allerdings nichts aussagt. Die Bewegung der Gestirne hat damit alles Geheimnisvolle früherer Zeiten verloren. Geheimnisvoll bleibt aber die Natur der Gravitationskraft bis heute.

8.6.2 Grenzen der Newton'schen Physik: neuere Physik

Das mechanistische Weltbild ist heute auch in der Physik nicht mehr gültig. Ein wesentliches Resultat der im 20. Jahrhundert entwickelten Quantenmechanik lautet nämlich: Selbst wenn man zu einem Zeitpunkt $t = t_0$ den Zustand (Ort und Impuls bzw. Geschwindigkeit) eines mechanischen Systems, z. B. eines Elektrons, genau angeben könnte, so wäre es doch unmöglich, seinen Zustand zu einem späteren Zeitpunkt $t = t_1$ völlig exakt zu berechnen. Auch wenn die Messgeräte ideal wären, treten bei jeder Orts- und Impulsmessung zwingend Messfehler (Messungenauigkeiten) auf, Δq für die Ortsmessung, Δp für die Impulsmessung.

Diese beiden Fehler sind gemäss der *Heisenberg'schen Unschärferelation* mit der Beziehung

$$\Delta q \cdot \Delta p \approx \hbar = 1.05 \cdot 10^{-34} \text{ Joule} \cdot \text{Sekunde}$$

verknüpft. Macht man die Ortsmessung exakter (d. h. Δq kleiner), so wird die Impulsmessung zwingend ungenauer (d. h. Δp grösser) und umgekehrt.

Auch in einem ihrer wichtigsten Anwendungsbereiche, der Astronomie, bekam die Newton'sche Gravitationstheorie zu Beginn des 20. Jahrhunderts einen feinen Riss. Trotz ihrer spektakulären Erfolge beschreibt sie die Planetenbewegung nämlich doch nicht völlig genau. Um die Jahrhundertwende hatten Astronomen herausgefunden, dass die Bahnellipse des Planeten Merkur – nach Abzug aller Störeinwirkungen durch die anderen Planeten – nicht im Raume ruht, wie es nach der Newton'schen Gravitationstheorie sein müsste, sondern sich pro Jahrhundert um 43 Winkelsekunden um die Sonne dreht. Es war eine Meisterleistung, diesen winzigen Betrag zu messen.

Mit der Newton'schen Theorie kann diese Periheldrehung der Merkurbahn nicht erklärt werden. Die Lösung dieses Rätsels war einer neuen Gravitationstheorie, der Allgemeinen Relativitätstheorie von Albert Einstein (1915), vorbehalten. Diese bis heute gültige Theorie enthält zwar die Newton'sche Gravitationstheorie als ausgezeichnete Näherung, liefert aber darüber hinaus unter anderem auch die Perihelbewegung der Merkurbahn auf die Winkelsekunde genau.

8.7 Gravitation und neue Astrophysik

8.7.1 Zentrum der Milchstrasse

Die neue Astrophysik geht davon aus, dass sich im Zentrum der meisten Galaxien ein schwarzes Loch befindet. Das Zentrum unserer eigenen Galaxie, der Milchstrasse (Figur 130), bildet mit grösster Wahrscheinlichkeit ein schwarzes Loch mit etwa vier Millionen Sonnenmassen. Unser Sonnensystem selbst ist etwa 26 000 Lichtjahre von diesem galaktischen Zentrum entfernt.

Als *schwarzes Loch* wird ein astronomisches Objekt bezeichnet, dessen Masse so gross ist, dass die Fluchtgeschwindigkeit innerhalb eines bestimmten Radius, des Ereignishorizonts, höher ist als die Lichtgeschwindigkeit. Der Ausdruck „schwarzes Loch" stammt vom amerikanischen Physiker John A. Wheeler (1967). Sichtbares Licht kann den Ereignishorizont eines schwarzen Lochs nicht verlassen, dieses kann daher optisch nicht direkt beobachtet werden.

Figur 130 Die Milchstrasse, unsere kosmische Heimat

Dem deutschen Astrophysiker Reinhard Genzel und seinen Mitarbeitenden gelang es im Jahr 2002, zweifelsfrei zu zeigen, dass sich im Zentrum der Milchstrasse ein schwarzes Loch befindet. Sie untersuchten zu diesem Zweck die Bahnen von Sternen in der Gegend des galaktischen Zentrums. Aus der Umlaufzeit $T = 15$ Jahre und dem Winkel $\delta = 0.1''$ (0.1 Bogensekunden), unter dem die grosse Halbachse a des Sterns S2 erscheint, konnten sie die Masse des (unsichtbaren) Zentralgestirns Sagittarius A* (Sgr A*), des schwarzen Lochs im Zentrum der Milchstrasse, mit 4 Millionen Sonnenmassen bestimmen.

Zudem bestimmten die Forscher mithilfe des Dopplereffekts (s. S. 394 ff.) die Geschwindigkeit $v = 5 \cdot 10^6$ m/s und den Abstand des Sterns S2 im Perihel, also demjenigen Punkt der Ellipsenbahn, die dem schwarzen Loch Sgr A* am nächsten liegt: $r \approx 17$ Lichtstunden = $1.8 \cdot 10^{13}$ m. Solche Messungen stellen die Astrophysik vor grosse experimentelle Probleme, da Sterne im Zentrum der Milchstrasse im sichtbaren Licht wegen interstellaren Staubs und Gasen nicht beobachtet werden können. Im infraroten Licht ist die Milchstrasse dagegen bis ins Zentrum durchsichtig. Professor Genzel und seine Mitarbeitenden entwickelten Infrarotverfahren zur Untersuchung des Zentrums unserer Milchstrasse, welche eine Winkelauflösung von 0.1 Bogensekunden ermöglichen. Auf eine

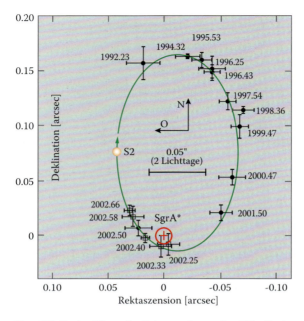

Distanz von 60 km reduziert, bedeutet dies, dass zwei 3 Millimeter grosse Stecknadelköpfe unterschieden werden könnten!

Bemerkung zu Figur 131

Die gezeichnete Bahn ist eine Projektion der wahren Bahn senkrecht zur Blickrichtung. Sgr A* liegt daher nicht exakt auf der grossen Halbachse der in Figur 131 gezeichneten Ellipse.

Die Zahlen geben an, wann sich Sgr A* wo befand.

2001.50: 30. Juni 2001

Figur 131 Kepler-Ellipse der Bahn von S2 um Sgr A* im Zentrum der Milchstrasse

8.7.2 Gravitation zwischen Galaxien

Figur 132 Jagdhundnebel M51 und M51 B

Gravitationskräfte wirken nicht nur innerhalb, sondern auch zwischen Galaxien. Figur 132 zeigt die Whirlpool Galaxis M51 (NGC 5194), eine der schönsten Spiralgalaxien am Himmel. Sie wurde 1773 von Charles Messier entdeckt und ist 25 Millionen Lichtjahre von uns entfernt im Sternbild der Jagdhunde. M51 ist etwa halb so gross wie der Vollmond, aber viel lichtschwächer als dieser.

M51 steht wahrscheinlich in Gravitations-Wechselwirkung mit der kleinen irregulären Galaxie M51 B (NGC 5195). NGC 5195 hat die massereiche M51 vor mehreren Millionen Jahren durchquert. Die Begegnung verzerrte die ursprüngliche Scheibenform der kleineren NGC 5195, während sie die Spiralstruktur von M51 verstärkte. Heute ist NGC 5195 mit M51 über einen langen Arm verbunden (Gezeitenbrücke).

8.7.3 Dunkle Materie und dunkle Energie

Das Universum besteht nur zu etwa 4 % aus der uns bekannten Materie und Energie, den weitaus grössten Teil bildet eine bis heute unbekannte, nicht direkt beobachtbare dunkle Materie (22 %) und dunkle Energie (74 %). Die dunkle Materie muss überall sein, doch wir sehen sie nicht, da sie zu wenig sichtbares Licht bzw. zu wenig Strahlung abgibt oder zumindest reflektiert. Niemand konnte bisher ihre Existenz direkt nachweisen, doch ohne sie müssten ganze Galaxien auseinanderfallen. Der in den USA tätig gewesene Schweizer Astrophysiker Fritz Zwicky (1898 – 1974) postulierte schon 1933, dass zusätzlich zu der uns bekannten Materie noch etwas im Raum vorhanden sein müsse.

Gilt das Gravitationsgesetz wirklich – und daran wird nicht gezweifelt –, ist dunkle Materie unentbehrlich für die Stabilität der Galaxien im Universum. Wie die Erde um die Sonne drehen sich die Sterne in einer Galaxie um ein Zentrum, das höchstwahrscheinlich mit einem schwarzen Loch besetzt ist. Damit die Himmelskörper und mit ihnen die Galaxien im Gleichgewicht sind, sich also weder vom Zentrum weg noch auf dieses zu bewegen, müssen sie mit einer bestimmten Geschwindigkeit um dieses galaktische Zentrum rotieren. Messungen dieser Rotationsgeschwindigkeiten in Galaxien haben ergeben, dass sich diese Sterne zu schnell um das galaktische Zentrum drehen, sodass die Galaxie nicht stabil sein könnte: Es gibt zu wenig Materie in den Galaxien. Da die Galaxien in Wirklichkeit aber stabil sind, muss es also noch eine andere Form von Materie, eben die dunkle Materie, geben.

Die dunkle Materie besteht nicht aus gewöhnlicher Materie (Elektronen, Protonen, Neutronen ...). Es ist bekannt, dass Teilchen der dunklen Materie elektrisch neutral sein müssen und nur durch Gravitation äusserst schwach auf die uns bekannte Materie wirken. Die unbekannten Teilchen müssen in grosser Zahl in Galaxien, Sternen, Planeten und Monden vorkommen. Der stattliche Rest von 74 % ist dunkle Energie, von der man noch weniger weiss als von der dunklen Materie. Über die Natur der dunklen Energie kann derzeit nur spekuliert werden.

8.8 Zusammenfassung

Die antike Theorie des Sternenhimmels (geozentrisches Weltbild) benutzt zur Erklärung der Fixsterne ein System mit zwei Kugeln, der Erd- und der Himmelskugel. An der Innenseite der Himmelskugel sind die Fixsterne befestigt. Die Himmelskugel rotiert einmal pro Tag um die ruhende Erdkugel. Zur Erklärung der Bewegung der Sonne wird auf der Himmelskugel eine zusätzliche Ebene, die Ekliptik, eingeführt, die gegenüber der Ebene des Himmelsäquators um 23.5° (Frühlingswinkel) geneigt ist und auf der die Sonne – neben der täglichen Drehung mit der Himmelskugel – pro Jahr einmal um läuft. Die komplexe Bewegung der Planeten wurde seit Ptolemäus (150 n. Chr.) mit Deferent-Epizykel-Systemen (sehr aufwendig, aber korrekt!) berechnet. Das heliozentrische System von Kopernikus und Kepler erlaubte eine wesentlich einfachere, ebenfalls korrekte Berechnung der Planetenbahnen als Ellipsen.

Die Entdeckung des Gravitationsgesetzes durch Newton wurde durch die Kepler'sche Planetentheorie möglich:

- Planeten bewegen sich auf Ellipsenbahnen um die Sonne, die sich im Brennpunkt der Ellipse befindet.
- Die Verbindungsstrecke Sonne – Planet überstreicht in gleichen Zeiten gleiche Flächen.
- Für die Planetenumlaufzeiten T und die grossen Bahnhalbachsen a gilt: $T^2/a^3 =$ konstant.

Das Newton'sche Gravitationsgesetz gibt die Kraft F an, mit der sich zwei Körper M und m im Abstand r anziehen: $F = \frac{G \cdot M \cdot m}{r^2}$, wobei $G \approx 6.67 \cdot 10^{-11} \cdot N \cdot m^2 \cdot kg^{-2}$ eine Naturkonstante (Gravitationskonstante) ist.

Will man einen Körper der Masse m von der Erde unendlich weit entfernen, so ist dazu nur eine endliche Arbeit erforderlich: $W = \frac{G \cdot M_E \cdot m}{R_E}$, mit Erdradius R_E und Erdmasse M_E.

Mit einer Energiebilanz können wir jetzt die Fluchtgeschwindigkeit v_F berechnen:

$$\frac{1}{2} \cdot m \cdot v_F^2 = \frac{G \cdot M_E \cdot m}{R_E}$$

Die Geschwindigkeit v_K eines kreisenden Satelliten (Masse m, Bahnradius r) um die Erde erhält man mit der Kräftebeziehung (Newton 2, Zentripetalbeschleunigung):

$$\frac{m \cdot v_K^2}{r} = \frac{G \cdot M_E \cdot m}{r^2}$$

Das Gravitationsgesetz gilt nicht nur in unserem Sonnensystem, sondern im ganzen Universum, besonders auch in und zwischen Galaxien. Auf der Grundlage des Gravitationsgesetzes konnte nachgewiesen werden, dass die für uns sichtbare Materie nur etwa 4% der Gesamtmasse des Universums ausmacht. Der Rest entfällt auf die bis heute noch weitgehend unverstandene dunkle Materie und dunkle Energie.

Die Newton'sche Mechanik ist eine der erfolgreichsten Theorien der Physik. Sie ist aber nicht allgemeingültig: Im Bereich der Atome, der Atomkerne und der Elementarteilchen und für Körper, die sich mit sehr hohen Geschwindigkeiten bewegen, ist sie nicht anwendbar.

D Wärme

Themen

- Temperatur und Wärme
- Zustandsgleichung idealer Gase
- Energie, Wärme, spezifische Wärmekapazität
- Erstarren, Schmelzen, Verdampfen und Kondensieren
- Erster Hauptsatz der Wärmelehre (Energiesatz)
- Wärmetransport

1 Wärmeausdehnung von Festkörpern und Flüssigkeiten

1.1 Temperatur und Wärme

Die Temperatur ist für den Menschen primär eine Empfindungsqualität. Wir können dank der Sinneszellen in der Haut wärmere und kältere Körper unterscheiden. Diese Empfindung erlaubt es dem menschlichen Körper, seine ideale Temperatur von knapp 37 °C aufrechtzuerhalten. Entsprechend verfügt die menschliche Haut über Kaltsensoren, die im Bereich 20 °C bis 34 °C besonders empfindlich sind, und über Wärmsensoren, die zwischen 37 °C und 40 °C ansprechen. Die Beurteilung der Temperatur nach dem Gefühl ist allerdings ziemlich unsicher, weil die Wärmeempfindung des Menschen nicht auf der physikalischen Temperatur, sondern auf dem Wärmestrom beruht und die „gefühlte Temperatur" deshalb erheblich von der tatsächlichen Temperatur abweichen kann.

Die **Temperatur** ist eine physikalische Grösse, die den Wärmezustand (den thermodynamischen Zustand) eines Körpers beschreibt: Er ist wärmer oder kälter; besser: Er hat eine höhere oder eine tiefere Temperatur. Deshalb bezeichnet man die Temperatur auch als *Zustandsgrösse*. Demgegenüber ist die **Wärme** eine *Prozessgrösse*, die den Vorgang der Erwärmung oder Abkühlung eines Körpers beschreibt. Wärme muss einem Körper von aussen zugeführt werden, um ihn zu erwärmen, also um seine Temperatur bzw. seine sogenannte innere Energie zu erhöhen. Wärme wird dem Körper bei einer Abkühlung entzogen, er wird kälter, seine Temperatur nimmt ab und damit auch seine innere Energie.

Die innere Energie ist die gesamte Bewegungs- und Bindungsenergie aller in einem physikalischen Körper enthaltenen Atome oder Moleküle. Durch mechanische Reibungsarbeit an einem Gegenstand nimmt seine innere Energie zu und erhöht sich seine Temperatur.

1.2 Temperaturmessung und Temperaturskalen

In der Physik muss die Temperatur in einem möglichst weiten Bereich reproduzierbar gemessen werden können. Deshalb genügt das Wärmegefühl des Menschen als Thermometer nicht. Eine physikalische Temperaturmessung beruht auf dem thermischen Vergleich eines Thermometers mit demjenigen Körper, dessen Temperatur gemessen werden soll. Nach dem Eintauchen eines Thermometers in das zu untersuchende Medium, z. B. in Wasser, gleichen sich die (zu Beginn unterschiedlichen) Temperaturen von Thermometer und Medium an, die Körper kommen ins thermische oder thermodynamische Gleichgewicht, und die (gemeinsame) Temperatur kann anschliessend am Thermometer abgelesen werden.

Figur 1 zeigt den Aufbau des Quecksilber- und des Alkoholthermometers, Temperaturmessgeräte, welche um 1710 vom deutschen Physiker Daniel Gabriel Fahrenheit erfunden wurden. Ein Flüssigkeitsthermometer besteht aus einem dünnen Glaskapillarrohr, in welchem der „Flüssigkeitsfaden" je nach Temperatur höher oder tiefer steht, und aus einem im Vergleich zum Kapillarvolumen grossen Flüssigkeitsreservoir.

Anders als beim Quecksilberthermometer ist die Skala des Alkoholthermometers nicht exakt linear – in der Praxis ein Nachteil!

Es gilt: Schmelzpunkt von Eis (Luftdruck 1013 hPa): $\vartheta_{Smp} = 0\,°C$

Siedepunkt von Wasser (Luftdruck 1013 hPa): $\vartheta_{Sdp} = 100\,°C$

Neben dem Flüssigkeitsthermometer gibt es noch viele weitere Temperaturmessgeräte. Wichtig sind das Bimetall- und das Platin-Widerstandsthermometer.

Für die Temperaturmessung sind möglichst präzise Temperaturfixpunkte erforderlich. Der am genausten bekannte Temperaturfixpunkt überhaupt ist der Tripelpunkt oder Dreiphasenpunkt von Wasser. Am Tripelpunkt kommen Wasserdampf (dampfförmig), Wasser (flüssig) und Eis (fest) (in einem geschlossenen Gefäss, Figur 2) zugleich vor (sog. Koexistenz). Der Druck beträgt dann 6 hPa, die Temperatur 0.01 °C (Genauigkeit ± 0.0001 °C).

Mit dem absoluten Nullpunkt wird eine neue, absolute Temperaturskala, die Kelvin-Skala eingeführt; für Kelvin-Temperaturen wird das Symbol T verwendet.

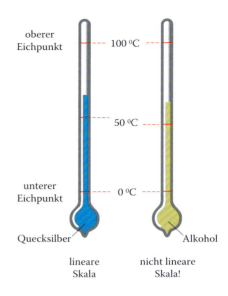

oberer Eichpunkt — 100 °C —
50 °C —
unterer Eichpunkt — 0 °C —

Quecksilber
Alkohol

lineare Skala
nicht lineare Skala!

Figur 1 Quecksilber- und Alkoholthermometer

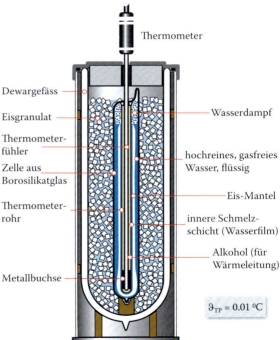

Thermometer

Dewargefäss

Eisgranulat

Thermometerfühler

Zelle aus Borosilikatglas

Thermometerrohr

Metallbuchse

Wasserdampf

hochreines, gasfreies Wasser, flüssig

Eis-Mantel

innere Schmelzschicht (Wasserfilm)

Alkohol (für Wärmeleitung)

$\vartheta_{TP} = 0.01\,°C$

Figur 2 Tripelpunktgefäss mit hochreinem Wasser

Wärme

171

Es gilt:

Absoluter Nullpunkt: T_0 entspricht 0 K = − 273.15 °C
Tripelpunkt (Wasser): T_T entspricht + 273.16 K = 0.01 °C

Gegenüber der Celsius-Skala weist die Kelvin-Skala bei gleicher Einteilung einzig einen um 273.15 °C nach unten verschobenen Nullpunkt auf. Es gilt:

> Celsius- und Kelvin-Skala: ϑ (in °C) = T (in K) − 273.15 K
> Für Temperaturdifferenzen gilt: $\Delta\vartheta$ (in °C) = ΔT (in K)

Wird z. B. eine Schokoladencrème im Gefrierfach eines Kühlschranks von 15 °C auf − 10 °C, bzw. von 288 K auf 263 K abgekühlt, so beträgt die Temperaturdifferenz $\Delta\vartheta$ = − 25 °C bzw. ΔT = − 25 K.

Wir werden später sehen, dass die absolute Temperatur ein Mass für die innere Energie eines Körpers ist, z. B. für die Bewegungsenergie der Sauerstoffmoleküle der Luft.

Bemerkung

International wird für die Celsius-Temperatur das Symbol *t* verwendet. Um eine Verwechslung mit dem Symbol *t* für die Zeit zu vermeiden, benutzen wir hier für die Celsius-Temperatur in °C den griechischen Buchstaben Theta ϑ. Die heute gültige internationale Temperaturskala aus dem Jahr 1990 (ITS-90) beruht erstaunlicherweise noch immer auf der Celsius-Einteilung, benutzt als fundamentale Fixpunkte aber den absoluten Nullpunkt der Temperatur bei − 273.15 °C und den Tripelpunkt von Wasser bei + 0.01 °C.

Der *absolute Nullpunkt* ist die tiefstmögliche Temperatur. Noch tiefere Temperaturen gibt es nicht. Experimentell kann der absolute Nullpunkt gemäss dem dritten Hauptsatz der Thermodynamik zwar nicht erreicht, aber doch beliebig angenähert werden (heute auf 0.000 000 01 K).

Nach dieser Vorstellung der klassischen Mechanik sind Atome und Moleküle am absoluten Temperaturnullpunkt in Ruhe. Die neuere Physik (Quantenmechanik) ordnet Atomen und Molekülem am absoluten Nullpunkt eine Energie zu, die Nullpunktenergie.

1.3 Wärmeausdehnung von Festkörpern und Flüssigkeiten

Bei Erwärmung dehnen sich Flüssigkeiten aus, wie wir beim Quecksilberthermometer gesehen haben. Dasselbe gilt für Gase und für Festkörper. So haben Brücken je nach Temperatur eine leicht unterschiedliche Länge. Daher ändern die Platten der Überbauten einer Brücke, die Fahrbahn, ihre Form fortwährend und dürfen deshalb nicht starr eingespannt, sondern müssen beweglich auf die sogenannten Brückenlager (Widerlager, Figur 3) aufgelegt werden. Brückenlager haben die Aufgabe, die mechanischen Kräfte der Überbauten, unabhängig von der herrschenden Temperatur, möglichst „zwangsfrei" auf die Unterbauten der Brücke zu übertragen.

Auch Eisenbahnschienen dehnen sich aus, wenn sie erwärmt werden. Damit sich die Gleise dabei nicht verkrümmen, verlegte man die Schienen noch bis in die Sechzigerjahre des vergangenen Jahrhunderts mit einem kleinen Zwischenraum, dem sogenannten Schienenstoss (Figur 4). Dies führte bei Eisenbahnfahrten zu einem charakteristischen monotonen Geräusch; daneben zu einer starken Abnützung von Eisenbahnrädern und Schienenstössen. Heute vermeidet man Schienenstösse, indem man aufeinanderfolgende Schienen zusammenschweisst und diese fest mit den Schwellen verschraubt, sodass Haftkräfte die Ausdehnung der Schienen verhindern. Dabei treten sehr hohe Spannungen auf, die der verwendete Werkstoff (Stahl) aushalten muss. In Ländern mit extremen Temperaturunterschieden zwischen Sommer und Winter, etwa in Russland, wird die Schienenstosstechnik noch heute eingesetzt.

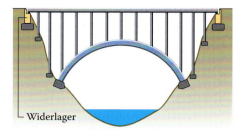

Figur 3 Brücke auf Widerlagern

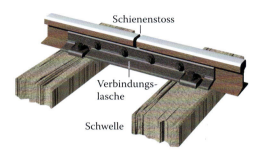

Figur 4 Schienenstoss

1.3.1 Längenausdehnung eines Stabs

Erwärmt man einen Stab der Länge l_0 von einer Anfangstemperatur ϑ_0 auf eine Endtemperatur ϑ, so zeigt sich bei genauer Beobachtung eine Verlängerung um Δl. Falls $\Delta\vartheta = \vartheta - \vartheta_0$ nicht allzu gross ist, verhält sich Δl proportional zur ursprünglichen Stablänge l_0 und zur Temperaturzunahme $\Delta\vartheta = \vartheta - \vartheta_0$ (Figur 5):

$$\Delta l = \alpha \cdot l_0 \cdot \Delta\vartheta$$

Für die gesamte Stablänge erhält man damit:

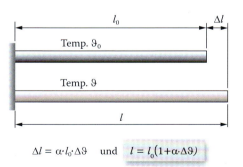

$$\Delta l = \alpha \cdot l_0 \cdot \Delta\vartheta \quad \text{und} \quad \boxed{l = l_0(1 + \alpha \cdot \Delta\vartheta)}$$

Figur 5 Thermische Längenausdehnung eines Stabs

Wärme

173

Längenausdehnung

$$l = l_0 + \Delta l = l_0 + \alpha \cdot l_0 \cdot \Delta\vartheta = l_0 \cdot (1 + \alpha \cdot \Delta\vartheta)$$

Linearer Ausdehnungskoeffizient α, Einheit: $[\alpha] = \dfrac{1}{K}$ oder $[\alpha] = \dfrac{1}{°C}$

Die meisten Stoffe dehnen sich bei höheren Temperaturen stärker aus als bei tieferen. Die oben angegebene Formel und die Werte der linearen Ausdehnungskoeffizienten gelten daher nur in einem beschränkten Temperaturintervall.

Lineare thermische Ausdehnungskoeffizienten α in 1/K (bei 20 °C)

Polyamid (Nylon)	Zink	Eisen	Kohlenstoff-stahl	Hartglas (Pyrex, Duran)	Quarzglas	Glaskeramik (Zerodur)
$120 \cdot 10^{-6}$	$26 \cdot 10^{-6}$	$12.2 \cdot 10^{-6}$	$13 \cdot 10^{-6}$	$3 \cdot 10^{-6}$	$0.5 \cdot 10^{-6}$	$< 0.1 \cdot 10^{-6}$

Der lineare Ausdehnungskoeffizient α gibt die relative Verlängerung eines Stabs bei einer Erwärmung um 1 °C an. So verlängert sich ein 1 Meter langer Nylonstab bei einer Erwärmung um 1 °C um 0.12 mm (siehe Tabelle).

Anwendungen

1. Beim Bau von Häusern werden z. B. zwischen Mauern, bei Türdurchgängen, beim Verlegen von Laminat, Parkett oder Fliesen (Plättli), aber auch zwischen unterschiedlich beheizten Bauabschnitten Bewegungs- oder Dilatationsfugen vorgesehen. Sie haben die Aufgabe, die thermisch bedingten Ausdehnungen in Wänden, Böden und Decken „aufzunehmen" und so Beschädigungen durch übermässige mechanische Spannungen zu verhindern. Damit diese Fugen optisch nicht stören, werden sie gewöhnlich mit einem elastischen Material, etwa Silikongummi, gefüllt.

2. Elektrische Freileitungen werden mit einem Durchhang (Figur 6) montiert, damit die Trägermasten auch unter Berücksichtigung der saisonalen Temperaturschwankungen und der Eigenerwärmung der Leitungen mechanisch nur innerhalb der zulässigen Maximalwerte (Toleranzen) belastet werden.

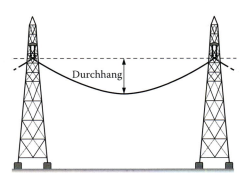

Figur 6 Durchhang bei Freileitungen

3. Extrem kleine thermische Ausdehnungswerte weisen die im Küchen- und Teleskopbau eingesetzten Glaskeramiken (Ceran und Zerodur) auf. Wegen der kleinen α-Werte zerspringen Kochplattenabdeckungen aus Glaskeramik oder Quarzglasgefässe auch bei grossen Temperaturänderungen nicht; Teleskopspiegel aus Glaskeramik ändern ihre (parabolische) Form bei Temperaturschwankungen kaum.

■ Erwämung eines Stahlrings

Wird ein Stahlring (Figur 7) erhitzt, so vergrössern sich seine Abmessungen sowohl innen als auch aussen. Betragen seine Durchmesser bei $\vartheta_0 = 20\,°C$, $d_0 = 5$ cm und $D_0 = 10$ cm und wird er anschliessend auf $120\,°C$ erhitzt, so vergrössern sich diese Abmessungen auf $d = d_0 \cdot (1 + \alpha \cdot (\vartheta - \vartheta_0)) = 5 \cdot (1 + 13 \cdot 10^{-6} \cdot 100)$ cm $= 5.0065$ cm und

Figur 7 Erwärmter Metallring

$D = D_0 \cdot (1 + \alpha \cdot (\vartheta - \vartheta_0)) = 10 \cdot (1 + 13 \cdot 10^{-6} \cdot 100)$ cm $= 10.0130$ cm.

Die relative Zunahme beträgt in beiden Fällen

$$\frac{\Delta d}{d_0} = \frac{\Delta D}{D_0} = \alpha \cdot (\vartheta - \vartheta_0) = 13 \cdot 10^{-6} \cdot 100 = 13 \cdot 10^{-4} = 1.3 \text{ Promille.}$$

1.3.2 Volumenausdehnung

Die Ausdehnung eines festen Körpers erfolgt allseitig. Isotrope Körper wie etwa Fensterglas dehnen sich dabei in allen Richtungen im gleichen Verhältnis aus, während bei anisotropen Körpern (z.B. Bergkristall) die Ausdehnung in verschiedenen Richtungen unterschiedlich ist.

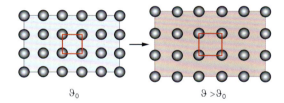

Figur 8 Thermische Ausdehnung eines isotropen Festkörpers in zwei Dimensionen

Wir untersuchen jetzt einen homogenen, isotropen, quaderförmigen Festkörper, der bei einer Temperatur ϑ_0 die Kantenlängen a_0, b_0 und c_0 aufweist (Figur 9). Wird dieser Körper auf eine Temperatur ϑ erwärmt, so verlängert sich jede dieser Kantenlängen gemäss der Formel für die lineare Wärmeausdehnung, und es gilt:

$$\begin{aligned}
V = a \cdot b \cdot c &= (a_0 + \Delta a) \cdot (b_0 + \Delta b) \cdot (c_0 + \Delta c) \\
&= a_0 \, (1 + \alpha \cdot \Delta\vartheta) \cdot b_0 \cdot (1 + \alpha \cdot \Delta\vartheta) \cdot c_0 \cdot (1 + \alpha \cdot \Delta\vartheta) = \\
&= \underbrace{a_0 \cdot b_0 \cdot c_0}_{V_0} \cdot (1 + \alpha \cdot \Delta\vartheta)^3 = V_0 \cdot (1 + 3 \cdot \alpha \cdot \Delta\vartheta + \underbrace{3 \cdot \alpha^2 \Delta\vartheta^2}_{\to 0} + \underbrace{\alpha^3 \cdot \Delta\vartheta^3}_{\to 0}) = \\
&\approx V_0 \cdot (1 + 3 \cdot \alpha \cdot \Delta\vartheta) = V_0 + \underbrace{V_0 \cdot 3 \cdot \alpha \cdot \Delta\vartheta}_{\Delta V}
\end{aligned}$$

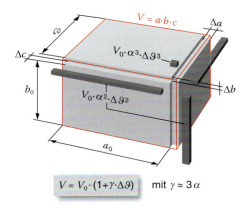

Die Glieder $3 \cdot \alpha^2 \Delta \vartheta^2$ und $\alpha^3 \cdot \Delta \vartheta^3$ werden in der Rechnung vernachlässigt, weil sie viel kleiner als $3 \cdot \alpha \cdot \Delta \vartheta$ sind (dunkel getönte Teile in Figur 9).

$$V = V_0 \cdot (1 + \gamma \cdot \Delta \vartheta) \quad \text{mit } \gamma \approx 3\,\alpha$$

Figur 9 Volumenausdehnung

Volumenausdehnung

$$\Delta V = \gamma \cdot V_0 \cdot \Delta \vartheta \approx 3 \cdot \alpha \cdot V_0 \cdot \Delta \vartheta$$

Räumlicher Ausdehnungskoeffizient

$$\gamma \approx 3 \cdot \alpha$$

Einheit: $[\,\gamma\,] = \dfrac{1}{K}$ oder K^{-1}

Die Formel $\Delta V = \gamma \cdot V_0 \cdot \Delta \vartheta$ gilt nicht nur für feste Körper, sondern auch für Flüssigkeiten; so beträgt der räumliche Ausdehnungskoeffizient für Quecksilber $\gamma = 182 \cdot 10^{-6}\,K^{-1}$ (Quecksilberthermometer).

■ Beispiel: Volumenkompensation

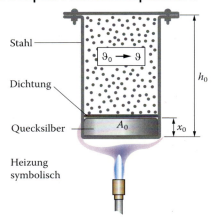

Stahl

Dichtung

Quecksilber

Heizung symbolisch

Figur 10 Volumenkompensation

Ein Gas in einem zylindrischen Gefäss aus Stahl (Figur 10) soll bei konstantem Volumen erwärmt werden. Um die Ausdehnung des Behälters zu kompensieren, wird etwas Quecksilber eingefüllt.

Wie gross muss die Einfüllhöhe sein, damit bei einer Höhe $h_0 = 15\,cm$ das Gasvolumen $V_0 = A_0 \cdot (h_0 - x_0)$ konstant bleibt? Bezüglich Volumenausdehnung darf der Stahlbehälter wie ein massiver Stahlzylinder behandelt werden.

Lösung

$$\Delta V_{Hg} = \Delta V_{Stahl} \quad \rightarrow \quad A_0 \cdot x_0 \cdot \gamma_{Hg} \cdot (\vartheta - \vartheta_0) = A_0 \cdot h_0 \cdot 3 \cdot \alpha_{Stahl} \cdot (\vartheta - \vartheta_0)$$

$$\rightarrow \quad x_0 = h_0 \cdot \frac{3 \cdot \alpha_{Stahl}}{\gamma_{Hg}} = 15 \cdot \frac{3 \cdot 13 \cdot 10^{-6}}{182 \cdot 10^{-6}}\,cm = 3.21\,cm$$

Mit dem Volumen V ändert sich auch die Dichte ρ eines Körpers. Wird dieser um $\Delta\vartheta$ erwärmt, so nimmt sein Volumen von V_0 auf V zu und seine Dichte von $\rho_0 = \frac{m}{V_0}$ auf $\rho = \frac{m}{V}$ ab:

Veränderung der Dichte

$$\rho = \frac{m}{V} = \frac{m}{V_0 \cdot (1 + \gamma \cdot \Delta\vartheta)} = \frac{m}{V_0} \cdot \frac{1}{1 + \gamma \cdot \Delta\vartheta} = \rho_0 \cdot \frac{1}{1 + \gamma \cdot \Delta\vartheta}$$

■ Beispiele: Heizöl

1. Füllung eines Öltanks

Ein Öltank aus Stahlblech mit einem Fassungsvermögen von $V_0 = 5000$ Liter wird bei 20 °C unvorsichtigerweise vollständig mit Heizöl gefüllt. Was geschieht, wenn die Temperatur auf 35 °C ansteigt? ($\gamma_{\text{Heizöl}} = 8.9 \cdot 10^{-4}\ \text{K}^{-1}$, $\alpha_{\text{Stahl}} = 13.0 \cdot 10^{-6}\ \text{K}^{-1}$)

Lösung

Ausdehnung des Tanks: $\Delta V_{\text{Tank}} = 3\alpha_{\text{Stahl}} \cdot V_0 \cdot \Delta\vartheta = 3 \cdot 13.0 \cdot 10^{-6} \cdot 5000 \cdot 15\ \text{l} = 2.93\ \text{l}$

Ausdehnung des Heizöls: $\Delta V_{\text{Heizöl}} = \gamma_{\text{Heizöl}} \cdot V_0 \cdot \Delta\vartheta = 8.9 \cdot 10^{-4} \cdot 5000 \cdot 15\ \text{l} = 66.75\ \text{l}$

Es würden also rund 64 Liter Heizöl auslaufen.

2. Heizöleinkauf

Heizöl (extra leicht) hat bei 20 °C eine Dichte $\rho_{\text{Heizöl}} = 840\ \text{kg/m}^3$, einen Volumenausdehnungskoeffizienten $\gamma_{\text{Heizöl}} = 8.9 \cdot 10^{-4}\ \text{K}^{-1}$ und einen Heizwert $H_u = 4.27 \cdot 10^7\ \text{J/kg}$. Wie viel Heizöl (in kg) erhalten Sie, wenn Sie als Hausverwalter für Ihr Mehrfamilienhaus 10 000 Liter einkaufen: im Winter bei 0 °C und im Sommer bei 35 °C? Wie gross ist die Differenz des Heizwerts dieses Öls bei Winter- bzw. bei Sommereinkauf?

Lösung

Winter:

$$m_{\text{Winter}} = \rho_{\text{Winter}} \cdot V = \frac{\rho_{\text{Heizöl}} \cdot V}{1 + \gamma_{\text{Heizöl}} \cdot \Delta\vartheta_{\text{Winter}}} = \frac{840 \cdot 10}{1 + 8.9 \cdot 10^{-4} \cdot (-20)}\ \text{kg} = 8552.2\ \text{kg}$$

Sommer:

$$m_{\text{Sommer}} = \rho_{\text{Sommer}} \cdot V = \frac{\rho_{\text{Heizöl}} \cdot V}{1 + \gamma_{\text{Heizöl}} \cdot \Delta\vartheta_{\text{Sommer}}} = \frac{840 \cdot 10}{1 + 8.9 \cdot 10^{-4} \cdot (+15)}\ \text{kg} = 8289.3\ \text{kg}$$

Im Winter erhalten Sie bei gleichem Volumen also rund 263 kg Heizöl mehr als im Sommer, was einer Heizwertdifferenz von $42.7 \cdot 263$ MJoule $\approx 11.2 \cdot 10^9$ Joule ≈ 3120 kWh entspricht. Aus diesem Grund werden die Heizölpreise bei einer bestimmten Temperatur

Wärme

(L15: Liter bei 15 °C) verrechnet (z. B. CHF 106.20 pro 100 L15, inkl. MwSt. und CO_2-Abgabe von CHF 16.00 pro 100 L15). Auf dem Lieferschein muss neben dem gelieferten Volumen deshalb auch die Öltemperatur angegeben werden.

1.4   Anomalie des Wassers

Durch Erwärmung wird die thermische Bewegung von Molekülen bzw. Atomen verstärkt. Diese stossen heftiger gegeneinander und schieben sich dadurch etwas auseinander. Dabei müssen die anziehenden Molekularkräfte überwunden werden. Da diese Kräfte in Flüssigkeiten wesentlich kleiner sind als in Festkörpern, dehnen sich Flüssigkeiten bei gleicher Erwärmung stärker aus als Festkörper, ihre relative Volumenänderung $\Delta V/V_0$ ist pro °C deshalb wesentlich grösser.

   Die Graphen in Figur 11 illustrieren diesen Sachverhalt für einige Festkörper und Flüssigkeiten. Der Volumenausdehnungskoeffizient $\gamma = \frac{\Delta V}{V_0 \cdot \Delta \vartheta}$ ist die Steigung dieser Graphen: Er nimmt von Quarzglas über Eisen, Quecksilber und Ethanol (Alkohol) sehr stark zu. Für Quarzglas, Eisen und Quecksilber, nicht aber für Wasser und Ethanol, sind die Graphen in guter Näherung Geraden.

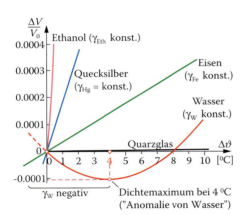

Figur 11 Volumenänderung $\Delta V/V_0$ verschiedener Materialien in Funktion der Temperatur

Besonders merkwürdig verhält sich Wasser, dessen relative Volumenänderung in Funktion der Temperatur stark nichtlinear ist (roter Graph in Figur 11), von 0 °C bis 4 °C ab- und dann wieder zunimmt. Das Dichtemaximum liegt bei ca. 4 °C.

   Dieses eigenartige Verhalten bezeichnet man als *Anomalie des Wassers*. Entgegen der Erwartung bildet sich in reinem Wasser unterhalb von 0 °C zudem nicht sofort Eis, das Wasser kann bis gegen −20 °C abgekühlt werden, ohne zu gefrieren. Bei dieser Abkühlung nimmt das Volumen dauernd zu. Diese Unterkühlung ist ein labiler Zustand; bei Erschütterung des Gefässes oder durch Zufügen eines Kristallisationskeims kann das Wasser schlagartig gefrieren, wobei die Temperatur auf 0 °C ansteigt.

   Die Anomalie des Wassers steht in engem Zusammenhang mit der Form der Wassermoleküle (Figur 12). Diese sind winkelförmig aufgebaut, wobei die Elektronen etwas zum Sauerstoffatom hin verschoben sind. Dadurch ergibt sich dort ein geringfügiger negativer Ladungsüberschuss, dem ein positiver Ladungsüberschuss bei den beiden Wasserstoffatomen gegenübersteht.

Das Wassermolekül wird dadurch zu einem elektrischen Dipol mit positivem und negativem Ende. Im festen Eis sind die Wassermoleküle nun so ausgerichtet, dass ihre negativ und positiv geladenen Enden möglichst nahe beisammen liegen.

Dies führt zur charakteristischen hexagonalen Kristallform des Eises, die sich makroskopisch in der regelmässigen, sechseckigen Form der Eiskristalle zeigt (Figur 13, links). Zwischen den einzelnen Molekülen bleibt dabei viel Zwischenraum, sodass die Dichte von Eis bei $0\,°C$

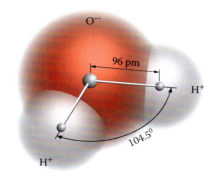

Figur 12 Wassermolekül

fast 10 % geringer ist als diejenige von Wasser derselben Temperatur. Eis schwimmt im Wasser, wobei etwa 10 % des Eisvolumens über die Wasseroberfläche ragen.

Beim Schmelzen geht die gegenseitige Orientierung der Wassermoleküle verloren, es bilden sich H_2O-Clusters, welche durch Wasserstoffbrücken zusammengehalten werden und in die Hohlräume der ursprünglichen Eisstruktur eindringen (Figur 13, rechts). Dadurch nimmt das Volumen pro Kilogramm ab, die Dichte steigt an und erreicht bei ca. $4\,°C$ ihren grössten Wert. Bei weiterer Erwärmung steigt der Raumbedarf der Wassermoleküle wegen der zunehmenden thermischen Bewegung wieder an, sodass das Wasservolumen grösser wird.

Wärme

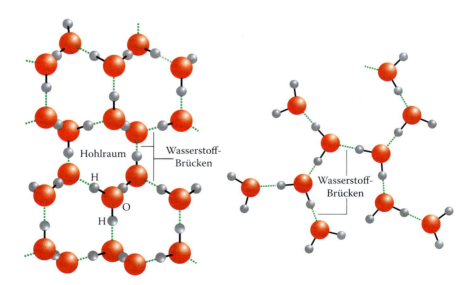

Figur 13 Links: Kristallografische Struktur von Eis
Rechts: H_2O-Cluster im flüssigen Wasser

179

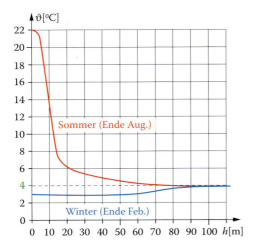

Figur 14 Temperatur in einem See

Die Anomalie des Wassers ist für die Lebewesen im Wasser von grösster Bedeutung. Sie ist die Ursache dafür, dass Seen selbst im tiefsten Winter niemals bis zum Grund zufrieren.

Wenn es kalt wird, sinkt zunächst das kalte Wasser von der Oberfläche nach unten. Das geht so lange, bis der See auf dem Grund eine Temperatur von 4 °C erreicht (Figur 14). Dann lagert dort das Wasser mit der grössten Dichte. Das Wasser an der Oberfläche wird zwar weiter abgekühlt, gefriert vielleicht auch, kann aber wegen seiner geringeren Dichte nicht mehr nach unten sinken. Nach dem Zufrieren eines Sees erfolgt die Abkühlung nur noch durch Wärmeleitung im Eis und nicht mehr durch Konvektion (Wärmeströmung infolge Durchmischung des Wassers). Die Wärmeleitung transportiert die Wärmeenergie aber so langsam, dass ein See gewöhnlich nicht bis zum Boden gefriert und es für die Pflanzen- und Tierwelt nicht zur Katastrophe kommt.

Weitere Unterlagen zum Thema siehe www.hep-verlag.ch/physik-mittelschulen

1.5 Zusammenfassung

Die **Temperatur** beschreibt den (energetischen) Zustand von Körpern im gasförmigen, flüssigen oder festen Zustand; sie ist eine Zustandsgrösse.

Demgegenüber ist die **Wärme** analog zur mechanischen Arbeit eine Prozessgrösse. Wird einem Körper Wärme zugeführt, so erhöht sich in der Regel seine Temperatur. Diese ist ein Mass für die kinetische Energie der Atome oder Moleküle.

Es gibt zwei Skalen der Temperaturmessung, die absolute **Kelvin-** und die **Celsius-Skala**.

$$\vartheta \text{ (in °C)} = T \text{ (in K)} - 273.15 \text{ K}$$

Die **Fixpunkte** 0 °C und 100 °C der Temperaturmessung nach Celsius sind der Schmelzpunkt von Eis und der Siedepunkt von Wasser bei einem Luftdruck von 1013 hPa (Meereshöhe).

Die Fixpunkte der **absoluten Temperatur** sind einerseits der **absolute Nullpunkt** (im thermodynamischen Gleichgewicht die tiefstmögliche Temperatur) bei − 273.15 °C bzw. bei 0 Kelvin, andererseits der **Tripelpunkt des Wassers**, einem reinen Phasengemisch von festem, flüssigem und gasförmigem Wasser, bei 0.01 °C oder 273.16 Kelvin.

Thermometer nützen die Temperaturabhängigkeit physikalischer Grössen, etwa der Dichte von Quecksilber (Flüssigkeitsthermometer) aus. Festkörper und Flüssigkeiten verändern ihre geometrischen Dimensionen (Länge, Fläche und Volumen) in Abhängigkeit der Temperatur, wobei die Veränderung dieser Grössen in einem gewissen Temperaturbereich gewöhnlich proportional zur Temperaturänderung ist.

Bei einer Erwärmung um $\Delta \vartheta$ (in °C) vergrössert sich ein Stab der ursprünglichen **Länge** l_0 um

$$\Delta l = \alpha \cdot l_0 \cdot \Delta \vartheta \quad \text{Einheit } [\alpha] = \text{K}^{-1}$$

ein Festkörper bzw. eine Flüssigkeit mit dem ursprünglichen **Volumen** V_0 um

$$\Delta V \approx 3 \cdot \alpha \cdot V_0 \cdot \Delta \vartheta \text{ (fest)} \quad \Delta V = \gamma \cdot V_0 \cdot \Delta \vartheta \text{ (Flüssigkeit)}$$

Zugleich verkleinert sich die **Dichte** von ρ_0 auf $\rho = \rho_0 / (1 + 3 \cdot \alpha \cdot \Delta \vartheta)$

α ist der **lineare Ausdehnungskoeffizient** eines (isotropen) Festkörpers,
γ der **räumliche Ausdehnungskoeffizient** eines Festkörpers oder einer Flüssigkeit.

Für isotrope Festkörper gilt $\gamma = 3 \cdot \alpha$.

2 Ideale Gase

2.1 Ideale und reale Gase

Modell des idealen Gases

- Die Atome eines idealen Gases sind (ausdehnungslose) Massepunkte.
- Diese Atome üben keine (anziehenden oder abstossenden) Kräfte aufeinander aus. Da sie ausdehnungslos sind, gibt es keine Intermolekularstösse (= Stösse zwischen den Molekülen bzw. Atomen). Sie stossen daher nur mit den Gefässwänden zusammen.
- Die Atome sind in ständiger Bewegung. Die Stösse dieser Atome gegen die Gefässwand sind elastisch, d. h., der Geschwindigkeitsbetrag der stossenden Atome ändert sich nicht, wohl aber deren Richtung. Zwischen zwei Stössen bewegen sich die Atome geradlinig gleichförmig mit konstanter Geschwindigkeit v.

Unter nicht allzu hohem Druck und bei nicht allzu tiefen Temperaturen (im Vergleich zum Verflüssigungspunkt) verhalten sich *reale Gase* in sehr guter Näherung wie ideale Gase.

Wärme

Die Atome bzw. Moleküle eines realen Gases haben ein Eigenvolumen und üben Kräfte aufeinander aus. Erhöht man den Druck eines genügend kalten realen Gases, so kondensiert es deshalb, d.h., es geht in den flüssigen Aggregatzustand über. Für Sauerstoff O_2 ist dies beispielsweise bei einer Temperatur unter T_C = 155.4 Kelvin (−117.8°C, kritische Temperatur) und einem Druck von über p_C = 50.35 bar (kritischer Druck) der Fall (kritischer Punkt: (T_C, p_C)).

Die Atome eines idealen Gases haben bei einer bestimmten Temperatur eine genau definierte Geschwindigkeit; je höher die Gastemperatur, desto höher die Geschwindigkeit der Atome. Demgegenüber haben aber nicht alle Atome eines realen Gases mit einer bestimmten Temperatur dieselbe Geschwindigkeit, die Geschwindigkeiten der Atome gruppieren sich um einen genau bestimmten Mittelwert.

2.2   Ein Einführungsbeispiel

Figur 15 Kind mit Ballon

Bläst ein Kind einen Ballon auf, so verändert dieser seine Form, wird grösser, bis er schliesslich platzt. Was geschieht dabei aus physikalischer Sicht? Beim Aufblasen strömt Luft (Stoffmenge n) aus dem Mund des Kindes in das Innere der Ballonhülle. Weil diese elastisch ist, dehnt sie sich aus und vergrössert das Ballonvolumen V, während der Gasdruck p der Luft im Ballon nur geringfügig grösser ist als der Druck der umgebenden Luft. Bei allzu grossem Volumen reisst die Ballonhülle.

In diesem Beispiel treffen wir auf wichtige physikalische Grössen, die den Zustand eines Gases, hier der Luft, beschreiben: Volumen, Druck und Stoffmenge. Zudem spielt auch die Temperatur eine Rolle: Kühlen wir den Ballon ab, so verkleinert sich sein Volumen, erwärmen wir ihn, so wird er grösser.

2.3   Gasdruck und Gasvolumen

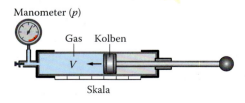

Figur 16 Apparatur zum Gesetz von Boyle und Mariotte

Wir untersuchen die Druckabhängigkeit des Gasvolumens bei konstanter Temperatur und konstanter Gasmenge. Für diese Messung benutzen wir einen mit Gas (z.B. Luft) gefüllten Zylinder mit einem verschiebbaren, dichten Kolben (Figur 16). Auf der linken Seite ist der Zylinder mit einem Manometer verbunden, das den Gasdruck misst.

Es zeigt sich, dass das Produkt aus Gasdruck p und Gasvolumen V bei diesem Experiment konstant ist: Wird das Volumen V halbiert, so verdoppelt sich der Druck p; wird das Volumen verdoppelt, halbiert sich der Druck.

Gesetz von Boyle und Mariotte

$$p \cdot V = \text{konstant} = c \text{ oder } p_1 \cdot V_1 = p_2 \cdot V_2$$

Die Funktion $p = c/V$ zeigt die Abhängigkeit des Drucks p eines Gases mit dem Volumen V bei konstanter Temperatur T an. Der Graph (eine Hyperbel) dieser Funktion heisst Isotherme (Figur 17, rote Kurve). Für höhere Temperaturen (T' > T) liegen die Isothermen im p-V-Diagramm über der (roten) T-Isotherme, für tiefere Temperaturen ($T' < T$) unter der roten T-Isotherme.

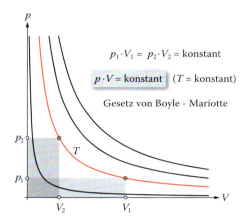

Figur 17 Gasdruck in Funktion des Volumens

Das Gesetz von Boyle und Mariotte gilt für ein ideales Gas, dessen (gedachte) Atome keine Ausdehnung haben, also Massepunkte sind, und keine Kräfte aufeinander ausüben. Die Atome oder Moleküle realer Gase sind demgegenüber ausgedehnt und üben Kräfte aufeinander aus. Für reale Gase gilt das Gesetz von Boyle und Mariotte nur bei nicht allzu hohem Druck und für Gastemperaturen, die deutlich höher sind als der Verflüssigungspunkt (Kondensationspunkt) des untersuchten Gases.

2.4   Gasdruck und Temperatur

Wir untersuchen die Temperaturabhängigkeit des Drucks p einer konstanten Gasmenge bei konstant gehaltenem Gasvolumen V. Dazu verwenden wir ein Gasthermometer (Figur 18).

Ein mit Helium gefüllter Glasbehälter (links) ist über ein Glaskapillarrohr mit einem offenen Quecksilber-U-Rohr-Manometer verbunden, dessen rechter Schenkel in der Höhe verstellbar ist. Durch Verschieben des rechten Schenkels kann das Quecksilber im linken Schenkel nach einer Temperaturänderung immer wieder auf die gleiche Höhe (Marke) gebracht werden. So wird das Gasvolumen konstant gehalten.

Wärme

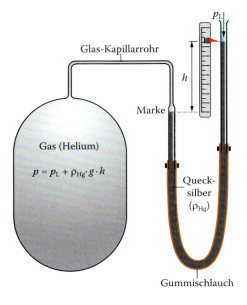

Glas-Kapillarrohr

Marke

Gas (Helium)

$p = p_L + \rho_{Hg} \cdot g \cdot h$

Queck-
silber
(ρ_{Hg})

Gummischlauch

Figur 18 Das klassische Gasthermometer

Der Gasdruck p im Glasbehälter ergibt sich als Summe des Luftdrucks p_L und des Flüssigkeitsdrucks p_{Hg} des Quecksilbers. Für den Gasdruck p erhalten wir damit:

$$p = p_L + p_{Hg} = p_L + \rho_{Hg} \cdot g \cdot h$$

Für die Messung wird der Gasbehälter in ein Gefäss mit Medien konstanter Temperatur getaucht, zuerst in ein Eis-Wasser-Gemisch, dann in heissen Wasserdampf und schliesslich in Wasser verschiedener Temperaturen. Gemessen werden die Gastemperatur ϑ und der Gasdruck p als Summe des Luft- und des Quecksilberdrucks.

Im p-ϑ-Diagramm (Figur 19) liegen diese Punkte auf einer Geraden. Verlängert (extrapoliert) man diese Gerade im Bereich unter $0\,°C$, so schneidet sie die Temperaturachse bei einem Wert um $-273\,°C$.

Dasselbe Resultat erhält man auch mit anderen Gasmengen (Teilchenzahl N, $2N$ und $3N$ in Figur 19) oder mit anderen Gasen. Scheinbar verschwindet der Druck in jedem Fall bei $-273\,°C$. Offensichtlich markiert der Punkt $p = 0$, $\vartheta = -273\,°C$ den absoluten Nullpunkt der Temperatur, wo die Teilchen (Atome, Moleküle) des (idealen) Gases zur Ruhe kommen, sich nicht mehr bewegen und deshalb keinen Druck mehr auf die Gefässwand ausüben können. Stellt man den Gasdruck p in Funktion der absoluten Temperatur T (Figur 20) dar, so ist der zugehörige Graph eine Gerade durch den Ursprung. Der Druck p einer konstanten Menge eines idealen Gases ist bei konstantem Gasvolumen V also proportional zur absoluten Temperatur.

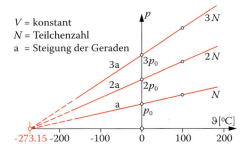

V = konstant
N = Teilchenzahl
a = Steigung der Geraden

Figur 19 Gasdruck in Funktion der Celsius-Temperatur

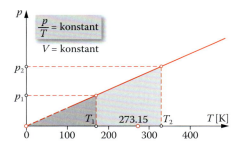

$\frac{p}{T}$ = konstant

V = konstant

Figur 20 Gasdruck in Funktion der absoluten Temperatur

Gesetz von Amontons

$$p = c \cdot T, \; c \text{ konstant} \quad oder \quad \frac{p_1}{T_1} = \frac{p_2}{T_2}$$

2.5 Zusammenhang zwischen Gasvolumen, Druck und Temperatur

Die Beziehungen von Boyle-Mariotte und Amontons können zu einem übergeordneten Gesetz vereinigt werden: Zu diesem Zweck untersuchen wir (in Gedanken) eine konstante Menge eines idealen Gases, bei der sich alle drei Zustandsgrössen Druck p, Volumen V und Temperatur T ändern:
Anfangszustand: p_1, V_1 und T_1 *Endzustand:* p_2, V_2 und T_2 (Figur 21).

In einem ersten Schritt wird dieses Gas bei konstanter Temperatur T_1 auf das Endvolumen V_2 gebracht. Den Gasdruck bei V_2 bezeichnen wir mit p'. Gemäss Boyle-Mariotte'schem Gesetz gilt:

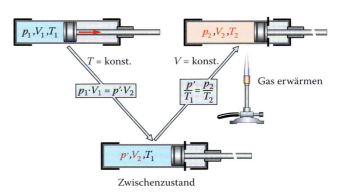

Figur 21 Skizze zum Vorgehen

$$p_1 \cdot V_1 = p' \cdot V_2 \quad \text{oder} \quad p' = \frac{p_1 \cdot V_1}{V_2}$$

Im zweiten Schritt wird dieses Gas bei konstantem Volumen V_2 von T_1 auf T_2 erwärmt, wobei der Druck von p' auf p_2 ansteigt. Gemäss Gesetz von Amontons gilt jetzt:

$$\frac{p'}{T_1} = \frac{p_2}{T_2}. \text{ Damit erhalten wir } \frac{p'}{T_1} = \frac{\frac{p_1 \cdot V_1}{V_2}}{T_1} = \frac{p_1 \cdot V_1}{V_2 \cdot T_1} = \frac{p_2}{T_2} \text{ oder:}$$

Gasgesetz (für konstante Gasmenge)

$$\frac{p_1 \cdot V_1}{T_1} = \frac{p_2 \cdot V_2}{T_2} \quad \text{bzw.} \quad \frac{p \cdot V}{T} = \text{konst.}$$

Wärme

Mit dieser einfachen Umformung haben wir die beiden vorhergehenden Gesetze (von Boyle-Mariotte und von Amontons) zum übergeordneten *p-V-T*-Gesetz erweitert.

Hinweis

p ist der absolute Druck, *T* die absolute Temperatur in Kelvin. Messen wir in einem Veloreifen einen relativen Druck von 4 bar, so ergibt sich der absolute Druck von 5 bar als Summe des relativen Drucks und des herrschenden Luftdrucks von ca. 1 bar.

■ Beispiel: Gasthermometer

Ein mit Helium gefülltes Glasgefäss (Figur 18) wird in ein Eis-Wasser-Gemisch (0 °C) getaucht. Dann wird das Glasrohr rechts so verschoben, dass das Gasvolumen konstant bleibt. Das Quecksilber im Glasrohr rechts ist nun um $h = 23$ mm höher. Der Luftdruck beträgt $p_L = 960$ hPa.

a) Berechnen Sie die Höhe h' des Quecksilbers, nachdem das Helium im Glasgefäss auf 100 °C erhitzt und das Quecksilber im linken Glasrohr auf die Höhe der Marke gebracht wurde.

b) Welche Temperatur hat das Heliumgas, wenn das Quecksilber im rechten Glasrohr um $h'' = 142$ mm höher steht als im linken?

Quecksilberdichte 13 546 kg/m³, Fallbeschleunigung $g = 9.81$ m/s²

Lösung

a) $\dfrac{p_1}{T_1} = \dfrac{p_2}{T_2} \quad \Rightarrow \quad \dfrac{p_L + \rho_{Hg} \cdot g \cdot h}{T_1} = \dfrac{p_L + \rho_{Hg} \cdot g \cdot h'}{T_2} \quad \Rightarrow$

$$h' = \frac{T_2 \cdot (p_L + \rho_{Hg} \cdot g \cdot h)}{T_1 \cdot \rho_{Hg} \cdot g} - \frac{p_L}{\rho_{Hg} \cdot g}$$

$$= \left(\frac{373 \cdot (96\,000 + 13\,546 \cdot 9.81 \cdot 0.023)}{273 \cdot 13\,546 \cdot 9.81} - \frac{96\,000}{13\,546 \cdot 9.81} \right) m = 0.296 \text{ m}$$

b) $T_2 = T_1 \cdot \dfrac{p_L + \rho_{Hg} \cdot g \cdot h''}{p_L + \rho_{Hg} \cdot g \cdot h} = 273 \cdot \dfrac{96\,000 + 13\,546 \cdot 9.81 \cdot 0.142}{96\,000 + 13\,546 \cdot 9.81 \cdot 0.023}$ K = 317 K (43 °C)

■ Beispiel: Druckänderung

Eine Luftmenge von 5 l (Druck 1 bar) wird in einem dicht schliessenden Zylinder auf die Hälfte komprimiert und zugleich von 5 °C auf 98 °C erwärmt. Wie gross ist der Enddruck?

Lösung

$$\frac{p_1 \cdot V_1}{T_1} = \frac{p_2 \cdot V_2}{T_2} \quad \Rightarrow \quad p_2 = p_1 \cdot \frac{V_1 \cdot T_2}{V_2 \cdot T_1} = 1 \cdot \frac{5.0\,l \cdot 371\text{ K}}{2.5\,l \cdot 278\text{ K}} \text{ bar} = 2.67\text{ bar}$$

2.6 Gasdruck und Gasmasse

Wir untersuchen jetzt die Abhängigkeit des Drucks eines bestimmten Gases, z.B. von Luft, von der Gasmasse m, bei konstantem Volumen V (1 Liter) und konstanter Temperatur T (Zimmertemperatur).

Wir evakuieren einen Kolben aus Hartglas (Volumen 1 Liter) mit einer Vakuumpumpe, legen ihn auf eine Präzisionswaage und drücken die Tara-Taste, worauf die Waage 0.00 g anzeigt (Figur 22). Jetzt lassen wir Luft einströmen und wiegen den Kolben erneut: Bei einem Druck von 960 hPa (Annahme) zeigt die Waage 1.18 g an. Jetzt schliessen wir den Kolben erneut an die Vakuumpumpe an und halbieren den Druck auf 480 hPa. Die Waage zeigt 0.59 g an. Die Gasmasse m im Kugelkolben und der Gasdruck p sind also offensichtlich zueinander proportional, was auch durch weitere Messungen bei anderen Drücken bestätigt wird:

Figur 22 Gaswiegekugel auf einer genauen Waage

$$\frac{p}{m} = \text{konstant}$$

Eine Menge eines Gases, die aus N Teilchen (Atomen oder Molekülen) besteht, kann entweder mithilfe der Gasmasse m (in kg) oder aber mit der Stoffmenge n (in mol) beschrieben werden.

Es gilt:

$$n = \frac{N}{N_A} = \frac{m}{M}, \text{ mit } N_A = 6.02 \cdot 10^{23}\,\frac{\text{Teilchen}}{\text{mol}} \text{ (Avogadro'sche Zahl)},$$

$$M \text{ molare Masse in } \frac{\text{kg}}{\text{mol}}$$

Beispiel: Die molare Masse von Sauerstoff O_2 beträgt ca. 32 g/mol = 0.032 kg/mol. Die Masse eines Mols O_2 beträgt also 32 g, ein Kilogramm O_2 umfasst ungefähr 31 mol.

2.7 Gasmasse und Gassorte

Wir untersuchen jetzt die Abhängigkeit der Gasmasse m von der Gassorte, bei konstanter Gastemperatur T (Zimmertemperatur), konstantem Gasdruck $p = 1$ bar und konstantem Gasvolumen $V = 1$ Liter (Figur 23). Wir schalten die Pumpe ein und evakuieren das ganze System. Dann öffnen wir das Ventil an der Gasflasche und lassen das Gas so lange einströmen, bis das Manometer 1 bar anzeigt.

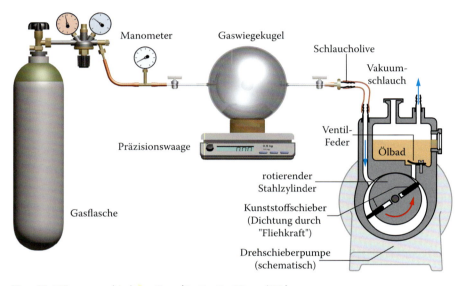

Figur 23 Wägen verschiedener Gase (H$_2$, He, N$_2$, CO$_2$ und SF$_6$)

Jetzt werden die beiden Hahnen geschlossen, die Gaswiegekugel wird vom System gelöst und auf der tarierten Präzisionswaage gewogen (nur Gasmasse m).

Bei einer solchen Messung ergaben sich folgende Resultate (Volumen $V = 1$ Liter, Druck p = 1 bar = 10^5 Pa, Temperatur $\vartheta = 22\,°C$ bzw. $T = 295$ K):

Gasmassen verschiedener Gase (V = 1 Liter, p = 1 bar = 10^5 Pa, ϑ = 22 °C)

Gassorte	H$_2$	He	N$_2$	CO$_2$	SF$_6$
Molare Masse M	2.016 g/mol	4.003 g/mol	28.014 g/mol	44.009 g/mol	146.048 g/mol
Masse m	0.082 g	0.163 g	1.143 g	1.795 g	5.958 g
Stoffmenge n	0.0410 mol	0.0407 mol	0.0408 mol	0.0408 mol	0.0408 mol

Erstaunlicherweise ist die Stoffmenge n für jedes der fünf untersuchten Gase gleich gross; bei konstantem Gasdruck p, konstantem Gasvolumen V und konstanter Gastemperatur ϑ bzw. T gilt also: $\frac{m}{M} = n =$ konstant (Anzahl mol).

2.8   Zustandsgleichung idealer Gase

Nun können wir die drei Gasgesetze

$$\frac{p \cdot V}{T} = \text{konstant} \qquad \frac{p}{m} = \text{konstant} \quad \text{und} \quad \frac{m}{M} = \text{konstant}$$

wie in Kapitel 2.5 zu einem übergeordneten Gesetz zusammenfassen und erhalten:

$$\frac{p \cdot V \cdot M}{T \cdot m} = R = \text{konstant} \qquad \text{bzw.} \qquad \frac{p_1 \cdot V_1 \cdot M_1}{T_1 \cdot m_1} = \frac{p_2 \cdot V_2 \cdot M_2}{T_2 \cdot m_2}$$

Mit dem Druck $p = 1$ bar $= 10^5$ Pa, der Temperatur $\vartheta = 22\,°\text{C}$ bzw. $T = 295$ K und dem Volumen $V = 1$ Liter erhalten wir für die oben untersuchten Gase den gleichen Wert für diese Konstante, die universelle Gaskonstante R, nämlich

$$R = 8.31 \frac{\text{Pa} \cdot \text{m}^3}{\text{mol} \cdot \text{K}} = 8.31 \frac{\text{J}}{\text{mol} \cdot \text{K}}$$

Damit erhalten wir $p \cdot V = R \cdot T \cdot \dfrac{m}{M} = n$ und die allgemeingültige

Zärme

Zustandsgleichung idealer Gase (universelles Gasgesetz)

$$p \cdot V = n \cdot R \cdot T \qquad \text{und} \qquad n = \frac{m}{M} = \frac{N}{N_A}$$

Universelle Gaskonstante $R = 8.314472 \; \dfrac{\text{Joule}}{\text{mol} \cdot \text{Kelvin}}$

Avogadro'sche Zahl $N_A = 6.02214179 \cdot 10^{23} \; \dfrac{1}{\text{mol}}$

p Druck in Pa, V Volumen in m³, n Stoffmenge in mol, T Temperatur in K, m Gasmasse in kg, M molare Masse in kg/mol, N Zahl der Atome/Moleküle

---

Das universelle Gasgesetz kann auch in einer anderen Form geschrieben werden:

Zustandsgleichung idealer Gase

$$p \cdot V = N \cdot k_B \cdot T \;\; \text{mit der Boltzmann-Konstante } k_B$$

$$k_B = \frac{R}{N_A} = \frac{8.314510}{6.0221367 \cdot 10^{23}} \frac{\text{J}}{\text{K}} = 1.3806504 \cdot 10^{-23} \frac{\text{J}}{\text{K}}$$

Das Gasgesetz in der Form $p \cdot V = N \cdot k_\mathrm{B} \cdot T$ enthält nur den Gasdruck p, das Gasvolumen V, die Gastemperatur T und die Teilchenzahl N, ist also unabhängig von der Art des Gases.

■ Beispiel: Molvolumen

Berechnen Sie das Volumen von 1 mol eines Gases bei einem Druck von 1013 hPa und einer Temperatur von 0 °C (273 K).

Lösung

$$p \cdot V = n \cdot R \cdot T \quad \Rightarrow \quad V = \frac{n \cdot R \cdot T}{p} = \frac{1 \cdot 8.31 \cdot 273}{101300} \ \mathrm{m^3} = 0.0224 \ \mathrm{m^3} = 22.4 \ \mathrm{Liter}$$

Die Teilchenzahl N verschiedener (hinreichend idealer) Gase mit gleichem Volumen, gleichem Druck und gleicher Temperatur ist unabhängig von der Gassorte immer gleich gross (Gesetz von Avogadro, 1811). Eine interessante Anwendung des Gesetzes von Avogadro zeigt sich bei der elektrolytischen Zersetzung von Wasser H_2O im Hofmann'schen Apparat (Figur 24).

Zwei mit 90 % Wasser und 10 % Schwefelsäure (zur Verbesserung der elektrischen Leitfähigkeit) gefüllte Büretten sind mit einem Ausgleichsgefäss verbunden. In die beiden Büretten tauchen wir von unten je eine Platinelektrode ein, durch welche ein elektrischer Strom fliesst, der das Wasser (nicht die Säure!) in seine Teile Wasserstoff- und Sauerstoffgas zerlegt.

Dabei sind vier Elektronen erforderlich, um *zwei* Wassermoleküle zu zerlegen (zu spalten), wie die chemische Gesamtreaktionsgleichung der Elektrolyse von Wasser zeigt:

$$8 \, H_2O \rightarrow 4 \, H_3O^+ + 4 \, OH^-$$

Anode: $4 \, OH^- \rightarrow O_2 + 2 \, H_2O + 4 \, e^-$

Kathode: $4 \, H_3O^- + 4 \, e^- \rightarrow 2 \, H_2 + 4 \, H_2O$

Das molekulare Verhältnis 2:1 der entstehenden Gase kann aus den Gasvolumina (2:1) direkt abgelesen werden, da das Gasvolumen V direkt proportional zur Teilchenzahl N ist.

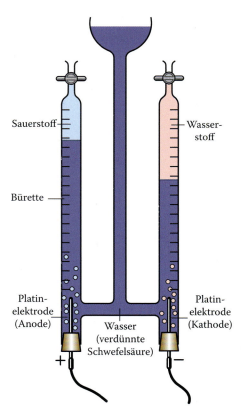

Figur 24 Hofmann'scher Wasserzersetzungsapparat

Sauerstoff

Wasserstoff

Bürette

Platinelektrode (Anode)

Platinelektrode (Kathode)

Wasser (verdünnte Schwefelsäure)

■ Beispiel: Dichte von Luft

Wie gross ist die Dichte von Luft bei einer Temperatur von 20 °C und einem Druck von 970 hPa? Die molare Masse von Luft beträgt 0.02896 kg/mol (Standardatmosphäre).

Lösung

$$p \cdot V = \frac{m}{M} \cdot R \cdot T \quad \Rightarrow \quad \rho = \frac{m}{V} = \frac{p \cdot M}{R \cdot T} = \frac{0.970 \cdot 10^5 \cdot 0.02896}{8.31 \cdot 293} \frac{kg}{m^3} = 1.154 \frac{kg}{m^3}$$

■ Beispiel: Mischung von idealen Gasen

Die beiden abgebildeten Kugelkolben mit den Volumen $V_1 = 700$ cm³ und $V_2 = 1500$ cm³ (Figur 25) sind durch ein Rohr und einen vorerst geschlossenen Hahn verbunden. Die Druckwerte der Gase in den beiden Kolben betragen links $p_1 = 870$ hPa, rechts $p_2 = 560$ hPa, die Temperatur $\vartheta = 20$ °C (isothermer Vorgang).

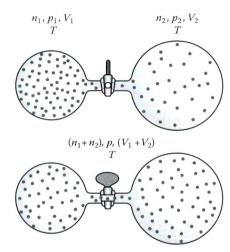

a) Berechnen Sie die Stoffmengen n_1 und n_2 der Gase in den beiden Kolben.

b) Nun wird der Hahn geöffnet. Berechnen Sie nun der Reihe nach Stoffmenge n, Volumen V und Druck p des Gases in den beiden Kugelkolben.

Figur 25 Mischung von idealen Gasen

Lösung

a) $n_1 = \dfrac{p_1 \cdot V_1}{R \cdot T_1} = \dfrac{87\,000 \cdot 0.7 \cdot 10^{-3}}{8.31 \cdot 293}$ mol $= 0.0250$ mol

$n_2 = \dfrac{p_2 \cdot V_2}{R \cdot T_2} = \dfrac{56\,000 \cdot 1.5 \cdot 10^{-3}}{8.31 \cdot 293}$ mol $= 0.0345$ mol

b) $n = n_1 + n_2 = 0.0595$ mol $V = V_1 + V_2 = 2.2$ Liter

$p = \dfrac{n \cdot R \cdot T}{V} = \dfrac{0.0595 \cdot 8.31 \cdot 293}{0.0022}$ Pa $= 659$ hPa

Weitere Unterlagen zum Thema siehe www.hep-verlag.ch/physik-mittelschulen

Wärme

2.9 Zusammenfassung

Modell des idealen Gases: Unter einem idealen Gas stellen wir uns punktförmige Gasteilchen (Atome oder Moleküle) vor, die keine Kräfte aufeinander ausüben und deren Stösse gegen die Gefässwand elastisch sind.

Der Zustand eines eingeschlossenen (idealen) Gases ist durch dessen **Teilchenzahl** N (Anzahl der Atome bzw. Moleküle) oder **Stoffmenge** n (Anzahl mol), das **Volumen** V, die **absolute Temperatur** T und den **absoluten Druck** p bestimmt.

Zustandsgleichung idealer Gase

$$p \cdot V = n \cdot R \cdot T = N \cdot k_B \cdot T \quad \text{mit} \ R = 8.31 \frac{\text{Joule}}{\text{mol} \cdot \text{Kelvin}} \ \text{und}$$

$$k_B = \frac{R}{N_A} = \frac{8.31}{6.02 \cdot 10^{23}} \frac{\text{J}}{\text{K}} = 1.38 \cdot 10^{-23} \frac{\text{J}}{\text{K}}$$

R Gaskonstante, N_A Avogadro'sche Zahl, k_B Boltzmann-Konstante

Stoffmenge (in mol)

$$n = \frac{m}{M_{\text{molar}}} = \frac{N}{N_A} \quad \text{mit} \ N_A = 6.02 \cdot 10^{23} \frac{\text{Teilchen}}{\text{mol}}$$

M_{molar} bezeichnet die molare Masse einer Atom- oder Molekülsorte, z. B. Sauerstoffgas O_2 32 g/mol oder Wasser H_2O 18 g/mol.

3 Der erste Hauptsatz der Wärmelehre

3.1 Energie und Wärme

3.1.1 Thermodynamisches Gleichgewicht: Wärmemenge und innere Energie

Bringt man zwei Körper verschiedener Temperatur ϑ_1 und ϑ_2 in Berührung, so werden deren Temperaturen mehr oder weniger rasch auf eine zwischen den beiden Anfangswerten liegende Endtemperatur ϑ ausgeglichen. Die sich dabei abspielenden Vorgänge wurden erstmals um 1750 vom schottischen Chemiker Joseph Black genauer untersucht. Er kam zur Auffassung, dass dabei der wärmere am kälteren Körper gewissermassen eine Arbeit verrichtet und dass bei diesem Prozess eine bestimmte Wärmemenge ΔQ vom wärmeren auf den kälteren Körper übergeht.

Die innere Energie eines *idealen* Gases ist die gesamte kinetische Energie $\bar{E}_{\text{kin}}$ aller Teilchen. Da diese Teilchen keine (anziehenden oder abstossenden) Kräfte aufeinander aus-

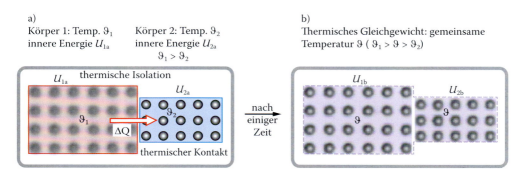

Figur 26 Temperaturausgleich und thermisches (thermodynamisches) Gleichgewicht

üben, haben sie keine potenzielle Energie. Beim oben beschriebenen Prozess nimmt die innere Energie U_{1a} des wärmeren Körpers auf U_{1b} ab, die innere Energie U_{2a} des kälteren Körpers erhöht sich dagegen auf U_{2b} (Figur 26).

Wir müssen zwischen der inneren Energie U eines Körpers und der übertragenen Wärmemenge ΔQ unterscheiden. Die **Wärmemenge** ΔQ ist wie die mechanische Arbeit eine **Prozessgrösse,** die den Ausgleich zwischen den inneren Energien zweier Körper bewirkt, solange diese verschiedene Temperaturen haben.

Die historische Einheit der Wärmemenge ist die „Kalorie", nämlich diejenige Wärmemenge ΔQ, die erforderlich ist, um 1 Gramm Wasser um 1 °C zu erwärmen. Die Einheit Kalorie ist heute nicht mehr zulässig, wird aber in der Ernährungslehre noch verwendet. Mit 1 kcal kann 1 kg Wasser um 1 K erwärmt werden.

Wird ein bestimmter Stoff X der Masse m von der Temperatur ϑ_1 auf ϑ_2 erhitzt, so ist dazu die Wärmemenge

$$\Delta Q = c_X \cdot m \cdot (\vartheta_2 - \vartheta_1) = c_X \cdot m \cdot \Delta T$$

erforderlich (Figur 27). Die Materialkonstante c_X heisst spezifische Wärmekapazität und beträgt für Wasser 1 Kalorie pro Gramm und Grad Celsius.

Arbeitet man mit Gasen, so wird die Gasmenge meist mit der Stoffmenge n angegeben. Für ΔQ schreiben wir dann:

$$\Delta Q = C_X \cdot n \cdot (\vartheta_2 - \vartheta_1) = C_X \cdot n \cdot \Delta T$$

Die Materialkonstante C_X heisst molare spezifische Wärmekapazität. Es gilt:

$$C_X \cdot n = c_X \cdot m$$

Mit $n = \dfrac{m}{M_{molar}}$ erhalten wir $C_X = c_X \cdot M_{molar}$

Stoff X
erwärmen von ϑ_1 auf ϑ_2

$$\Delta Q = c_X \cdot m \cdot (\vartheta_2 - \vartheta_1),\ \text{oder}$$

$$\Delta Q = c_X \cdot m \cdot \Delta T$$

Figur 27 Wärmemenge

Wärme

193

3.1.2 Mechanisches Wärmeäquivalent und spezifische Wärmekapazität

Es war einer der grössten Erfolge der klassischen Physik, als der Heilbronner Arzt Julius Robert Mayer im Jahre 1842 und unabhängig von ihm ein Jahr später auch der englische Bierbrauer und Physiker James Prescott Joule herausfanden, dass die Wärme analog zur mechanischen Arbeit einem Körper zugeführt werden kann, der dabei seine innere Energie erhöht. Es gelang Joule dabei, den Energiewert der Kalorie, das sogenannte mechanische Wärmeäquivalent, anzugeben. Es gilt:

> **Mechanisches Wärmeäquivalent**
>
> 1 Kalorie = 4.186 Newton · Meter = 4.186 Joule

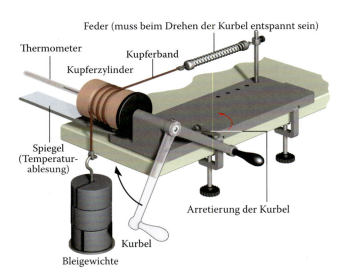

Feder (muss beim Drehen der Kurbel entspannt sein)
Thermometer
Kupferband
Kupferzylinder
Spiegel (Temperaturablesung)
Arretierung der Kurbel
Kurbel
Bleigewichte

Figur 28 Mechanisches Wärmeäquivalent

Mayer und Joule benutzten zur Bestimmung des mechanischen Wärmeäquivalents Experimente, bei welchen innere Energie durch Reibungsarbeit erhöht wird. Mit dem abgebildeten Gerät (Figur 28) können spezifische Wärmekapazitäten durch Umwandlung von Reibungsarbeit in Wärme direkt gemessen werden.

Wir bestimmen mit diesem Drehgerät den Wert der spezifischen Wärmekapazität für Kupfer: Ein weiches Band oder eine Kunststoffschnur umschlingt einen massiven Kupferzylinder (Durchmesser $d = 4.50$ cm, Masse $m = 0.600$ kg) in einigen Windungen. Am einen Ende des Bands hängt ein Gewichtsstein (Masse $M = 5.00$ kg), das andere Ende wird mit einer Feder gespannt. Dreht man die mit dem Kupferzylinder verbundene Kurbel, sodass sich die Feder entspannt, wirkt das gesamte Gewicht $M \cdot g = 49.05$ N als Reibungskraft auf den Kupferzylinder.

Pro Umdrehung wird eine mechanische Arbeit $W = M \cdot g \cdot d \cdot \pi = 6.93$ Joule verrichtet, welche dem Kupferzylinder die Wärme $\Delta Q = c_{\text{Cu}} \cdot m \cdot \Delta \vartheta$ zuführt. Dabei nimmt die innere Energie U dieses Körpers um diesen Betrag ΔQ zu.

Die Temperaturerhöhung $\Delta\vartheta$ wird mit einem Thermometer im Kupferzylinder gemessen.

Nach $z = 100$ Umdrehungen mit der Kurbel misst man eine Temperaturzunahme von 3.0 °C oder 3.0 K. Die gesamte verrichtete mechanische Arbeit $z \cdot W$ ist gleich der dem Kupferzylinder zugeführten Wärme $c_{Cu} \cdot m \cdot \Delta\vartheta$. Damit erhalten wir für die spezifische Wärmekapazität von Kupfer:

$$c_{Cu} = \frac{z \cdot W}{m \cdot \Delta\vartheta} = \frac{100 \cdot 6.93}{0.6 \cdot 3} \frac{J}{kg \cdot K} = 385 \frac{J}{kg \cdot K}$$

Spezifische Wärmekapazitäten in J/(kg · K) bei 20 °C (Eis bei 0 °C)

Gold	Zinn	Silber	Kupfer	Eisen	Aluminium	Quecksilber	Eis	Ethanol	Wasser
129	227	235	383	450	896	139	2100	2430	4182

Wie Sie der Tabelle entnehmen können, kommt Wasser eine Sonderstellung zu: Die spezifische Wärmekapazität von Wasser ist mit 4182 J/(kg · K) besonders gross. Dieser Umstand hat bedeutende Auswirkungen in der Meteorologie und erklärt etwa den Unterschied zwischen dem Meeresklima und dem kontinentalen Klima:

Das Meer speichert im Sommer wegen seiner enormen Wärmekapazität grosse Energiemengen, ohne sich dabei stark zu erwärmen. Diese Energie wird im Winter wieder abgegeben. Das Klima am Meer ist daher während des ganzen Jahres ziemlich ausgeglichen und es treten nur geringe Temperaturunterschiede auf. Das Festland vermag im Sommer wegen seiner viel kleineren spezifischen Wärmekapazitäten nur wenig Energie zu speichern und kann daher im Winter auch nur wenig Energie abgeben. Die Wintertemperatur liegt dort wesentlich niedriger als die Sommertemperatur. Aus demselben Grund sind auch die Temperaturunterschiede zwischen Tag und Nacht am Meer geringer als auf dem Festland.

Auch die globale thermohaline Zirkulation, eine weltumspannende Strömung (Figur 29), verdankt ihre Bedeutung für das Klima der hohen spezifischen Wärmekapazität des Wassers. So befördert der Golfstrom, eine warme, rasch fliessende Meeresströmung im Atlantik, pro Sekunde bis zu $1.5 \cdot 10^8$ m³ Wasser, mehr als 100-mal so viel wie alle Flüsse der Erde zusammen.

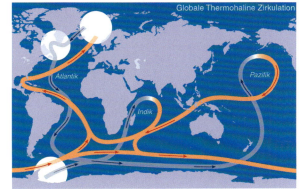

Figur 29 Die globale thermohaline Zirkulation (globales Förderband)

Er kann mit einem Förderband verglichen werden, das grosse Mengen an Wärme transportiert und an die Atmosphäre abgibt. Die Temperatur dieser Wasserströmung liegt dabei nur wenige Grade über der Temperatur des umliegenden Meerwassers. Dennoch ist die Wärmemenge, die auf diese Weise nach Europa transportiert wird, gewaltig. Ohne sie gäbe es in Norwegen keine eisfreien Häfen, und ohne sie wäre Grossbritannien im Winter eine unwirtliche Eiswüste.

In der Technik spielt Wasser als Wärmeträgerflüssigkeit eine überragende Rolle. Beispiele sind die Zentralheizungen in unseren Wohnungen: Im Heizkessel wird das Wasser erwärmt und über Verteilsystem zu den Radiatoren oder der Fussbodenheizung transportiert. Die im Motor eines Autos erzeugte Abwärme wird zum Wärmetauscher (Kühler) transportiert und dort durch Strahlung und Konvektion (Wärmetransport, siehe Kapitel 4) an die Umgebung abgegeben.

■ Beispiel: Kalorimeter

Ein Kupferkalorimeter (isoliertes Gefäss) der Masse $m_K = 0.20\,\text{kg}$ enthält $m_P = 0.30\,\text{kg}$ Petrol; die Anfangstemperatur beträgt $\vartheta_1 = 18.5\,°C$. Nachdem $m_B = 0.10\,\text{kg}$ Bleischrot von $\vartheta_2 = 100\,°C$ zugefügt worden ist, erhöht sich die Temperatur auf $\vartheta = 20.0\,°C$. Berechnen Sie die spezifische Wärmekapazität c_P von Petrol.

Spezifische Wärmekapazität: Kupfer $c_K = 383\,\text{J kg}^{-1}\,\text{K}^{-1}$, Blei $c_B = 129\,\text{J kg}^{-1}\,\text{K}^{-1}$

Lösung

Energiebilanz: Das Bleischrot gibt Wärme ab; Gefäss und Petrol nehmen diese auf. Bei idealer Isolation (Annahme) sind die abgegebene und die aufgenommene Wärme gleich gross. Gefäss, Petrol und Bleischrot haben dieselbe Temperatur.

$$m_K \cdot c_K \cdot (\vartheta - \vartheta_1) + m_P \cdot c_P \cdot (\vartheta - \vartheta_1) = m_B \cdot c_B \cdot (\vartheta_2 - \vartheta) \quad \Rightarrow$$

$$c_P = \frac{m_B \cdot c_B \cdot (\vartheta_2 - \vartheta)}{m_P \cdot (\vartheta - \vartheta_1)} - \frac{m_K \cdot c_K}{m_P}$$

$$= \left(\frac{0.1 \cdot 129 \cdot (100 - 20)}{0.3 \cdot (20 - 18.5)} - \frac{0.2 \cdot 383}{0.3} \right) \frac{\text{J}}{\text{kg} \cdot \text{K}} \approx 2038 \frac{\text{J}}{\text{kg} \cdot \text{K}}$$

3.2 Phasenübergänge

3.2.1 Schmelzen, Erstarren, Verdampfen, Kondensieren

Erwärmt man einen festen Körper, so werden die Schwingungen seiner Moleküle immer stärker. Sobald die thermisch bedingte kinetische Energie der Moleküle grösser ist als die Bindungsenergie, bricht die geordnete Struktur kristalliner Festkörper zusammen: Der Körper schmilzt (Figur 30). Dabei geht die feste Phase in die flüssige über; man spricht von einem *Phasenübergang*. Es gibt in der Natur auch ganz andere Phasenübergänge, so kann ein Kristall unterhalb einer bestimmten Temperatur seine Struktur ändern, kann magnetisch (ferromagnetisch) oder supraleitend werden. Unterhalb der Sprungtemperatur leitet ein Supraleiter den elektrischen Strom völlig verlustfrei.

Phasenübergänge erfolgen in jedem Fall bei einer genau gegebenen Temperatur, der Übergangstemperatur, und werden durch unterschiedliche Wechselwirkungen hervorgerufen. Dennoch weisen alle Arten von Phasenübergängen rätselhafte Parallelen auf.

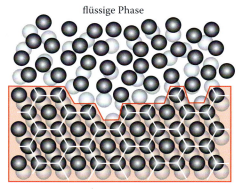

flüssige Phase

kristalline Phase

Figur 30 Schmelzender Festkörper

Erwärmen wir ein Stück Eis, so erhöht sich seine Temperatur proportional zur zugeführten Wärme (Figur 31). Erreicht das Eis den Schmelzpunkt ϑ_f, so erhöht sich die Temperatur bei weiterer Wärmezufuhr vorerst nicht mehr.

Zum Schmelzen ist jetzt eine Wärmemenge Q_f erforderlich; sie führt Eis der Temperatur $\vartheta_f = 0\,°C$ in flüssiges Wasser derselben Temperatur über. Zuerst entsteht ein Eis-Wasser-Gemisch. Erst wenn alles Eis geschmolzen ist, steigt die Temperatur bei weiterer Wärmezufuhr wieder an.

Ein analoger Prozess wiederholt sich beim Siedepunkt ϑ_V mit der Verdampfungswärme Q_V. *Schmelz-* und *Verdampfungswärme* bezeichnet man auch als *latente Wärme*. Der Q-ϑ-Graph (Figur 31) zeigt beim Schmelzpunkt ϑ_f und beim Siedepunkt ϑ_V je eine Unstetigkeit (Sprungstelle). Diese Sprünge weisen auf die Phasenübergänge Schmelzen/Erstarren bzw. Verdampfen/Kondensieren hin.

Die Steigung $\Delta Q / \Delta \vartheta$ des Q-ϑ-Graphen (Figur 31) ist proportional zur spezifischen Wärmekapazität c und nimmt beim Schmelzpunkt ϑ_f bzw. beim Siedepunkt ϑ_V einen (theoretisch) unendlich hohen Wert an. Wir sprechen von einem *Phasenübergang erster Ordnung*. Zum Schmelzen von Eis bzw. zum Verdampfen von Wasser ist Wärme erforderlich, um die Bindungen der Moleküle teilweise (beim Schmelzen) bzw. ganz (beim Verdampfen) zu lösen.

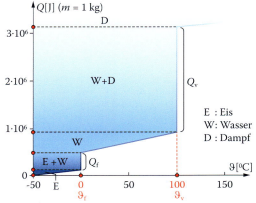

Figur 31 Schmelz- und Verdampfungswärme von Wasser

197

> ### Schmelzen (Erstarren) und Verdampfen (Kondensieren)
>
> Schmelzwärme: $Q_f = L_f \cdot m$ Verdampfungswärme: $Q_V = L_V \cdot m$
>
> Spezifische Schmelzwärme L_f, spezifische Verdampfungswärme L_V, Einheit J/kg
>
> Masse des geschmolzenen bzw. des verdampften Stoffes m

Die Wärmemenge, die zum Schmelzen eines Stoffs beim Schmelzpunkt pro Masseneinheit aufgewendet werden muss, heisst *spezifische Schmelzwärme L_f*. Da der Energiesatz gilt, wird diese Wärme beim Erstarren (Gefrieren) wieder frei. Die entsprechende Grösse beim Verdampfen bzw. Kondensieren heisst *spezifische Verdampfungswärme L_V*.

Schmelz- und Siedepunkte (ϑ_f, ϑ_v), spezifische Schmelz- und Verdampfungswärmen (L_f, L_v)

	Wolfram	Eisen	Wasser	Kohlendioxid	Stickstoff	Helium
ϑ_f	3410 °C	1536 °C	0.0 °C	−56.6 °C (5.3 bar)	−210 °C	−272.6° (26 bar)
L_f	193 kJ/kg	268 kJ/kg	333.8 kJ/kg	180 kJ/kg	25.8 kJ/kg	–
ϑ_v *)	5939 °C	3000 °C	100.0 °C	−78.5 °C (Sublimation)	−196 °C	−268.9 °C
L_v	4350 kJ/kg	6340 kJ/kg	2256 kJ/kg	573 kJ/kg	198 kJ/kg	20.3 kJ/kg

*) Die Siedetemperatur ist druckabhängig, Werte bei 1013 hPa

3.2.2 Messung der spezifischen Verdampfungswärme

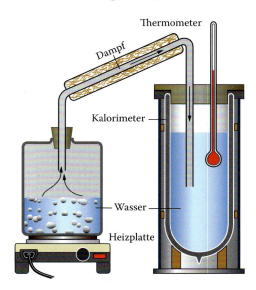

Figur 32 Mischkalorimeter

Experimentell bestimmt man spezifische Schmelzwärmen mithilfe von Mischversuchen in wärmeisolierenden Kalorimetergefässen: In einem elektrischen Dampferzeuger wird Wasser bis zum Siedepunkt ϑ_v erhitzt. Der Wasserdampf gelangt durch ein Glasrohr (Figur 32) in das Gefäss, in dem sich eine genau abgewogene Menge Wasser (Masse m_W, Temperatur ϑ_W) befindet.

Darin kondensiert der Dampf (Masse m_D) und gibt seine Kondensationswärme $m_D \cdot L_V$ an das Wasser ab, welches auf die Mischtemperatur erwärmt wird. Aus der Dampfmenge m_D des kondensierten Dampfes und der Temperaturerhöhung $\vartheta - \vartheta_W$ kann mit einer Energiebilanz die Kondensationswärme L_V berechnet werden: vom Dampf ans Wasser abgegebene Wärmemenge: $m_D \cdot L_V + c_W \cdot m_D \cdot (\vartheta_V - \vartheta)$.

Der zweite Term entsteht, weil der Dampf zu Wasser der Temperatur ϑ_V kondensiert und sich dann auf die Mischtemperatur abkühlt. Vom Wasser im Kalorimeter aufgenommene Wärmemenge: $c_W \cdot m_W \cdot (\vartheta - \vartheta_W)$.

Die Wärmeaufnahme durch das Kalorimetergefäss wird bei diesem einfachen Experiment vernachlässigt. Dank der sehr guten Wärmeisolation des Kalorimeters können wir von Wärmeverlusten absehen. Es gilt die folgende *Energiebilanz*:

$$m_D \cdot L_V + c_W \cdot m_D \cdot (\vartheta_V - \vartheta) = c_W \cdot m_W \cdot (\vartheta - \vartheta_W)$$

■ Beispiel: Mischexperiment

Bei einem Mischexperiment nach Figur 32 erhielt man folgende Messwerte: $m_W = 0.350$ kg, $\vartheta_W = 20.2\,°C$, $\vartheta_V = 98.2°$, $\vartheta = 60.2°$, $m_D = 0.0253$ kg ($c_W = 4182$ J/(kg·K)).

Berechnen Sie aus diesen Angaben die Verdampfungswärme L_V von Wasser.

Lösung

Energiebilanz: $m_D \cdot L_V + c_W \cdot m_D \cdot (\vartheta_V - \vartheta) = c_W \cdot m_W \cdot (\vartheta - \vartheta_W) \qquad \Rightarrow$

$$L_V = \frac{c_W \cdot m_W \cdot (\vartheta - \vartheta_W)}{m_D} - c_W \cdot (\vartheta_V - \vartheta)$$

$$= \left(\frac{4182 \cdot 0.35 \cdot 40}{0.0253} - 4182 \cdot 38 \right) \frac{J}{kg} = 2.16 \cdot 10^6 \; \frac{J}{kg}$$

3.3 Erster Hauptsatz der Wärmelehre

3.3.1 Umwandlung von Wärme in mechanische Energie

Ein zylinderförmiges Gefäss enthält ein ideales Gas und ist oben mit einem massefreien, reibungsfrei beweglichen Kolben verschlossen (Figur 33). Der Druck (Luftdruck) ist konstant.

Dem Gas wird mit einer Flamme Wärme ΔQ zugeführt. Wir nehmen an, dass diese Wärme vollständig an das Gas übergeht. Als Folge dieser Erwärmung nimmt die innere Energie des Gases um ΔU (kinetische Energie der Gasteilchen) zu.

Zugleich dehnt sich das Gas aus und bewegt den Kolben um eine Strecke Δs aufwärts (Figur 34). Der Kolben verrichtet eine Arbeit ΔW gegen den äusseren Luftdruck. Wenn das Gas diese Arbeit *gegen aussen* verrichtet und den Kolben anhebt, hat sie ein negatives Vorzeichen (Definition). Wird diese Arbeit hingegen *von aussen* am Gas verrichtet, indem der Kolben nach unten gedrückt wird, hat sie ein positives Vorzeichen (z. B. Fahrradpumpe).

$$\Delta W = - F \cdot \Delta s = - p \cdot A \cdot \Delta s = - p \cdot \Delta V$$

Die zugehörige Energiebilanz lautet damit:

Der erste Hauptsatz der Thermodynamik (Energiesatz)

$$\Delta U = \Delta Q + \Delta W$$

ΔQ Wärme, die dem Gas von aussen zugeführt wird;

ΔW Arbeit, die dem Gas von aussen zugeführt wird;

U innere Energie des Gases, ΔU Änderung der inneren Energie des Gases

---

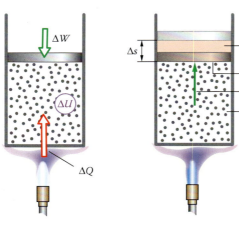

Der erste Hauptsatz der Thermodynamik ist nichts anderes als eine Neuformulierung des Energiesatzes für die Wärmelehre. Er hat in der Physik und in der Technik eine zentrale Bedeutung: Der in den Figuren 33 und 34 dargestellte Zylinder mit dem beweglichen Kolben ist auch ein Modell eines (sehr einfachen) thermodynamischen **Motors.**

Figur 33 Illustration zum ersten Hauptsatz

Figur 34 $\Delta W = -p \cdot \Delta V$

3.3.2 Molare spezifische Wärmen C_V und C_p von idealen Gasen

Die **innere Energie** U eines idealen Gases ist die gesamte kinetische Energie $\bar{E}_{kin}$ aller N Teilchen (Moleküle oder Atome) bei einer Temperatur T. Die Zu- oder Abnahme ΔU der inneren Energie eines Gases kann in einem Zylinder (Figur 33) direkt gemessen werden, wenn der Kolben festgehalten wird.

Der Zylinder kann in diesem Fall keine Arbeit verrichten: $\Delta W = 0$

Dann ist die zugeführte Wärme ΔQ gleich der Zunahme ΔU der inneren Energie;

$$\Delta Q = \Delta U = m \cdot c_V \cdot \Delta T = n \cdot C_V \cdot \Delta T$$

Die Index v bei C_V bedeutet, dass bei konstantem Gasvolumen gemessen wurde.

In einem zweiten Schritt betrachten wir wieder ein eingeschlossenes ideales Gas. Diesmal halten wir den Kolben aber nicht fest, sondern lassen ihn frei beweglich, sodass er bei der Erwärmung eine Arbeit verrichten kann. Bei diesem Vorgang vergrössert sich das Volumen des Gases (Figur 34), das Gas verrichtet eine mechanische Arbeit $\Delta W = - p \cdot \Delta V$ gegen aussen. Für die zugeführte Wärme ΔQ gilt:

$$\Delta Q = n \cdot C_p \cdot \Delta T = \Delta U - \Delta W = \underbrace{\Delta U}_{n \cdot C_V \cdot \Delta T} + \underbrace{p \cdot \Delta V}_{n \cdot R \cdot \Delta T} = n \cdot C_V \cdot \Delta T + n \cdot R \cdot \Delta T$$

C_p ist jetzt die molare spezifische Wärme *bei konstantem Druck*.

Bei der obigen Herleitung haben wir die Definition der inneren Energie $U = n \cdot C_V \cdot T$ bzw. $\Delta U = n \cdot C_V \cdot \Delta T$ sowie die Gasgleichung $p \cdot V = n \cdot R \cdot T$ bzw. $p \cdot \Delta V = n \cdot R \cdot \Delta T$ verwendet.

Daraus ergibt sich ein Zusammenhang zwischen C_p und C_V für ein ideales Gas.

$$C_p = C_V + R$$

C_p spezifische molare Wärme bei konstantem Druck, $[\,C_p\,] = J/(mol \cdot K)$

C_V spezifische molare Wärme bei konstantem Volumen, $[\,C_V\,] = J/(mol \cdot K)$

R universelle Gaskonstante, $R = 8.31\ J/(mol \cdot K)$

C_p ist für ein ideales Gas also in jedem Fall um den Betrag der Gaskonstanten R grösser als C_V. Dieser Unterschied kann mit dem Energiesatz erklärt werden: Bei konstantem Druck verschiebt sich der Kolben (Figur 34) im Zylinder nach oben und verrichtet gegen den äusseren Luftdruck eine Arbeit $p \cdot \Delta V$. Bei konstantem Volumen wird keine Arbeit verrichtet; die zugeführte Wärme ΔQ dient in diesem Fall ausschliesslich der Erhöhung der inneren Energie des Gases ΔU.

Molare spezifische Wärmekapazitäten C_p in J/(mol · K) bei 20 °C und konstantem Druck

Helium	Kohlendioxid	Luft	Neon	Sauerstoff	Stickstoff	Wasserdampf	Wasserstoff
20.9	36.8	29.1	20.8	29.3	29.1	33.6	28.9

Übung: Berechnen Sie die zugehörigen Werte von C_V, $c_p = \dfrac{C_p}{M_{molar}}$ und $c_V = \dfrac{C_V}{M_{molar}}$.

Beispiel: Erwärmung von Sauerstoffgas
In einem dicht schliessenden Zylinder mit verschiebbarem Kolben (Figur 34) befindet sich $V_1 = 1$ Liter Sauerstoffgas bei einer Temperatur $T_1 = 300\ K$ und einem Druck $p = 1$ bar.

Das Gas wird bei konstantem Druck auf $T_2 = 400$ K erwärmt. Berechnen Sie die Stoffmenge n dieses Gases, das Volumen V_2 nach der Erwärmung, die vom Kolben verrichtete Arbeit ΔW sowie die Zunahme ΔU der inneren Energie und die zugeführte Wärme ΔQ.

Lösung
Gasgesetz

$$p \cdot V = n \cdot R \cdot T \quad \Rightarrow \quad \frac{V}{T} = \frac{n \cdot R}{p} = \text{konst.} \quad \Rightarrow \quad \frac{V_1}{T_1} = \frac{V_2}{T_2} \quad \Rightarrow$$

$$V_2 = V_1 \cdot \frac{T_2}{T_1} = 1.333 \ \text{ Liter (bei 400 K)}$$

$$n = \frac{p \cdot V_1}{R \cdot T_1} = \frac{10^5 \cdot 10^{-3}}{8.31 \cdot 300} \ \text{mol} \ = \ 0.0401 \ \text{mol}$$

Erster Hauptsatz:

$$\Delta U \ = n \cdot C_V \cdot \Delta T = n \cdot \left(C_p - R \right) \cdot \Delta T = 0.0401 \cdot (29.3 - 8.31) \cdot 100 \ \text{Joule} = 84.2 \ \text{Joule}$$

$$\Delta W = p \cdot \Delta V = p \cdot (V_2 - V_1) = 10^5 \cdot 0.333 \cdot 10^{-3} \ \text{Joule} = 33.3 \ \text{Joule}$$

$$\Delta Q \ = \Delta U + \Delta W = 117.5 \ \text{Joule} \ \text{oder} \ \Delta Q = n \cdot C_p \cdot \Delta T =$$

$$0.0401 \cdot 29.3 \cdot 100 \ \text{Joule} = 117.5 \ \text{Joule}$$

Weitere Unterlagen zum Thema siehe www.hep-verlag.ch/physik-mittelschulen

3.4   Zusammenfassung

Bringt man zwei Körper mit den Temperaturen ϑ_1 und ϑ_2 in Wärmekontakt, so wird die Temperatur ausgeglichen, wobei die Endtemperatur ϑ zwischen ϑ_1 und ϑ_2 liegt (thermodynamisches Gleichgewicht).

Die Mischtemperatur ϑ kann mithilfe einer Energiebilanz berechnet werden: Dabei gibt der wärmere Körper (Masse m_1, Temperatur ϑ_1) die Wärmemenge $m_1 \cdot c_1 \cdot (\vartheta_1 - \vartheta)$ an den kälteren Körper (Masse m_2, Temperatur ϑ_2) ab, und es gilt:

$$m_1 \cdot c_1 \cdot (\vartheta_1 - \vartheta) = m_2 \cdot c_2 \cdot (\vartheta - \vartheta_2)$$

Die **spezifischen Wärmekapazitäten** (c_1, c_2) sind Materialkonstanten und geben an, welche Wärmemenge pro Kilogramm Masse zugeführt werden muss, um den Stoff um 1 Kelvin zu erwärmen (z. B. Wasser $c_W = 4182 \frac{J}{kg \cdot K}$).

Um einen Festkörper, z. B. Eis, zu schmelzen oder um eine Flüssigkeit, z. B. Wasser, zu verdampfen, muss bei einer festen Temperatur, dem Schmelz- bzw. Siedepunkt, Wärme zugeführt werden. Schmelz- und Verdampfungsvorgänge werden mit der spezifischen Schmelzwärme L_f (Eis: $L_f = 3.338 \cdot 10^5 \frac{J}{kg}$) bzw. der spezifischen Verdampfungswärme L_V (Wasser: $L_V = 2.256 \cdot 10^6 \frac{J}{kg}$) beschrieben. Wird z. B. Wasserdampf (Masse m_D, Temperatur ϑ_V) in Wasser (Masse m_W, Temperatur ϑ_W) geleitet, so kann die Mischtemperatur ϑ mit der Energiebilanz

$$m_D \cdot L_V + c_W \cdot m_D \cdot (\vartheta_V - \vartheta) = c_W \cdot m_W \cdot (\vartheta - \vartheta_W)$$

berechnet werden.

Die **innere Energie** U eines idealen Gases ist ein Mass für die gesamte kinetische Energie $\bar{E}_{kin}$ aller N Teilchen bei der Temperatur T:

$$U = N \cdot \bar{E}_{kin} = n \cdot C_V \cdot T = m \cdot c_V \cdot T; \quad c_V = \frac{C_V}{M_{molar}}$$

C_V **molare spezifische Wärmekapazität** (in $\frac{\text{Joule}}{\text{mol} \cdot \text{Kelvin}}$) bei konstantem Volumen V,
c_V **spezifische Wärmekapazität** (in $\frac{\text{Joule}}{\text{kg} \cdot \text{Kelvin}}$) bei konstantem Volumen V.

Der erste Hauptsatz der Thermodynamik

$$\Delta U = \Delta Q + \Delta W$$

ist die Grundlage für die Umwandlung von Wärme in mechanische Energie, z. B. in einem Motor.

Einfachster Motor

Der Gasdruck p im Inneren eines dichten Zylinders verschiebt einen beweglichen Kolben um eine Strecke ΔS und verrichtet dabei eine **mechanische Arbeit** $\Delta W = p \cdot A \cdot \Delta S = p \cdot \Delta V$ gegen aussen (A Zylinderquerschnitt).

Erwärmung eines idealen Gases bei **konstantem Volumen.** Erforderliche Wärme:

$$\Delta Q_V = m \cdot c_V \cdot \Delta T = n \cdot C_V \cdot \Delta T$$

Erwärmung eines idealen Gases bei **konstantem Druck.** Erforderliche Wärme:

$$\Delta Q_p = m \cdot c_p \cdot \Delta T = n \cdot C_p \cdot \Delta T = n \cdot C_V \cdot \Delta T + p \cdot \Delta V = n \cdot \left(C_V + R \right) \cdot \Delta T$$
$$\text{mit } C_p = C_V + R$$

C_p ist grösser als C_V, weil C_p im Gegensatz zu C_V einen Arbeitsanteil $p \cdot \Delta V$ enthält.

Wärme

203

4 Wärmetransport

4.1 Dewar'sches Gefäss (Thermosflasche)

Es gibt drei Wärmetransportmechanismen: *Konvektion*, *Wärmeleitung* und *Wärmestrahlung*. Diese drei Wärmetransportmechanismen können anhand einer Thermosflasche (Dewar'sches Gefäss) sehr gut veranschaulicht werden.

Im Jahr 1893 erfand der schottische Physiker Sir James Dewar (1842 – 1923) das nach ihm benannte thermisch fast ideal isolierende Gefäss, in dem der Wärmetransport

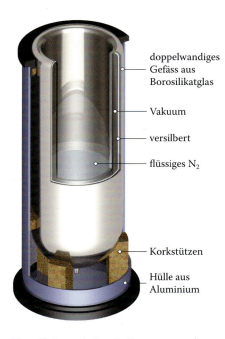

doppelwandiges
Gefäss aus
Borosilikatglas

Vakuum

versilbert

flüssiges N_2

Korkstützen

Hülle aus
Aluminium

Figur 35 Dewar'sches Gefäss

1. durch Verwendung von *schlecht wärmeleitendem* Material wie Borosilikatglas oder 18/8-Chrom-Nickel-Stahl,
2. durch den doppelwandigen Aufbau des Gefässes mit einem Vakuummantel, der die *Wärmeströmung* in Luft (die sogenannte *Konvektion*) zwischen innen und aussen verhindert, und
3. durch beidseitig verspiegelte Innenwände (Silberschicht), die den Wärmetransport durch *Wärmestrahlung* unterbinden,

auf ein Minimum beschränkt wird (Figur 35).

Diese wichtige Erfindung steht am Anfang der Tieftemperaturphysik.

1898 gelang es Dewar mit diesem Gefäss, zum ersten Mal Wasserstoff zu verflüssigen; 1908 verflüssigte der niederländische Physiker und Entdecker der Supraleitung, Heike Kamerlingh Onnes, zum ersten Mal Helium bei 4.2 Kelvin.

4.2 Wärmeströmung oder Konvektion

Flüssigkeiten und Gase lassen sich leicht erwärmen und durchmischen, wenn man ihnen von unten her Wärme zuführt: Die unteren Teile werden beim Erwärmen gewöhnlich leichter und steigen auf; die noch nicht erwärmten Teile sinken ab. Dadurch ergibt sich eine nach oben gerichtete Wärmeströmung, welche man als Konvektion bezeichnet. Konvektion tritt beispielsweise in Wasser auf, das über einer Flamme erhitzt wird (Figur 36); Konvektionsströme im Inneren der Erde treiben aber auch die tektonischen Kontinentalplatten an.

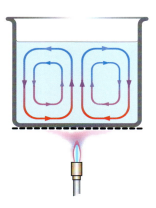

Figur 36 Konvektion

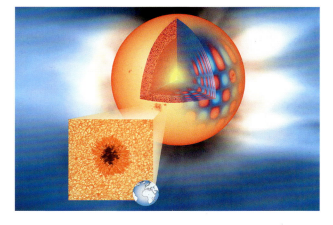

Figur 37 Sonne mit 15 Millionen °C heissem Zentrum und ca. 6000 °C „kalter" Oberfläche (Photosphäre)

Im 15 Millionen Kelvin heissen Zentrum der Sonne verschmelzen Atomkerne von Wasserstoff zu Helium (Kernfusion). Die dabei frei werdende Energie wird durch Strahlung und Gasströmungen (Konvektion) bis zur für uns sichtbaren, „nur" 6000 Kelvin heissen Sonnenoberfläche transportiert und von dort in den Weltraum abgestrahlt (Figur 37).

Ein weiteres lebenswichtiges Beispiel für Konvektion ist der in Kapitel 3.1.2 erwähnte Golfstrom, ein ozeanisches Energieförderband, das eine Wärmeleistung von etwa 10^{15} Watt nach Norden transportiert (zum Vergleich: Kernkraftwerk 10^9 Watt elektrische, $2 \cdot 10^9$ Watt Wärmeleistung). Das Golfstromsystem bzw. der nordatlantische Strom wird auch als Warmwasserheizung Europas bezeichnet.

4.3 Wärmeleitung

Unter Wärmeleitung versteht man den Transport von Wärme durch einen (meist festen) Körper. Die durch eine Querschnittsfläche A pro Zeit Δt fliessende Wärme ΔQ ist proportional zur Fläche A und zur Änderung $\left(T_1 - T_2\right)/l = \Delta T/\Delta x$ der Temperatur längs des Körpers (Figur 38).

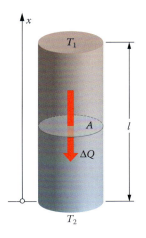

Wärmeleitung

$$P = \frac{\Delta Q}{\Delta t} = -\lambda \cdot A \cdot \frac{T_1 - T_2}{l} = -\lambda \cdot A \cdot \frac{\Delta T}{\Delta x}$$

Einheit: $[P] = \text{W}, \quad [\lambda] = \dfrac{\text{W}}{\text{m} \cdot \text{K}}$

Figur 38 Wärmeleitung

205

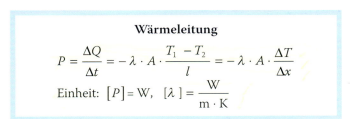

Die Leistung P bezeichnet man als *Wärmestrom*, P/A als Wärmestromdichte; die Material-konstante λ heisst *Wärmeleitfähigkeit (Wärmeleitzahl)*, die örtliche Temperaturänderung $\Delta T/\Delta x$ heisst *Temperaturgradient*.

Das negative Vorzeichen in der Formel zeigt an, dass die Richtung des Wärmetrans-ports dem Temperaturgradienten $\Delta T/\Delta x$ entgegengesetzt ist. Da $T_2 < T_1$ ist, ergibt sich zu-sammen mit dem Minuszeichen ein positiver Wert für die Leistung P. Die Wärmeleit-fähigkeit λ ist eine Materialkonstante.

Wärmeleitzahlen λ

Material	Silber	Kupfer	rostfreier Stahl	Glas	Beton	Backstein	Dämmstoffe	Luft
λ in W/(m · K)	429	393	15	0.76	2.1	0.5–1.4	0.025–0.050	0.026

Wie man der Tabelle entnehmen kann, sind die guten elektrischen Leiter Silber und Kup-fer auch gute Wärmeleiter; der hochlegierte rostfreie Stahl (18 % Chrom, 8 % Nickel, 74 % Eisen) leitet die Wärme dagegen deutlich schlechter.

Wenn man die Konvektion ausschaltet, eignet sich Luft sehr gut zur Wärmeisolation. Dies ist in Polyurethan- und Polystyrol-Dämmstoffen der Fall, die vor allem aus kleinsten abgeschlossenen Luft- bzw. Gasblasen bestehen.

■ Beispiel: Wärmeleitung

a) Berechnen Sie den Wärmestrom durch einen Kupferstab ($A = 1\ cm^2$, freie Länge $l = 20\ cm$), der oben mit Wasserdampf auf der konstanten Temperatur $\vartheta_0 = 98\,°C$ ge-halten wird und unten in einem Eis-Wasser-Gefäss ($\vartheta_u = 0\,°C$) steht. Wie lange dauert es, bis auf diese Weise $m = 100\ g$ Eis geschmolzen werden?

b) Ein Betonboden (Dicke $d = 20\ cm$, $\lambda_B = 2.1\ W/(m · K)$) eines Gebäudes wird mit 20 cm Schaumglas ($\lambda_S = 0.040\ W/(m·K)$) gegen die Aussenluft isoliert. Die Innentemperatur beträgt $\vartheta_i = 20\,°C$, die Aussentemperatur $\vartheta_a = -8\,°C$. Berechnen Sie die Temperatur an der Berührungsstelle der beiden Materialien, indem Sie die beiden Wärmeströme gleichsetzen.

Lösung

a) $P = \left| -\lambda \cdot A \cdot \dfrac{\vartheta_o - \vartheta_u}{l} \right| = 393 \cdot 10^{-4} \cdot \dfrac{98}{0.2}\ \text{Watt} = 19.3\ \text{Watt}$

$t = \dfrac{m \cdot L_f}{P} = \dfrac{0.1 \cdot 3.338 \cdot 10^5}{19.3}\ \text{s} \approx 1730\ \text{s}$

b) $\lambda_S \cdot A \cdot \dfrac{\vartheta - \vartheta_a}{d} = \lambda_B \cdot A \cdot \dfrac{\vartheta_i - \vartheta}{d} \quad \Rightarrow$

$$\vartheta = \frac{\vartheta_i \cdot \lambda_B + \vartheta_a \cdot \lambda_S}{\lambda_S + \lambda_B} = \frac{20 \cdot 2.1 + (-8) \cdot 0.04}{2.1 + 0.04} \,°C \approx 19.5\,°C$$

4.4 Wärmestrahlung (Infrarotstrahlung)

Wie das sichtbare Licht (VIS) ist die unsichtbare Wärmestrahlung (Infrarotstrahlung, IR) ein Teil des elektromagnetischen Spektrums.

Auch die Wärmestrahlung breitet sich mit Lichtgeschwindigkeit aus. Beträgt die Wellenlänge des sichtbaren Lichts etwa 400 nm (= 0.4 µm, violettes Licht) bis 700 nm (= 0,7 µm, rotes Licht), so erstreckt sich die Wellenlänge der Infrarotstrahlung von 700 nm (nahes Infrarot) bis zu etwa 1 mm (fernes Infrarot, Figur 39). Mit Wärmebildkameras können Strahlungsbilder im Infrarot (IR) aufgenommen und in einer sogenannten Falschfarbendarstellung wiedergegeben werden, wobei dunklere Farben tieferen, hellere Farben höheren Temperaturen entsprechen (Figuren 40 und 41).

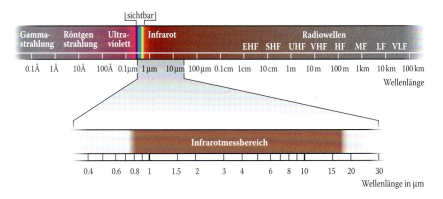

Figur 39 Infrarotmessbereich einer kommerziellen Wärmebildkamera

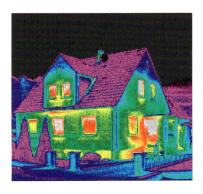

Figur 40 IR-Aufnahme eines Hauses

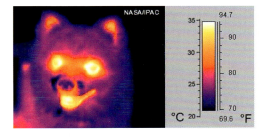

Figur 41 IR-Aufnahme eines Hundes

207

Ein Körper kann Wärmestrahlung absorbieren (aufnehmen) oder emittieren (aussenden). Das Emissionsvermögen eines Körpers ist (für eine bestimmte Wellenlänge) proportional zu seinem Absorptionsvermögen (Satz von Kirchhoff), d.h., ein stark absorbierender (schwarzer) Körper sendet auch viel Strahlung aus.

Die von einem ideal *schwarzen Körper* emittierte gesamte Strahlungsleistung P (in Watt, summiert über alle Wellenlängen) ist proportional zur strahlenden Gesamtoberfläche A und zur 4. Potenz (!) seiner absoluten Temperatur T (in Kelvin). Sie beträgt:

Gesetz von Josef Stefan und Ludwig Boltzmann

$$P = \sigma \cdot A \cdot T^4 \quad \text{mit} \quad \sigma = \frac{2 \cdot \pi^5 \cdot k_B^4}{15 \cdot h^3 \cdot c^2} = 5.6704 \cdot 10^{-8} \; \frac{W}{m^2 \cdot K^4}$$

$$k_B = 1.381 \cdot 10^{-23} \; \frac{J}{K}; \quad h = 6.626 \cdot 10^{34} \; J \cdot s; \quad c = 2.998 \cdot 10^8 \; \frac{m}{s}$$

Die Stefan-Boltzmann-Konstante σ ist eine Naturkonstante, welche durch andere Naturkonstanten eindeutig bestimmt ist, nämlich durch die Boltzmann'sche Konstante k_B, die Planck'sche Konstante h und die Lichtgeschwindigkeit c.

■ Beispiel: Wärmestrahlung

a) Berechnen Sie den von der Sonne erzeugten Wärmestrahlungsstrom P_{Sonne} (Sonnendurchmesser $d = 1\,391\,400$ km, Oberflächentemperatur $T = 5778$ K).

b) Berechnen Sie daraus die Solarkonstante S, also diejenige Strahlungsleistung, welche auf der Erde pro Quadratmeter senkrecht einfallen würde, wenn keine Atmosphäre vorhanden wäre (mittlere Entfernung Erde – Sonne $r = 1.496 \cdot 10^{11}$ m).

c) Welche Temperatur hätte ein Quadratmeter eines idealen schwarzen Absorbers unter diesen Bedingungen, wenn wir annehmen, dass er die aufgenommene Leistung beidseitig abstrahlt?

Lösung

a) $P = \dfrac{\Delta Q}{\Delta t} = \sigma \cdot A \cdot T^4 = 5.6704 \cdot 10^{-8} \cdot 4 \cdot \pi \cdot \left(\dfrac{1.3914 \cdot 10^9}{2} \right)^2 \cdot 5778^4 \; W$

$= 3.844 \cdot 10^{26} \; W$

b) $S = \dfrac{P_{Sonne}}{4 \cdot \pi \cdot r^2} = \dfrac{3.844 \cdot 10^{26}}{4 \cdot \pi \cdot (1.496 \cdot 10^{11})^2} \dfrac{W}{m^2} = 1367 \dfrac{W}{m^2}$

c) $S \cdot A = \dfrac{\Delta Q}{\Delta t} = \sigma \cdot 2 \cdot A \cdot T^4 \quad \Rightarrow \quad T = \sqrt[4]{\dfrac{S}{2 \cdot \sigma}} = \sqrt[4]{\dfrac{1367}{2 \cdot 5.6704 \cdot 10^{-8}}} \; K$

$= 331 \; K \; (58\,°C)$

4.5 Wärmedurchgangskoeffizent der Bautechnik

In der Bautechnik muss die Wärme-isolation, z.B. einer Hauswand, mit mehreren Materialschichten beurteilt werden. Dabei spielt nicht nur die Wärmeleitung durch diese Material-schicht selber eine Rolle, sondern auch der Wärmeübertragungsmecha-nismus auf diese Materialschicht durch Wärmeströmung (Konvektion) der umgebenden Innen- bzw. Aussen-luft.

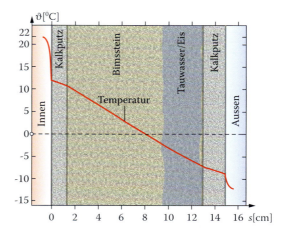

Figur 42 Temperaturverlauf in einer schlecht isolierten Hauswand

Wie das Temperaturprofil einer (schlecht isolierten) Wand (Figur 42) zeigt, beträgt die Temperatur auf der Innenseite der Wand bei einer Zim-mertemperatur von 22 °C nur etwa 12 °C. Bei einer Umgebungstemperatur von − 14 °C auf der Wandaussenseite nur etwa − 9 °C.

Der Wärmeübergang zwischen der Luft und der Wand wird durch den Wärmeüber-gangskoeffizienten α_S beschrieben. Entsprechend der Wärmeleitungsgleichung gilt:

$$P = \left|\frac{\Delta Q}{\Delta t}\right| = \alpha_S \cdot A \cdot \Delta T \quad \text{Einheit: } [\alpha_S] = \frac{\text{W}}{\text{m}^2 \cdot \text{K}}$$

Wir stellen uns nun die *Wärmestromdichte P/A* analog zu einem elektrischen Strom *I*, die Temperaturdifferenz ΔT analog zur elektrischen Spannung *U* im Ohm'schen Gesetz $U = R \cdot I$ der Elektrodynamik vor (siehe S. 231). Dann entspricht der Kehrwert des *Wärme-übergangskoeffizienten* α_S einem elektrischen Widerstand *R*; wir sprechen vom Wärme-übergangswiderstand für

$$\text{Konvektion und Strahlung: } R_S = \frac{1}{\alpha_S},$$

analog dazu definieren wir den Wärmedurchlasswiderstand für die

$$\text{Wärmeleitung: } R = \frac{d}{\lambda}.$$

Der grosse Vorteil dieser Wärmewiderstände zeigt sich bei der Berechnung des gesam-ten Wärmestroms durch eine ein- oder mehrlagige Materialschicht: Der gesamte Wärme-durchgangswiderstand R_{tot} ergibt sich dann einfach als Summe der beiden Wärmeüber-gangswiderstände $R_{S,i}$ auf der Innen- bzw. $R_{S,a}$ auf der Aussenseite sowie der Wärmedurch-lasswiderstände der verschiedenen Materialschichten dieser Wand:

209

$$R_{tot} = R_{S,a} + \frac{d_1}{\lambda_1} + \frac{d_2}{\lambda_2} + \cdots + R_{S,i}$$

Analog zum Ohm'schen Gesetz $U = R \cdot I$ gilt jetzt

$$\underbrace{\Delta T} \qquad = \qquad \underbrace{R_{tot}} \qquad \qquad \frac{P}{A}$$

Temperaturdifferenz: Wärmedurchgangswiderstand: Wärmestromdichte
entspricht der elektrischen Spannung   entspricht dem elektrischen (Gesamt-)Widerstand   entspricht dem elektrischen Strom

Der in der Bautechnik wichtige Wärmedurchgangskoeffizent (U-Wert, früher k-Wert) ist der Reziprokwert des Wärmedurchgangswiderstands R_{tot}:

$$U = \frac{1}{R_{tot}} = \frac{1}{R_{S,a} + \dfrac{d_1}{\lambda_1} + \dfrac{d_2}{\lambda_2} + \cdots + R_{S,i}} \quad \text{mit} \quad P = \frac{\Delta Q}{\Delta t} = U \cdot A \cdot \Delta T$$

$$\text{Einheit: } [U] = \frac{W}{m^2 \cdot K}$$

■ Beispiel: U-Wert einer Aussenwand

Eine Aussenwand besteht aus 15 cm Ziegelstein und 12 cm Dämmstoff. Wie gross ist der U-Wert, und welche Temperaturen stellen sich bei $-8\,°C$ aussen bzw. 20 °C innen ein?

Übergang innen $\alpha_{S,i} = 8\ W/(m^2 \cdot K)$ aussen $\alpha_{S,a} = 20\ W/(m^2 \cdot K)$
Ziegelstein $d_1 = 0.15\ m$ $\lambda_1 = 0.44\ W/(m \cdot K)$
Dämmstoff $d_2 = 0.12\ m$ $\lambda_2 = 0.04\ W/(m \cdot K)$

Berechnung:

$$R_{tot} = \frac{1}{\alpha_{S,i}} + \frac{d_1}{\lambda_1} + \frac{d_2}{\lambda_2} + \frac{1}{\alpha_{S,a}} = \left(\underbrace{0.125}_{R_1} + \underbrace{0.341}_{R_2} + \underbrace{3.0}_{R_3} + \underbrace{.05}_{R_4} \right) \frac{m^2 \cdot K}{W} \approx 3.52\ \frac{m^2 \cdot K}{W}$$

$$\text{U-Wert: } U = \frac{1}{R_{tot}} \approx 0.284\ \frac{W}{m^2 \cdot K}$$

Die Wärmestromdichte ist für alle Schichten gleich gross:

$$P/A = \Delta T \cdot U = 28\ K \cdot 0.284\ W/(m^2 \cdot K) = 7.96\ W/m^2$$

Für die einzelnen Schichten gilt:

$$\Delta T_1 = R_1 \cdot P/A = 0.125 \cdot 7.96\ K = 1.0\ K$$
$$\Delta T_2 = R_2 \cdot P/A = 0.341 \cdot 7.96\ K = 2.7\ K$$
$$\Delta T_3 = R_3 \cdot P/A = 3.000 \cdot 7.96\ K = 23.9\ K$$
$$\Delta T_4 = R_4 \cdot P/A = 0.050 \cdot 7.96\ K = 0.4\ K$$

4.6   Zusammenfassung

Es gibt drei Wärmetransportmechanismen, die **Konvektion** (Wärmeströmung), die **Wärmeleitung** und die **Wärmestrahlung.**

Konvektion entsteht durch eine gerichtete Wärmeströmung in Flüssigkeiten oder in Gasen, etwa in Wasser, das in einer Pfanne von unten erhitzt wird.

Wärmeleitung erzeugt einen **Wärmestrom** (thermische Leistung):

$$P = \Delta Q / \Delta t = - \lambda \cdot A \cdot \Delta T / \Delta x, \ \text{Einheit } [\lambda] = \text{W}/(\text{m} \cdot \text{K})$$

in einem Stab (Festkörper) mit einem Temperaturunterschied ΔT über der Strecke Δx und einem Querschnitt A. Die Wärmeleitzahl λ ist materialabhängig.

Ein strahlender (schwarzer) Körper (Fläche A, Temperatur T) erzeugt einen (elektromagnetischen) Wärmestrom (Infrarotlicht):

$$P = \Delta Q / \Delta t = \sigma \cdot A \cdot T^4$$

$$\text{mit Stefan-Boltzmann-Konstante } \sigma = 5.6704 \cdot 10^{-8} \ \frac{W}{m^2 \cdot K^4}$$

der sich mit Lichtgeschwindigkeit ausbreitet.

Im Dewar'schen Gefäss (Thermosflasche) wird die vom Innern nach aussen transportierte Wärme möglichst klein gehalten, indem die Konvektion mithilfe eines Vakuums, die Wärmeleitung durch das Gefässmaterial (Glas) und die Strahlung dank Verspiegelung auf ein Minimum reduziert wird.

Weitere Unterlagen zum Thema siehe www.hep-verlag.ch/physik-mittelschulen

Wärme

E Elektromagnetismus

Themen

- Elektrische Ladung und Kraft
- Elektrische Stromkreise: Stromstärke, Spannung, Leistung und Widerstand
- Elektrisches Feld, Spannung und Potenzial
- Magnetfelder und elektromagnetische Kräfte
- Die magnetische Induktion und ihre Anwendungen

1 Elektrische Ladung und elektrische Kraft

1.1 Einleitung: der Bernstein und das Elektron

Figur 1 Bernstein

Das Wort „Elektrizität" ist abgeleitet vom griechischen Wort „elektron" für Bernstein, ein gelber Schmuckstein aus fossilem Harz. Schon im Altertum war nämlich bekannt, dass geriebener Bernstein die merkwürdige Eigenschaft hat, Haare, Staub, Textilfasern und andere leichte Körper anzuziehen. Unter einem Elektron versteht man heute ein elektrisch negativ geladenes Elementarteilchen, das 1897 vom englischen Physiker Joseph John Thomson (1856–1940) entdeckt wurde. Thomson erklärte den Aufbau der Atome damit erstmalig mit elektrischen Eigenschaften der Materie.

Die Elektrizität, ursprünglich nur eine exotische Eigenschaft des Bernsteins, war zu Beginn des 20. Jahrhunderts also der Schlüssel für das Verständnis der Struktur der Materie. In den vergangenen gut 100 Jahren hat man aber auch gelernt, die elektrische Energie zu nutzen. Durch den Aufbau weltumspannender Elektrizitätsnetze, die Einführung der elektrischen Beleuchtung, des Elektromotors und vieler elektrischer, elektromechanischer und elektronischer Geräte, nicht zuletzt des Computers, hat sich das Leben der Menschen grundlegend geändert.

Figur 2 Joseph John Thomson

1.2 Harzelektrizität und Glaselektrizität

Neben der Masse ist die elektrische Ladung eine grundlegende Eigenschaft der Materie. Schon um 1730 bemerkte der französische Wissenschaftler Charles du Fay, dass sich geladene Körper entweder anziehen oder abstossen. Er schloss daraus, dass es zwei Sorten von „Elektrizität" geben müsse. Ein mit einem Katzenfell geriebener Bernsteinstab (Harz) trägt eine andere Sorte von „Elektrizität" als ein mit einem Seidentuch geriebener Glasstab. Du Fay sprach von „Harzelektrizität" (positive) und von „Glaselektrizität" (negative).

- Ladungen, die zur gleichen Sorte gehören, stossen sich ab.
- Ladungen, die zu verschiedenen Sorten gehören, ziehen sich an.

ungeladen   gleichnamig geladen   ungleichnamig geladen

Figur 3 Gleichnamige Ladungen stossen sich ab, ungleichnamige ziehen sich an

Du Fays „Glaselektrizität" bezeichnet man heute als *positive* und seine „Harzelektrizität" als *negative* elektrische Ladung. Dies ist eine Konvention, man könnte die Ladungsvorzeichen auch umgekehrt wählen. Elektrisch neutrale Körper besitzen gleich viele positive wie negative Ladungen.

Drei einfache Experimente

1. Wir reiben einen Hartgummistab mit einem Katzenfell und lagern ihn (im Schwerpunkt) auf einer Spitze. Nähern wir diesem Stab einen zweiten Hartgummistab, den wir gleich behandelt haben, so beobachten wir, dass der erste Stab *abgestossen* wird (Figur 4).
2. Führen wir dasselbe Experiment mit zwei Plexiglasstäben und einem Seidenlappen durch, so beobachten wir wiederum, dass der drehbar gelagerte, geladene Plexiglasstab bei Annäherung vom zweiten geladenen Plexiglasstab *abgestossen* wird.
3. Nähern wir dem drehbar gelagerten, geladenen Plexiglasstab hingegen einen geladenen Hartgummistab, so *zieht* dieser den Plexiglasstab *an*.

Interpretation dieser Experimente

Reiben wir einen Hartgummistab (oder einen Bernstein) mit einem Katzenfell, so gehen Elektronen des Katzenfells auf den Hartgummistab über: Das Katzenfell wird dabei positiv, der Hartgummistab gleich stark negativ geladen.

Reiben wir hingegen einen Glas- oder Plexiglasstab mit einem Seidenlappen, so geht negative Ladung (Elek-

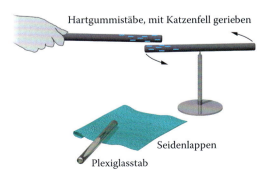

Hartgummistäbe, mit Katzenfell gerieben

Seidenlappen

Plexiglasstab

Figur 4 Reibungselektrizität

215

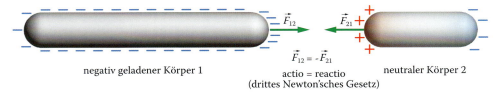

negativ geladener Körper 1

actio = reactio
(drittes Newton'sches Gesetz)

neutraler Körper 2

Figur 5 Ein elektrisch geladener und ein elektrisch neutraler Körper ziehen sich an

tronen) vom Glasstab auf den Seidenlappen über; dabei wird der Glasstab positiv, der Seidenlappen negativ geladen. Ein elektrisch positiv geladener Körper weist einen *Elektronenmangel* auf, ein elektrisch negativ geladener Körper einen *Elektronenüberschuss.*

Wenn wir einen geladenen Körper in die Nähe eines elektrisch neutralen Körpers bringen, so verschieben sich die Ladungen im neutralen Körper ein wenig, er wird *polarisiert* und vom geladenen Körper angezogen (Figur 5). Wegen des Wechselwirkungsgesetzes (drittes Newton'sches Gesetz) wirken auf die beiden Körper gleich starke entgegengesetzt gerichtete anziehende elektrische Kräfte.

1.3 Ein Messgerät für die elektrische Ladung: das Elektroskop

Zum Nachweis der elektrischen Ladungen dient ein einfaches Messgerät, das Elektroskop. Das Braun'sche Elektroskop (Figur 6) besteht aus einem vertikal angeordneten Metallstab (elektrischer Leiter), der mit einem elektrischen Isolator, z. B. einem Stück Kunststoff, am kreisrunden Gehäuse befestigt ist. In der Mitte ist am Metallstab ein drehbarer, sehr leichter Metallzeiger (manchmal auch ein Stück Metallfolie) befestigt. Das Erdungskabel wird mit einem Sicherheitsstecker an die Schutzerde der Netzsteckdose angeschlossen. So wird verhindert, dass sich die Experimentatorin oder der Experimentator am Gehäuse elektrisiert.

Berührt man den Metallstab des Elektroskops mit einem „Ladungslöffel", einer an einem isolierten Stab befestigten, elektrisch geladenen Metallkugel, so verteilt sich die elektrische Ladung wegen der gegenseitigen Abstossung der Ladungsträger sofort auf dem ganzen Metallstab und dem daran befestigten Metallzeiger (elektrischer Leiter).

Der Metallzeiger schlägt je nach Ladungsbetrag mehr oder weniger stark aus. Um das empfindliche Messsystem eines Elektroskops vor Luftzug zu schützen, wird es häufig in ein geschlossenes Gehäuse mit Glaswänden eingebaut.

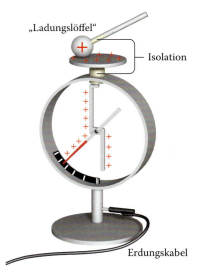

„Ladungslöffel"

Isolation

Erdungskabel

Figur 6 Braun'sches Elektroskop

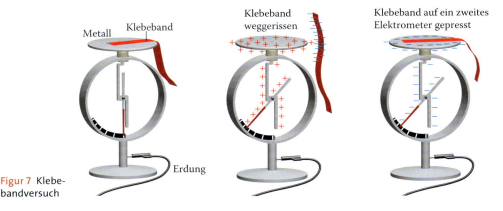

Elektro-magnetismus

Figur 7 Klebe-bandversuch

Befestigen wir auf dem Messteller eines ungeladenen Elektroskops ein Klebeband (Figur 7, links) und reissen es weg, so wird das Klebeband negativ geladen, da an ihm Metallelektronen „kleben bleiben" (Ladungstrennung). Das Metall bleibt mit positiver Ladung zurück, und wir beobachten einen Ausschlag des Elektroskops (Figur 7, Mitte).

Die Ladung auf dem Klebeband kann nachgewiesen werden, indem es auf ein zweites, ursprünglich ungeladenes Elektroskop gelegt wird, das dann ebenfalls ausschlägt (Figur 7, rechts). Dass die Ladungen auf den beiden Elektroskopen verschiedenen „Sorten" angehören, sehen Sie sofort, wenn Sie einen geladenen Körper in ihre Nähe bringen. Beim einen Elektroskop vergrössert sich der Ausschlag; beim anderen wird er kleiner. Dass die Ladungen unterschiedliche Vorzeichen haben, erkennen Sie daran, dass die Ausschläge auf null zurückgehen, wenn Sie die beiden Elektroskope miteinander verbinden.

1.4 Faraday'scher Becher und Van-de-Graaff-Generator

Wir laden einen isoliert aufgestellten Metallbecher und versuchen, seine Ladung mit einem Ladungslöffel auf ein Elektroskop zu übertragen (Figur 8, Mitte). Dazu berühren wir zuerst die Innenseite des Bechers mit der Kugel des Ladungslöffels und führen ihn ans Elektroskop. Es zeigt keinen Ausschlag an (Figur 8, rechts). Nun berühren wir mit der Kugel die Aussenwand des Bechers und führen sie anschliessend ans Elektroskop, welches jetzt ausschlägt (Figur 8, links).

Der Versuch zeigt, dass sich die Ladungen auf der Aussen-

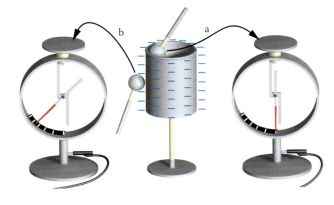

Figur 8 Faraday'scher Becher (Käfig)

217

seite des Bechers befinden und nur von dort auf den Ladungslöffel übergehen können. Der Grund liegt in der gegenseitigen Abstossung gleichnamiger Ladungen, die bewirkt, dass sich die frei beweglichen Ladungen auf dem (elektrisch leitenden) Metallbecher so anordnen, dass sie möglichst grosse gegenseitige Abstände aufweisen, sich also möglichst weit aussen befinden.

Stellt man im Inneren eines elektrisch geladenen Bechers ein Elektroskop auf, so schlägt dieses nicht aus (Figur 9). Diesen Effekt entdeckte der englische Physiker Michael Faraday (1791–1867) im Jahre 1823. Auch die Hüllen von Autos oder Flugzeugen bilden Faraday'sche Käfige, welche die Fahrgäste weitgehend vor Blitzschlag schützen.

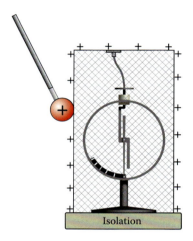

Figur 9 Elektroskop im Faraday'schen Käfig

Transportieren wir die elektrische Ladung mit einem Ladungslöffel aussen an einen Faraday'schen Becher (Figur 10a), so wird die Ladung *unvollständig* übertragen. Die elektrische Ladung wird hingegen *vollständig* vom Ladungslöffel zum Faraday'schen Becher übertragen, wenn wir diesen mit dem Ladungslöffel innen berühren (Figur 10b).

Dem Inneren eines Farday'schen Bechers kann vorerst fast unbeschränkt elektrische Ladung zugeführt werden. Übersteigt der Ladungsbetrag aber einen Maximalwert, so fliesst ein Teil dieser Ladung wegen der Elektrizitätsleitung in der umgebenden Luft wieder ab (Durchschläge).

Der Faraday-Effekt wird im Van-de-Graaff-Generator ausgenützt (Figur 11), einem Gerät, das 1930 als Ladungsquelle für Linearbeschleuniger in der Kernphysik erfunden wurde. Das Gerät erlaubt es, eine Hohlkugel auf genial einfachem Weg fast beliebig stark aufzuladen.

Ein endloses Gummiband bewegt sich um zwei von einem Elektromotor angetriebene, rotierende Walzen und wird mit einer Schneide durch Reibung aufgeladen (Figur 11). Die so entstandene elektrische Ladung wird auf dem Gummiband ins Innere einer leitenden Metall-Hohlkugel transportiert und über einen metallischen Leiter abgeleitet. Diese Hohlkugel bildet einen Faraday'schen Käfig,

Figur 10 a) Teilweise Entladung
b) Vollständige Entladung der Kugel

ihr Inneres ist also völlig „unelektrisch". Deshalb erfahren die vom Endlosband übertragenen Ladungen (Elektronen) keine abstossenden Kräfte von den bereits vorhandenen Ladungen und können ungehindert in die Kugel abfliessen.

Die Hohlkugel kann bis zum „Durchschlag" in der umgebenden Luft unbegrenzt aufgeladen werden. In der Schulphysik dient das Gerät als leistungsfähige Ladungsquelle für Experimente der Elektrostatik. Es werden elektrische Spannungen von bis zu einigen 100 000 Volt erreicht.

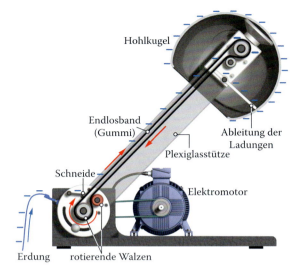

Figur 11 Van-de-Graaff-Generator

1.5 Elektrizität in der Natur

In der Natur erleben wir die Elektrizität während Gewittern hautnah. Blitze sind eine kurzzeitige elektrische Entladung von Wolken. Durch Auf- und Abwinde und die ungleiche Verteilung von Eis und Wasser innerhalb der Wolke entstehen Räume mit positiven und solche mit negativen Ladungen (Figur 12).

Der obere Teil einer Gewitterwolke ist gewöhnlich positiv, der untere negativ geladen. Die Ladungstrennung findet am Übergang von Wassertropfen im unteren Teil zu Eiskristallen im oberen Teil der Wolke statt. Wird der Ladungsunterschied (vor allem gegenüber dem positiv geladenen Boden) zu gross, können Blitze entstehen.

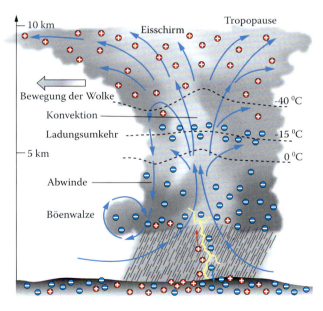

Figur 12 Inneres einer Gewitterwolke (Cumulonimbus)

Elektromagnetismus

1.6 Elektrische Kraft und Coulomb'sches Gesetz

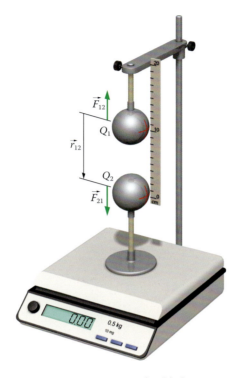

Bereits zu Beginn des 18. Jahrhunderts vermutete man, dass die elektrische Kraft zwischen zwei punktförmigen Ladungen mit dem Quadrat der Entfernung abnimmt, wie dies auch für die Gravitationskraft der Fall ist. Die Überprüfung dieser Vermutung gelang dem französischen Ingenieur Charles Coulomb im Jahr 1784 mit einer raffinierten Drehwaage, die damals eine bedeutende Verbesserung der Messtechnik darstellte.

Experiment

Da elektrostatische Kräfte viel grösser sind als Gravitationskräfte, können wir sie heute mit einer elektronischen Präzisionswaage (± 10 Milligramm) einfacher bestimmen. Die Messung ist allerdings relativ ungenau und kann bei allzu grosser Luftfeuchtigkeit nicht durchgeführt werden.

Figur 13 Experiment zum Coulomb'schen Gesetz

Eine neutrale Metallkugel steht auf einer Waage. Eine zweite Metallkugel wird in einem Abstand von z.B. $r_{12} = r = 10$ cm (Figur 13) senkrecht über der ersten Kugel aufgestellt. Wir laden beide Kugeln mit einem Van-de-Graaff-Generator elektrisch auf und messen die zugehörige Kraft mit der Waage. Dann halbieren wir die Ladung Q_1 der oberen Kugel, indem wir sie mit einer gleichen, ungeladenen Kugel berühren, und messen eine noch halb so grosse Kraft. Dann halbieren wir die Ladung Q_2 der unteren Kugel und stellen wieder eine Halbierung der auf die Waage wirkenden Kraft fest.

Hierauf vergrössern wir den Abstand nacheinander zweimal um einen Faktor $\sqrt{2} \approx 1.41$, zuerst auf 14.1 cm, dann auf 20 cm, und beobachten zweimal eine Halbierung der wirkenden Kraft. Diese Messergebnisse können mit der Formel $F_{12} = F_{21} = k \cdot \frac{Q_1 \cdot Q_2}{r^2}$ ausgedrückt werden. In Vektorform lautet dieses Gesetz:

Coulomb'sches Gesetz

$$\vec{F}_{21} = -\vec{F}_{12} = k \cdot \frac{Q_1 \cdot Q_2}{r^2} \cdot \frac{\vec{r}}{r}, \quad k = 8.988 \cdot 10^9 \; \frac{\text{N} \cdot \text{m}^2}{\text{C}^2} \quad [Q] = \text{Coulomb, C}$$

Die Einheit der Ladung heisst Coulomb (C). Der Faktor $\vec{r}/r$ ist ein Vektor der Länge eins (Einheitsvektor) in Richtung des Vektors $\vec{r}$. Dieses Gesetz gilt für Punktladungen, aber auch für geladene Hohlkugeln, sofern die elektrische Ladung auf deren Oberflächen gleichmässig verteilt ist. Das Coulomb'sche Gesetz hat dieselbe mathematische Struktur wie das Newton'sche Gravitationsgesetz.

Aus historischen Gründen schreibt man für die Konstante k gewöhnlich

$$k = \frac{1}{4 \cdot \pi \cdot \varepsilon_0} = 8.988 \cdot 10^9 \frac{N \cdot m^2}{C^2}$$

$$\text{mit} \quad \varepsilon_0 = 8.854 \cdot 10^{-12} \frac{C^2}{N \cdot m^2}$$

und bezeichnet ε_0 als elektrische Feldkonstante. Wie die Gravitationskonstante G ist auch ε_0 eine Naturkonstante.

Zwei punktförmige Ladungsträger mit einer Ladung von je 1 Coulomb üben in einem Abstand von 1 Meter eine gegenseitige Kraft von $F = 9 \cdot 10^9$ N aufeinander aus (Coulomb'sches Gesetz, Figur 15). So grosse Kräfte treten in der Praxis nicht auf, weil man mit viel kleineren Ladungen arbeitet.

■ Beispiel: Kräftegleichgewicht

Zwei elektrisch positiv geladene, metallisierte Tischtennisbälle (Masse $m = 1$ g, Durchmesser $2\,r = 3$ cm) hängen an $s = 2$ m langen Seidenfäden, welche so an der Decke befestigt sind, dass sie sich im ungeladenen Zustand gerade berühren (Figur 16, links).

Die beiden Tischtennisbälle werden gleich stark elektrisch positiv geladen. Sie stossen sich jetzt so stark ab, dass die

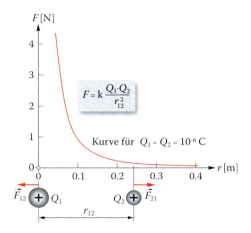

Figur 14 Coulomb'sches Gesetz: Abstandsabhängigkeit

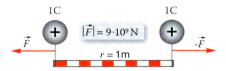

Figur 15 Die Ladungseinheit Coulomb

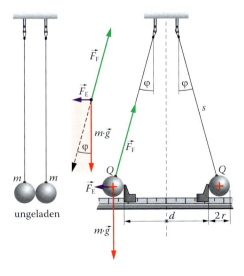

Figur 16 Elektrisch geladene Tischtennisbälle

beiden Seidenfäden je einen Winkel von $\varphi = 2°$ zur Vertikalen bilden (Figur 16, rechts). Berechnen Sie die elektrische Ladung Q der beiden Tischtennisbälle.

Lösung

Die beiden Bälle sind im Gleichgewicht. An ihnen greifen je drei Kräfte an, die Gewichtskraft $m \cdot \vec{g}$, die elektrische Kraft $\vec{F}_E$ und die Fadenkraft (Reaktionskraft zwischen geladener Kugel und Faden) $\vec{F}_F$. Es gilt:

$$m \cdot \vec{g} + \vec{F}_E + \vec{F}_F = \vec{0}$$

Aus dem zugehörigen Vektordiagramm (Kräfteplan, Figur 16, Mitte) ergibt sich:

$$\tan\varphi = \frac{F_E}{m \cdot g} = \frac{k \cdot Q^2}{(2 \cdot r + d)^2 \cdot m \cdot g} = \frac{Q^2}{4 \cdot \pi \cdot \varepsilon_0 \cdot (2 \cdot r + 2 \cdot s \cdot \sin\varphi)^2 \cdot m \cdot g}$$

$$Q = \sqrt{4 \cdot \pi \cdot \varepsilon_0 \cdot m \cdot g \cdot \tan\varphi} \cdot (2 \cdot r + 2 \cdot s \cdot \sin\varphi)$$

$$= \sqrt{4 \cdot \pi \cdot 8.85 \cdot 10^{-12} \cdot 0.001 \cdot 9.81 \cdot \tan 2°} \cdot (0.03 + 2 \cdot 2 \cdot \sin 2°)\, \text{C} = 3.31 \cdot 10^{-8}\, \text{C}$$

1.7 Zusammenfassung

Neben der Masse m ist die elektrische Ladung Q eine zweite grundlegende Eigenschaft der Materie. Im Gegensatz zur Masse kann die elektrische Ladung positive und negative Werte annehmen. Der für praktische Anwendungen wichtigste Ladungsträger ist das Elektron. Es trägt eine negative Elementarladung von $-e = -1.6 \cdot 10^{-19}$ Coulomb und hat eine Masse von $m_e = 9.11 \cdot 10^{-31}$ kg. Die Elementarladung e ist die kleinstmögliche elektrische Ladung. Ladungen mit gleichem Vorzeichen (+ + oder − −) stossen sich ab, solche mit ungleichem Vorzeichen (+ − oder − +) ziehen sich an. Ein elektrisch neutraler Körper besitzt gleich viele positive wie negative Ladungen.

Die Ladungseinheit heisst Coulomb C.

Wir unterscheiden zwischen elektrischen *Leitern*, z. B. Metallen wie Kupfer oder Silber, auf welchen sich elektrische Ladungen fast frei bewegen können, und elektrischen *Isolatoren*, in welchen elektrische Ladungen fast nicht bewegt werden können.

Elektrische Isolatoren wie Plexiglas oder Hartgummi können wir in der Hand halten und durch Reiben mit einem (Seiden-)Tuch oder einem (Katzen-)Fell elektrisch laden. Dabei werden Elektronen vom einen Isolator auf den anderen übertragen, z. B. vom Plexiglas auf das Seidentuch. Das Plexiglas wird positiv geladen, das Seidentuch negativ.

Die zwischen zwei punktförmigen elektrischen Ladungen wirkenden Kräfte $\vec{F}_{12}$ bzw. $\vec{F}_{21}$ sind proportional zum Produkt der beiden Ladungen (Q_1, Q_2) und umgekehrt proportional zu deren Abstand r im Quadrat.

$$\text{Coulomb'sches Gesetz: } \vec{F}_{21} = -\vec{F}_{12} = k \cdot \frac{Q_1 \cdot Q_2}{r^2} \cdot \frac{\vec{r}}{r}$$

$$k = \frac{1}{4 \cdot \pi \cdot \varepsilon_0} = 8.988 \cdot 10^9 \, \frac{\text{N} \cdot \text{m}^2}{\text{C}^2} \text{ mit } \varepsilon_0 = 8.854 \cdot 10^{-12} \, \frac{\text{C}^2}{\text{N} \cdot \text{m}^2}$$

2 Elektrische Stromkreise

2.1 Elektrische Stromstärke

2.1.1 Elektrische Leitung und Stromstärke

Metalle, z. B. Kupfer, Silber oder Aluminium, zeichnen sich dadurch aus, dass sie neben den sogenannten *Valenzelektronen*, welche an einen Atomkern gebunden sind, frei bewegliche, kaum gebundene *Leitungselektronen* oder delokalisierte Elektronen besitzen. Diese Elektronen können sich z. B. in einem Kupferdraht fast so frei bewegen wie die Atome oder Moleküle eines Gases. In der klassischen Theorie der elektrischen Leitung in Metallen von Paul Drude und Hendrik A. Lorentz (um 1900) werden die Elektronen daher wie ein ideales Gas behandelt. Man spricht auch von einem Elektronengas (Figur 17).

Eine Theorie der elektrischen Leitung in Metallen konnte erst auf der Grundlage der neuen Quantenmechanik endgültig befriedigen (Arnold Sommerfeld, 1928).

Elektro-
magnetismus

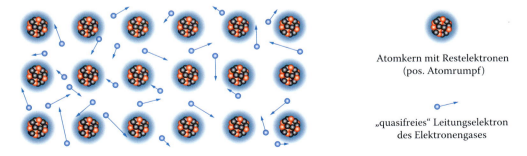

Atomkern mit Restelektronen
(pos. Atomrumpf)

„quasifreies" Leitungselektron
des Elektronengases

Figur 17 Atomrumpf und Elektronengas

223

Bewegt sich elektrische Ladung in einem Leiter, so entsteht ein elektrischer Strom. Der elektrische Strom I ist ein Mass für die transportierte Ladung ΔQ pro Zeit Δt. Es gilt:

Elektrische Stromstärke (elektrischer Strom)

$$I = \frac{\Delta Q}{\Delta t} \quad \text{Einheit: } [I] = \frac{\text{Coulomb}}{\text{Sekunde}} = \text{Ampere} = \text{A}$$

Wegen der grossen Bedeutung der Stromstärke in der Technik wurde sie als vierte Basisgrösse in das internationale SI-Einheitensystem aufgenommen. Die Einheit Coulomb (C) ist in diesem System eine abgeleitete Einheit: Coulomb = Ampere · Sekunde, 1 C = 1 A · s.

2.1.2 Physikalische und konventionelle Stromrichtung

Wir unterscheiden zwischen der *physikalischen* und der *konventionellen* Stromrichtung. Die physikalische Stromrichtung ist die Bewegungsrichtung der Elektronen (vom Minuszum Pluspol der Batterie). Die konventionelle Stromrichtung vom Pluspol zum Minuspol wurde zu einer Zeit eingeführt, als man noch nicht wusste, dass der Ladungsträger in einem einfachen Stromkreis, das Elektron, ein negatives Ladungsvorzeichen hat. Im Folgenden benutzen wir die konventionelle Stromrichtung.

2.1.3 Gleichstrom und Wechselstrom

Ist die elektrische Stromstärke zeitlich konstant, so sprechen wir von einem Gleichstrom (engl. *direct current*, DC). In der Praxis haben wir es aber häufig mit zeitlich veränderlichen Strömen zu tun. Besonders wichtig ist der sinusförmige Wechselstrom (engl. *alternating curre*nt, AC) unseres elektrischen Stromnetzes.

Die elektrische Stromstärke ändert sich in Form einer Sinusfunktion mit einer Frequenz von 50 Hertz, die Schwingungsdauer beträgt also 20 Millisekunden (Figur 18). Die Amplitude I_0 ist die maximale Stromstärke. Wenn eine mittlere Stromstärke, die sogenannte effektive Stromstärke I_{eff}, verwendet wird, kann der Wechselstrom z. B. für thermische Anwendungen (Kochherd) wie ein Gleichstrom behandelt werden.

Es gilt:

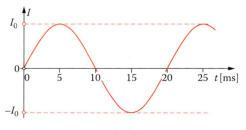

Figur 18 Wechselstrom (AC)

$$I_{\text{eff}} = \frac{I_0}{\sqrt{2}}$$

I_0 maximale Stromstärke (Amplitude)

I_{eff} effektive Stromstärke

2.1.4 Ein einfacher elektrischer Stromkreis

Elektrische Ströme treten in elektrischen Stromkreisen auf. Ein einfacher Stromkreis kann z. B. mit einer Batterie und einer Halogen-Glühlampe aufgebaut werden. Figur 19 zeigt eine Taschenlampe und ihre schematische Darstellung (Schaltschema). Batterien werden auch als Spannungsquellen bezeichnet. Sie halten einen elektrischen Strom in einem Stromkreis aufrecht.

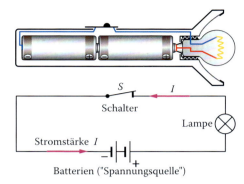

Figur 19 Einfacher Stromkreis mit Schaltbild

■ Beispiel: Drift- und Informationsgeschwindigkeit

Wir untersuchen einen 1 Meter langen Kupferdraht für Hausinstallationen (Querschnitt 1.5 mm²) und stellen uns folgende Fragen:

a) Wie viele Leitungselektronen enthält er?
b) Wie gross ist die Gesamtladung Q der Leitungselektronen in diesem Draht?
c) Wie lange dauert es, bis sich ein Elektron durch den Draht bewegt hat, wenn die Stromstärke den maximal zulässigen Wert von 13 Ampere aufweist?
d) Wie gross ist die Geschwindigkeit v (Driftgeschwindigkeit) der Leitungselektronen in diesem Draht?

Kupfer: 1 Leitungselektron pro Atom, Dichte $\rho = 8960 \, \frac{\text{kg}}{\text{m}^3}$, molare Masse M = 0.063546 $\frac{\text{kg}}{\text{mol}}$

Lösung

a) $N = N_A \cdot \dfrac{m}{M} = \dfrac{N_A \cdot \rho \cdot A \cdot \ell}{M} = \dfrac{6.02 \cdot 10^{23} \cdot 8960 \cdot 1.5 \cdot 10^{-6} \cdot 1}{0.063546} = 1.27 \cdot 10^{23}$

b) $Q = N \cdot e = 1.27 \cdot 10^{23} \cdot 1.60 \cdot 10^{-19} \, \text{C} = 2.04 \cdot 10^4 \, \text{C}$

c) $t = \dfrac{Q}{I} = \dfrac{2.04 \cdot 10^4}{13} \, \text{s} = 1.57 \cdot 10^3 \, \text{s}$

d) $v = \dfrac{\ell}{t} = \dfrac{1}{1.57 \cdot 10^3} \, \dfrac{\text{m}}{\text{s}} = 0.638 \, \dfrac{\text{mm}}{\text{s}}$

Die Driftgeschwindigkeit ist mit weniger als einem Millimeter pro Sekunde ausserordentlich klein. Trotzdem beginnt eine Lampe nach dem Betätigen ihres Schalters nahezu augenblicklich zu leuchten. Offensichtlich müssen wir zwischen der Driftgeschwindigkeit der Elektronen und der Übertragungsgeschwindigkeit der Information „Schalter ein/Schalter aus" zur Lampe unterscheiden.

Elektromagnetismus

225

2.2 Elektrische Spannung *U*

2.2.1 Elektrischer Strom, Leistung und elektrische Spannung

Figur 20 zeigt drei Leuchtmittel (Lampen), die heute häufig eingesetzt werden: die Halogen-, die Energiespar- und die LED-Lampe (Licht emittierende Diode). Im Vergleich zur heute in der Schweiz nicht mehr eingesetzten Glühlampe, die 1879 von Thomas A. Edison erfunden wurde, haben diese modernen Lampen eine wesentlich höhere Lichtausbeute, d. h. sie erzeugen bei gleicher elektrischer Leistung in Watt (W) mehr Licht, physikalisch einen grösseren Lichtstrom in Lumen (lm).

Figur 20 Halogen-, Energiespar- und LED-Lampe mit gleichem Lichtstrom

Lichtausbeute verschiedener gebräuchlicher Lampen in Lumen pro Watt

Klassische Glühlampe	Halogenlampe	Energiesparlampe (Kompaktleuchtstofflampe)	Weisse LED
12 lm/W	15–29 lm/W	40–65 lm/W	20–200 lm/W

Durch eine 42-Watt-Halogenlampe fliesst ein elektrischer Strom von 183 mA, durch eine gleich helle 10-Watt-LED-Lampe dagegen nur 43 mA. Grössere elektrische Leistung bedeutet eine grössere elektrische Stromstärke, kleinere elektrische Leistung eine kleinere elektrische Stromstärke.

Dividieren wir die elektrische Leistung $P = 42$ W durch die elektrische Stromstärke $I = 0.183$ A, so erhalten wir eine konstante physikalische Grösse, die elektrische Spannung *U*:

$$U = \frac{P}{I} = \frac{42}{0.183}\,\frac{\text{Watt}}{\text{Ampere}} = \frac{11}{0.048}\,\frac{\text{Watt}}{\text{Ampere}} \approx 230 \text{ Volt}$$

Wie wir aus dem Teil Mechanik wissen, ist die physikalische Leistung das Verhältnis zwischen verrichteter Arbeit $\Delta W = 42$ Joule und der dazu erforderlichen Zeit $\Delta t = 1$ Sekunde:

$$P = \frac{\Delta W}{\Delta t} = \frac{42}{1}\,\frac{\text{J}}{\text{s}} = 42 \text{ Watt}$$

Die elektrische Stromstärke *I* ist das Verhältnis zwischen Ladung $\Delta Q = 0.183$ Coulomb und Zeit $\Delta t = 1$ Sekunde; sie ist ein Mass für die pro Sekunde transportierte Ladung:

$$I = \frac{\Delta Q}{\Delta t} = \frac{0.183}{1}\,\frac{\text{C}}{\text{s}} = 0.183 \text{ A}$$

Damit können wir die elektrische Spannung $U = P/I$ schreiben:

$$U = \frac{P}{I} = \frac{\dfrac{\Delta W}{\Delta t}}{\dfrac{\Delta Q}{\Delta t}} = \frac{\Delta W}{\Delta Q} \approx \frac{42}{0.183} \frac{\text{J}}{\text{C}} = 230 \text{ Volt}$$

Die elektrische Spannung U ist also ein Mass dafür, welche elektrische Arbeit ΔW eine bestimmte Ladung ΔQ (in Licht und Wärme) umsetzt, während sie durch die Lampe fliesst; für 230 Volt sind es 230 Joule pro Coulomb.

Die verrichtete Arbeit ΔW ist proportional zur Ladung ΔQ des verschobenen Ladungsträgers (z. B. eines Elektrons) und der elektrischen Spannung U:

Elektrische Arbeit ΔW und elektrische Spannung U

$\Delta W = \Delta Q \cdot U$ oder $U = \dfrac{\Delta W}{\Delta Q}$ Einheiten: $[\Delta W]$ = Joule = J, $[U]$ = Volt = V

2.2.2 Messung der elektrischen Spannung: das Digitalvoltmeter

Da die elektrische Ladung Q und die elektrische Spannung U voneinander abhängen, kann die elektrische Spannung im Prinzip mit einem Elektroskop (siehe Abschnitt 1.3) gemessen werden. Das Elektroskop wird heute nur noch in Demonstrationsexperimenten zur Spannungsmessung eingesetzt. In der Praxis hat es keine Bedeutung mehr, weil viel genauere und einfacher zu bedienende Voltmeter zur Verfügung stehen. Beliebt sind Digitalmultimeter (DMM), mit denen die elektrische Spannung, die Stromstärke sowie weitere elektrische und physikalische Grössen, z. B. die Temperatur, gemessen werden können (Figur 21).

Figur 21 Digitalmultimeter (DMM)

2.2.3 Gleichspannung und Wechselspannung

Ist die elektrische Spannung zeitlich konstant, so sprechen wir von einer Gleichspannung. Gleichspannungsquellen sind z. B. Batterien. In einem Stromkreis erzeugen sie einen Gleichstrom. Analog dazu erzeugt eine Wechselspannungsquelle einen Wechselstrom.

Das elektrische Stromnetz wird mit einer Wechselspannung von 50 Hertz betrieben, die Spannungsänderung erfolgt sinusförmig. Die Schwingungsdauer beträgt also 20 Milli-

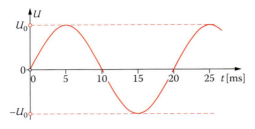

Figur 22 Wechselspannung

sekunden (Figur 22). Die Amplitude U_0 ist die maximale Spannung, sie beträgt ca. 320 Volt. Gewöhnlich arbeitet man mit der effektiven, d. h. der mittleren Spannung:

$$U_{eff} = U_0 \,/\, \sqrt{2} \approx 0.707 \cdot U_0 = 230 \text{ Volt.}$$

2.3 Elektrische Leistung P

Fliesst ein elektrischer Strom durch einen Leiter, so wird dieser wegen der Stösse der bewegten Ladungsträger (Elektronen) gegen die Atomrümpfe erwärmt. Diese Wärme bezeichnet man als *Joule'sche Wärme*; sie entsteht in elektrischen Heizgeräten, etwa im Haartrockner. Für die dabei umgesetzte elektrische Leistung P gilt:

Elektrische Leistung

$$P = \frac{\Delta W}{\Delta t} = \frac{U \cdot \Delta Q}{\Delta t} = U \cdot I \quad \text{Einheit: } [P] = \frac{\text{Joule}}{\text{Sekunde}} = \text{Volt} \cdot \text{Ampere}$$

Beim Betrieb elektrischer Geräte ist die Leistung im Alltag eine wichtige Grösse. So fliesst durch den Elektromotor eines 1-kW-Staubsaugers beim Betrieb am 230-Volt-Netz ein Strom von

$$I = \frac{P}{U} = \frac{1000}{230} \text{A} = 4.35 \text{ A.}$$

In einer Stunde setzt er eine Energiemenge von $E = 1 \text{ kWh} = 3.6 \cdot 10^6 \text{ Ws} = 3.6 \text{ MJ}$ um.

In der Praxis sind energieeffiziente Geräte gesucht, die mit der elektrischen Energie möglichst haushälterisch umgehen. So benötigt ein sparsamer 200-Liter-Kühlschrank (Energieetikette A++) heute 160 kWh pro Jahr, ein Modell mit Effizienzklasse A dagegen 240 kWh, liegt also um rund 50 % höher. Ein Problem ist der Stand-by-Betrieb vieler Elektrogeräte: Im scheinbar ausgeschalteten Zustand wird sinnlos elektrische Energie verbraucht.

■ **Beispiel: Wasserkocher**

Auf dem Typenschild eines Wasserkochers steht: 230 Volt, 2280 Watt.

a) Berechnen Sie die elektrische Stromstärke im Heizelement dieses Geräts.

b) Wie lange muss der Kocher eingeschaltet werden, um 1 kg Wasser von 16 °C auf 97 °C zu erhitzen, wenn der Wirkungsgrad $\eta = 80\%$ beträgt?
Wasser: spezifische Wärmekapazität $c_w = 4182 \frac{\text{J}}{\text{kg} \cdot \text{K}}$

Lösung

a) $I = \dfrac{P}{U} = \dfrac{2280}{230} \dfrac{W}{V} = 9.91 \, A$

b) $P \cdot t \cdot \eta = c_W \cdot m \cdot \left(\vartheta_2 - \vartheta_1\right) \;\rightarrow\; t = \dfrac{c_W \cdot m \cdot \left(\vartheta_2 - \vartheta_1\right)}{P \cdot \eta} = \dfrac{4182 \cdot 1 \cdot (97 - 16)}{2280 \cdot 0.8} \, s = 186 \, s$

2.4 Stromkreis und Wasserkreislauf

Will man die Vorgänge in einem elektrischen Stromkreis verstehen, so ist es zu Beginn hilfreich, ein einfaches mechanisches Modell zu benutzen: Wir stellen uns den einfachen elektrischen Stromkreis als Wasserkreislauf vor, der aus einer Pumpe, einem Wasserreservoir und einer vom Wasser angetriebenen Maschine besteht (Figur 23, links). Die Pumpe füllt das Reservoir so, dass die Wasserhöhe h konstant bleibt. Pumpe und Reservoir entsprechen der Batterie, Turbine und Maschine dem „Verbraucher" im einfachen elektrischen Stromkreis (Figur 23, rechts).

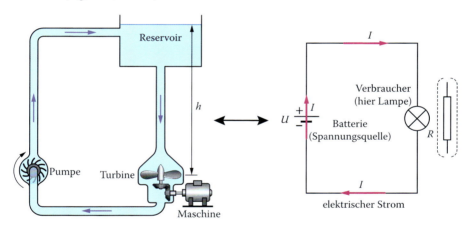

Figur 23 Wasserkreislauf mit Reservoir und Stromkreislauf mit Batterie

Annahme: Pro Sekunde fliesst $\Delta m = 0.261$ kg Wasser aus einer Höhe von $h = 23$ m durch die Turbine, und die potenzielle Energie des Wassers $\Delta m \cdot g \cdot h$ wird zu 100% in Rotationsenergie der Turbine umgesetzt. Damit beträgt die mechanische Leistung der Turbine:

$$P_{mech} = \frac{\Delta W}{\Delta t} = \frac{\Delta m \cdot g \cdot h}{\Delta t} \approx \frac{0.261 \cdot 10 \cdot 23}{1} \frac{kg \cdot m^2}{s^3} = 60 \; \text{Watt}.$$

Dieser Wasserkreislauf erzeugt also die gleiche Leistung wie der Stromkreis der Lampe. Für die mechanische Stromstärke (Masse pro Zeit) erhalten wir:

$$I_{mech} = \frac{\Delta m}{\Delta t} = \frac{0.261}{1} \frac{kg}{s} = 0.261 \frac{kg}{s}$$

und für die mechanische Spannung (Leistung pro Stromstärke bzw. Arbeit pro Masse):

$$U_{\text{mech}} = \frac{P}{I} = \frac{\Delta W / \Delta t}{\Delta m / \Delta t} = \frac{\Delta W}{\Delta m} = \frac{\Delta m \cdot g \cdot h}{\Delta m} = g \cdot h \approx 10\,\frac{\text{m}}{\text{s}^2} \cdot 23\,\text{m} = 230\,\frac{\text{m}^2}{\text{s}^2} = 230\,\frac{\text{J}}{\text{kg}}$$

Das Produkt aus Fallbeschleunigung g und Wasserhöhe h im mechanischen Wasserkreislauf entspricht also der elektrischen Spannung U.

Der einfache Stromkreis und der Wasserkreislauf werden in der folgenden Tabelle gegenübergestellt:

Einfacher elektrischer Stromkreis	Wasserkreislauf
Batterie	Pumpe und Reservoir
Lampe	Turbine und Maschine
Elektrische Ladung $\Delta Q = 0.261$ Coulomb	Wassermasse $\Delta m = 0.261$ kg
Elektrische Stromstärke	Mechanischer Massestrom
$I = \dfrac{\Delta Q}{\Delta t} = 0.261\,\text{A}$	$I_{\text{mech}} = \dfrac{\Delta m}{\Delta t} = 0.261\,\dfrac{\text{kg}}{\text{s}}$
Elektrische Leistung	Mechanische Leistung
$P = \dfrac{\Delta W}{\Delta t} = \dfrac{60\,\text{J}}{1\,\text{s}} = 60$ Watt	$P_{\text{mech}} = \dfrac{\Delta W}{\Delta t} = \dfrac{\Delta m \cdot g \cdot h}{\Delta t} \approx 60$ Watt
Elektrische Spannung	Mechanische Spannung
$U = \dfrac{P}{I} = \dfrac{\Delta W}{\Delta Q} \approx \dfrac{60\,\text{J}}{0.261\,\text{C}} = 230$ Volt	$U_{\text{mech}} = g \cdot h \approx 230\,\dfrac{\text{m}^2}{\text{s}^2} = 230\,\dfrac{\text{J}}{\text{kg}}$

2.5   Ohm'sches Gesetz

Wir verbinden einen Konstantandraht mit der Länge $l = 1$ m und dem Querschnitt $A = 1\,\text{mm}^2$ mit einer variablen Spannungsquelle U, messen die Spannung über dem Draht mit einem Voltmeter und die elektrische Stromstärke I im Stromkreis mit einem Amperemeter (Figur 24). Konstantan ist eine Legierung aus 55 % Kupfer, 44 % Nickel und 1 % Mangan.

Wir erhalten folgende Messwerte:

U (V)	I (A)	U (V)	I (A)	U (V)	I (A)	U (V)	I (A)
0	0	3.00	0.0613	6.00	0.122	9.00	0.184
1.00	0.0204	4.00	0.0817	7.00	0.143	10.00	0.204
2.00	0.0408	5.00	0.103	8.00	0.163	11.00	0.224

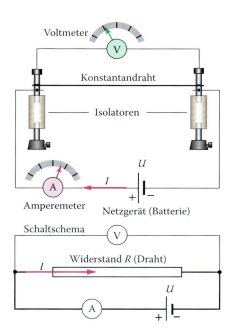

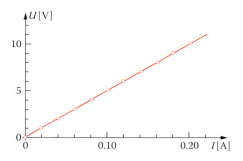

Figur 25 Charakteristik eines Ohm'schen Leiters

Figur 24 Messung zum Ohm'schen Gesetz

Der zugehörige *U-I*-Graph, die sogenannte *Charakteristik* von Konstantan,
ist eine Gerade durch den Ursprung
des Koordinatensystems (Figur 25):
Der elektrische Strom und die elektrische Spannung sind also zueinander
proportional. Es gilt:

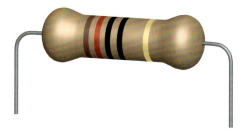

Figur 26 Kohleschicht-Widerstand und Wider-
standscode

Elektro-
magnetismus

Ohm'sches Gesetz

$$U = R \cdot I \text{ Widerstand } R, \text{ Einheit: } [R] = \frac{[U]}{[I]} = \frac{\text{Volt}}{\text{Ampere}} = \text{Ohm} = \Omega$$

Dieses Gesetz wurde 1826 vom deutschen Physiker Georg Simon Ohm entdeckt.

Die Proportionalitätskonstante *R* bezeichnet man als elektrischen Widerstand. Das
Wort Widerstand hat in der deutschen Sprache zwei Bedeutungen und bezeichnet einerseits eine physikalische Grösse (engl. *resistance*), andererseits ein Bauelement der Elektronik (engl. *resistor*, Figur 26). Der Widerstand eines elektrischen Leiters ist immer temperaturabhängig. Konstantan ändert seinen Widerstand in Abhängigkeit der Temperatur
aber nur sehr wenig, er ist in Funktion der Temperatur nahezu (aber nicht vollkommen)

konstant. Daher der Name dieser Legierung. Ganz anders verhält sich etwa der Widerstand des Wolframdrahts einer Halogenlampe. Er nimmt nach dem Einschalten sehr stark zu. Die Charakteristik einer Halogenlampe ist daher keine Gerade mehr!

Übungen: Stromkreise

a) Skizzieren Sie einen einfachen Stromkreis und fügen Sie die erforderlichen Messgeräte ein.

b) Wie lautet das Ohm'sche Gesetz (mit U-I-Diagramm)? Welche Grösse stellt die Steigung des U-I-Graphen dar?

c) Zeichnen Sie ein Schaltbild mit einer Batterie ($U_0 = 9$ V) und einem Ohm'schen Widerstand $R = 100\,\Omega$. Berechnen Sie den Strom I sowie die in R umgesetzte elektrische Leistung P.

2.6 Einfache und verzweigte Stromkreise

2.6.1 Serieschaltung

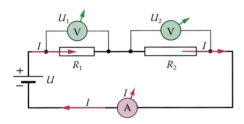

Figur 27 Serieschaltung

Bei einer Serie- oder Reihenschaltung zweier Ohm'scher Widerstände setzt sich die Gesamtspannung U aus der Summe der beiden Teilspannungen U_1 und U_2 zusammen, welche mit zwei Voltmetern gemessen werden (Figur 27). Die Stromstärke I wird mit einem Amperemeter gemessen. Sie ist in den beiden Widerständen gleich gross.

$$U = U_1 + U_2 \quad \text{oder} \quad R \cdot I = R_1 \cdot I + R_2 \cdot I$$

Die beiden Widerstände R_1 und R_2 werden also durch einen einzelnen Ersatzwiderstand R ersetzt, der sich elektrisch gleich verhält wie die beiden Einzelwiderstände gemeinsam. Für ihn gilt:

> **Serieschaltung von Widerständen**
> $$R = R_1 + R_2, \quad \text{mit} \quad U = U_1 + U_2 \quad \text{oder} \quad R \cdot I = R_1 \cdot I + R_2 \cdot I$$

Für die Stromstärke durch die beiden Widerstände gilt:

$$I = \frac{U}{R} = \frac{U}{R_1 + R_2} = \frac{U_1}{R_1} = \frac{U_2}{R_2}$$

Damit ergibt sich für die Spannungen U_1 und U_2 über den beiden Widerständen R_1 und R_2:

$$U_1 = I \cdot R_1 = U \cdot \frac{R_1}{R_1 + R_2} \quad \text{bzw. } U_2 = I \cdot R_2 = U \cdot \frac{R_2}{R_1 + R_2}$$

Weil die Spannung U an den zwei hintereinandergeschalteten Widerständen proportional zu den Widerstandswerten R_1 und R_2 geteilt wird, heisst diese Schaltung auch *Spannungs-teiler*.

2.6.2 Parallelschaltung (verzweigter Stromkreis)

Bei einer Parallelschaltung zweier Ohm'-scher Widerstände setzt sich die Gesamt-stromstärke I aus der Summe der beiden Teilstromstärken I_1 und I_2 zusammen. Zur Messung dieser drei Stromstärken werden drei Amperemeter eingesetzt (Figur 28). Bei bekannter Batteriespannung erübrigt sich ein Voltmeter.

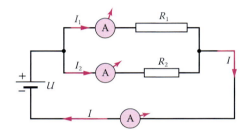

Figur 28 Parallelschaltung

Die Batteriespannung U und die Spannungen über den beiden Widerständen sind gleich gross. Für die Stromstärken gilt dann:

$$I = I_1 + I_2 \quad \text{oder} \quad \frac{U}{R} = \frac{U}{R_1} + \frac{U}{R_2}$$

Anstelle der beiden Widerstände R_1 und R_2 tritt ein Ersatzwiderstand R, der sich elektrisch gleich verhält wie die beiden Einzelwiderstände gemeinsam. Für ihn gilt:

Parallelschaltung von Widerständen

$$\frac{1}{R} = \frac{1}{R_1} + \frac{1}{R_2} \quad \text{oder} \quad R = \frac{R_1 \cdot R_2}{R_1 + R_2} \quad \text{mit } I = I_1 + I_2$$

■ Beispiel: Spannungsmessung

Im einfachen Stromkreis wird die Stromstärke durch den Innenwiderstand des Voltmeters leicht verfälscht (Figur 29). Dagegen beeinflusst der Innenwiderstand des Amperemeters die Messung bei dieser Anordnung nicht. Statt I_R, die elektrische Stromstärke durch den Lastwiderstand R, zeigt das Amperemeter $I = I_R + I_V$ an, die *Summe* der Stromstärke I_R durch den Lastwiderstand und der Stromstärke I_V durch das Voltmeter. I_V verschwindet nur für einen unendlich grossen Innenwiderstand eines idealen Voltmeters. Reale Volt-

Elektro-magnetismus

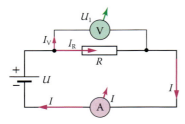

Figur 29 Innenwiderstand eines Voltmeters

meter sollten also einen möglichst hohen Innenwiderstand haben. Für kommerzielle Digitalvolt- und -multimeter beträgt er $R_V = 10^7\,\Omega$ (Figur 21). Für einen Lastwiderstand R (Figur 29) von beispielsweise $R = 10^4\,\Omega = 10\,\text{k}\Omega$ erhält man einen Messfehler von nur 0.1 %, was für die meisten Messungen akzeptabel ist.

Übungen

1. Serieschaltung

Zeichnen Sie ein Schaltbild mit einer Batterie ($U_0 = 9\,\text{V}$) sowie zwei in Serie (hintereinander-)geschalteten Ohm'schen Widerständen $R_1 = 100\,\Omega$ und $R_2 = 220\,\Omega$. Berechnen Sie den Ersatzwiderstand R, den Strom I sowie die beiden Spannungen U_1 und U_2 über den beiden Widerständen. Wie gross sind die in den beiden Widerständen umgesetzten elektrischen Leistungen P_1 und P_2?

Lösungen

$R = 320\,\Omega$, $I = 28\,\text{mA}$, $U_1 \approx 2.8\,\text{V}$, $U_2 \approx 6.2\,\text{V}$, $P_1 \approx 79\,\text{mW}$, $P_2 \approx 174\,\text{mW}$, $P_{\text{tot}} \approx 253\,\text{mW}$

2. Parallelschaltung

Zeichnen Sie ein Schaltbild mit einer Batterie ($U_0 = 9\,\text{V}$) sowie zwei nebeneinander-(parallel-)geschalteten Widerständen $R_1 = 100\,\Omega$ und $R_2 = 220\,\Omega$. Berechnen Sie auch hier den Ersatzwiderstand R sowie die Ströme I_1 und I_2 durch die beiden Einzelwiderstände, den Gesamtstrom I sowie die in den beiden Widerständen umgesetzten elektrischen Leistungen.

Lösungen

$R = 68.75\,\Omega$, $I = 131\,\text{mA}$, $I_1 = 90\,\text{mA}$, $I_2 = 41\,\text{mA}$, $P_1 = 810\,\text{mW}$, $P_2 = 368\,\text{mW}$, $P_{\text{tot}} = 1178\,\text{mW}$

■ Beispiel: zusammengesetzte Schaltung

Wir untersuchen die in Figur 30 dargestellte kombinierte Schaltung mit einer elektronischen Spannungsquelle U_0 und drei Widerständen R_1, R_2 und R_3. Es gilt:

$$U_0 = 22\,\text{Volt}, \; R_1 = 10\,\Omega, \; R_2 = 20\,\Omega, \; R_3 = 30\,\Omega$$

In diesem Stromkreis erhält man für den Ersatzwiderstand R_{123}:

$$R_{123} = R_1 + \frac{R_2 \cdot R_3}{R_2 + R_3} = \left(10 + \frac{20 \cdot 30}{20 + 30}\right)\Omega = 22\,\Omega,$$

für den Strom $I_1 = \dfrac{U_0}{R_{123}} = \dfrac{22\,V}{22\,\Omega} = 1\,A$,

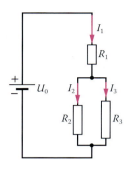

und für die Spannung U_1 über R_1

$U_1 = R_1 \cdot I_1 = 10\,\Omega \cdot 1\,A = 10\,V$,

für die Spannung $U_2 = U_3$ über R_2 bzw. R_3

$U_2 = U_3 = U_0 - U_1 = (22 - 10)\,V = 12\,V$

und für die Ströme I_2 bzw. I_3:

$I_2 = \dfrac{U_2}{R_2} = \dfrac{12\,V}{20\,\Omega} = 0.6\,A$ bzw. $I_3 = \dfrac{U_3}{R_3} = \dfrac{12\,V}{30\,\Omega} = 0.4\,A$

Figur 30 Kombinierte Schaltung

Enthält ein Stromkreis mehrere Spannungsquellen, so reichen die hier gezeigten Methoden nicht mehr aus.

2.7 Widerstand eines elektrischen Leiters

Der elektrische Widerstand eines Leiters hängt von den geometrischen Abmessungen und vom Material ab: Verdoppelt man die Länge l eines Leiters (Drahts), so verdoppelt sich der elektrische Widerstand R, weil der elektrische Strom bei konstant gehaltener Spannung (Figur 31) halbiert wird.

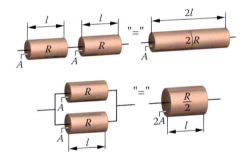

Verdoppelt man hingegen die Querschnittsfläche A, so wird der Strom bei konstanter Spannung verdoppelt und der Widerstand halbiert.

Figur 31 Verdoppelung (oben) und Halbierung des Widerstands (unten)

Der Widerstand R eines Leiters ist also proportional zu seiner Länge l und umgekehrt proportional zu seinem Querschnitt A (Figur 32).

Widerstand eines geraden elektrischen Leiters

$$R = \rho \cdot \dfrac{\ell}{A} \qquad \text{Einheiten: } [\rho] = \Omega \cdot m, \ [\ell] = m, \ [A] = m^2$$

Die Proportionalitätskonstante ρ hängt vom Material des Leiters ab und heisst *spezifischer Widerstand*. ρ ist temperaturabhängig (Figur 33).

Spezifische Widerstände bei 20 °C

Kupfer (weich)	$1.59 \cdot 10^{-8}\ \Omega\,m$	Silicium (rein)	$640\ \Omega\,m$	Teflon	$10^{+15}\ \Omega\,m$

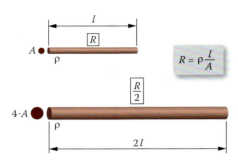

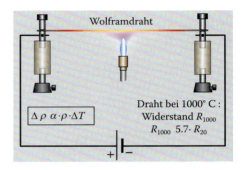

Figur 32 Ohm'scher Widerstand eines Drahts

Figur 33 Temperaturabhängigkeit des spezifischen Widerstands ρ von Wolfram

■ Beispiel: Rasenmäher

Ein Elektrorasenmäher hat eine Leistung von $P = 1600$ W bei einer Betriebsspannung von $U_{\text{Netz}} = 230$ V. Er wird mit einem $l = 50$ m langen Kabel betrieben. Der Querschnitt der beiden Kupferadern des Kabels beträgt je $A = 1.5$ mm². Berechnen Sie:

a) den Ohm'schen Widerstand des Kabels,
b) den Ohm'schen Widerstand des Rasenmähers,
c) die Stromstärke,
d) den Spannungsabfall am Kabel,
e) die Betriebsspannung des Rasenmähers sowie
f) die Verlustleistung des Kabels.

Figur 34 Elektrorasenmäher

Lösung

a) $R_{\text{Kabel}} = \dfrac{\rho \cdot 2 \cdot l}{A} = \dfrac{1.59 \cdot 10^{-8} \cdot 2 \cdot 50}{1.5 \cdot 10^{-6}}\,\Omega = 1.06\ \Omega$

b) $R_{\text{Rasenmäher}} = \dfrac{U_{\text{Netz}}}{I_{\text{Netz}}} = \dfrac{U_{\text{Netz}}^{2}}{P} = \dfrac{230^{2}}{1600}\,\Omega = 33.1\ \Omega$

c) $I = \dfrac{U_{\text{Netz}}}{R_{\text{Kabel}} + R_{\text{Rasenmäher}}} = \dfrac{230}{1.06 + 33.1}\ A = 6.74\ A$

d) $U_{\text{Kabel}} = R_{\text{Kabel}} \cdot I = 1.06 \cdot 6.74 \text{ V} = 7.14 \text{ V}$

e) $U_{\text{Rasenmäher}} = U_{\text{Netz}} - U_{\text{Kabel}} = (230 - 7.14) \text{ V} \approx 222.9 \text{ V}$

f) $P_{\text{Kabel}} = U_{\text{Kabel}} \cdot I = 7.14 \cdot 6.74 \text{ W} = 48.2 \text{ W}$

■ Beispiel: Innenwiderstand und maximale Leistung einer Flachbatterie

Eine reale Batterie oder ein Akku hat immer einen Innenwiderstand R_i, den elektrischen Widerstand des Elektrolyten und der beiden Elektroden. Wenn keine elektrische Last angeschlossen ist, kann die Leerlaufspannung U_0 gemessen werden. Über dem Lastwiderstand R wird die verminderte Klemmenspannung U gemessen (Figur 36).

An eine Flachbatterie (Figur 35) wird eine kleine Halogenlampe angeschlossen, worauf die Spannung von $U_0 = 4.5$ V auf $U_1 = 3.9$ V absinkt.

Figur 35 Flachbatterie

a) Wie gross ist der Innenwiderstand R_i der Batterie, wenn die Stromstärke des Lämpchens 0.6 A beträgt?

b) Jetzt wird die Batterie mit einem Ohm'schen Widerstand R verbunden. Berechnen Sie die an R abfallende Spannung U sowie die von R umgesetzte elektrische Leistung P (Formeln).

c) Stellen Sie P in Funktion von R (bei konstanten U_0-Werten und R_i) grafisch dar (Grafikrechner): Funktion $P = P(R)$.

d) Ermitteln Sie den Wert des Widerstands R, mit dem der Batterie eine maximale Leistung entnommen werden kann (Leistungsanpassung).
Wie gross ist diese Leistung? P_{max} kann grafisch oder mithilfe der Differenzialrechnung als Maximum des Graphen bzw. der Funktion $P = P(R)$ bestimmt werden.

Für die Serieschaltung von Last- und Innenwiderstand gilt: $U_0 = R_i \cdot I + R \cdot I$; $\quad U_i = R_i \cdot I$ ist der interne Spannungsabfall in der Batterie selbst.

Lösung

a) $R_i = \dfrac{\Delta U}{\Delta I} = \dfrac{4.5 - 3.9}{0.6} \dfrac{\text{V}}{\text{A}} = 1 \, \Omega$

b) $I = \dfrac{U_0}{R_i + R} \qquad U = R \cdot I = U_0 \cdot \dfrac{R}{R_i + R} \qquad P = U \cdot I = \dfrac{U_0^2 \cdot R}{(R_i + R)^2}$

c) Figur 37

d) Grafische Lösung:
Maximum der Funktion $P = P(R)$ an der Stelle $R = R_i = 1 \, \Omega$ (Figur 37)

Elektro-magnetismus

Mit Differenzialrechnung:

$$\frac{dP}{dR} = U_0^2 \frac{(R_i + R)^2 - 2 \cdot (R_i + R) \cdot R}{(R_i + R)^4} = U_0^2 \cdot (R_i + R) \cdot \frac{(R_i + R) - 2R}{(R_i + R)^4} = 0$$

d.h. $R = R_i = 1\,\Omega$

$$P_{max} = U \cdot I = \frac{U_0^2 \cdot R}{(R_i + R)^2} = \frac{4.5^2 \cdot 1}{(1 + 1)^2}\,\mathrm{W} = 5.06\,\mathrm{W}$$

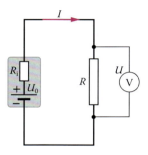

Figur 36 Leistungsanpassung

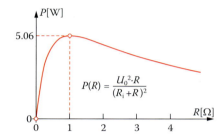

Figur 37 Leistungs-Widerstands-Diagramm

Weitere Unterlagen zum Thema siehe www.hep-verlag.ch/physik-mittelschulen

2.8 Zusammenfassung

Elektrische Stromkreise haben eine grosse technische Bedeutung. Im einfachsten Fall besteht ein elektrischer Stromkreis aus einer Spannungsquelle U_0 und einer elektrischen Last R, z. B. einer Glühlampe.

Die elektrische Stromstärke I (in Ampere) kann mit einem *Amperemeter im Stromkreis*, die elektrische Spannung U (in Volt) mit einem *Voltmeter über der Last* gemessen werden. Die elektrische Stromstärke ist ein Mass für den Elektronenfluss, die Spannung ein Mass für die elektrische Energie, die eine Ladungseinheit im Stromkreis umsetzen kann.

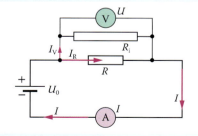

In der gezeichneten Schaltung wird die Strommessung wegen des Innenwiderstands R_i des Voltmeters verfälscht: Statt I_R misst man $I_R + I_V$. Damit dieser Fehler klein ($I_V \ll I_R$) bleibt, muss R_i viel grösser als R sein.

Verhält sich die Spannung über einer elektrischen Last proportional zur elektrischen Stromstärke, so spricht man von einem *Ohm'schen* Leiter. Ein Konstantandraht ist ein Beispiel für einen Ohm'schen Leiter, eine Halogenlampe für einen Nicht-Ohm'schen Leiter. Die elektrische Energie wird in einem Leiter in Wärme umgewandelt. Ein elektrischer Widerstand ist aber auch ein Bauelement der Elektronik, mit einem bestimmten Widerstandswert in Ω. Widerstände können in Serie (hintereinander-) oder parallelgeschaltet werden (siehe Formelsammlung).

Der Widerstand eines Drahts ist proportional zu seiner Länge und umgekehrt proportional zu seinem Querschnitt. Die Proportionalitätskonstante ρ, der spezifische Widerstand, ist eine Materialkonstante und hängt mehr oder weniger stark von der Temperatur ab.

Formelsammlung

$I = \dfrac{\Delta Q}{\Delta t}$ $[I] = \dfrac{\text{Coulomb}}{\text{Sekunde}} = \text{Ampere} = \text{A}$ *Elektrische Stromstärke:* Ladung pro Zeit

$U = \dfrac{\Delta W}{\Delta Q}$ $[U] = \dfrac{\text{Joule}}{\text{Coulomb}} = \text{Volt} = \text{V}$ *Elektrische Spannung:* Verschiebungsarbeit pro verschobene Ladung

$P = \dfrac{\Delta W}{\Delta t} = U \cdot I = R \cdot I^2 = \dfrac{U^2}{R}$

$[P] = \dfrac{\text{Joule}}{\text{Sekunde}} = \text{Volt} \cdot \text{Ampere} = \text{Watt} = \text{W}$

Elektrische Leistung: Arbeit pro Zeit, Spannung mal Stromstärke

$U = R \cdot I \;\rightarrow\; R = \dfrac{U}{I}$

$[R] = \dfrac{\text{Volt}}{\text{Ampere}} = \text{Ohm} = \Omega$

Einfacher Stromkreis: *Ohm'sches Gesetz*
Die Spannung ist proportional zur Stromstärke
Elektrischer Widerstand R

$R = \rho \cdot \dfrac{\ell}{A}$ $[\rho] = \text{Ohm} \cdot \text{Meter} = \Omega \cdot \text{m}$

Elektrischer Widerstand eines Drahts (Länge *l*, Querschnitt *A*, spezifischer Widerstand ρ)

$R = R_1 + R_2 + R_3 + \cdots$ Serieschaltung Ohm'scher Widerstände

$\dfrac{1}{R} = \dfrac{1}{R_1} + \dfrac{1}{R_2} + \dfrac{1}{R_3} + \cdots$ Parallelschaltung Ohm'scher Widerstände

Elektro-magnetismus

3 Elektrisches Feld, Spannung und Potenzial

3.1 Faradays Konzept des elektrischen Feldes

Im Jahr 1687 erklärte Newton mit dem Gravitationsgesetz $\vec{F}_G = -\frac{G \cdot M \cdot m}{r^2} \cdot \frac{\vec{r}}{r}$ die Planetenbewegung. Die Planeten und die Sonne üben gegenseitig Kräfte aufeinander aus, ohne sich berühren zu müssen. Newton dachte an eine Fernwirkung, welche sich im Raum instantan, d.h. augenblicklich, von einem Himmelskörper zum anderen überträgt. Die rätselhafte Eigenschaft der Fernwirkung von Gravitationskräften blieb bis zu Beginn des 20. Jahrhunderts ungeklärt. Das gleiche Problem stellt sich mit elektrisch geladenen Körpern, die sich mit einer Kraft nach dem Coulomb'schen Gesetz $\vec{F}_E = \frac{1}{4 \cdot \pi \cdot \varepsilon_0} \frac{Q \cdot q}{r^2} \cdot \frac{\vec{r}}{r}$ gegenseitig beeinflussen, ohne einander zu berühren. Die Frage der Fernwirkung blieb aber vorerst auch für den Fall elektrischer Kräfte ungeklärt.

Einen Erklärungsansatz brachten die von Michael Faraday (1791–1867) eingeführten Feld- oder Kraftlinien: Um diese Linien experimentell zu veranschaulichen, bringen wir eine positive elektrische Punktladung $+Q$ in eine mit Rizinusöl gefüllte flache Schale, in der sich gleichmässig verteilte Griesskörner befinden (Figur 38). Jetzt können wir beobachten, wie sich die Griesskörner zu langen Ketten anordnen, die in radialer Richtung von der Ladung ausgehen und die Richtungen der Kraftwirkung der elektrischen Ladung $+Q$ anzeigen.

Bringen wir jetzt zusätzlich eine negative Punktladung $-Q$ mit gleichem Ladungsbetrag in die Schale, so ordnen sich die Griesskörner zu Ketten zwischen der positiven und der negativen Ladung (Figur 39). Diese Ladungsanordnung heisst elektrischer Dipol. Michael

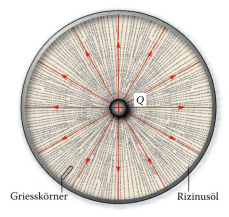

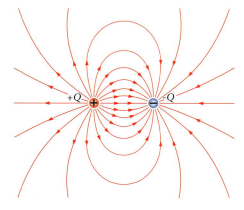

Figur 38 Feldlinien einer Punktladung, mithilfe von Griesskörnern in Rizinusöl sichtbar gemacht

Figur 39 Feldlinien einer positiven und negativen Punktladung mit gleichem Ladungsbetrag

Faraday verknüpfte mit diesen Griesskörnerketten seine Vorstellung von Kraft- oder Feldlinien und vermutete, dass die elektrische Kraft von einer Ladung zur anderen entlang dieser Feldlinien übertragen wird. In der Umgebung einer elektrischen Ladung ist nach dieser Vorstellung ein Kraftfeld oder ein elektrisches Feld vorhanden.

Das von Michael Faraday in die Elektrizitätslehre eingeführte Feldkonzept war ein wegweisender Schritt. Es geht von der Vorstellung aus, dass elektrische Ladungen ihre Kraftwirkung längs von Kraftlinien in ihrer Nachbarschaft übertragen. Gegenüber der Newton'schen Vorstellung einer (instantanen, d. h. verzögerungsfreien) Fernwirkung von Kräften im Raum setzte Faraday mit seinen Feldlinien als Erster und gegen den Widerstand von Zeitgenossen eine sehr erfolgreiche Nahwirkungstheorie der Übertragung von Kräften durch. Diese Theorie geht von einer Wirkung geladener Teilchen mit dem Feld aus. Veränderungen in diesem Feld breiten sich nicht instantan (wie im Newton'schen Fernfeld), sondern mit einer endlichen Geschwindigkeit aus. Nicht zuletzt ist das Feld auch Träger der Energie.

Der schottische Physiker James Clerk Maxwell entwickelte auf der Grundlage dieser Feldvorstellung Gleichungen (die Maxwell'schen Gleichungen), welche die gesamte klassische Elektrodynamik umfassen. Damit sagte er die elektromagnetischen Wellen (Radiowellen, Licht) schon 1865 voraus, knapp 20 Jahre bevor sie von Heinrich Hertz experimentell entdeckt wurden. Maxwell schreibt über Faraday:

Faraday sah mit seinem geistigen Auge Feldlinien im ganzen Raum, wo Mathematiker nur Kraftzentren sahen, die sich in einiger Entfernung anzogen. Faraday erblickte ein Feld, wo sie nichts als Abstand sahen. Faraday suchte die Grundlagen der Phänomene in Veränderungen in diesem Feld, wogegen die Mathematiker zufrieden waren, ein Potenzgesetz für die Kraft gefunden zu haben.

Figur 40 Skalarfeld der Temperatur über Europa (farbkodiert), Feldgrösse: Temperatur

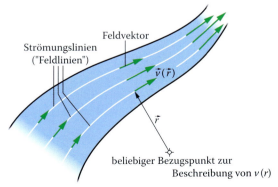

Figur 41 Vektorfeld der Strömung in einem Fluss, Feldgrösse: Geschwindigkeit

Ein physikalisches Feld existiert im Raum, der leer oder auch stofferfüllt sein kann, und drückt eine messbare physikalische Eigenschaft aus, die jedem Raumpunkt (bzw. Raum-Zeit-Punkt) zugeordnet werden kann. Diese physikalische Grösse nennt man eine Feldgrösse. Ein Skalarfeld, etwa die Temperaturverteilung in der Atmosphäre, hat einen Skalar (die Temperatur) als Feldgrösse (Figur 40), ein Vektorfeld, etwa die Strömung in einem Fluss, hat einen Vektor (die Fliessgeschwindigkeit) als Feldgrösse (Figur 41).

3.2 Gravitationsfeld und elektrisches Feld

Für einen Körper der Masse m können wir die Gewichtskraft im Gravitationsfeld der Erde mithilfe des zweiten Newton'schen Gesetzes beschreiben. Für die Gewichtskraft gilt: $\vec{F}_{\mathrm{G}} = m \cdot \vec{g}$. Die Feldgrösse des Gravitationsfelds ist die richtungsabhängige Erdbeschleunigung $\vec{g}$, die nur in der Umgebung der Erde (näherungsweise) einen konstanten Betrag von $g = 9.81 \ \mathrm{m/s^2}$ hat. Entfernen wir uns von der Erde weg, muss $\vec{g}$ mit dem Gravitationsgesetz berechnet werden.

$$\vec{g} = \frac{\vec{F}_{\mathrm{G}}}{m} = -\frac{G \cdot M_{\mathrm{Erde}}}{r^2} \cdot \frac{\vec{r}}{r} \qquad \text{Betrag: } g = \frac{\left|\vec{F}_{\mathrm{G}}\right|}{m} = -\frac{G \cdot M_{\mathrm{Erde}}}{r^2}$$

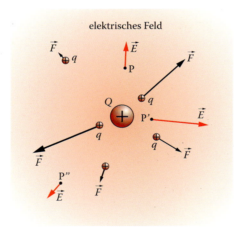

elektrisches Feld

Figur 42 Testladung q im elektrischen Feld einer Ladung Q

Analog zur Masse M_{Erde} betrachten wir jetzt eine einzelne Punktladung Q, die wie die Erde ein Feld erzeugt, aber nicht ein Gravitationsfeld $\vec{g}$, sondern ein *elektrisches Feld* mit der Feldgrösse $\vec{E}$ (Figur 42). Um die Wirkung dieses $\vec{E}$-Feldes zu untersuchen, bringen wir analog zur Testmasse m eine kleine Testladung q in die Nähe von Q. Diese Testladung q erfährt eine Kraft $\vec{F}_{\mathrm{el}}$, die von q und $\vec{E}$ abhängt. Wir schreiben:

Elektrische Kraft
$$\vec{F}_{\mathrm{el.}} = q \cdot \vec{E}$$

Das elektrische Feld, das von der felderzeugenden Ladung Q ausgeht, ordnet jedem Raumpunkt P, P' oder P'' eine vektorielle Feldgrösse zu, den Vektor der elektrischen Feldstärke $\vec{E}$ (Figur 42). Die elektrische Feldstärke $\vec{E}$ wird mithilfe der Kraft $\vec{F}$ definiert, die auf eine Testladung q im Punkt P wirkt.

Elektrische Feldstärke: allgemeine Definition

$$\vec{E} = \frac{\vec{F}}{q} \qquad \text{Einheit: } [E] = \frac{\text{Newton}}{\text{Coulomb}} = \frac{\text{N}}{\text{C}}$$

Die Feldstärke ist also die Kraft pro Ladungseinheit in einem Punkt P des Raums.

Übungen

1. Zeigen Sie, dass die Einheit $[E] = \frac{\text{N}}{\text{C}}$ gleich der Einheit $[E] = \frac{\text{Volt}}{\text{Meter}}$ ist.
2. Wie gross ist die elektrische Feldstärke an einem Ort, an dem auf eine Punktladung $q = 2.2 \cdot 10^{-8}$ C eine Kraft $F = 3.5 \cdot 10^{-5}$ N wirkt?
3. Welche Kraft erfährt ein Körper mit der Ladung $q = 7.5 \cdot 10^{-8}$ C in einem Punkt mit der Feldstärke $E = 6.0 \cdot 10^{4}$ V/m?

3.3 Elektrisches Feld einer Punktladung und einer geladenen Hohlkugel

Wenn wir die Definition des elektrischen Feldes auf das Coulomb'sche Gesetz $\vec{F}_E = \frac{1}{4 \cdot \pi \cdot \varepsilon_0} \frac{Q \cdot q}{r^2} \cdot \frac{\vec{r}}{r}$ anwenden, erhalten wir die elektrische Feldstärke $\vec{E}$, die durch die Punktladung Q erzeugt wird.

Elektrische Feldstärke einer Punktladung Q

$$\vec{E} = \frac{\vec{F}}{q} = \frac{1}{4 \cdot \pi \cdot \varepsilon_0} \cdot \frac{Q}{r^2} \cdot \frac{\vec{r}}{r}$$

Koordinatenursprung: Punktladung Q

Elektrische Feldkonstante $\varepsilon_0 = 8.854 \cdot 10^{-12} \frac{\text{C}^2}{\text{N} \cdot \text{m}^2}$

$\frac{1}{4 \cdot \pi \cdot \varepsilon_0} \cdot \frac{Q}{r^2}$ gibt den Betrag, der Einheitsvektor $\frac{\vec{r}}{r}$ gibt die Richtung des elektrischen Felds an.

Das elektrische Feld ist ein Vektorfeld, das jedem Punkt des Raums einen $\vec{E}$-Vektor zuordnet. Deshalb kann ein E-Feld nur schlecht mit Einzelvektoren dargestellt werden (Figur 43). Günstiger sind die von Faraday eingeführten Feldlinien.

Elektro-
magnetismus

Feldlinien: Eigenschaften

1. Die Richtung der Feldlinien gibt die Richtung des E-Feldes in einem Raumpunkt an.
2. Die Feldlinien des (statischen) elektrischen Felds gehen von positiven Ladungen aus und enden auf negativen Ladungen.
3. Die Anzahl n der Feldlinien ist proportional zur elektrischen Ladung Q.
4. Die Dichte der Feldlinien, d.h. die Anzahl Feldlinien pro Fläche, ist proportional zum Betrag E des elektrischen Felds.
5. Elektrische Feldlinien können sich nicht kreuzen.
6. Die Feldlinien des elektrostatischen Felds stehen senkrecht auf der Leiteroberfläche.

Als Anwendung betrachten wir das Feldlinienbild einer geladenen Hohlkugel (Radius R, Ladung Q, Figur 43). Die Ladung befindet sich, gleichmässig verteilt, auf der Kugeloberfläche. Von der Oberfläche gehen n Feldlinien aus. Sie stehen senkrecht auf der Kugeloberfläche, verlaufen radial nach aussen und geben in jedem Raumpunkt die Richtung der $\vec{E}$-Feld-Vektoren an.

Denken wir uns eine Kugel mit einem Radius $r > R$ um diese Hohlkugel, so treten n Feldlinien durch diese Kugel. Die Dichte der Feldlinien beträgt also:

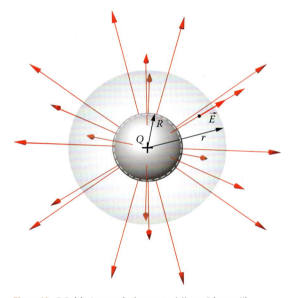

Figur 43 *E*-Feld einer geladenen Hohlkugel (Metall)

$$\text{Dichte der Feldlinien} = \frac{\text{Anzahl Feldlinien}}{\text{Kugeloberfläche}} = \frac{n}{4 \cdot \pi \cdot r^2}$$

Für den Betrag des E-Feldes gilt damit:

$$\left| \vec{E} \right| = c \cdot \frac{Q}{4 \cdot \pi \cdot r^2}, \quad c: \text{Proportionalitätskonstante,}$$

weil E proportional zur Feldliniendichte und die Anzahl Feldlinien proportional zur Ladung Q auf der Kugeloberfläche ist. Wird der Radius der Hohlkugel bei konstanter Ladung Q kleiner, so verändert sich dieser Ausdruck für E nicht. Er bleibt auch dann unverändert, wenn die Hohlkugel zur Punktladung schrumpft, deren E-Feld wir kennen:

$$\left|\vec{E}\right| = \frac{Q}{4 \cdot \pi \cdot \varepsilon_0 \cdot r^2}$$

Die Proportionalitätskonstante ist daher $c = \frac{1}{\varepsilon_0}$.

Die Feldlinienüberlegung ergibt also, dass eine geladene Hohlkugel (elektrische Ladung Q) im Äusseren genau dieselbe Feldverteilung aufweist wie eine gleich grosse Punktladung Q am Ort des Kugelzentrums. Eine Feldlinienüberlegung ergibt zudem, dass der Betrag E des E-Felds *im Inneren* der Hohlkugel verschwinden muss. Denken wir uns eine Kugel mit einem Radius $r < R$ um das Zentrum der Hohlkugel, so treten keine Feldlinien durch diese Kugel, weil es im Inneren keine Ladungen gibt (Faraday'scher Käfig).

E-Feld einer geladenen Hohlkugel

$$\vec{E} = \frac{Q}{4 \cdot \pi \cdot \varepsilon_0 \cdot r^2} \cdot \frac{\vec{r}}{r}, \text{ falls } r \geq R, \qquad \vec{E} = \vec{0} \text{ , falls } r < R \quad \text{Kugelradius } R$$

Übung

Berechnen Sie den Betrag des E-Felds einer dünnen, leitenden Hohlkugel (Radius $R = 30$ cm), die eine elektrische Ladung $Q = 10^{-6}$ C trägt:

a) im Zentrum,
b) an der Kugeloberfläche und
c) in einem Abstand $r = 2\,R = 60$ cm vom Kugelzentrum.

3.4 Feldstärke mehrerer Ladungen: das Überlagerungsprinzip

Wir betrachten zwei entgegengesetzt geladene Punktladungen Q_+ und Q_- mit gleichem Ladungsbetrag ($Q_+ = -Q_- = Q$), einen elektrischen Dipol, und berechnen die resultierende Feldstärke in einem Punkt P_1 (Figur 44). Diese ergibt sich als Summe

$$\vec{E} = \vec{E}_+ + \vec{E}_- = \frac{Q_+}{4 \cdot \pi \cdot \varepsilon_0 \cdot r_+^2} \cdot \frac{\vec{r}_+}{r_+} + \frac{Q_-}{4 \cdot \pi \cdot \varepsilon_0 \cdot r_-^2} \cdot \frac{\vec{r}_-}{r_-}$$

der beiden Vektoren $\vec{E}_+$ und $\vec{E}_-$ im Punkt P_1. $\vec{r}_+$ und $\vec{r}_-$ sind die Ortsvektoren von den Punktladungen Q_+ bzw. Q_- zum Punkt P_1 (Figur 44, rechts).

Im Fall mehrerer Ladungen ist die gesamte Feldstärke die Vektorsumme der Feldstärken der einzelnen Ladungen. Mithilfe der Vektorrechnung können die elektrischen Felder mehrerer Punktladungen, z. B. eines Dipols, berechnet werden.

Elektromagnetismus

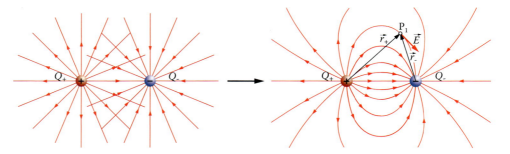

Figur 44 Überlagerung elektrischer Felder von Punktladungen am Beispiel des elektrischen Dipols.
Links: Einzelfelder, rechts: resultierendes Feld

Überlagerungs- oder Superpositionsprinzip

$$\vec{E} = \vec{E}_1 + \vec{E}_2 + \vec{E}_3 + \cdots$$

3.5   Elektrisches Feld einer geladenen Platte und eines Kondensators

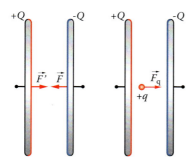

Figur 45 Kraft zwischen Kondensator-platten und Kraft auf Testladung $+q$

Wir laden zwei parallel zueinander angeordnete ausgedehnte Metallplatten (Plattenfläche A) mit den Ladungen $+Q$ und $-Q$ auf. Zwei parallele Metallplatten, die elektrisch geladen werden können, bezeichnen wir als *Plattenkondensator*. Weil die Ladungen auf den beiden Platten unterschiedliche Vorzeichen haben, ziehen sie sich an. Man kann zeigen, dass die Anziehungskraft proportional zu den beiden Ladungsbeträgen Q und umgekehrt proportional zur Plattenfläche A ist. Es gilt (Figur 45, links):

$$F = \frac{Q \cdot Q}{2 \cdot \varepsilon_0 \cdot A}$$

Wir betrachten jetzt die negativ geladene Platte $-Q$ als Testladung im Feld der positiv geladenen Platte $+Q$. Für die Feldstärke einer positiv geladenen Platte erhalten wir damit die elektrische Feldstärke einer geladenen *Einzelplatte* mit der Fläche A:

$$E_{\text{Platte}} = \frac{F}{Q} = \frac{Q}{2 \cdot \varepsilon_0 \cdot A}$$

Als nächstes berechnen wir das elektrische Feld zwischen den Platten eines Plattenkondensators: Hier verdoppelt sich die Feldstärke, weil beide Platten auf die Testladung $+q$ je eine gleich grosse Kraft nach rechts ausüben (Figur 45, rechts).

Befindet sich diese Testladung ausserhalb des Kondensators, so verschwindet die Kraftwirkung fast vollständig, weil dann die beiden Platten beinahe gleich grosse, entgegengesetzt gerichtete Kräfte auf $+q$ ausüben:

Elektrische Feldstärke eines geladenen Plattenkondensators (Fläche A)

$$\text{zwischen den Platten} \quad E_{\text{Kondensator}} = \frac{Q}{\varepsilon_0 \cdot A}$$

$$\text{ausserhalb der Platten} \quad E_{\text{Kondensator}} \approx 0$$

Das elektrische Feld eines Plattenkondensators ist nahezu homogen, d. h., es ist für jeden Punkt zwischen den Platten gleich gross. Es steht senkrecht zu den Platten. Ausserhalb der Platten verschwindet es (fast) vollständig.

Der Ausdruck $\frac{Q}{\varepsilon_0 \cdot A}$ für das Feld im Inneren des Kondensa-

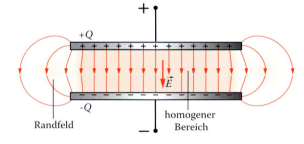

Figur 46 Feld eines Plattenkondensators

tors gilt näherungsweise, solange der Plattenabstand im Vergleich zu den Plattenabmessungen klein ist. Das Feldlinienbild eines Plattenkondensators (Figur 46) zeigt neben dem nahezu homogenen Innenfeld und dem verschwindenden Aussenfeld auch einen inhomogenen Zwischenbereich, das Randfeld.

3.6 Arbeit und Spannung im homogenen elektrischen Feld

Im homogenen elektrischen Feld $\vec{E}$ eines Plattenkondensators bleibt die elektrische Feldstärke $\vec{E}$ längs des Wegs $\vec{s}$ konstant. Nun wird eine Punktladung q von einem Punkt P_1 zu einem Punkt P_2 verschoben (Figur 47). Die dafür erforderliche Arbeit beträgt:

$$W = \vec{F} \cdot \vec{s} = - q \cdot \vec{E} \cdot \vec{s}$$

Da $\vec{E}$ und $\vec{s}$ antiparallel sind (Figur 47), ist eine negatives Vorzeichen erforderlich, wenn eine positive Arbeit W resultieren soll. Für die Verschiebungsarbeit W können wir damit schreiben:

Verschiebungsarbeit einer Probeladung in einem Plattenkondensator

$$W = \vec{F} \cdot \vec{s} = - q \cdot \vec{E} \cdot \vec{s} = q \cdot U$$

Elektromagnetismus

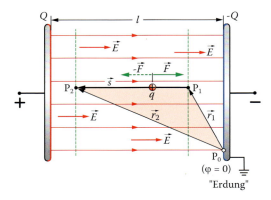

Wenn wir für s den Plattenabstand l und für den Betrag des elektrischen Felds $\frac{Q}{\varepsilon_0 \cdot A}$ einsetzen, können wir die schon früher eingeführte elektrische Spannung $U = \frac{\text{Verschiebungsarbeit}}{\text{Probeladung}} = \frac{W}{q}$ am Plattenkondensator berechnen.

Figur 47 Plattenkondensator: Verschiebung einer Probeladung q

> **Elektrische Spannung**
> **am Plattenkondensator**
>
> $$U = \frac{W}{q} = E \cdot l = \frac{Q \cdot l}{\varepsilon_0 \cdot A}$$

Die elektrische Ladung Q und die elektrische Spannung U eines Kondensators sind direkt proportional zueinander. Für den Plattenkondensator gilt:

> **Ladung Q, Spannung U und Kapazität C eines Plattenkondensators**
>
> $$Q = \frac{\varepsilon_0 \cdot A}{l} \cdot U = C \cdot U \quad \text{mit} \quad C = \frac{Q}{U} = \frac{\varepsilon_0 \cdot A}{l} \quad \text{Einheit: } [C] = \frac{\text{Coulomb}}{\text{Volt}} = \text{Farad} = \text{F}$$

Die Proportionalitätskonstante C heisst *Kapazität* und hängt nur von den geometrischen Abmessungen eines Kondensators ab. Die Kapazität C eines Plattenkondensators können wir mithilfe der Plattenfläche A und des Plattenabstandes l berechnen.

■ Beispiel: Plattenkondensator

Ein Kondensator mit kreisförmigen Platten (Radius $r = 0.20$ m) wird auf eine Spannung von $U = 2000$ Volt aufgeladen. Der Abstand der Platten beträgt $l = 1$ cm. Wie gross ist/ sind:

a) die Kapazität dieses Kondensators?
b) die Ladungen $+Q$ bzw. $-Q$ auf den beiden Kondensatorplatten?
c) die elektrische Feldstärke $\vec{E}$ zwischen diesen Kondensatorplatten?
d) die elektrische Feldstärke $\vec{E}'$ ausserhalb der Kondensatorplatten?
e) die Arbeit W, die aufgewendet werden muss, um eine punktförmige Probeladung $q = +10^{-8}$ Coulomb von der negativ zur positiv geladenen Platte zu bewegen?
f) die Kraft $\vec{F}$, mit welcher sich die beiden Platten anziehen?

Lösung

a) $C = \dfrac{Q}{U} = \dfrac{\varepsilon_0 \cdot A}{l} = \dfrac{\varepsilon_0 \cdot \pi \cdot r^2}{l} = \dfrac{8.854 \cdot 10^{-12} \cdot \pi \cdot 0.2^2}{0.01}$ F $= 111.3 \cdot 10^{-12}$ F $= 111.3$ pF

b) $Q = \dfrac{\varepsilon_0 \cdot A \cdot U}{l} = C \cdot U = 111.3 \cdot 10^{-12} \cdot 2000$ Coulomb $= 2.23 \cdot 10^{-7}$ Coulomb

c) $E = \dfrac{U}{l} = \dfrac{2000}{0.01} \dfrac{\text{V}}{\text{m}} = 2 \cdot 10^5 \dfrac{\text{V}}{\text{m}}$

d) $E' \approx 0$

e) $W = q \cdot U = 10^{-8} \cdot 2000$ J $= 2 \cdot 10^{-5}$ J

f) $F = Q \cdot E_{\text{Platte}} = Q \cdot \dfrac{E}{2} = \dfrac{2.23 \cdot 10^{-7} \cdot 2 \cdot 10^5}{2}$ N $= 2.23 \cdot 10^{-2}$ N

3.7 Spannung und Potenzial im elektrischen Feld

Die elektrische Verschiebungsarbeit

Wir bewegen eine positive Punktladung Q_2 näher an eine ebenfalls positive, fest-gehaltene Ladung Q_1 heran. Ihr Anfangs-abstand beträgt r, ihr Endabstand r'. Die beiden Ladungen stossen sich mit einer Kraft $\vec{F}$ ab (Figur 48). Die für die Ver-schiebung erforderliche Kraft $-\vec{F}$ wird längs des zurückgelegten Wegs zuneh-mend grösser. Die Verschiebungsarbeit kann deshalb nicht mehr einfach als Pro-dukt von Kraft und Weg berechnet wer-den.

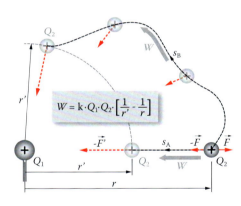

Figur 48 Die elektrische Verschiebungsarbeit W

Wie bei der Gravitationsarbeit benutzen wir für die Berechnung der elektrischen Ver-schiebungsarbeit ein Näherungsverfahren, welches längs des Wegs $s_A = (r - r')$ eine mitt-lere Kraft $\overline{F} = \sqrt{F \cdot F'}$ annimmt. Für die Verschiebungsarbeit erhalten wir damit:

$$W = \text{mittlere Kraft mal Weg} = \overline{F} \cdot s_A = \sqrt{F \cdot F'} \cdot (r - r') = \dfrac{k \cdot Q_1 \cdot Q_2}{r \cdot r'} \cdot (r - r')$$

$$= k \cdot Q_1 \cdot Q_2 \cdot \left(\dfrac{1}{r'} - \dfrac{1}{r} \right)$$

Eine Integration längs eines Wegs s von r nach r' liefert dasselbe Resultat:

$$W = -\int_{r}^{r'} \vec{F}_2(r) \cdot \vec{ds} = -\int_{r}^{r'} \dfrac{k \cdot Q_1 \cdot Q_2}{r^2} \cdot ds = -k \cdot Q_1 \cdot Q_2 \cdot \int_{r}^{r'} \dfrac{dr}{r^2} = +k \cdot Q_1 \cdot Q_2 \cdot \left(\dfrac{1}{r'} - \dfrac{1}{r} \right)$$

249

Bewegen wir die Ladung Q_2 auf einem beliebigen Weg s_B an einen anderen Ort im Abstand r' von Q_2, so ist dazu dieselbe Arbeit W erforderlich (Figur 48, oben). Die Verschiebungsarbeit ist also unabhängig vom Weg!

Die Potenzialdifferenz

Im Plattenkondensator ist die Verschiebungsarbeit einer Probeladung einfacher zu berechnen, weil das E-Feld und die Kraft konstant sind. In Figur 47 gilt für die Verschiebungsstrecke die Vektorbeziehung $\vec{s} = \vec{r}_2 - \vec{r}_1$. Damit erhalten wir für die Verschiebungsarbeit:

$$W = \vec{F} \cdot \vec{s} = -q \cdot \vec{E} \cdot \vec{s} = q \cdot \vec{E} \cdot (\vec{r}_2 - \vec{r}_1) = +q \cdot \left[\underbrace{(\vec{E} \cdot \vec{r}_2)}_{\varphi_2} - \underbrace{(\vec{E} \cdot \vec{r}_1)}_{\varphi_1} \right] = q \cdot U$$

Die neuen Grössen $\varphi_1 = \vec{E} \cdot \vec{r}_1$ und $\varphi_2 = \vec{E} \cdot \vec{r}_2$ heissen *Potenziale*. Potenziale sind elektrische Spannungen bezüglich eines (beliebig wählbaren) Potenzialnullpunkts P_0, der „Erdung" (Figur 47). Arbeiten wir mit einem Plattenkondensator, so wählen wir den Potenzialnullpunkt gewöhnlich auf einer der beiden Platten.

Die elektrische Spannung wird damit als Potenzialdifferenz definiert.

> **Elektrische Spannung: Potenzialdifferenz**
> $$U = \varphi_2 - \varphi_1 = \vec{E} \cdot \vec{r}_2 - \vec{E} \cdot \vec{r}_1$$

Auf die Testladung $+q$ im Punkt P_1 (Figur 47) wirkt eine Kraft $\vec{F} = +q \cdot \vec{E}$. Befindet sich die Testladung im Punkt P_1 so hat sie bezüglich P_0 die elektrische potenzielle Energie $E_{pot,el,1} = q \cdot \vec{E} \cdot \vec{r}_1 = q \cdot \varphi_1$; befindet sich die Testladung im Punkt P_2, so beträgt ihre potenzielle Energie $E_{pot,el,2} = q \cdot \vec{E} \cdot \vec{r}_2 = q \cdot \varphi_2$.

Dies entspricht der mechanischen potenziellen Energie eines Massepunkts m in einer Höhe h über dem Erdboden: $E_{pot,mech,1} = m \cdot g \cdot h_1 = m \cdot \varphi_1$ bzw. $E_{pot,mech,2} = m \cdot g \cdot h_2 = m \cdot \varphi_2$ (Figur 49).

Ein Vergleich zeigt:

- Der Ladung $+q$ entspricht die Masse m,
- dem elektrischen Feld $\vec{E}$ entspricht die Erdbeschleunigung $\vec{g}$,
- dem elektrischen Potenzial $\varphi_1 = E \cdot r_1$ entspricht das mechanische Potenzial $\varphi_1 = g \cdot h_1$.
- dem elektrischen Potenzial $\varphi_2 = E \cdot r_2$ entspricht das mechanische Potenzial $\varphi_2 = g \cdot h_2$.
- der elektrischen Spannung $U = \varphi_2 - \varphi_1$ entspricht die mechanische Potenzialdifferenz $\varphi_2 - \varphi_1 = g(h_2 - h_1)$
- der elektrischen Verschiebungsarbeit $g \cdot U$ entspricht die mechanische Verschiebungsarbeit $mg(h_2 - h_1)$ ($h_1, h_2 \ll R_E$, Erdradius)

Parallel zu den Platten bzw. senkrecht zu den Feldlinien gibt es im Plattenkondensator Flächen, auf denen das elektrische Potenzial überall denselben Wert hat, man bezeichnet sie als *Äquipotenzialflächen*. In Figur 50 sind die Feldlinien eines Plattenkondensators rot, die Äquipotenzialflächen grün eingezeichnet.

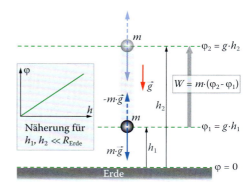

Figur 49 Verschiebungsarbeit im Gravitationsfeld der Erde für kleine Höhen h_1 und h_2; Äquipotenzialflächen (grün gestrichelt)

■ Beispiel: Elektronenbeschleuniger

Linearbeschleuniger (sog. LINACs) funktionieren nach dem in Figur 51 dargestellten Prinzip. Ein geladenes Teilchen (hier ein Elektron) wird in identischen Kondensatorstufen mehrfach elektrostatisch beschleunigt. Wir untersuchen *eine* Beschleunigungsstufe.

a) Das Elektron wird in der „Elektronenkanone" auf eine Anfangsgeschwindigkeit $v_0 = 3 \cdot 10^6$ m/s und in der nachfolgenden Kondensatorstufe (Spannung $U = 20$ Volt) weiter beschleunigt. Welche Geschwindigkeit erreicht es? Benutzen Sie eine Energiebilanz.

b) Nun wird der Kondensator umgepolt (d. h. Plus- und Minuspol werden vertauscht), das Elektron also verzögert. Auf welche Geschwindigkeit v_2 wird das Elektron jetzt abgebremst?

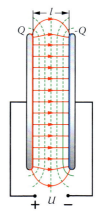

Figur 50 Plattenkondensator: Feldlinien (rot), Äquipotenzialflächen (grün gestrichelt)

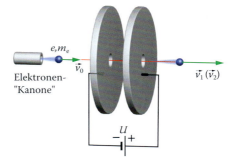

Figur 51 LINAC-Stufe

Lösung

a) Energiebilanz:

$$\frac{1}{2} \cdot m_e \cdot v_0^2 + e \cdot U = \frac{1}{2} \cdot m_e \cdot v_1^2$$

$$v_1 = \sqrt{v_0^2 + \frac{2 \cdot e \cdot U}{m_e}} = \sqrt{(3 \cdot 10^6)^2 + \frac{2 \cdot 1.6 \cdot 10^{-19} \cdot 20}{9.11 \cdot 10^{-31}}} \, \frac{\mathrm{m}}{\mathrm{s}} = 4.00 \cdot 10^6 \, \frac{\mathrm{m}}{\mathrm{s}}$$

b) Energiebilanz: $\dfrac{1}{2} \cdot m_e \cdot v_0^2 - e \cdot U = \dfrac{1}{2} \cdot m_e \cdot v_1^2$

$$v_1 = \sqrt{v_0^2 - \frac{2 \cdot e \cdot U}{m_e}} = \sqrt{(3 \cdot 10^6)^2 - \frac{2 \cdot 1.6 \cdot 10^{-19} \cdot 20}{9.11 \cdot 10^{-31}}} \; \frac{m}{s} = 1.41 \cdot 10^6 \; \frac{m}{s}$$

Weitere Unterlagen zum Thema siehe www.hep-verlag.ch/physik-mittelschulen

3.8 Energie im geladenen Kondensator

Wir laden einen Experimentierkondensator mit einem Bandgenerator elektrisch auf, die rechte Platte positiv (+ Q), die linke um den gleichen Betrag negativ (− Q). Dann hängen wir eine elektrisch leitende, aber ungeladene kleine Kugel, z. B. einen metallisierten Pingpongball, zwischen die beiden Platten. Zu Beginn berührt er eine der beiden Platten, z. B. die positive (elektrostatisches Pendel, Figur 52).

Die Pendelkugel wird dabei positiv geladen (Ladung q), anschliessend von der ebenfalls positiv geladenen Platte (rechts) abgestossen, von der negativ geladenen Platte (links) angezogen und bewegt sich in Richtung dieser (negativ geladenen) Platte. An der negativ geladenen Platte wird die Kugel umgeladen und bewegt sich zur positiv geladenen Platte zurück, wo sie erneut umgeladen und zurück zur negativen Platte bewegt wird. Dieser Vorgang wiederholt sich so lange, bis der Kondensator vollständig entladen ist.

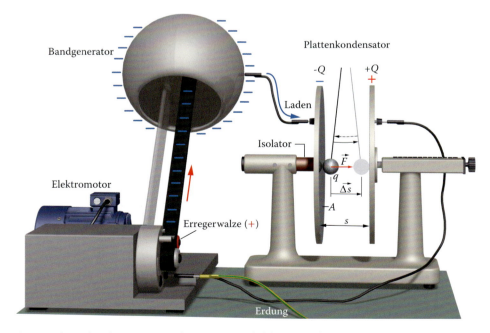

Figur 52 Plattenkondensator mit Ladegenerator und elektrostatischem Pendel

Längs des Wegs $\Delta \vec{s}$ gewinnt die Ladung eine mechanische (kinetische) Energie $\vec{F} \cdot \Delta \vec{s}$, die proportional zur transportierten Ladung q und zur Kondensatorladung Q ist. Wegen der Entladung des Kondensators wird diese Energie bei jedem Richtungswechsel kleiner. Während dieses Vorgangs wird der Kondensator entladen und gibt damit einen Teil seiner elektrischen Energie an die geladene Kugel weiter, welche sie in mechanische Energie und schliesslich in Wärme umwandelt.

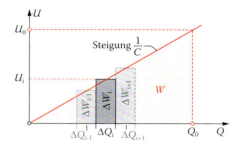

Figur 53 Spannung und Ladung am Kondensator

Der Kondensator ist offensichtlich ein Speicher für elektrische Energie, die beim Entladen freigesetzt werden kann und die beim Laden des Kondensators wieder gespeichert wird. Diese Energie wollen wir mithilfe der Ladearbeit des Kondensators berechnen.

Wir untersuchen diejenige Arbeit W, die zum Laden eines (vorerst entladenen) Kondensators erforderlich ist. Dazu benutzen wir die Beziehung zwischen Ladung Q und Spannung U eines Kondensators

$$Q = C \cdot U \qquad C: \text{Kapazität}$$

und lösen nach U auf:

$$U = \frac{1}{C} \cdot Q$$

Figur 53 zeigt den zugehörigen Graphen. Wir gehen zunächst von einem ungeladenen Kondensator aus. Während des Ladeprozesses nimmt die Spannung zu. Ist der Kondensator beispielsweise schon auf eine Spannung U_i geladen worden, so ist zum Transport einer kleinen Ladung ΔQ_i die Arbeit $\Delta W_i = U_i \cdot \Delta Q_i$ erforderlich.

Geometrisch entspricht diese Arbeit der Fläche des in Figur 53 skizzierten schmalen Rechtecks, die gesamte Ladearbeit W der Summe aller dieser Rechtecksflächen:

$$W \approx \Delta W_1 + \Delta W_2 + \Delta W_3 + \cdots + \Delta W_n = \sum_{i=1}^{n} \Delta W_i = \sum_{i=1}^{n} U_i \cdot \Delta Q_i$$

Im Grenzfall unendlich schmaler Rechtecke geht diese Summe in die Fläche des Dreiecks über, das durch die Gerade zwischen $Q = 0$ und $Q = Q_0$ begrenzt wird. Die Ladearbeit W ist gleich der im Kondensator gespeicherten elektrischen Energie.

> **Ladearbeit eines Kondensators; gespeicherte elektrische Energie**
>
> $$W = \frac{1}{2} \cdot U_0 \cdot Q_0 = \frac{1}{2} \cdot C \cdot U_0^2 = \frac{1}{2} \cdot \frac{Q_0^2}{C}$$

Elektro-magnetismus

253

Schreiben wir für die Kondensatorspannung $U_0 = E \cdot s$ und für die Kapazität $C = \frac{\varepsilon_0 \cdot A}{s}$, so erhalten wir

$$W = \frac{1}{2} \cdot C \cdot U_0^2 = \frac{1}{2} \cdot \frac{\varepsilon_0 \cdot A}{s} \cdot E^2 \cdot s^2 = \frac{1}{2} \cdot \varepsilon_0 \cdot \underbrace{A \cdot s}_{V} \cdot E^2 = \frac{1}{2} \cdot \varepsilon_0 \cdot V \cdot E^2.$$

$V = A \cdot s$ ist das Kondensatorvolumen. Führen wir mit $w = W/V$ die Energiedichte in einem Kondensator ein, so erhalten wir:

Energiedichte im geladenen Kondensator

$$w = \frac{W}{V} = \frac{1}{2} \cdot \varepsilon_0 \cdot E^2 \quad \text{Einheit: } [w] = \frac{J}{m^3}$$

Die Energiedichte in einem Kondensator ist also proportional zum Quadrat der Stärke des elektrischen Feldes. Diese Formel kann als Aussage über den Sitz der elektrischen Energie eines geladenen Kondensators gedeutet werden.

Die elektrische Energie des geladenen Kondensators „sitzt" nicht auf dessen Platten, sondern im elektrischen Feld des leeren Raums bzw. des Dielektrikums (Isolators, z. B. Glas) zwischen diesen Platten.

Hinweis
Beachten Sie die Analogie der Ausdrücke $Q = C \cdot U$ und $W = \frac{1}{2} \cdot Q \cdot U = \frac{1}{2} \cdot C \cdot U^2$ des Plattenkondensators mit den Ausdrücken $F = D \cdot s$ und $W = \frac{1}{2} \cdot F \cdot s = \frac{1}{2} \cdot D \cdot s^2$ einer Feder (S. 133).

■ Beispiel: Fahrzeug
Supercaps sind Kondensatoren mit Kapazitäten bis zu 5000 Farad (bei 2.5 Volt Spannung), die z. B. im Fahrzeugbau eingesetzt werden. Das Elektrofahrzeug HY-LIGHT benutzt ein Modul mit 90 Supercaps in Serieschaltung. Nach Firmenangaben hat dieses Modul eine Kapazität von 29 Farad und erbringt während 15 Sekunden eine elektrische Leistung von 45 kW. Berechnen Sie aus diesen Angaben:

a) den Energieinhalt dieses Moduls,
b) die Betriebsspannung des Elektromotors,
c) die gesamte gespeicherte Ladung,
d) die Einzelkapazität der 90 identischen Supercaps.
e) Warum braucht HY-LIGHT neben dem Elektroantrieb mit einer Brennstoffzelle zusätzlich das Supercap-Modu? Warum kann kein Bleiakkumulator eingesetzt werden?

Lösung

a) $E = P \cdot t = 45\,000 \cdot 15 \text{ J} = 675\,000 \text{ J}$

b) $E = \dfrac{1}{2} \cdot C \cdot U^2 \quad \rightarrow \quad U = \sqrt{\dfrac{2 \cdot E}{C}} = \sqrt{\dfrac{2 \cdot 675\,000}{29}} \text{ V} = 216 \text{ V}$

c) $Q = C \cdot U = 29 \cdot 216 \text{ C} = 6260 \text{ C}$

d) $E_{\text{Supercap}} = \dfrac{E}{90} = \dfrac{1}{2} \cdot C \cdot \left(\dfrac{U}{90}\right)^2 \quad \rightarrow \quad C = \dfrac{2 \cdot E \cdot 90}{U^2} = \dfrac{2 \cdot 675\,000 \cdot 90}{216^2} \text{ F} = 2604 \text{ F}$

e) Die Energie im Supercap-Modul wird bei Spitzenleistungen des Motors, etwa beim Beschleunigen, benötigt. Im Gegensatz zu einem Bleiakkumulator kann der Supercap seinen Energieinhalt in kürzester Zeit abgeben und im Normalbetrieb, d. h. während der Fahrt mit konstanter Geschwindigkeit, über die Brennstoffzelle wieder geladen werden.

3.9 Isolatoren im elektrischen Feld

In elektrischen Isolatoren *(Dielektrika)* sind im Gegensatz zu elektrischen Leitern (praktisch) keine frei verschiebbaren Ladungsträger (Elektronen) vorhanden. Dennoch werden auch Isolatoren von (äusseren) elektrischen Feldern stark beeinflusst.

Bringt man ein Dielektrikum, etwa ein Stück Glas, Keramik oder Kunststoff, zwischen die Platten eines Kondensators, so vergrössert sich dessen Kapazität C. Diese Vergrösserung ist auf eine *Verschiebung* von Ladungen *(Verschiebungspolarisation)* bzw. auf eine Orientierung von elektrischen Dipolen, die im untersuchten Dielektrikum schon vorhanden sind *(Orientierungspolarisation)*, zurückzuführen.

Für einen Plattenkondensator gilt:

$$C = \varepsilon_{\text{r}} \cdot \varepsilon_0 \cdot \dfrac{A}{s}$$

Die Materialkonstante ε_r heisst *relative Dielektrizitätskonstante*, kurz Dielektrizitätskonstante oder DK eines Stoffs (Isolator bzw. Dielektrikum). Die DK ist eine reine Zahl.

DK einiger typischer Dielektrika

Luft	1.0006	Gläser	4 … 15	Porzellan	6	Teflon	2.1
Wasser	80.4	Glimmer	5.4	Spez. Keramiken	>100	Bariumtitanat	10 000

Wir können alle bisher eingeführten Formeln auch bei Anwesenheit eines Dielektrikums verwenden, wenn wir ε_0 durch $\varepsilon_{\text{r}} \cdot \varepsilon_0$ ersetzen.

Weitere Unterlagen zum Thema siehe www.hep-verlag.ch/physik-mittelschulen

Elektro-
magnetismus

3.10 Elementarladung des Elektrons: das Experiment von Millikan

Robert A. Millikan (1868 – 1953) untersuchte sehr kleine, elektrisch geladene Öltröpfchen zwischen den horizontal angeordneten Platten eines Kondensators (Figur 54), der mit einer variablen Spannungsquelle verbunden ist.

Elektrisch geladen werden die Öltröpfchen beim Zerstäuben durch Reibung an der Luft oder mithilfe eines radioaktiven Präparats. Auf ein einzelnes Öltröpfchen (Radius r, Ladung q) wirken folgende Kräfte:

- Die Gewichtskraft $F_{\mathrm{G}} = m_{\mathrm{Öl}} \cdot g = \rho_{\mathrm{Öl}} \cdot V \cdot g = \frac{4 \cdot \pi}{3} \cdot r^3 \cdot \rho_{\mathrm{Öl}} \cdot g$
- Die Auftriebskraft $F_{\mathrm{A}} = m_{\mathrm{Luft}} \cdot g = \rho_{\mathrm{Luft}} \cdot V \cdot g = \frac{4 \cdot \pi}{3} \cdot r^3 \cdot \rho_{\mathrm{Luft}} \cdot g$
- Eine elektrische Kraft $F_{\mathrm{E}} = q \cdot E = q \cdot \frac{U}{d}$ (Kondensatorspannung U, Plattenabstand d)
- Die Stokes'sche Reibungskraft $F_{\mathrm{R}} = 6 \cdot \pi \cdot \eta_{\mathrm{L}} \cdot r \cdot v$
  ($\eta_{\mathrm{L}} = 1.82 \cdot 10^{-5} \frac{\mathrm{N \cdot s}}{\mathrm{m}^2}$; Viskosität (Zähigkeit) von Luft bei 20 °C und 1013 mbar,
  v Gleichgewichtsgeschwindigkeit der Öltröpfchen)

Im Gegensatz zur Newton'schen Reibungskraft (S. 76), die auf *turbulent* umströmte Körper wirkt und proportional ist zum *Quadrat* der Körpergeschwindigkeit v^2, wirkt die Stokes'sche Reibungskraft auf *laminar* (nicht turbulent) umströmte Körper und ist proportional zur Körpergeschwindigkeit v.

Zuerst wird ein mit konstanter Geschwindigkeit frei fallendes Öltröpfchen *ohne* elektrisches Feld beobachtet und im Messmikroskop (Figur 54) seine Geschwindigkeit v bestimmt. Auf das Öltröpfchen wirkt nach unten die Gewichtskraft, nach oben wirken die Auftriebs- und die Reibungskraft . Im Gleichgewichtsfall (v = konst.) gilt:

$$6 \cdot \pi \cdot \eta_{\mathrm{L}} \cdot r \cdot v + \frac{4 \cdot \pi}{3} \cdot r^3 \cdot \rho_{\mathrm{Luft}} \cdot g = \frac{4 \cdot \pi}{3} \cdot r^3 \cdot \rho_{\mathrm{Öl}} \cdot g$$

Daraus kann der Tröpfchenradius r bestimmt werden:

$$r = \sqrt{\frac{9 \cdot v \cdot \eta_{\mathrm{L}}}{2 \cdot \left(\rho_{\mathrm{Öl}} - \rho_{\mathrm{Luft}}\right) \cdot g}}$$

Jetzt wird eine elektrische Spannung U angelegt und so lange verändert, bis das Tröpfchen schwebt, also im Gleichgewicht ist; allerdings bewegt sich das Tröpfchen jetzt nicht, sodass die Stokes'sche Reibungskraft verschwindet. Es gilt

$$q \cdot E + \frac{4 \cdot \pi}{3} \cdot r^3 \cdot \rho_{\mathrm{Luft}} \cdot g = \frac{4 \cdot \pi}{3} \cdot r^3 \cdot \rho_{\mathrm{Öl}} \cdot g$$

Daraus ergibt sich für die Ladung q des Tröpfchens:

$$q = \frac{4 \cdot \pi \cdot r^3 \cdot g \cdot \left(\rho_{\mathrm{Öl}} - \rho_{\mathrm{Luft}}\right)}{3 \cdot E} = \frac{4 \cdot \pi \cdot r^3 \cdot d \cdot g \cdot \left(\rho_{\mathrm{Öl}} - \rho_{\mathrm{Luft}}\right)}{3 \cdot U}$$

Millikan untersuchte auf diese Weise Tausende von Öltröpfchen und kam zum erstaunlichen Ergebnis, dass deren Ladung q immer ein ganzzahliges Vielfaches einer bestimmten Ladung, nämlich der Elementarladung, war, wobei die verschiedenen Tröpfchen manchmal eine, manchmal mehrere Elementarladungen aufwiesen.

Elementarladung

Jede elektrische Ladung ist ein ganzzahliges Vielfaches der Elementarladung

$$e = 1.602 \cdot 10^{-19} \text{ Coulomb}$$

Diese ist die kleinstmögliche, freie elektrische Ladung.

■ Beispiel: Millikan'scher Öltröpfchenversuch

a) Mithilfe des Mikroskops einer Millikan'schen Apparatur (Figur 54) wurde die Geschwindigkeit eines fallenden Öltröpfchens ohne elektrische Spannung gemessen: $v = 0,026$ mm/s. Bestimmen Sie daraus den Tröpfchenradius

$(\eta_{\text{Luft}} = 1.82 \cdot 10^{-5} \dfrac{\text{N} \cdot \text{s}}{\text{m}^2}, \rho_{\text{Öl}} = 881 \dfrac{\text{kg}}{\text{m}^3}, \rho_{\text{Luft}} = 1.2 \dfrac{\text{kg}}{\text{m}^3})$

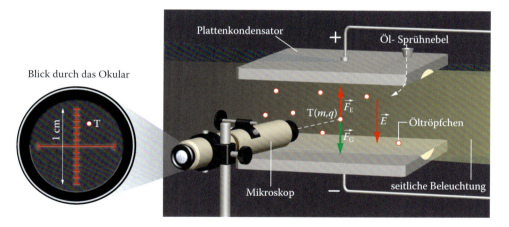

Figur 54 Öltröpfchenversuch von Millikan. T: Tröpfchen (m Masse, q elektrische Ladung)

b) Dieses Tröpfchen trägt 4 Elementarladungen. Welche elektrische Spannung liegt zwischen den Platten des Kondensators (Plattenabstand $d = 5$ mm), wenn das Tröpfchen schwebt?

Lösung

a) $r = \sqrt{\dfrac{9 \cdot v \cdot \eta_{\text{Luft}}}{2 \cdot (\rho_{\text{Öl}} - \rho_{\text{Luft}}) \cdot g}} = \sqrt{\dfrac{9 \cdot 0.026 \cdot 10^{-3} \cdot 1.82 \cdot 10^{-5}}{2 \cdot (881 - 1.2) \cdot 9.81}} \, \text{m} = 5.0 \cdot 10^{-7} \text{m}$

b) $4 \cdot e \cdot E + \dfrac{4 \cdot \pi}{3} \cdot r^3 \cdot \rho_{\text{Luft}} \cdot g = \dfrac{4 \cdot \pi}{3} \cdot r^3 \cdot \rho_{\text{Öl}} \cdot g \quad \Rightarrow$

$$U = E \cdot d = \frac{\pi \cdot r^3 \cdot d \cdot g}{3 \cdot e} \cdot \left(\rho_{\text{Öl}} - \rho_{\text{Luft}}\right) = \frac{\pi \cdot \left(5.0 \cdot 10^{-7}\right)^3 \cdot 0.005 \cdot 9.81}{3 \cdot 1.6 \cdot 10^{-19}} \cdot \left(881 - 1.2\right) \text{V} = 35 \text{ V}$$

3.11   Zusammenfassung

Das elektrische Feld

Definition: $\qquad\qquad\qquad \vec{E} = \dfrac{\text{Kraft}}{\text{Testladung}} = \dfrac{\vec{F}}{q}$

Punktladung Q / Hohlkugel: $\vec{E} = \dfrac{\vec{F}}{q} = \dfrac{1}{4 \cdot \pi \cdot \varepsilon_0} \cdot \dfrac{Q}{r^2} \cdot \dfrac{\vec{r}}{r}$

Plattenkondensator (Kapazität C, Einheit $[C]$ = Farad = F = C/V):

$$E = \frac{F}{q} = \frac{U}{s} = \frac{Q}{\varepsilon_0 \cdot A} \quad \rightarrow \quad Q = C \cdot U \quad \rightarrow \quad C = \frac{Q}{U} = \frac{\varepsilon_0 \cdot A}{s}$$

Elektrische Feldkonstante $\varepsilon_0 = 8.854 \cdot 10^{-12} \ C \cdot V^{-1} \cdot m^{-1}$

E-Felder verschiedener Ladungen, etwa zweier entgegengesetzt gleich geladener Punktladungen $+Q$ und $-Q$ (elektrostatischer Dipol), überlagern sich ungestört und können vektoriell addiert werden.

Elektrische Spannung, elektrisches Potenzial

Verschiebt man eine Testladung q in einem E-Feld, so ist die elektrische Spannung U der Quotient aus Verschiebungsarbeit ΔW und q:

$$U = \frac{\Delta W}{q} = \varphi_2 - \varphi_1$$

Das Potenzial φ ist die Spannung in einem Punkt P eines elektrischen Felds bezüglich eines frei wählbaren Potenzialnullpunkts (Erdung). Die Spannung U zwischen zwei Punkten P_1 und P_2 in einem elektrischen Feld ist gleich der Potenzialdifferenz zwischen beiden Punkten.

Ein **Kondensator** kann elektrische Energie speichern:

$$E_{\text{el}} = \frac{1}{2} \cdot Q \cdot U = \frac{1}{2} \cdot C \cdot U^2 = \frac{1}{2} \cdot \varepsilon_0 \cdot \varepsilon_{\text{r}} \cdot \frac{A}{s} \cdot E^2 \cdot s^2 = \frac{1}{2} \cdot \varepsilon_0 \cdot \varepsilon_{\text{r}} \cdot E^2 \cdot V \quad (V = A \cdot s \text{ Volumen})$$

Diese Energie ist nicht auf den Kondensatorplatten, sondern im elektrischen Feld E zwischen diesen lokalisiert.

In einem Dielektrikum (Isolator) verkleinert sich das elektrische Feld um einen Faktor ε_r, die Dielektrizitätskonstante, weil im Dielektrikum, entweder durch Polarisierung unpolarer oder durch Orientierung polarer Moleküle/Atome, ein Gegenfeld entsteht. Falls ein Dielektrikum vorhanden ist, muss ε_o in den Formeln fürs Vakuum durch $\varepsilon_0 \cdot \varepsilon_r$ ersetzt werden.

4 Magnetismus und elektrischer Strom

4.1 Magnetfelder

4.1.1 Natürliche Magnete

Der Magneteisenstein Magnetit (Fe_3O_4) hat die erstaunliche Eigenschaft, kleine Eisenteile, Nägel, Nadeln oder Späne anzuziehen. Magnetit ist ein natürlicher Dauer- oder Permanentmagnet, nach moderner Bezeichnung ein Ferrimagnet, der seine magnetischen Eigenschaften dauerhaft beibehält.

Magnetit (Figur 55) ist ein Eisenerzmineral mit einem Eisenanteil von 72%. Magnetit weist daher einen relativ starken natürlichen Magnetismus auf und bildet oktaedrische Kristalle mit typischem starkem Metallglanz.

Für den Namen „Magnetit" gibt es verschiedene Erklärungen: Magnesia war eine kleinasiatische Stadt, in der Magnetit schon um 500 v. Chr. gefunden wurde. Nach einer anderen Deutung wurde Magnetit von einem griechischen Schäfer namens Magnes entdeckt, als ihm dieses Gestein beim Besteigen des Bergs Ida die Nägel aus den Schuhen gezogen haben soll.

Ein frei beweglicher Magnet richtet sich in Nord-Süd-Richtung aus. Das nach Norden gerichtete Ende wird als *Nordpol*, das nach Süden gerichtete als *Südpol* bezeichnet.

Wird ein Magnet zerbrochen, so haben auch die beiden Teile je wieder einen Nord- und einen Südpol. Magnete mit nur einem

Figur 55 Natürlicher Magnetit

Pol (Monopole) wurden bisher nicht beobachtet, es existieren nur magnetische Dipole (Figur 56). Allerdings hat der englische Physiker Paul A. M. Dirac 1931 auf die Möglichkeit der Existenz magnetischer Monopole hingewiesen.

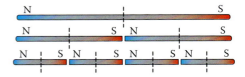

Figur 56 Magnetische Dipole

Zwei Magnete üben aufeinander Kräfte aus. Gleichartige Pole (N – N oder S – S) stossen sich ab (Figur 57), verschiedenartige (N – S oder S – N) ziehen sich an. Magnete ziehen Körper aus Eisen, Nickel oder Kobalt an. Solche Stoffe bezeichnet man als Ferromagnete. Ferromagnete können magnetisch gemacht (magnetisiert) werden, indem man sie in die Nähe eines Magnetsteins bringt.

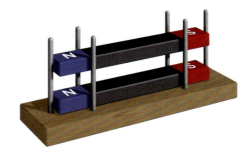

Figur 57 Frei schwebender Magnet

Der französische Physiker Pierre-Ernest Weiss (1865 – 1940) erkannte, dass ferromagnetische Stoffe aus vielen sehr kleinen Elementarmagneten, sogenannten *Weiss'schen Bezirken* oder *magnetischen Domänen,* mit der Grösse von 0.01 bis 1 mm bestehen. Im unmagnetisierten Zustand eines Ferromagneten sind diese Elementarmagnete ungeordnet (Figur 58, oben). Bringt man einen unmagnetisierten Ferromagneten in die Nähe eines Magneten oder legt ein äusseres Magnetfeld an, so ordnen sich die Weiss'schen Bezirke in die gleiche Richtung. Der ferromagnetische Stoff wird so zu einem Magneten (Figur 58, unten).

Durch starke Erschütterung können bestimmte, sogenannte *weiche* Ferromagnete entmagnetisiert werden. Erhitzt man einen Ferromagneten über eine bestimmte Grenztemperatur, den *Curie-Punkt,* so wird er schlagartig entmagnetisiert, weil die Weiss'schen Bezirke aufgelöst werden.

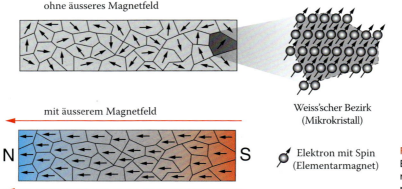

ohne äusseres Magnetfeld

mit äusserem Magnetfeld

N   S

Weiss'scher Bezirk
(Mikrokristall)

Elektron mit Spin
(Elementarmagnet)

Figur 58 Weiss'sche Bezirke ohne und mit äusserem Magnetfeld

Der Curie-Punkt von Eisen (Fe) liegt bei 786°C. Dort verlieren also auch die Weiss'schen Bezirke ihre innere Ordnung, und Eisen wird vom *Ferromagneten* zum *Paramagneten*, dessen magnetische Domänen dann nur noch aus Einzelatomen bestehen.

Figur 59 zeigt ein einfaches Modell der Weiss'schen Bezirke und der Magnetisierung. Die einzelnen, drehbar aufgestellten, miteinander wechselwirkenden Magnetnadeln stellen „magnetische Einzelatome" dar, die im Verband Weiss'sche Bezirke bilden, welche in einem äusseren Magnetfeld orientiert (magnetisiert) werden können.

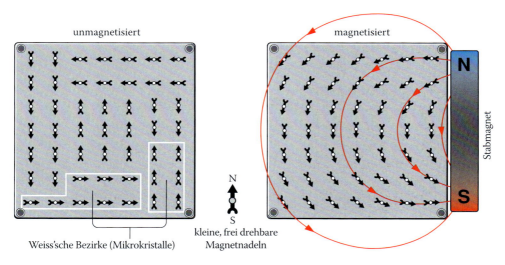

Figur 59 Modell der Magnetisierung mit drehbar montierten, wechselwirkenden Magnetnadeln

4.1.2 Magnetische Feldlinien und magnetische Feldstärke

Die Ursache dafür, dass ein Magnet in seiner Umgebung Kräfte ausüben kann, ist das Magnetfeld. Wie das elektrische Feld kann auch das Magnetfeld mit Feldlinien und einer Feldstärke beschrieben werden.

Figur 60 Magnetische Feldlinien

Deckt man einen Dauermagneten mit einer Glasplatte ab und streut Eisenspäne darauf, so richten sich die Eisenspäne durch die Wirkung des Magnetfelds längs der Feldlinien aus (Figur 60). Die Anordnung der Eisenspäne ist also ein Abbild der Feldlinien des Magnetfelds. An den beiden Polen des Magneten liegen die Feldlinien am dichtesten, dort ist das Feld am stärksten.

Die magnetischen Feldlinien eines (Permanent-)Magneten verlaufen vom Nord- zum Südpol. Mit zunehmendem Abstand von den Polen verlaufen die Feldlinien weiter voneinander entfernt: Die Feldstärke nimmt ab. Im Unterschied zu den Feldlinien des elektri-

261

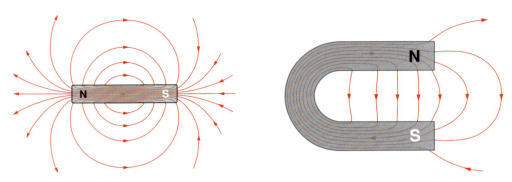

Figur 61 Darstellung der Feldlinien eines Stab- und eines Hufeisenmagneten

schen Feldes haben die Feldlinien des Magnetfelds keinen Anfang und kein Ende, sondern bilden geschlossene Kurven, verlaufen also auch durch das Innere der Magneten (Figur 61).

In der Elektrostatik sind Elementarladungen *Monopole*. Im Gegensatz dazu sind Elementarmagnete in der Elektrodynamik nach heutigem Kenntnisstand *magnetische Dipole*.

Die Stärke des magnetischen Feldes wird quantitativ mit der *magnetischen Feldstärke* (oder der *magnetischen Feldflussdichte*) angegeben und lässt sich aus der Dichte der Feldlinien ablesen. Die magnetische Feldstärke $\vec{B}$ ist ein Vektor, dessen Richtung mit der Richtung der Feldlinien übereinstimmt.

Ein magnetisches Feld ist homogen, wenn der B-Feldvektor in jedem Punkt des untersuchten Raumbereichs dieselbe Richtung und denselben Betrag aufweist und somit in jedem Punkt des Feldes eine in Richtung und Betrag gleich grosse Kraft auf einen magnetischen Dipol ausübt.

Figur 62 Kernspintomograf mit supraleitendem 1.5-Tesla-Magnet

Die Einheit der magnetischen Feldstärke im SI-Masssystem heisst Tesla (T). Die Feldstärken sehr starker Dauermagnete erreichen Werte von etwa 1 Tesla.

Supraleitende Magnete, welche die widerstandslose elektrische Leitung bestimmter Materialien (Niob-Titan-Legierungen) bei sehr tiefen Temperaturen ausnützen, erreichen heute kontinuierliche Magnetfelder mit einer Feldflussdichte von bis gegen 30 Tesla. Supraleitende Magnete werden beispielsweise für bildgebende Verfahren in der Medizin (Magnetresonanz-Tomografie) eingesetzt (Figur 62).

4.1.3 Erdmagnetismus

In China und in der Mongolei war die Nord- und Südweisung von Magnetitlöffeln oder magnetisierten Eisenstücken schon vor 2000 Jahren bekannt. Ums Jahr 1000 wurden in China die ersten Kompasse konstruiert und in die Navigation eingeführt. William Gilbert entdeckte um 1600, dass die rotierende Erde einen grossen Magneten bildet, nach dem sich Kompassnadeln ausrichten.

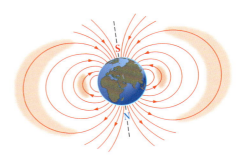

Figur 63 Erdmagnetfeld: ungestörter Dipolanteil und van Allen'scher Strahlungsgürtel

Das Erdmagnetfeld umgibt die Erde (Figur 63). Es wird vom „Geodynamo" im Erdinneren durch Induktionsströme hervorgerufen und unterhalten. Diese entstehen in flüssigen Metallen, die mit unterschiedlichen Geschwindigkeiten rotieren und unter bestimmten Bedingungen ein sich selbst erhaltendes Magnetfeld erzeugen. In der Nähe der Erdoberfläche ähnelt das Erdfeld dem B-Feld eines magnetischen Dipols.

Der magnetische Südpol der Erde befindet sich im Norden und ihr magnetischer Nordpol im Süden. Da sich ungleichnamige Pole anziehen, wird der Nordpol einer Magnetnadel nach Norden, ihr Südpol nach Süden gezogen.

Genau genommen ist das Erdmagnetfeld gegenüber der Erdachse um etwa 10° geneigt (Figur 63). Deshalb zeigt eine Magnetnadel (Kompassnadel) nicht exakt in die geografische Nordrichtung.

Am Äquator beträgt die Feldstärke des Erdmagnetfelds ca. 0.030 mT (Millitesla), an den Polen 0.060 mT, in Mitteleuropa 0.048 mT, wobei ca. 0.020 mT auf die horizontale,

Elektromagnetismus

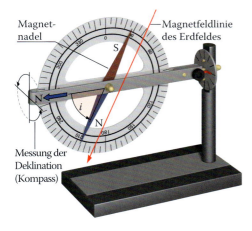

Figur 64 Inklinationsnadel, i Inklination

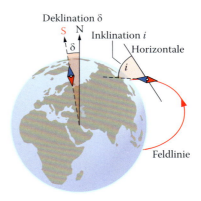

Figur 65 Magnetische In- und Deklination

263

0.044 T auf die vertikale Feldkomponente entfallen. Diese beiden Feldkomponenten können mit einem historischen Instrument, der Inklinationsnadel (Figuren 64 und 65), nachgewiesen werden.

Im Erdinneren nimmt das B-Feld stark zu und wird bis zu 100-mal grösser als auf der Erdoberfläche.

Ausserhalb der Erde befinden sich in einer Höhe von 700 bis 6000 km und von 15 000 bis 25 000 km zwei Bereiche mit starker Teilchenstrahlung, die Van-Allen'schen-Strahlungsgürtel (Figur 63). Sie beinhalten Teilchen der Sonne (Sonnenwind) und aus der kosmischen Strahlung, die vom Magnetfeld der Erde eingefangen wurden. Im unteren Strahlungsgürtel befinden sich vor allem hochenergetische Protonen, im oberen Elektronen, die sich mit einer Schwingungsdauer von etwa einer Sekunde zwischen den Polen bewegen. Diese „Van-Allen-Belts" wurden 1958 vom amerikanischen Astrophysiker James van Allen (1914 – 2006) entdeckt.

Zugvögel und einige Fische nutzen das natürliche statische Erdmagnetfeld von ca. 0.040 mT zur Orientierung. Man glaubt heute zu wissen, dass sie, im Gegensatz zum Menschen, über spezialisierte Sinneszellen, sogenannte Rezeptoren für Magnetfelder, verfügen. Man vermutet, dass hierfür ein Lichtrezeptor in den Nervenzellen der Augen verantwortlich ist, das Cryptochrom. Es soll magnetische Informationen für den Vogel in visuelle Wahrnehmung umsetzen. Da das Cryptochrom sehr sensibel reagiert, könnte der Vogel damit das Magnetfeld sehen und sich daran orientieren.

4.2 Gesetze des Magnetfelds

4.2.1 Elektrische Ströme und Magnetfeld

Über die Gesetze des Magnetismus und besonders über den Zusammenhang von elektrischem Feld und Magnetfeld wusste man bis zu Beginn des 19. Jahrhunderts nichts. Im Jahre 1820 machte der dänische Physiker Hans Christian Oersted (1777 – 1851) eine entscheidende Entdeckung: Er beobachtete, dass sich Magnetnadeln drehen, wenn in ihrer Nähe ein elektrischer Strom eingeschaltet wird.

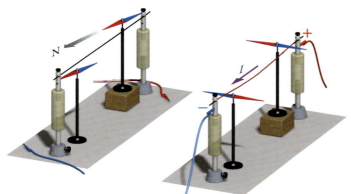

Figur 66 Oersteds Experiment von 1820

4.2.2 Der unendlich lange, stromdurchflossene, gerade Leiter

Stellen wir in der Umgebung eines geraden stromdurchflossenen Leiters mehrere Kompassnadeln auf, so werden sie tangential zu Kreisen ausgerichtet, die konzentrisch um den Leiter verlaufen (Figur 67). Ändern wir die Richtung des Stromflusses, so kehren auch die Nadeln ihre Richtung um. Die Ablenkung der Magnetnadel erfolgt nach der sogenannten *Rechte-Hand-Regel:* Umfasst man den Leiter mit der rechten Hand, sodass der Daumen in die technische Flussrichtung des Stroms (von + nach −) zeigt, so zeigen die gekrümmten Finger in Richtung des *B*-Feldes (Rechtsschraube).

Mit Eisenpulver kann das *B*-Feld des geraden Leiters sichtbar gemacht werden. Das Feldlinienbild zeigt eine konzentrische Struktur; die Dichte der Feldlinien nimmt mit zunehmender Stromstärke *I* zu und in radialer Richtung gegen aussen ab (Figur 68).

Experimentell lässt sich zeigen, dass der Betrag des *B*-Feldes proportional zur Stromstärke *I* zu- und umgekehrt proportional zum Abstand *r* vom Leiter abnimmt (Figur 69):

$$\left|\vec{B}\right| \sim I \quad \text{und} \quad \left|\vec{B}\right| \sim \frac{1}{r} \quad \text{also} \quad \left|\vec{B}\right| = k' \cdot \frac{I}{r}$$

Ähnlich schreiben wir jetzt für die Konstante *k'* des Magnetfelds aus historischen Gründen:

$$k' = \frac{\mu_0}{2 \cdot \pi} \quad \text{mit} \quad \mu_0 = 1.256 \cdot 10^{-6} \frac{\text{Tesla} \cdot \text{Meter}}{\text{Ampere}}$$

wobei Tesla (T) die SI-Einheit des Magnetfelds (*B*-Feld) ist.

Für den Betrag $\vec{B}$ des Magnetfelds (magnetische Feldflussdichte) gilt also:

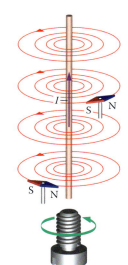

Figur 67 Magnetfeld eines geraden elektrischen Stroms

B-Feld eines unendlich langen, geraden, stromdurchflossenen Leiters

Magnetische Feldstärke $\left|\vec{B}\right| = \dfrac{\mu_0}{2 \cdot \pi} \cdot \dfrac{I}{r}$, Einheit $[B] = \dfrac{\text{V} \cdot \text{s}}{\text{m}^2} = \text{Tesla} = \text{T}$

Magnetische Feldkonstante $\mu_0 = 4\,\pi \cdot 10^{-7} \dfrac{\text{V} \cdot \text{s}}{\text{A} \cdot \text{m}} \approx 1.257 \cdot 10^{-6} \dfrac{\text{T} \cdot \text{m}}{\text{A}}$

Die Richtung des Vektors $\vec{B}\,(\vec{r}\,)$ wird mit der „Rechte-Hand-Regel" bestimmt.

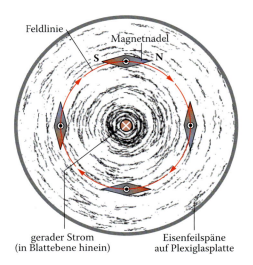

gerader Strom
(in Blattebene hinein)

Eisenfeilspäne
auf Plexiglasplatte

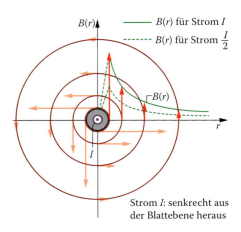

Strom I: senkrecht aus
der Blattebene heraus

Figur 68 Feldlinienbild eines geraden
Leiters

Figur 69 B ist proportional zur Stromstärke I
und umgekehrt proportional zum Abstand r

James Clerk Maxwell hat um 1860 einen bemerkenswerten Zusammenhang zwischen den beiden Feldkonstanten μ_0, ε_0 und der Lichtgeschwindigkeit c entdeckt, der mit den ebenfalls von Maxwell vorhergesagten elektromagnetischen Wellen (Radiowellen) zusammenhängt:

$$c = \frac{1}{\sqrt{\mu_0 \cdot \varepsilon_0}}$$

Zusammen mit der Einheit der elektrischen Feldkonstanten $\varepsilon_0 = 8.854 \cdot 10^{-12} \frac{\mathrm{C}^2}{\mathrm{N} \cdot \mathrm{m}^2}$ erlaubt uns diese Beziehung, die Einheit der magnetischen Feldkonstanten μ_0 sowie die Einheit Tesla des Magnetfelds anders zu bestimmen:

$$[\mu_0] = \frac{1}{[c]^2 [\varepsilon_0]} = \frac{\mathrm{s}^2 \cdot \mathrm{N} \cdot \mathrm{m}^2}{\mathrm{m}^2 \cdot \mathrm{C}^2} = \frac{\mathrm{s}^2 \cdot \mathrm{J}}{\mathrm{m} \cdot \mathrm{A}^2 \cdot \mathrm{s}^2} = \frac{\mathrm{V} \cdot \mathrm{A} \cdot \mathrm{s}}{\mathrm{m} \cdot \mathrm{A}^2} = \frac{\mathrm{V} \cdot \mathrm{s}}{\mathrm{A} \cdot \mathrm{m}} \quad \text{und}$$

$$[B] = \frac{[\mu_0] \cdot [I]}{[r]} = \frac{\mathrm{V} \cdot \mathrm{s} \cdot \mathrm{A}}{\mathrm{A} \cdot \mathrm{m} \cdot \mathrm{m}} = \frac{\mathrm{V} \cdot \mathrm{s}}{\mathrm{m}^2} = \text{Tesla} = \text{T}$$

Zur gleichen Zeit wie Oersted beobachtete André-Marie Ampère (1775–1836), dass sich parallele stromdurchflossene Drähte anziehen, wenn die Ströme in gleicher Richtung fliessen. Sie stossen sich ab, wenn die Ströme in entgegengesetzter Richtung fliessen.

Die Feldlinienbilder zeigen, dass die beiden sich überlagernden B-Felder zwischen den Leitern im ersten Fall abgeschwächt (Figur 70), im zweiten Fall verstärkt (Figur 71) werden.

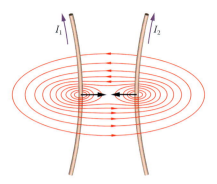

Figur 70 Anziehung stromdurchflossener Leiter: Abschwächung des *B*-Felds zwischen den Drähten

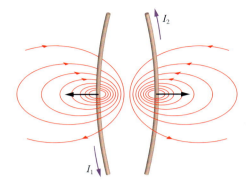

Figur 71 Abstossung stromdurchflossener Leiter. Verstärkung des *B*-Felds zwischen den Drähten

Übung

Wie gross müsste die Stromstärke in einem geraden Leiter sein, damit in 1 cm Entfernung die magnetische Flussdichte 10 mT beträgt?

Lösung

$$I = \frac{2 \cdot \pi \cdot r \cdot B}{\mu_0} = \frac{2 \cdot \pi \cdot 0.01 \cdot 0.01}{4 \cdot \pi \cdot 10^{-7}} \, \text{A} = 500 \, \text{A}$$

4.2.3 Die Gesetze von Biot-Savart und Ampère

Im Jahr 1820 veröffentlichten Jean Baptiste Biot und Félix Savart die Resultate ihrer Messungen zur Kraft auf einen Magneten in der Nähe eines langen stromdurchflossenen Drahtes. Sie führten die Kraft auf ein Magnetfeld zurück, das von jedem einzelnen Leiterabschnitt $\overrightarrow{\Delta s}$ erzeugt wird. Für das von $\overrightarrow{\Delta s}$ erzeugte Teilfeld $\overrightarrow{\Delta B}$ gilt (Figur 72):

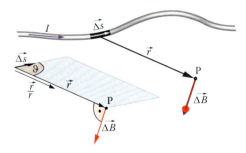

Figur 72 Gesetz von Biot und Savart

Gesetz von Biot und Savart

$$\Delta \vec{B} = \frac{\mu_0}{4 \cdot \pi} \cdot I \cdot \frac{\overrightarrow{\Delta s} \times \vec{r}}{r^3} \quad \text{(Vektorprodukt)}$$

Elektromagnetismus

Das Gesetz von Biot und Savart der Elektrodynamik entspricht dem Coulomb'schen Gesetz der Elektrostatik. Im Coulomb'schen Gesetz ist eine Punktladung Q die Ursache des elektrischen Feldes. Entsprechend ist im Gesetz von Biot und Savart ein Stromelement $I \cdot \Delta \vec{s} = \frac{\Delta Q}{\Delta t} \cdot \Delta \vec{s} = \Delta Q \cdot \vec{v}$ die Ursache des Magnetfeldes: eine kleine Ladung ΔQ, die sich mit der Geschwindigkeit v bewegt.

Wie das elektrische Feld nimmt auch das magnetische Feld umgekehrt proportional zum Quadrat des Abstands r von der Quelle $I \cdot \Delta s$ ab. Die Richtungen von $\vec{E}$ und $\Delta \vec{B}$ sind jedoch unterschiedlich: Das E-Feld zeigt in radialer Richtung, das differenzielle ΔB-Feld steht hingegen senkrecht auf einer Ebene, die vom Verbindungsvektor $\vec{r}$ von der Quelle (Punktladung) zum Aufpunkt P des Felds und vom felderzeugenden Leiterelement $\overrightarrow{\Delta s}$ aufgespannt wird (Figur 72).

Zur Berechnung von B-Feldern genügt oft ein einfacheres Gesetz, das von Ampère ebenfalls im Jahr 1820 entdeckt wurde. Zur Herleitung des *Ampère'schen Gesetzes* umfahren wir einen unendlich langen, geraden, stromdurchflossenen Leiter im Abstand r auf einem Kreis mit einer Sonde zur Messung des Magnetfelds (Hall-Sonde, Figur 73).

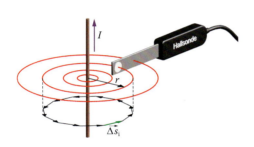

Auf diesem konzentrischen Weg mit konstantem Abstand r hat $\vec{B}$ überall denselben Wert; wir können das Produkt $2\,\pi \cdot r \cdot B$ aus dem zurückgelegten Weg und dem B-Feld bilden und erhalten:

Figur 73 Hall-Sonde im B-Feld eines Leiters

$$2 \cdot \pi \cdot r \cdot B = \mu_0 \cdot I$$

Ampère hat herausgefunden, wie dieses wichtige Resultat verallgemeinert werden kann: Man umfährt einen Leiter auf einem beliebigen geschlossenen Weg, zerlegt diesen Weg in sehr viele kleine Wegelemente $\Delta \vec{s}_i$, multipliziert diese Wegelemente (skalar) mit dem zugehörigen B-Feld und erhält $\vec{B}_i \cdot \Delta \vec{s}_i = B_i \cdot \Delta s_{i,\parallel}$. Summiert man diese Glieder auf dem ganzen Weg, so erhält man für $\sum_i \vec{B}_i \cdot \Delta \vec{s}_i$ wiederum denselben Wert, nämlich $\mu_0 \cdot I$.

Durchflutungsgesetz von Ampère

Unabhängig vom geschlossenen Weg um einen Leiter gilt: $\sum_i \vec{B}_i \cdot \Delta \vec{s}_i = \mu_0 \cdot I$

Der Wert des Summe $\sum_i \vec{B}_i \cdot \Delta \vec{s}_i$ ist unabhängig vom gewählten (geschlossenen) Weg und beträgt in jedem Fall $\mu_0 \cdot I$.

Beispiel: magnetischer Immissionsgrenzwert

Der Immissionsgrenzwert für die magnetische Feldflussdichte ist in der Verordnung der Schweizerischen Eidgenossenschaft über den Schutz vor nichtionisierender
Strahlung (NISV) festgelegt. Für Frei- und Kabelleitungen
mit einer Nennspannung von mindestens 1000 Volt bei einer Frequenz von 50 Hertz beträgt er 100 Mikrotesla.

a) Bei welcher Stromstärke würde dieser Grenzwert in einem Abstand von 30 Metern direkt unter dem Mast
   einer 380-kV-Hochspannungsleitung erreicht? Rechnen Sie mit einer Einzelleitung. Ist dieser Stromstärke-
   wert realistisch (vgl. Aufgabe b)?

b) Welchen Abstand sollte ein Gebäude von einer
   380-kV-Hochspannungsleitung mit einer maximalen
   Übertragungsleistung von 1000 Megawatt mindestens
   aufweisen, damit der Dauergrenzwert von 200 Nano-
   tesla nicht überschritten wird? Berechnen Sie zuerst
   die Gesamtstromstärke.

Figur 74 Freileitungsmast

Lösung

a) $|\vec{B}| = \dfrac{\mu_0}{2 \cdot \pi} \cdot \dfrac{I}{r} \quad \rightarrow \quad I = \dfrac{2 \cdot \pi \cdot r \cdot |\vec{B}|}{\mu_0} = \dfrac{2 \cdot \pi \cdot 30 \cdot 10^{-4}}{4 \cdot \pi \cdot 10^{-7}} \text{A} = 15\,000 \text{ A}$

Diese Stromstärke ist nicht realistisch. Die Stromgrenze liegt bei 2000 Ampere pro Lei-
terseil. Auch mit 6 Leiterseilen (Figur 74) wird der Grenzwert in 30 Metern Entfernung
nicht erreicht.

b) $P = U \cdot I \quad \rightarrow \quad I = \dfrac{P}{U} = \dfrac{10^9}{3.8 \cdot 10^5} \text{A} = 2632 \text{ A}$

$|\vec{B}| = \dfrac{\mu_0}{2 \cdot \pi} \cdot \dfrac{I}{r} \quad \rightarrow \quad r = \dfrac{\mu_0}{2 \cdot \pi} \cdot \dfrac{I}{|\vec{B}|} = \dfrac{4 \cdot \pi \cdot 10^{-7} \cdot 2632}{2 \cdot \pi \cdot 200 \cdot 10^{-9}} \text{ m} \approx 2.6 \text{ km}$

Zu beachten ist, dass die Leitung nicht dauernd die volle Leistung von 1000 Megawatt
transportiert und dass sich die Magnetfelder der 3 bzw. 6 Leiter (Figur 74) in 3-Phasen-
Wechselstromnetzen teilweise kompensieren. Deshalb ist mit einer deutlich geringeren
Belastung durch magnetische Wechselfelder zu rechnen. In der Praxis wird für Häuser
ein Abstand von 1 bis 2 Kilometern von Hochspannungs- und Bahnoberleitungen
empfohlen.

Elektro-
magnetismus

4.2.4 Magnetfeld einer langen, dünnen Spule

Wickeln wir einen stromdurchflossenen isolierten Kupferdraht zu einer Spule mit n Windungen auf (Figur 75), so entsteht ein Magnetfeld ähnlich demjenigen eines Stabmagneten. Im Inneren der Spule ist das B-Feld nahezu homogen, ausserhalb ist es verschwindend klein.

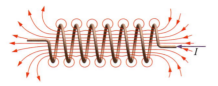

Figur 75 Magnetfeld einer Spule

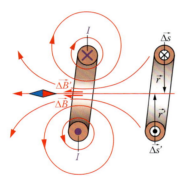

Figur 76 Feldlinienverlauf in der Umgebung einer einzelnen Spulenwindung

Figur 76 zeigt einen Längsschnitt durch *eine* Windung der Spule und den Feldlinienverlauf in der Schnittebene. Der Strom oben fliesst in die Schnittebene hinein (nach hinten), auch der zugehörige Leiterabschnitt $\vec{\Delta s}$ zeigt in die Schnittebene hinein. Der Strom unten fliesst aus der Schnittebene heraus (nach vorne), der zugehörige Leiterabschnitt $\vec{\Delta s}$ zeigt aus der Schnittebene heraus. Gemäss dem Biot-Savart'schen Gesetz

$$\Delta \vec{B} = \frac{\mu_0}{4 \cdot \pi} \cdot I \cdot \frac{\vec{\Delta s} \times \vec{r}}{r^3}$$

zeigen sowohl der Feldanteil $\Delta \vec{B}$ des Leiterabschnitts $\vec{\Delta s}$ oben als auch der Feldanteil $\Delta \vec{B}'$ des Leiterabschnitts $\vec{\Delta s}'$ unten in der Symmetrieachse nach links, unterstützen sich also.

Ausserhalb der beiden Ströme (oben und unten) zeigen $\Delta \vec{B}$ und $\Delta \vec{B}'$ in entgegengesetzte Richtungen, schwächen sich in der Nähe der Spule (im Nahfeld) ab und heben sich in grösserer Entfernung (im Fernfeld) nahezu auf. Daher ist das Feld im Spuleninneren viel stärker als ausserhalb wo wir es vernachlässigen können.

Eine Spule besteht nun aus vielen solchen, hintereinander angeordneten Leiterschleifen, die das nahezu homogene B-Feld im Inneren erzeugen, ausserhalb aber ein verschwindendes Feld.

Bildet man den geschlossenen Weg (Integrationsweg) um die n Windungen einer langen, geraden Spule der Länge l (Figur 77), so

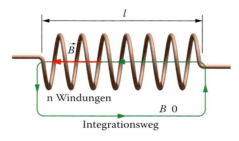

Figur 77 Spule mit Integrationsweg (grün)

durchläuft man innerhalb der Spule ein näherungsweise homogenes B-Feld, ausserhalb ein verschwindendes bzw. zum Integrationsweg normales B-Feld. Es gilt (Ampère'sches Gesetz): $\sum_i \vec{B_i} \cdot \vec{\Delta s_i} = B \cdot l = \mu_0 \cdot n \cdot I.$

Da der Spulenstrom den (grünen) Integrationsweg n-mal durchstösst, beträgt der Gesamtstrom im Ampère'schen Gesetz $n \cdot I$. Das Magnetfeld im Innern der Spule ist näherungsweise homogen und besitzt einen Nord- sowie einen Südpol, der von der Stromrichtung bestimmt wird.

Magnetfeld einer langen dünnen Spule

$$B = \frac{\mu_0 \cdot I \cdot n}{l}, \text{ Länge der Spule } l, \text{ Anzahl Windungen } n$$

■ Beispiel: *B*-Feld in einer Spule

In einer 40 cm langen Spule mit 2000 Windungen fliesst ein Strom $I = 0.5$ A.

a) Welche magnetische Feldflussdichte B herrscht im Innern dieser Spule?
b) Bei welcher Stromstärke beträgt die Flussdichte 10 mT?

Lösung

a) $B = \dfrac{\mu_0 \cdot I \cdot n}{l} = \dfrac{4 \cdot \pi \cdot 10^{-7} \cdot 0.5 \cdot 2000}{0.4}$ Tesla $= 0.00314$ T $= 3.14$ mT

b) $I = \dfrac{B \cdot l}{\mu_0 \cdot n} = \dfrac{0.01 \cdot 0.4}{4 \cdot \pi \cdot 10^{-7} \cdot 2000}$ A $= 1.59$ A

4.3 Zusammenfassung

Als Magnetismus bezeichnete man ursprünglich die Eigenschaft gewisser Mineralien, Eisen anzuziehen. Später entdeckte man, dass die Erde ein riesiger Magnet ist und dass der Magnetismus auf elektrische Ströme zurückzuführen ist. Die Feldlinien eines Magnetfelds $\vec{B}$ können mithilfe von Eisenpulver sichtbar gemacht werden. Es gibt nach heutigem Kenntnisstand nur magnetische Dipole; magnetische Monopole (Ladungen) konnten bis heute nicht nachgewiesen werden.

Ein Leiterabschnitt (Stromstärke I, Länge Δs) erzeugt ein Teilmagnetfeld im Abstand r.

Gesetz von Biot-Savart: $\Delta \vec{B} = \dfrac{\mu_0}{4 \cdot \pi} \cdot I \cdot \dfrac{\Delta \vec{s} \cdot \vec{r}}{r^3}$, wobei $\mu_0 = 1.257 \cdot 10^{-6} \dfrac{\text{T} \cdot \text{m}}{\text{A}}$

Die B-Felder eines unendlich langen stromdurchflossenen Leiters und einer Spule werden mit dem Ampère'schen Gesetz berechnet:

Gesetz von Ampère: $\displaystyle\sum_i \vec{B}_i \cdot \Delta \vec{s}_i = \mu_0 \cdot I$

Elektro-magnetismus

Das Resultat $\mu_0 \cdot I$ ist unabhängig vom geschlossenen Weg um den Leiter.

Für den unendlich langen, geraden Leiter gilt: $\qquad B = \dfrac{\mu_0}{2 \cdot \pi} \cdot \dfrac{I}{r}$

Für eine Spule der Länge l mit n Windungen gilt: $\qquad B = \dfrac{\mu_0 \cdot I \cdot n}{l}$

5 Elektromagnetische Kräfte

5.1 Kraft auf einen Leiter im Magnetfeld

5.1.1 Das Basisexperiment

In diesem Abschnitt gehen wir auf Kräfte ein, die stromdurchflossene Leiter in B-Feldern erfahren. Solche Kräfte bezeichnen wir als *Lorentzkräfte*, zu Ehren von Hendrik Antoon Lorentz (1853 – 1928), einem niederländischen Mathematiker und Physiker.

Für die Untersuchung dieser Kraft benützen wir einen starken Hufeisenmagneten. Wir legen ihn auf eine empfindliche elektronische Waage, die wir anschliessend auf 0 Gramm tarieren (Anzeige null trotz Belastung, Figur 78).

Quer durch den Magneten und damit unter einem Winkel φ von vorerst 90° zum B-Feld legen wir einen massiven Kupferleiter, den wir mit einem Hochstromnetzgerät verbinden, das einen Strom I (je nach Netzgerät bis zu 1000 Ampere) erzeugt.

Mit der tarierten Waage messen wir nun die Lorentzkraft $\vec{F}_L$, welche von diesem Strom I am Magneten erzeugt wird. Die Messungen ergeben folgende Gesetzmässigkeiten:

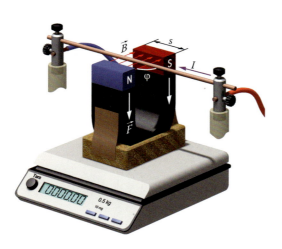

- Der Betrag $\left|\vec{F}_L\right|$ der wirkenden magnetischen Kraft $\vec{F}_L$ ist proportional zur Stromstärke I. Je nach Stromrichtung wirkt diese Kraft nach unten oder nach oben.
- $\left|\vec{F}_L\right|$ ist proportional zur Leiterlänge s, die ins B-Feld taucht.
- $\vec{F}_L$ ist winkelabhängig: Steht der Leiter senkrecht zu den Feldlinien des B-Felds, so ist $\vec{F}_L$ maximal; ist der Leiter parallel zu $\vec{B}$ angeordnet, so verschwindet $\vec{F}_L$.
- $\left|\vec{F}_L\right|$ hängt von der Stärke des B-Felds ab.

Figur 78 Messung der Lorentzkraft

Annahme: $\left|\vec{F}_L\right|$ ist proportional zu $\left|\vec{B}\right|$.

Diese Gesetzmässigkeiten können mit einem Vektorprodukt ausgedrückt werden.

Die Lorentzkraft: Kraft auf einen Leiter im Magnetfeld

$$\vec{F}_{\mathrm{L}} = I \cdot \vec{s} \times \vec{B} \quad \text{wobei} \quad \left|\vec{F}_{\mathrm{L}}\right| = I \cdot |\vec{s}| \cdot |\vec{B}| \cdot \sin\varphi$$

$$\text{Magnetfeld } \vec{B}, \ \text{Einheit } [B] = \mathrm{T} = \frac{\mathrm{Vs}}{\mathrm{m}^2}$$

Die drei Vektoren, $\vec{F}_{\mathrm{L}}$, $\vec{s}$ und $\vec{B}$ bilden also ein „orthogonales Dreibein". Wie bei Vektorprodukten üblich, bestimmt man die Richtung der drei Vektoren $\vec{F}_{\mathrm{L}}$, $\vec{s}$ und $\vec{B}$ mit der „Rechte-Hand-Regel" ($\vec{F}_{\mathrm{L}}$ Daumen, $\vec{s}$ Zeigefinger, $\vec{B}$ Mittelfinger).

Die drei Vektoren bilden dabei eine *Rechtsschraube* (Figur 79). Der Vektor $\vec{s}$

Figur 79 Rechte-Hand-Regel, Rechtsschraube

zeigt in Richtung des konventionellen Stromflusses von plus nach minus. Für den Betrag dieses Vektorprodukts gilt: $\left|\vec{F}_{\mathrm{L}}\right| = I \cdot |\vec{s}| \cdot |\vec{B}| \cdot \sin\varphi$.

Für die Einheit der magnetische Flussdichte B erhalten wir:

$$[B] = \frac{[F]}{[I] \cdot [s]} = \frac{\mathrm{N}}{\mathrm{A} \cdot \mathrm{m}} = \frac{\mathrm{N} \cdot \mathrm{m}}{\mathrm{A} \cdot \mathrm{m}^2} = \frac{\mathrm{J}}{\mathrm{A} \cdot \mathrm{m}^2} = \frac{\mathrm{V} \cdot \mathrm{A} \cdot \mathrm{s}}{\mathrm{A} \cdot \mathrm{m}^2} = \frac{\mathrm{V} \cdot \mathrm{s}}{\mathrm{m}^2} = \text{Tesla} = \mathrm{T}$$

Die Einheit des B-Felds wird nach dem Physiker, Elektroingenieur und Erfinder Nikola Tesla (1856 – 1943) benannt. Eine magnetische Feldstärke von 1 Tesla übt auf einen 1 Meter langen, geraden Leiter, durch den ein Strom von 1 Ampere fliesst, eine senkrecht wirkende Kraft der Stärke 1 Newton aus. Ein B-Feld kann also mithilfe der Lorentzkraft gemessen werden.

Lorentzkräfte wirken auch auf bewegte geladene Teilchen in B-Feldern. Um diese Kräfte zu berechnen, benützen wir die einfache Definition für die elektrische Stromstärke $I = \frac{q}{t}$ (q bewegte Ladung, t Zeit) und formen den Ausdruck für die Lorentzkraft um:

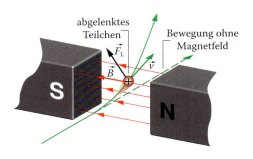

Figur 80 Geladene Teilchen im B-Feld

$$\vec{F}_{\mathrm{L}} = I \cdot \vec{s} \times \vec{B} = \frac{q}{t} \cdot \vec{s} \times \vec{B} = q \cdot \frac{\vec{s}}{t} \times \vec{B} = q \cdot \vec{v} \times \vec{B} \quad \text{mit} \quad \vec{v} = \frac{\Delta\vec{s}}{\Delta t}$$

Figur 80 zeigt die Ablenkungswirkung der Lorentzkraft auf ein positiv geladenes Teilchen, z.B. ein Proton.

Weil oft sowohl elektrische als auch magnetische Felder vorhanden sind, schreibt man für die gesamte auf ein geladenes Teilchen wirkende Kraft:

Lorentzkraft

$$\vec{F}_{\text{L}} = q \cdot \vec{v} \times \vec{B} + q \cdot \vec{E} = q \cdot \left(\vec{v} \times \vec{B} + \vec{E} \right)$$

5.1.2 Ein grundlegendes Experiment zum Elektromagnetismus

Wir betrachten zwei miteinander elektrisch verbundene Leiterschleifen, die beide im Magnetfeld eines sehr starken Hufeisenmagnets aufgehängt sind (Figur 81). Das Experiment zeigt die Funktionsprinzipien zweier wichtiger elektrotechnischer Maschinen, auf die wir später eingehen, nämlich des elektrischen *Generators* und des *Elektromotors*.

Bewegt man z.B. die linke Leiterschleife durch den Magneten (Pfeil $\vec{v}$), so wirkt die Lorentzkraft $\vec{F}_{\text{L}}$ auf die Leitungselektronen. Im geschlossenen Stromkreis fliesst daher ein elektrischer Strom. Die rechte Leiterschleife beginnt sich wegen der auf die bewegten Elektronen wirkenden Lorentzkräfte ebenfalls zu bewegen.

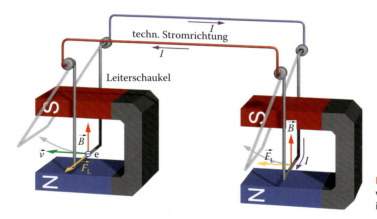

Figur 81 Elektrisch verbundene Leiterschaukeln im Magnetfeld

Unterschied zwischen einem *E*-Feld und einem *B*-Feld

E-Felder üben Kräfte auf *unbewegte* und *bewegte* Ladungen aus.

B-Felder wirken ausschliesslich auf *bewegte* Ladungen (Ströme).

Übungen

1. In welche Richtung werden die unten gezeichneten Leiterschaukeln beim Einschalten des elektrischen Stroms abgelenkt (Figur 82)?

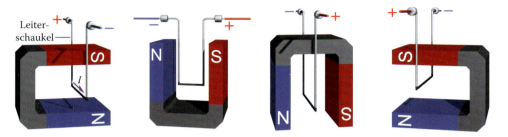

Figur 82 Leiterschaukeln im B-Feld

2. Zeichnen Sie mögliche Bahnen der beiden geladenen Teilchen (+ q und – q) in Figur 83. Beachten Sie Figur 84 zu den Richtungen des B-Felds.

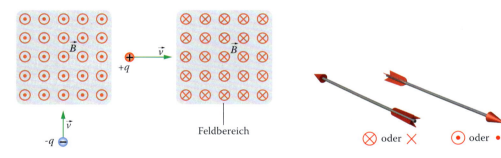

Figur 83 Geladene Teilchen im B-Feld

Figur 84 Richtung des Felds (links ins Blatt hinein, rechts aus dem Blatt hinaus)

Elektro-magnetismus

■ Beispiel: Lorentzkraft

Zwischen den „Polschuhen" eines Elektromagneten befindet sich ein horizontales Leiterstück der Länge $s = 5$ cm, durch das ein elektrischer Strom ($I = 10$ A) fliesst und das an einer elektronischen Waage aufgehängt ist, die 50 Gramm anzeigt. Berechnen Sie den Betrag des (homogenen) B-Felds.

Lösung

$$\left|\vec{F}_{\mathrm{L}}\right| = I \cdot \left|\vec{s}\right| \cdot \left|\vec{B}\right| \cdot \sin\varphi \quad \text{oder} \quad \left|\vec{B}\right| = \frac{\left|\vec{F}_{\mathrm{L}}\right|}{I \cdot \left|\vec{s}\right| \cdot \sin\varphi} = \frac{m \cdot g}{I \cdot \left|\vec{s}\right| \cdot \sin\varphi}$$

$$= \frac{0.05 \cdot 9.81}{10 \cdot 0.05 \cdot \sin 90°} \text{ Tesla} = 0.981 \text{ Tesla}$$

5.2 Leiterschleife im *B*-Feld: der Elektromotor

Eine stromdurchflossene Leiterschleife (*s*, *s'*) rotiert um eine feste Achse in einem homogenen *B*-Feld. (Figur 85). Der Vektor $\vec{B}$ des *B*-Felds steht senkrecht zur Rotationsachse. Wir untersuchen die vier Lorentzkräfte $\vec{F}$, $-\vec{F}$, $\vec{F}'$ und $-\vec{F}'$, die auf die vier Seiten dieser Leiterschleife wirken.

Die beiden Kräfte $\vec{F}'$ und $-\vec{F}'$ kompensieren sich; das Kräftepaar $\vec{F}$ und $-\vec{F}$ erzeugt ein Drehmoment *M*, das die Leiterschleife in eine Drehbewegung versetzt. Es gilt:

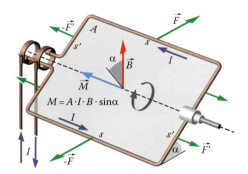

Figur 85 Rotierende Leiterschleife im homogenen Magnetfeld

$$M = \left(\frac{s'}{2} \cdot |\vec{F}| + \frac{s'}{2} \cdot |-\vec{F}| \right) \cdot \sin\alpha = s' \cdot F \cdot \sin\alpha = s' \cdot I \cdot s \cdot B \cdot \sin\alpha$$
$$= A \cdot I \cdot B \cdot \sin\alpha = m_M \cdot B \cdot \sin\alpha \quad \text{mit } m_M = A \cdot I$$

A ist die Fläche der Leiterschleife und m_M das magnetische Dipolmoment:

$$m_M = \text{Fläche} \cdot \text{Stromstärke} = A \cdot I$$

Das Drehmoment ist maximal, wenn der Vektor des *B*-Feldes in der Ebene der Leiterschleife liegt ($\alpha = 90°$). Verwenden wir statt einer Leiterschleife eine Spule mit *n* Windungen, so wird dieses Drehmoment *n*-mal grösser.

Auf der Grundlage der Kraftwirkung eines magnetischen Felds auf eine Leiterschleife beruht eine der wichtigsten elektrischen Maschinen, der *Elektromotor*. Polen wir nämlich den der Leiterschleife zugeführten Strom im richtigen Augenblick mit einem Kollektor

Figur 86 Kollektor

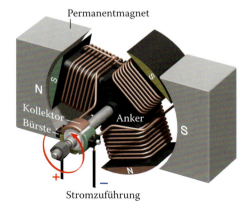

Figur 87 Selbst anlaufender Sternankermotor mit drei Spulen

(Figur 86) um, so beginnt die Leiterschleife zu rotieren. Dies ist das Prinzip des Gleichstrommotors. Die Leiterschleife rotiert auch, wenn eine zeitlich veränderliche Wechselspannung angelegt wird: das Prinzip eines Wechselstrom- oder Synchronmotors. Die kreisrunde Form der Polschuhe des Permanentmagneten bewirkt, dass der Vektor des B-Felds dauernd in der Ebene der Leiterschleife liegt und auf die Leiterschleife ein konstantes Drehmoment ausübt.

Figur 87 zeigt einen selbst anlaufenden Elektromotor mit sternförmigem Rotor (Anker) und drei Spulen (Elektromagneten). Deutlich sichtbar ist der dreiteilige, rotierende Kollektor mit den ruhenden Schleifkontakten (Bürsten, Stromzuführung), die gewöhnlich aus Grafit hergestellt sind, da dieses Material zugleich elektrisch leitet und schmiert. Die momentane Orientierung der Ankerpole (Spulen) zeigt, wie die Rotation zustande kommt (S – S: Abstossung, N – S: Anziehung).

■ Beispiel: Elektromotor

Eine rechteckförmige Spule mit den Seitenlänge s = 10 cm, s' = 5 cm und 100 Windungen rotiert in einem Magnetfeld der Feldflussdichte B = 0.5 Tesla (Figur 87). Welches Drehmoment erfährt sie unter den Winkeln α = 0°, 30°, 45°, 60° und 90°, wenn ein elektrischer Strom von 100 mA fliesst?

Lösung

$$M = n \cdot \left(\frac{s'}{2} \cdot |\vec{F}| + \frac{s'}{2} \cdot |-\vec{F}| \right) \cdot \sin\alpha = n \cdot s' \cdot F \cdot \sin\alpha = n \cdot s' \cdot I \cdot s \cdot B \cdot \sin\alpha$$

$$= 100 \cdot 0.05 \cdot 0.1 \cdot 0.1 \cdot 0.5 \text{ Nm} \cdot \sin\alpha = 0.025 \text{ Nm} \cdot \sin\alpha, \quad \text{also}$$

$M = 0$ Nm für $\alpha = 0°$, $M = 0.0125$ Nm für $\alpha = 30°$, M =0.0177 Nm für $\alpha = 45°$,

$M = 0.0217$ Nm für $\alpha = 60°$, $M = 0.025$ Nm für $\alpha = 90°$

5.3 Geladene Teilchen im elektromagnetischen Feld

5.3.1 Elektronenkanone

In einer Elektronenkanone (Figur 88) werden Elektronen (Masse m_e, Ladung $-e$) im Vakuum durch Glühemission erzeugt: Ein Glühfaden wird wie in einer Glühlampe mit einer Heizspannung gegen 3000 °C erhitzt. Dabei nimmt die Energie der Elektronen so stark zu, dass sie die Gitterenergie überwinden und ins Vakuum austreten können.

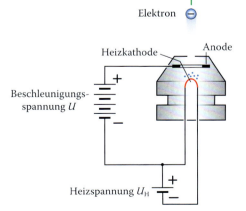

Figur 88 Elektronenkanone

Dort werden sie mit der Beschleunigungsspannung U auf eine Geschwindigkeit v beschleunigt, die mit einer Energiebilanz berechnet werden kann:

$$\frac{1}{2} \cdot m_e \cdot v^2 = e \cdot U \quad \text{oder} \quad v = \sqrt{\frac{2 \cdot e \cdot U}{m_e}}$$

5.3.2 Fadenstrahlrohr

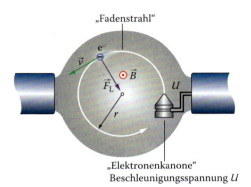

„Fadenstrahl"

e⁻

$\vec{v}$

$\vec{F}_L$

$\odot \vec{B}$

U

r

„Elektronenkanone"
Beschleunigungsspannung U

Figur 89 Fadenstrahlrohr

Wir untersuchen die Bewegung eines Elektrons (Masse m_e, Ladung $-e$) in einem B-Feld. Das Elektron wird in einer Elektronenkanone im Vakuum mit einer elektrischen Spannung U auf eine Geschwindigkeit $\vec{v}$ beschleunigt (Figur 89). Das B-Feld steht senkrecht zur Beobachtungsebene, der Geschwindigkeitsvektor $\vec{v}$ liegt in der Beobachtungsebene.

Auf das Elektron wirkt eine ablenkende Lorentzkraft $\vec{F}_L$ senkrecht zu $\vec{v}$ und zu $\vec{B}$. Es bewegt sich daher beschleunigt, und es gilt das Newton'sche Bewegungsgesetz $\vec{F}_L = m_e \cdot \vec{a}_Z$. Weil diese Kraft $\vec{F}_L$ andauernd senkrecht zum Geschwindigkeitsvektor $\vec{v}$ wirkt und einen konstanten Betrag $F_L = e \cdot v \cdot B$ hat, wird das Elektron auf eine Kreisbahn (Radius r) abgelenkt, $\vec{a}_Z$ ist also eine Zentripetalbeschleunigung mit dem Betrag $|\vec{a}_Z| = \frac{v^2}{r}$. Damit gilt:

Bewegtes Elektron im B-Feld (Fadenstrahlrohr)

$$e \cdot v \cdot B = \frac{m_e \cdot v^2}{r} \quad \text{oder} \quad v = \frac{r \cdot e \cdot B}{m_e} \quad \text{oder} \quad r = \frac{m_e \cdot v}{e \cdot B}$$

Daraus ergibt sich für die Umlaufzeit T des Elektrons $T = \frac{2 \cdot \pi \cdot r}{v} = \frac{2 \cdot \pi \cdot m_e}{e \cdot B}$ und für dessen Frequenz:

Zyklotronfrequenz des Elektrons

$$f = \frac{1}{T} = \frac{e \cdot B}{2 \cdot \pi \cdot m_e}$$

Bemerkenswert ist, dass der Wert dieser sogenannten Zyklotronfrequenz nicht vom Bahnradius r abhängt.

Mithilfe eines im Fadenstrahlrohr vorhandenen Restgases (Helium) wird die Kreisbahn der Elektronen sichtbar gemacht, und der Radius r der Elektronenbahn kann gemessen werden. Für die Geschwindigkeit v der Elektronen gilt:

$$v = \frac{r \cdot e \cdot B}{m_e} \quad \text{und} \quad v = \sqrt{\frac{2 \cdot e \cdot U}{m_e}} \quad \text{bzw.} \quad v^2 = \frac{r^2 \cdot e^2 \cdot B^2}{m_e^2} = \frac{2 \cdot e \cdot U}{m_e} \quad \text{oder} \quad \frac{e}{m_e} = \frac{2 \cdot U}{r^2 \cdot B^2}$$

Das Fadenstrahlrohr erlaubt es also, mithilfe der Beschleunigungsspannung U, des Bahnradius r der Elektronen und der magnetischen Feldflussdichte B die wichtige Naturkonstante e/m_e, die *spezifische Ladung des Elektrons*, mit einer Genauigkeit von etwa 1 % zu bestimmen.

■ Beispiel: Sonnenwind

Ein Proton fliegt mit einer Geschwindigkeit von 450 km/s ausserhalb der Erdatmosphäre in der Äquatorebene auf den Erdmittelpunkt zu. Das Erdmagnetfeld steht dort ungefähr senkrecht zur Äquatorebene und weist eine Feldflussdichte von 26 μT auf.

a) Wie gross ist der Radius der Kreisbahn des Protons?
b) Wie liegt diese Kreisbahn im Raum?
c) Wie lange dauert ein Umlauf des Protons auf seiner Kreisbahn?

Lösung

a) $e \cdot v \cdot B = \dfrac{m_p \cdot v^2}{r}$ oder $r = \dfrac{m_p \cdot v}{e \cdot B} = \dfrac{1.672 \cdot 10^{-27} \cdot 450000}{1.602 \cdot 10^{-19} \cdot 26 \cdot 10^{-6}}$ m = 180.6 m

b) In der Äquatorebene

c) $T = \dfrac{2 \cdot \pi \cdot r}{v} = \dfrac{2 \cdot \pi \cdot 180.6}{450000}$ s = 0.00252 s

■ Beispiel

Wir untersuchen die Schraubenbahn eines Elektrons in einem Fadenstrahlrohr.

Die Feldstärke beträgt 0.0001 Tesla, der Winkel α zwischen der Geschwindigkeit $\vec{v}$ des Elektrons und dem B-Feld beträgt 30°, die Geschwindigkeit $v = 2 \cdot 10^6$ m/s.

Berechnen Sie:

a) die Geschwindigkeitskomponenten $v_\perp$ senkrecht und $v_\parallel$ parallel zum B-Feld (Figur 90),
b) den Radius der Schraubenbahn,
c) die Umlaufzeit des Elektrons,
d) die Ganghöhe der Schraubenbahn.

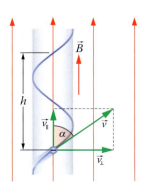

Figur 90 Zerlegung des Geschwindigkeitsvektors

Lösung

a) $v_\perp = |\vec{v}| \cdot \sin\alpha = 2 \cdot 10^6 \cdot \sin 30° \, \dfrac{m}{s} = 1.000 \cdot 10^6 \, \dfrac{m}{s}$

$v_{||} = |\vec{v}| \cdot \cos\alpha = 2 \cdot 10^6 \cdot \cos 30° \, \dfrac{m}{s} = 1.732 \cdot 10^6 \, \dfrac{m}{s}$

b) $e \cdot v_\perp \cdot |\vec{B}| = \dfrac{m_e \cdot v_\perp^2}{r} \qquad \rightarrow$

$r = \dfrac{m_e \cdot v_\perp}{e \cdot |\vec{B}|} = \dfrac{9.11 \cdot 10^{-31} \cdot 10^6}{1.602 \cdot 10^{-19} \cdot 0.0001} \, m = 5.69 \, cm$

c) $v_\perp = \dfrac{2 \cdot \pi \cdot r}{T} \quad \rightarrow \quad T = \dfrac{2 \cdot \pi \cdot r}{v_\perp} = \dfrac{2 \cdot \pi \cdot 0.0569}{10^6} \, s = 0.357 \cdot 10^{-6} \, s$

d) $h = v_{||} \cdot T = 1.732 \cdot 10^6 \cdot 0.357 \cdot 10^{-6} \, m = 0.619 \, m$

5.3.3 Massenspektrometer

Nach dem gleichen Prinzip wie das Fadenstrahlrohr funktioniert eines der wichtigsten Geräte der physikalischen Chemie, das *Massenspektrometer*. Es erlaubt die genaueste bis heute bekannte chemische Analyse. Anders als beim Fadenstrahlrohr werden im Massenspektrometer Ionen (und nicht Elektronen) beschleunigt, die im Normalfall einfach positiv geladen sind (Ladung $+e$, Masse m).

Im Massenspektrometer wird das zu untersuchende Material zuerst in die Gasphase gebracht (verdampft), anschliessend z. B. durch Stoss mit Fremdelektronen ionisiert, dann elektrostatisch beschleunigt und hierauf magnetisch abgelenkt (Figur 91).

Die *verschiedenen* im Material vorhandenen Ionen haben bei gleicher Ladung $+e$ unterschiedliche Massen m, werden also auf Kreisbahnen mit unterschiedlichen Radien r abgelenkt. Es gilt:

$$\frac{e}{m} = \frac{2 \cdot U}{r^2 \cdot B^2} \quad \text{oder} \quad r = \underbrace{\frac{1}{B} \sqrt{\frac{2 \cdot U}{e}}}_{\text{konstant}} \cdot \sqrt{m}$$

Der Bahnradius steigt mit der Wurzel aus der Ionenmasse m an. Fängt man die Ionen nach einer Ablenkung in einem magnetischen 180°-Sektor (Figur 91) mit einer fotografischen Platte auf, so erhält man ein Massenspektrum. Die Fotoplatte wird an den-

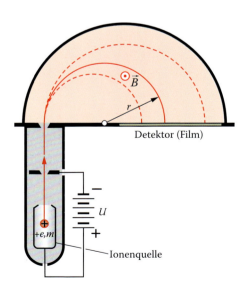

Detektor (Film)

Ionenquelle

Figur 91 Massenspektrometer

jenigen Stellen geschwärzt, an welchen sie von Ionen getroffen wird. Der ganze Prozess muss sich im Hochvakuum abspielen. Anstelle von fotografischen Platten werden heute Teilchendetektoren (z. B. Photomultiplier) eingesetzt.

Figur 92 ist ein Beispiel eines historischen Feinstruktur-Massenspektrogramms auf einer fotografischen Platte. Es zeigt die Trennung von 10 verschiedenen (atomaren und molekularen) Ionen der relativen Massenzahl 20. Die Werte ihrer relativen Ionen- bzw. Molekülmassen liegen zwischen 19.9878 und 20.0628. Derart kleine Unterschiede können mit einer klassischen chemischen Analyse nicht aufgelöst werden.

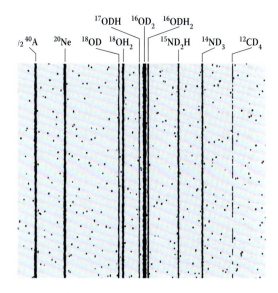

Figur 92 Klassisches Massenspektrogramm

Die ersten klassischen Massenspektrografen wurden 1919 von Francis W. Aston, einem Schüler von J. J. Thomson, konstruiert. Moderne Massenspektrometer sind etwas komplizierter aufgebaut. Massenspektrometer werden heute in der organischen Chemie, der Physik, aber auch etwa in der Kriminalistik (forensische Physik und Chemie) eingesetzt.

5.4 Zusammenfassung

Befindet sich ein stromdurchflossener Leiter (Stromstärke I) in einem B-Feld, so erfährt er eine Kraft:

Lorentzkraft: $\vec{F}_L = I \cdot \vec{s} \times \vec{B}$ wobei $\left| \vec{F}_L \right| = I \cdot \left| \vec{s} \right| \cdot \left| \vec{B} \right| \cdot \sin\varphi$

Eine stromdurchflossene Leiterschleife (Fläche A) erfährt in einem B-Feld ein Drehmoment:

$$M = A \cdot I \cdot B \cdot \sin\alpha, \text{ (Winkel } \alpha \text{ zwischen Flächennormale } \vec{A}$$
$$\text{und der magnetischen Flussrichtung } \vec{B})$$

Die Leiterschleife im B-Feld bildet die Grundlage des Elektromotors.

Bewegt sich ein geladenes Teilchen, z.B. ein Elektron (Masse m_e, Ladung $-e$, Geschwindigkeit v), unter einem rechten Winkel zu einem B-Feld, so beschreibt es eine Kreisbahn mit Radius r, und es gilt:

$$\text{Lorentzkraft} = \text{Masse mal Zentripetalbeschleunigung: } e \cdot v \cdot B = \frac{m_e \cdot v^2}{r}$$

Eine wichtige wissenschaftliche Anwendung ist das Massenspektrometer, in welchem einfach positive Ionen zuerst in einem E-Feld (Spannung U) beschleunigt $\left(\frac{1}{2} \cdot m_{\text{Ion}} \cdot v^2 = e \cdot U\right)$ und dann in einem B-Feld abgelenkt werden. Dabei nimmt der Bahnradius des Ions proportional zur Wurzel aus der Ionenmasse zu, sofern Beschleunigungsspannung U und E-Feld konstant gehalten werden.

6 Elektromagnetische Induktion

6.1 Elektromagnetische Induktion im Alltag

Die elektromagnetische Induktion ist eines der physikalischen Phänomene, das uns im täglichen Leben auf Schritt und Tritt begegnet. Benutzen wir das Fahrrad, so benötigen

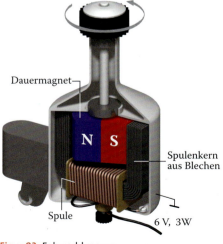

Figur 93 Fahrraddynamo

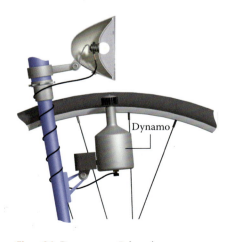

Figur 94 Dynamo am Fahrrad

wir in der Nacht einen Dynamo (Figur 93 und 94), der die nötige elektrische Energie für die Lampe und das Rücklicht liefert. Im Inneren des Dynamos finden wir einen Dauermagneten, der in einem U-förmigen Paket von Weicheisenblechen rotiert. Die Weicheisenbleche stecken in einer Spule. Rotiert der Magnet, so steht an den Enden der Spulenwicklung eine Wechselspannung von 6 Volt bei einer elektrischen Leistung von ca. 3 Watt für die Lampe zur Verfügung. Ein ähnliches Prinzip finden wir in der Schüttellampe und im Generator einer Windturbine (Figur 96).

In der Schüttellampe wird ein starker Permanentmagnet schnell durch eine Spule mit vielen Windungen aus einem dünnen Kupferlackdraht bewegt. Die entstehende elektrische Spannung lädt einen Kondensator mit grosser Kapazität, der nach Betätigen eines Schalters eine LED-Lampe mit elektrischer Energie versorgt. In dem mit einer Windturbine verbundenen Generator (Figur 96) rotiert ein Magnet durch drei Spulenpakete und erzeugt so zugleich drei unabhängige elektrische Wechselspannungen fürs Dreiphasen- bzw. Drehstromnetz.

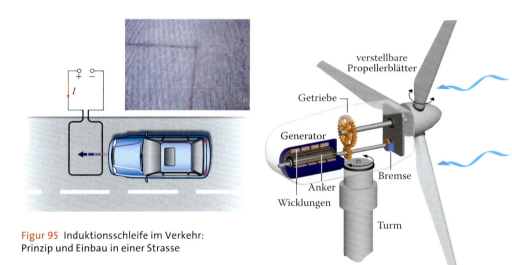

Figur 95 Induktionsschleife im Verkehr:
Prinzip und Einbau in einer Strasse

Figur 96 Windturbine mit Generator

Figur 97 zeigt einen geöffneten Grossgenerator.

Die Zahnbürste in Figur 98 enthält einen Akkumulator, der mithilfe eines Netzgeräts induktiv aufgeladen wird. Aus Sicherheitsgründen und wegen Verschmutzungsgefahr wird so auf elektrische Kontakte verzichtet. Die elektrische Energie wird während des Ladevorgangs induktiv auf den Akku der Bürste übertragen.

Im Strassenverkehr kommen Induktivschleifen zur Regelung von Verkehrsampeln und zur Überwachung der Verkehrsflüsse zum Einsatz. Sie registrieren vorüberfahrende Fahrzeuge. Figur 95 zeigt das Prinzip und eine Induktivschleife in einer aufgefrästen Strasse.

Figur 97 700-Megawatt-Generator des Grosskraftwerks Itaipù in Brasilien

Figur 98 Induktiv-Ladegerät einer Elektrozahnbürste

Induktive Näherungsschalter (Figur 101) funktionieren nach demselben Prinzip wie Induktionsschleifen im Verkehr. Sie registrieren Metalle berührungs- und verschleissfrei.

Ohne Induktionsherd kommt eine moderne Küche nicht mehr aus (Figur 99). Unter einer Glaskeramikplatte befindet sich eine Induktionsspule (Figur 100), die von einem Strom mit einer Frequenz zwischen 20 kHz und 50 kHz durchflossen wird. So werden in den mit ferromagnetischem Material (Eisen) präparierten Pfannenböden Wirbelströme induziert, welche die Pfanne erwärmen.

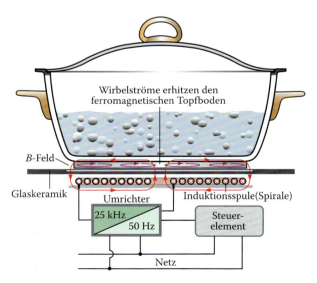

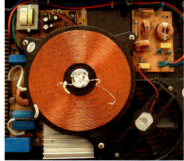

Figur 99 Induktionsherd: Prinzipschema

Figur 100 Induktionskochfeld: Spule

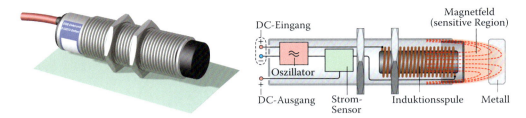

Figur 101 Induktive Näherungsschalter

6.2 Zwei einfache Induktionsexperimente

Wir stossen einen stabförmigen Permanentmagneten in eine Leiterschleife, die an ein empfindliches Spannungsmessgerät angeschlossen ist (Figur 102, links). Am Voltmeter beobachten wir einen Ausschlag, der umso grösser wird, je schneller wir den Magneten in die Leiterschleife hineinbewegen. Diese Spannung können wir auch erhöhen, indem wir eine Spule mit mehreren Windungen benützen (Figur 102, rechts).

Nun untersuchen wir eine Leiterschleife, die aus drei Kupferstäben, zwei festen sowie einem beweglichen, gebildet wird und an ein Spannungsmessgerät mit Millivoltskala (mV) angeschlossen ist (Figur 103). Senkrecht zur Schleifenebene wirkt ein B-Feld.

Bewegen wir den freien Stab, so beobachten wir wieder einen Ausschlag am Spannungsmessgerät: Der Ausschlag nimmt zu, wenn wir den Stab schneller bewegen und seine Bewegungsrichtung ändern.

Diese Spannung entsteht, weil die Leitungselektronen des beweglichen Leiterstücks mit einer bestimmten Geschwindigkeit v nach rechts bewegt werden. Senkrecht zur Leiterebene wirkt ein homogenes B-Feld. Also wird auf die Leitungselektronen eine Lorentz-

Elektro-
magnetismus

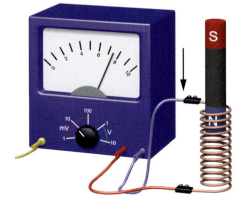

Figur 102 Induktionsexperimente: bewegtes B-Feld

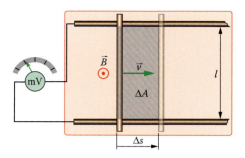

Figur 103 Induktionsexperiment: Veränderung der Schleifenfläche

kraft $F_\mathrm{L} = e \cdot v \cdot B$ ausgeübt. Durch die Verschiebung der Elektronen entsteht ein elektrisches Feld, das so lange anwächst, bis die elektrische Coulomb-Kraft

$$F_\mathrm{E} = e \cdot E = e \cdot \frac{U_\mathrm{ind}}{l}$$

den gleichen Betrag, aber in die entgegengesetzte Richtung wie die Lorentzkraft F_L hat:

$$e \cdot v \cdot B = e \cdot \frac{U_\mathrm{ind}}{l}$$

Für die Induktionsspannung erhalten wir damit:

$$U_\mathrm{ind} = l \cdot v \cdot B = l \cdot \frac{\Delta s}{\Delta t} \cdot B = \frac{\Delta A}{\Delta t} \cdot B$$

Die entstehende Induktionsspannung U_ind ist also proportional zum Betrag des B-Felds und zur zeitlichen Änderung $\Delta A/\Delta t$ der Fläche in der Leiterschleife. Der bewegliche Stab wirkt wie eine Batterie mit der Spannung U_ind (positiver Pol unten, negativer Pol oben).

6.3   Induktionsgesetz

Für die quantitative Erklärung von Induktionsphänomenen gilt ein umfassendes Gesetz, das 1831 von Michael Faraday entdeckt wurde:

Induktionsgesetz

$$U_\mathrm{ind} = -\frac{\Delta \Phi_\mathrm{m}}{\Delta t} \cdot n, \quad \Phi_\mathrm{m} = \vec{B} \cdot \vec{A} = A \cdot B \cdot \cos\alpha, \ \text{Einheit} \ [\Phi_\mathrm{m}] = \mathrm{V} \cdot \mathrm{s}$$

differenzielle Form

$$U_\mathrm{ind} = -\frac{d\Phi_m}{dt} \cdot n$$

Das negative Vorzeichen in der Formel $U_\mathrm{ind} = -\frac{\Delta \Phi_\mathrm{m}}{\Delta t} \cdot n$ ist erforderlich, weil sonst ein „Perpetuum mobile" konstruiert werden könnte, was den Energiesatz verletzen würde (siehe S. 290, Lenz'sche Regel).

Die induzierte, d. h. die in der Leiterschleife erzeugte Spannung U_ind ist also proportional zur zeitlichen Änderung des neu eingeführten *magnetischen Feldflusses* Φ_m und der Anzahl Windungen n, wenn statt einer einzelnen Schleife eine Spule verwendet wird.

Der magnetische Feldfluss Φ_m ist das Skalarprodukt der magnetischen Feldflussdichte $\vec{B}$ und des Flächenvektors $\vec{A}$ (normal, d.h. senkrecht zur Fläche A).

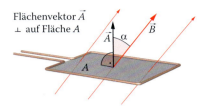

Flächenvektor $\vec{A}$ ⊥ auf Fläche A

Figur 104 Physikalische Grössen des Induktionsgesetzes

Magnetischer Feldfluss, Skalarprodukt

$$\Phi_m = \vec{A} \cdot \vec{B} \quad \text{Einheit} \ [\Phi_m] = \text{Tesla} \cdot \text{m}^2 = \text{V} \cdot \text{s} = \text{Weber} = \text{Wb}$$

Die Einheit des magnetischen Feldflusses wird nach dem Physiker Wilhelm Eduard Weber (1804–1891) benannt. Beachten Sie, dass trotz der eigenartigen Bezeichnung Feld*fluss* hier nichts fliesst. Insbesondere hat der Feldfluss nichts mit einem elektrischen Strom zu tun.

Eine Induktionsspannung U_{ind} entsteht immer dann, wenn sich der Feldfluss $\Phi = \vec{A} \cdot \vec{B} = |\vec{A}| \cdot |\vec{B}| \cdot \cos\alpha$ zeitlich ändert, d.h.

■ die Fläche A der Leiterschleife,
■ der Betrag des B-Felds oder
■ der Winkel α zwischen den Vektoren $\vec{A}$ und $\vec{B}$ (Figur 104).

6.4 Bewegte Leiterschleife im homogenen Magnetfeld

Wir ziehen eine feste Drahtschleife mit einer Geschwindigkeit v aus einem begrenzten homogenen B-Feld heraus (Figur 105, links). Solange die Drahtschleife nicht ganz in das B-Feld ein- oder ausgetaucht ist, entsteht eine Induktionsspannung:

$$U_{ind} = -\frac{d(\vec{B} \cdot \vec{A})}{dt} = -\frac{d(B \cdot A)}{dt} = -\frac{d(B \cdot l \cdot s)}{dt}$$

$$= -B \cdot l \cdot \underbrace{\frac{ds}{dt}}_{< 0} = +B \cdot l \cdot v \quad \text{mit} \ \frac{ds}{dt} = -v$$

Elektromagnetismus

287

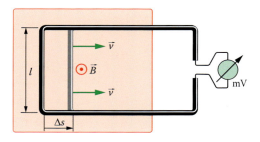
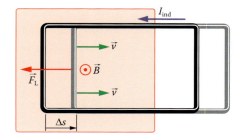

Figur 105 Bewegte Leiterschleife im *B*-Feld

Da ein Millivoltmeter einen sehr hohen Innenwiderstand hat, fliesst (praktisch) kein Induktionsstrom I_{ind}. Wird das Millivoltmeter durch ein Leiterstück ersetzt (Figur 105, rechts), so fliesst nach dem Ohm'schen Gesetz ein elektrischer Strom, der Induktionsstrom: $I_{\text{ind}} = \frac{U_{\text{ind}}}{R}$, wobei R der elektrische Widerstand der ganzen Leiterschleife ist. Als Folge dieses Stroms wirkt nun auf die Leiterschleife eine Lorentzkraft:

$$F_{\text{L}} = I_{\text{ind}} \cdot l \cdot B = \frac{U_{\text{ind}} \cdot l \cdot B}{R},$$

welche in der Gegenrichtung zur Bewegung wirkt und daher die ursprüngliche Bewegung hemmt. Hier erkennen wir die Bedeutung des negativen Vorzeichens im Induktionsgesetz: Es bewirkt, dass die entstehende Kraft $\vec{F}$ die Bewegung der Leiterschleife (v nimmt ab) hemmt. Würde diese Bewegung durch die Kraft $\vec{F}$ unterstützt und verstärkt, so wäre die Anordnung ein *Perpetuum mobile*, eine Maschine, die Energie aus dem „Nichts", d.h. ohne Arbeitsaufwand, erzeugt. Ein Perpetuum mobile widerspricht dem Energiesatz, existiert also nicht.

Lenz'sche Regel

Wird durch eine Änderung des magnetischen Flusses in einer Leiterschleife eine Spannung induziert, so erzeugt der entstehende Strom ein Magnetfeld, das der Änderung des magnetischen Flusses entgegenwirkt. Wird die Leiterschleife bewegt, so wirkt eine Kraft (Lorentzkraft), welche diese Bewegung hemmt.

Diese Regel ist nach dem Physiker Heinrich Friedrich Emil Lenz (1804 – 1865) benannt.

Zum Hinausziehen dieser Leiterschleife aus dem Magnetfeldbereich muss die Lorentzkraft $\vec{F}_{\text{L}}$ überwunden werden. Dabei wird eine Arbeit verrichtet:

$$\Delta W_{\text{ind}} = F_{\text{L}} \cdot \Delta s = I_{\text{ind}} \cdot l \cdot B \cdot \Delta s$$

Für die zugehörige Leistung P_{ind} gilt:

$$P_{\text{ind}} = \frac{\Delta W_{\text{ind}}}{\Delta t} = \frac{I_{\text{ind}} \cdot l \cdot B \cdot \Delta s}{\Delta t} = I_{\text{ind}} \cdot l \cdot B \cdot \underbrace{\frac{\Delta s}{\Delta t}}_{v} = I_{\text{ind}} \cdot \underbrace{l \cdot B \cdot v}_{U_{\text{ind}}} = I_{\text{ind}} \cdot U_{\text{ind}}$$

Mit anderen Worten: Beim Herausziehen einer geschlossenen Leiterschleife aus einem Magnetfeld wird mechanische Arbeit $\Delta W_{\text{ind}} = F_L \cdot \Delta s$ direkt in elektrische Energie $E_{\text{el}} = I_{\text{ind}} \cdot U_{\text{ind}} \cdot \Delta t$ umgewandelt. Diese Anordnung ist also ein elektrischer Generator.

Bei einer gleichförmigen Bewegung einer Leiterschleife ($n = 1$) in ein homogenes Magnetfeld hinein ändert sich der magnetische Fluss (Figur 106, oben). Es gilt:

$$\Phi_{\text{m}} = B \cdot l \cdot s(t) = B \cdot l \cdot v \cdot t$$

Die Induktionsspannung U_{ind} ergibt sich dann als zeitliche Ableitung des magnetischen Flusses Φ_{m} (Figur 106, unten):

$$U_{\text{ind}} = -\frac{d\Phi}{dt} = -B \cdot l \cdot v$$

Fall (1): grössere Geschwindigkeit
Fall (2): kleinere Geschwindigkeit

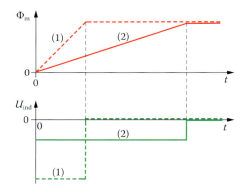

Figur 106 Magnetischer Feldfluss Φ_{m} und induzierte Spannung U_{ind}

Beispiel: fallender Drahtrahmen im Magnetfeld

Ein geschlossener quadratischer Drahtrahmen aus massivem Kupfer (Seitenlänge $a = 0.10$ m, Drahtquerschnitt $A = 10^{-6}$ m² (1 mm²) fällt mit konstanter Geschwindigkeit (Gleichgewicht!) aus einem Magnetfeld $B = 1.5$ Tesla heraus (Figur 107). Kupferdaten: Dichte $\rho_D = 8920$ kg/m³, spezifischer Widerstand $\rho_{\text{el}} = 1.59 \cdot 10^{-8}$ Ωm.

Berechnen Sie:

a) das Gewicht und den elektrischen Widerstand des Drahtrahmens,

b) die im Drahtrahmen induzierte Spannung und die zugehörige elektrische Stromstärke (nur Formeln),

c) die auf den Rahmen wirkende Lorentzkraft (nur Formel) und daraus

d) die Fallgeschwindigkeit des Rahmens (Formel und Zahlenwert).

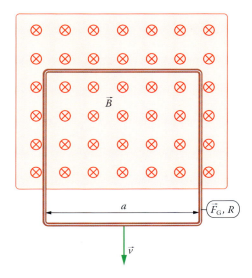

Figur 107 Fallender Drahtrahmen

Elektro-magnetismus

289

Lösung

a) $F_G = m \cdot g = 4 \cdot a \cdot A \cdot \rho_D \cdot g = 4 \cdot 0.1 \cdot 10^{-6} \cdot 8920 \cdot 9.81\ \text{N} = 0.0350\ \text{N}$

$R = \dfrac{\rho_{el} \cdot 4 \cdot a}{A} = \dfrac{1.59 \cdot 10^{-8} \cdot 4 \cdot 0.1}{10^{-6}}\ \Omega = 0.00636\ \Omega$

b) $U_{ind} = -\dfrac{\Delta \Phi}{\Delta t} = -\dfrac{\Delta\left(\vec{B} \cdot \vec{A}\right)}{\Delta t} = +\dfrac{\Delta(B \cdot a \cdot a)}{\Delta t} = +B \cdot a \cdot \underbrace{\dfrac{\Delta a}{\Delta t}}_{v} = +B \cdot a \cdot v$

$I_{ind} = \dfrac{U_{ind}}{R} = +\dfrac{B \cdot a \cdot v}{R}$

c) $F_L = I \cdot a \cdot B = \dfrac{B^2 \cdot a^2 \cdot v}{R}$

d) $F_L = F_G \rightarrow \dfrac{B^2 \cdot a^2 \cdot v}{R} = F_G \rightarrow v = \dfrac{F_G \cdot R}{B^2 \cdot a^2} = \dfrac{0.0350 \cdot 0.00636}{1.5^2 \cdot 0.1^2}\ \dfrac{\text{m}}{\text{s}} = 0.00989\ \dfrac{\text{m}}{\text{s}} \approx 1\ \dfrac{\text{cm}}{\text{s}}$

6.5 Rotierende Leiterschleife im homogenen Magnetfeld

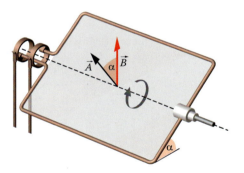

Figur 108 Im B-Feld rotierende Leiterschleife

In einem homogenen B-Feld untersuchen wir eine rechteckige Leiterschleife der Fläche A, die mit konstanter Winkelgeschwindigkeit ω rotiert (Figur 108).

Der Drehwinkel nimmt proportional zur Zeit zu: $\alpha = \omega \cdot t$.

Für den magnetischen Fluss Φ_m und die induzierte Spannung U_{ind} erhalten wir:

$$\Phi_m = B \cdot A \cdot \cos \alpha = B \cdot A \cdot \cos(\omega \cdot t)$$

und für die induzierte Spannung:

Wechselspannung an einer rotierenden Leiterschleife im B-Feld

$$U_{ind} = -\dfrac{d\Phi_m}{dt} = -\dfrac{d(B \cdot A \cdot \cos(\omega \cdot t))}{dt} = \underbrace{+B \cdot A \cdot \omega}_{u_0} \cdot \sin(\omega \cdot t) = U_0 \cdot \sin(\omega \cdot t)$$

Rotiert eine Leiterschleife gleichförmig in einem homogenen B-Feld, so wird eine zeitlich sinusförmige Wechselspannung induziert. Die Grösse $U_0 = B \cdot A \cdot \omega$ heisst Scheitelspannung (Amplitude). Die Scheitelspannung U_0 nimmt zu, wenn man statt einer einzigen Leiterschleife eine Spule mit n Windungen rotieren lässt, die Winkelgeschwindigkeit ω erhöht oder das Magnetfeld B bzw. die Schleifenfläche A vergrössert.

6.6 Elektrische Generatoren

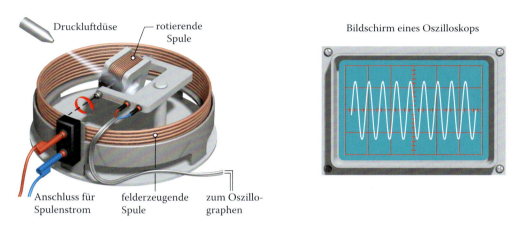

Figur 109 Schulversuch zum Generator mit Oszilloskopbild der Wechselspannung

Figur 109 und Figur 110 zeigen Modellgeneratoren nach dem Prinzip einer in einem Magnetfeld rotierenden Spule.

Legt man eine Wechselspannung an einen solchen Generator, so wirkt, wegen der auftretenden Lorentzkräfte, ein Drehmoment auf die Spule, die zu rotieren beginnt. Diese Anordnung ist also Generator und Elektromotor zugleich (Synchronmotor, Abschnitt 5.2).

Ein Synchronmotor rotiert synchron mit der Kreisfrequenz ω der angelegten Wechselspannung (Figur 110). Allerdings muss diese einfachste Ausführung eines Elektromotors zuerst „angeworfen" werden.

Bisher haben wir Generatoren und Motoren betrachtet, bei denen das notwendige B-Feld von einem Permanentmagneten erzeugt werden musste. Weil die

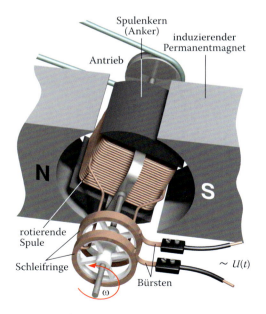

Figur 110 Wechselstromgenerator bzw. Synchronmotor

B-Felder von Permanentmagneten nicht sehr stark sind, haben solche Maschinen nur eine kleine Leistung und sind für den praktischen Einsatz kaum geeignet.

Die entscheidende Verbesserung gelang dem deutschen Erfinder und Firmengründer Werner von Siemens (1816 – 1892) im Jahre 1867 auf der Grundlage des *dynamoelektrischen Prinzips*.

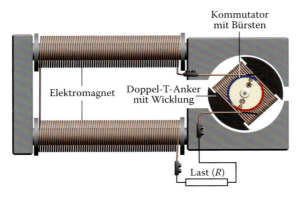

Figur 111 Dynamoelektrisches Prinzip

Figur 111 zeigt einen Generator mit der Verbesserung nach Siemens.

Das B-Feld zum Betrieb des Generators wird durch einen Elektromagneten verstärkt, dessen Strom der Generator selber liefert.

Dabei nutzte Siemens den Restmagnetismus im Eisenkern, der schon zu Beginn des Generatorbetriebs vorhanden ist. Wird der Generator in Betrieb gesetzt, so entsteht deshalb schon zu Beginn ein kleiner Induktionsstrom, der im Elektromagneten ein zusätzliches B-Feld erzeugt.

Damit werden die Induktionsspannung, der Induktionsstrom und schliesslich das wirkende B-Feld weiter verstärkt. Dieser Aufschaukelungsprozess läuft aber nicht dauernd weiter. Er wird durch den Ohm'schen Widerstand der in Serie geschalteten elektrischen Last begrenzt. Ein solcher Generator heisst Hauptschlussgenerator.

Erst dieses Prinzip ermöglichte den Bau grosser Generatoren und Motoren. Beim Fahrraddynamo (Figur 93) ist das dynamoelektrische Prinzip nicht verwirklicht. Man spricht deshalb besser von einer Fahrradlichtmaschine.

■ Beispiel: rotierende Spule eines Generators

Durch die felderzeugende Spule eines Generators nach Figur 109 mit $n_1 = 1000$ Windungen und einer Länge von $l = 10$ cm fliesst ein Strom von $I = 10$ A. Die mit Druckluft betriebene Induktionsspule (Windungszahl $n_2 = 100$, Fläche $= 4$ cm²) rotiert mit der Frequenz $f = 100$ Umdrehungen pro Sekunde. Wie gross ist die Amplitude der induzierten Wechselspannung?

Lösung

$$U_{\text{ind}} = -\frac{d\Phi}{dt} = -n_2 \cdot \frac{d\,(B \cdot A \cdot \cos\varphi)}{dt} = -n_2 \cdot B \cdot A \cdot \frac{d\,(\cos(\omega \cdot t))}{dt}$$

$$= +\underbrace{n_2 \cdot \frac{\mu_0 \cdot I \cdot n_1}{l} \cdot A \cdot \omega}_{u_0} \cdot \sin(\omega \cdot t)$$

$$U_0 = n_2 \cdot \frac{\mu_0 \cdot I \cdot n_1}{l} \cdot A \cdot \underbrace{\omega}_{2\cdot\pi\cdot f} = 100 \cdot \frac{4 \cdot \pi \cdot 10^{-7} \cdot 10 \cdot 1000}{0.1} \cdot 0.0004 \cdot 2 \cdot \pi \cdot 100 \text{ Volt}$$

$$= 3.16 \text{ Volt}$$

6.7 Selbstinduktion

Fliesst ein Strom I durch eine Spule (Länge l, Querschnitt A) mit n Windungen, so entstehen in ihrem Inneren ein homogenes B-Feld und ein magnetischer Fluss Φ_{m} (Figur 113):

$$B = \mu_0 \cdot \frac{n \cdot I}{l} \qquad \text{und}$$

$$\Phi_{\text{m}} = A \cdot B = \mu_0 \cdot \frac{n \cdot I \cdot A}{l}$$

Befindet sich in der Spule ein Kern, z.B. aus einem ferromagnetischen Material wie Eisen,

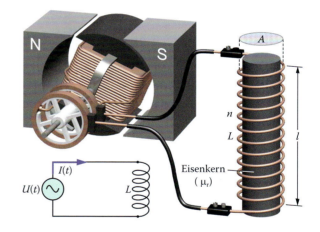

Figur 113 Selbstinduktion in der Spule

so vergrössert sich das B-Feld um einen Faktor μ_r. μ_r, die relative Permeabilität, ist eine Materialkonstante und hat für Eisen einen Wert zwischen 200 und 5000. Verändert sich der Spulenstrom $I = I(t)$ in Funktion der Zeit, so ändert sich auch der magnetische Fluss $\Phi_{\text{m}}(t)$: An der Spule tritt eine Induktionsspannung U_{ind} auf, welche mit dem Induktionsgesetz berechnet werden kann *(Selbstinduktion)*.

Selbstinduktionsspannung einer Spule

$$U_{\text{ind}} = -\frac{d\Phi_{\text{m}}}{dt} \cdot n = -\frac{d}{dt}\left(\mu_0 \cdot \frac{n \cdot I \cdot A}{l}\right) \cdot n = -\underbrace{\mu_0 \cdot \frac{n^2 \cdot A}{l}}_{L} \cdot \frac{dI}{dt} = -L \cdot \frac{dI}{dt}$$

Die Grösse

$$L = \mu_0 \cdot \frac{n^2 \cdot A}{l}$$

heisst *Induktivität*. Für die Einheit der Induktivität gilt:

$$[L] = \frac{\text{Volt} \cdot \text{Sekunde}}{\text{Ampere}} = \frac{\text{V} \cdot \text{s}}{\text{A}} = \text{Henry} = \text{H}$$

Die induzierte Spannung U_{ind} überlagert sich der zeitlich veränderlichen Generatorspannung $U(t)$, die an die Spule gelegt wurde. Die Gesamtspannung an der Spule beträgt damit

$$U_{\text{Spule}} = U(t) + U_{\text{ind}} = U(t) - L\frac{dI}{dt}$$

Auch in diesem Fall ist die induzierte Spannung U_{ind} der Wirkung des veränderlichen Stroms $I = I(t)$ entgegengesetzt (Lenz'sche Regel).

Steigern wir die Generatorspannung $U(t)$, etwa beim *Einschalten*, so nimmt der Strom $I(t)$ zu. Daher ist $\frac{dI}{dt} > 0$, damit wird $U_{\text{ind}} < 0$ und die Gesamtspannung $U_{\text{Spule}} < U(t)$; die Spulenspannung U_{Spule} nimmt also ab.

Umgekehrt beim *Ausschalten*: $\frac{dI}{dt} < 0$, $U_{\text{ind}} > 0$, $U_{\text{Spule}} > U(t)$, die Spulenspannung U_{Spule} nimmt zu!

6.8 Energie im *B*- und im *E*-Feld

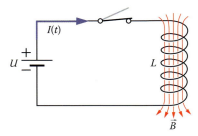

Figur 114 Spule: Energie im *B*-Feld

Spulen sind, wie Kondensatoren, grundlegende Bauelemente der Elektrotechnik und der Elektronik. Spulen und Kondensatoren sind zudem Speicherelemente für elektrische Energie.

Schaltet man eine Spule L in den Stromkreis einer Batterie U (Figur 114), so beginnt der Strom $I = I(t)$ nur allmählich zu fliessen, weil die induzierte Spannung der Batteriespannung entgegengesetzt ist. Diesen Vorgang kann man energetisch interpretieren: Beim Einschalten muss zunächst das Magnetfeld der Spule aufgebaut werden. Dazu ist eine Arbeit W_{m} erforderlich, die von der Batterie verrichtet werden muss. Für die zum Aufbau des *B*-Felds erforderliche Arbeit gilt:

$$P = \frac{dW_{\text{m}}}{dt} = -U_{\text{ind}} \cdot I_{\text{ind}} = +L \cdot \frac{dI_{\text{ind}}}{dt} I_{\text{ind}} \qquad \text{oder}$$

$$\frac{dW_{\text{m}}}{dI_{\text{ind}}} = +L \cdot I_{\text{ind}} \qquad \text{integriert:} \qquad W_{\text{m}} = \frac{1}{2} \cdot L \cdot I_{\text{ind}}^2$$

Die erforderliche Arbeit zum Aufbau eines B-Felds in einer Spule ist gleich gross wie die in der stromdurchflossenen Spule gespeicherte magnetische Energie.

Energie in einer stromdurchflossenen Spule

$$W_{\mathrm{m}} = \frac{1}{2} \cdot L \cdot I_{\mathrm{ind}}^2$$

Die Arbeit W_{m}, die zum Aufbau des B-Felds einer Spule erforderlich ist, entspricht der Ladearbeit $W_{\mathrm{el}} = \frac{1}{2} \cdot C \cdot U_0^2$ eines Kondensators (Abschnitt 3.8).

Mit $L = \dfrac{\mu_0 \cdot n^2 \cdot A}{l}$ und $B = \dfrac{\mu_0 \cdot n \cdot I}{l}$ bzw. $I = \dfrac{B \cdot l}{\mu_0 \cdot n}$

erhalten wir $W_{\mathrm{m}} = \dfrac{1}{2} \cdot L \cdot I_{\mathrm{ind}}^2 = \dfrac{1}{2} \cdot \dfrac{\mu_o \cdot n^2 \cdot A}{l} \cdot \dfrac{B^2 \cdot l^2}{\mu_0^2 \cdot n^2} = \dfrac{1}{2} \cdot \dfrac{A \cdot l}{\mu_0} \cdot B^2$

mit dem Spulenvolumen $V = A \cdot l$. Dividieren wir W_{m} durch V, so erhalten wir die

---

Energiedichte einer Spule

$$w_{\mathrm{m}} = \frac{W_{\mathrm{m}}}{V} = \frac{1}{2 \cdot \mu_0} \cdot B^2 \quad \text{Einheit: } [w_{\mathrm{m}}] = \frac{\mathrm{J}}{\mathrm{m}^3}$$

Die Energiedichte in einer Spule ist also proportional zum Quadrat des B-Feldes. Diese Formel kann aber auch als Aussage über den Sitz der magnetischen Energie einer stromdurchflossenen Spule gedeutet werden.

Die magnetische Energie einer stromdurchflossenen Spule „sitzt" nicht auf dem Spulendraht, sondern im magnetischen Feld des Hohlraums innerhalb der Spule.

Analog dazu beträgt die Energiedichte im geladenen Kondensator:

$$w_{\mathrm{Kond}} = \frac{W}{V} = \frac{1}{2} \cdot \varepsilon_0 \cdot E^2$$

Elektro-magnetismus

6.9 Der Transformator

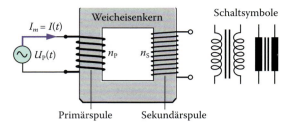

Figur 115 Transformator

Ein Transformator (Spannungsumformer) besteht aus einem geschlossenen Kern aus unlegiertem Eisen, sogenanntes Weicheisen, einer Primärspule (mit n_p Windungen, Figur 115) und einer Sekundärspule (mit n_s Windungen). Um die im elektrisch leitenden Eisen induzierten unerwünschten Wirbelströme möglichst klein zu halten, ist der Kern aus dünnen, gegenseitig isolierten, offenen Blechlamellen (Blechscheiben) aufgebaut. Legt man an die Primärspule eine elektrische Wechselspannung $U_p(t) = U_{0,p} \cdot \sin(\omega \cdot t)$, so fliesst ein Wechselstrom $I_m = I(t) = I_0 \cdot \sin(\omega \cdot t)$ und bewirkt ein $\vec{B}$-Feld, welches den Kern magnetisiert, d.h., die Weiss'schen Bezirke *im ganzen Eisenkern* einheitlich ausrichtet. Auch in der Sekundärspule entsteht ein zeitlich variables $\vec{B}$-Feld $B(t) = \frac{\mu_0 \cdot \mu_r \cdot n_p \cdot I_0}{\ell} \cdot \sin(\omega \cdot t) = B_0 \cdot \sin(\omega \cdot t)$ und damit ein zeitlich variabler magnetischer Fluss $\Phi_m(t) = \vec{B}(t) \cdot \vec{A} = A \cdot B_0 \cdot \sin(\omega \cdot t) = \Phi_{m,0} \cdot \sin(\omega \cdot t)$. Dieser induziert in der Sekundärspule eine Spannung, die Sekundärspannung U_s.

Wir unterscheiden 2 Fälle:

Fall 1: Der unbelastete, verlustfreie Transformator (offener Sekundärstromkreis)
Die Primärspule bildet zusammen mit der Wechselspannungsquelle $U_p(t)$ einen geschlossenen Stromkreis. Für eine Spule mit vernachlässigbarem Ohm'schem Widerstand gilt:

$$U_p(t) + U_{ind} = 0 \quad \Rightarrow \quad U_{0,p} \cdot \sin(\omega \cdot t) - \frac{d\Phi_m}{dt} \cdot n_p = 0 \quad \Rightarrow \quad \frac{d\Phi_m}{dt} = \frac{U_{0,p}}{n_p} \cdot \sin(\omega \cdot t)$$

In der offenen, d.h. unbelasteten Sekundärspule wird eine Spannung $U_s(t)$ induziert. Weil $\Phi_m(t)$ und $d\Phi_m(t)/dt$ gleich gross sind wie in der Primärspule, gilt:

$$U_s(t) = U_{0,s} \cdot \sin(\omega \cdot t) = \frac{d\Phi_m}{dt} \cdot n_s \quad \Rightarrow \quad \frac{d\Phi_m}{dt} = -\frac{U_{0,s}}{n_s} \cdot \sin(\omega \cdot t) = \frac{U_{0,p}}{n_p} \cdot \sin(\omega \cdot t)$$

Verlustfreier *unbelasteter* Transformator:
Verhältnis von Sekundär- zu Primärspannung

$$\frac{U_s(t)}{U_p(t)} = -\frac{n_s}{n_p} \quad \text{oder} \quad \left|\frac{U_{0,s}}{U_{0,p}}\right| = \frac{n_s}{n_p}$$

Die Sekundärspannung verhält sich also zur Primärspannung wie die Windungszahl der Sekundärspule zu derjenigen der Primärspule. Das negative Vorzeichen zeigt an, dass Primär- und Sekundärspannung am unbelasteten Transformator um 180° phasenverschoben sind.

Fall 2: Der belastete Transformator (geschlossener Sekundärstromkreis)

Wird ein Transformator sekundärseitig mit einem Ohm'schen Widerstand belastet, so wird die Berechnung schwieriger, weil dann ein Sekundärstrom I_s fliesst, der einen zusätzlichen magnetischen Fluss Φ_m' induziert. Wir behandeln das Problem hier vereinfacht, indem wir von einem idealen, d. h. verlustfreien Transformator ausgehen, der die elektrische Primärleistung P_p zu 100 Prozent in die Sekundärleistung P_s umsetzt.

Verlustfreier *belasteter* Transformator: Verhältnis von Sekundär- zu Primärstrom

$$P_p = P_s \qquad \text{oder} \qquad U_p \cdot I_p = U_s \cdot I_s \qquad \text{oder} \qquad \frac{U_p}{U_s} = \frac{I_s}{I_p} = -\frac{n_p}{n_s}$$

Das negative Vorzeichen zeigt an, dass der Primärstrom $I_p(t)$ und der Sekundärstrom $I_s(t)$ um 180° phasenverschoben sind. Da der Sekundärstrom $I_s(t)$ und die Sekundärspannung $U_s(t)$ im idealen Transformator phasengleich sind, sind es auch der Primärstrom $I_p(t)$ und die Primärspannung $U_p(t)$.

Die grosse technische Bedeutung des Transformators liegt in der Möglichkeit, durch geeignete Wahl der Windungszahlen n_p und n_s Wechselspannungen in praktisch beliebigen Verhältnissen und nahezu verlustfrei zu transformieren, was in unseren Wechselstromnetzen besonders wichtig ist.

Elektromagnetismus

6.10 Zusammenfassung

Eine Induktionsspannung U_{ind} entsteht in einer Leiterschleife in einem B-Feld, sofern sich der Flächenanteil A der ins B-Feld getauchten Leiterschleife, das B-Feld oder der Winkel α zwischen der Flächennormalen und dem B-Feld in Funktion der Zeit ändern.

Induktionsgesetz von Faraday: $U_{ind} = -n \cdot \frac{\Delta \Phi_m}{\Delta t}$, Windungszahl n der Spule.

Magnetischer Fluss $\Phi_m = A \cdot B \cdot \cos(\alpha)$,   Einheit: $[\Phi_m] = V \cdot s = Wb$ (Figur links)

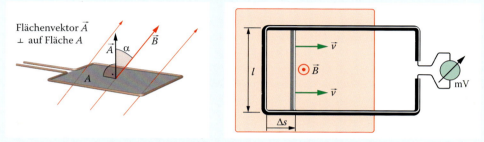

Bewegt sich die Leiterschleife mit einer Geschwindigkeit v ins B-Feld hinein, so beträgt die Induktionsspannung $U_{ind} = B \cdot l \cdot v$, wobei l die Breite der Leiterschleife bezeichnet (Figur rechts).

Wird die Leiterschleife kurzgeschlossen, so fliesst ein Induktionsstrom I_{ind} so, dass die entstehende Lorentzkraft der Bewegungsrichtung entgegenwirkt (Lenz'sche Regel).

Rotiert eine Leiterschleife mit einer Winkelgeschwindigkeit ω in einem B-Feld, so entsteht eine Wechselspannung $U_{ind} = + B \cdot A \cdot \omega \cdot \sin(\omega \cdot t) = U_0 \cdot \sin(\omega \cdot t)$. Generator mit der Scheitelspannung $U_0 = B \cdot A \cdot \omega$.

Die Induktivität L ist eine Kenngrösse der Spule. Um in einer Spule ein Magnetfeld aufzubauen, muss eine Arbeit $W_m = \frac{1}{2} \cdot L \cdot I_{ind}^2$ verrichtet werden. Eine stromdurchflossene Spule ist dann, wie ein geladener Kondensator, ein Speicher für elektromagnetische Energie.

Ein Transformator (Spannungsumformer) erlaubt es, Wechselspannungen mithilfe von zwei über einem Weicheisenkern induzierenden Spulen in fast beliebigen Verhältnissen und nahezu verlustfrei zu verändern.

Weitere Unterlagen zum Thema siehe www.hep-verlag.ch/physik-mittelschulen

F

Mechanische Schwingungen und Wellen

Themen

- Schwingungen: Federpendel, Fadenpendel harmonischer Oszillator, Resonanz
- Töne und Klänge, Fourier-Synthese und -Analyse
- Mechanische Wellen: Seilwellen und Wasserwellen
- Elementarwellen: Prinzip von Huygens und Fresnel
- Beugung, Interferenz, Brechung und Reflexion

1 Schwingungen, Wellen und Resonanzen im täglichen Leben

Schwingungen, Wellen und Resonanzen sind Naturerscheinungen in Luft, Wasser und anderen Medien, die für das tägliche Leben von uns Menschen und für die Ökonomie eines Landes von grosser Bedeutung sein können.

Figur 1 Taschenuhr, Unruh links

Eine wichtige technische Anwendung von Schwingungen finden wir in der mechanischen Uhr (Figur 1). Das Herz der mechanischen Uhr ist die Unruh, ein kleines zwischen Rubinen gelagertes Rad, das von einer Spiralfeder angetrieben wird und regelmässige Drehschwingungen ausführt, welche den Gang der Uhr und damit ihre Genauigkeit bestimmen. Die Unruh einer mechanischen Uhr ist also ein schwingungsfähiges Gebilde, ein Oszillator, der ungedämpfte Schwingungen ausführt, solange die Uhr aufgezogen ist.

Schwingende Saiten und Luftsäulen bilden die Grundlage der Musik. Der Klang wird dabei durch einen Oszillator, etwa durch den Kehlkopf einer Singstimme oder durch die Saite einer Geige, erzeugt. Durch Übertragung auf die im Mund- und Rachenraum des Sängers oder die im Korpus einer Geige zwischen Boden und Deckel eingeschlossene Luft wird diese Schwingung verstärkt. Wir sprechen von Resonanz.

Erdbeben können Wellen in der Erdkruste oder im Meer auslösen, die Städte oder ganze Küstenstriche zerstören (Tsunamis). Daneben gibt es im Meer die durch Winde erzeugten ozeanischen Wasserwellen, die im Extremfall Höhen von gegen 25 Meter erreichen können und dann selbst für grosse Schiffe eine Gefahr darstellen.

Es war einer der grössten Erfolge der Physik, als es Thomas Young zu Beginn des 19. Jahrhunderts mit einem denkbar einfachen Experiment gelang, den Wellencharakter von Licht nachzuweisen und die ältere Newton'sche Teilchentheorie vorübergehend zu widerlegen. Newton war davon ausgegangen, dass Licht aus kleinsten Teilchen besteht. Wird das Licht gebrochen oder reflektiert, so wirken nach Newton Kräfte auf diese Teilchen. Diese Kräfte sind senkrecht zur Mediengrenze gerichtet.

Zu Beginn des 20. Jahrhunderts konnte auch der Wellencharakter der Röntgenstrahlung durch Beugung von Röntgenlicht an einem atomar feinen Kristallgitter nachgewiesen werden (Max von Laue 1912).

2 Schwingungen

2.1 Einleitung

Wir schauen dem regelmässigen Hin und Her eines schaukelnden Kindes (Figur 2) zu und fragen uns, wie die Bewegung dieser Kinderschaukel mathematisch beschrieben werden könnte. Bewegungen um eine Ruhelage, deren Richtungssinn sich in gleichen zeitlichen Abständen ändert, heissen in der Physik *Schwingungen*. Schwingungsfähige Systeme, etwa eine Kinderschaukel, bezeichnen wir als *Oszillatoren*.

Eine Schwingung ist also eine sich regelmässig wiederholende (repetitive) Bewegung eines Körpers zwischen zwei Umkehrpunkten, in denen dieser für eine (unendlich) kurze Dauer in Ruhe ist.

Die Zeit für eine vollständige Schwingung (Hin-und-her-Bewegung) heisst Schwingungsdauer oder Periode T. Für die Beschreibung der Schwingung kann auch die Frequenz f oder die Anzahl n der Schwingungen während einer bestimmten Zeitspanne verwendet werden.

Figur 2 Schaukelndes Kind, ein Oszillator

Frequenz f und Schwingungsdauer (Periode) T

$$f = \frac{n}{t} = \frac{1}{T} \quad \text{Einheit: } [f] = \frac{1}{\text{Sekunde}} = 1\,\text{Hertz} = 1\,\text{Hz}$$

Die Einheit der Frequenz wird nach dem deutschen Physiker Heinrich Hertz (1857 – 1894), dem Entdecker der Radiowellen, benannt.

2.2 Das Federpendel, ein harmonischer Oszillator

2.2.1 Beobachtungen am Federpendel

Ziel dieses Abschnitts ist es, die Auslenkung eines harmonisch schwingenden Pendelkörpers, seine Geschwindigkeit und seine Beschleunigung in Funktion der Zeit zu berechnen.

Wir hängen ein zylinderförmiges Gewicht der Masse m an einer Schraubenfeder (Feder-

301

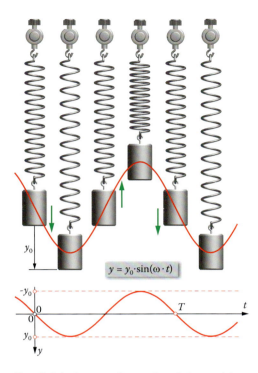

Figur 3 Schwingungsphasen eines Federpendels

$$y = y_0 \cdot \sin(\omega \cdot t)$$

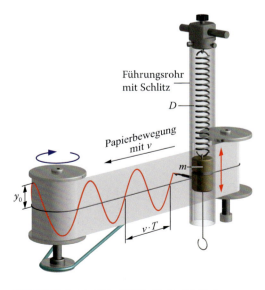

Figur 4 Federpendel mit Schreibmechanismus

konstante D) auf. Diese Anordnung bezeichnen wir als Federpendel (Figur 3).

Lenken wir das Gewicht nach unten aus und lassen es los, so führt es eine periodische Auf-und-ab-Bewegung, eine harmonische Schwingung, aus.

Als Auslenkung oder Elongation y einer Schwingung bezeichnen wir die momentane Entfernung des schwingenden Körpers (bzw. dessen Schwerpunkts) von der Ruhe- oder Gleichgewichtslage. Die maximale Auslenkung y_0, also der Abstand zwischen Ruhelage und Umkehrpunkt einer Schwingung, heisst *Amplitude*.

Wird das Gewicht an die Feder gehängt, so dehnt sich diese so lange, bis die Federkraft (entgegengesetzt) gleich gross ist wie die Gewichtskraft. Dann ist das Federpendel in Ruhe (im Gleichgewicht). Lenken wir das Gewicht nun um eine Strecke y_0 nach unten aus (Figur 3), so wird die Federkraft grösser als die Gewichtskraft.

Lassen wir das Gewicht jetzt los, wird es von der Feder beschleunigt nach oben bewegt. Dabei nimmt die beschleunigende Kraft kontinuierlich ab und erreicht in der Gleichgewichtslage des Pendels den Wert null.

Zugleich nimmt die Geschwindigkeit des Gewichts zu und erreicht in der Gleichgewichtslage ihren grössten Wert. Wegen ihrer Trägheit bewegt sich das Gewicht über die Gleichgewichtslage hinaus nach oben, erfährt jetzt aber eine nach unten wirkende, zunehmend grösser werdende, verzögernde Kraft, bis diese Bewegung im oberen Umkehrpunkt zur Ruhe kommt und die resultierende Kraft ihren grössten Wert erreicht. Jetzt wiederholt sich die Bewegung des Gewichts in umge-kehrter Richtung nach unten. Das Gewicht schwingt.

Am Gewicht denken wir uns einen Schreibstift befestigt (Figur 4), der auf einem gleich-mässig vorbeilaufenden Papierstreifen ein Weg-Zeit-Diagramm dieser Bewegung regis-triert. Die Form dieses Graphen gleicht einer Sinuskurve, wobei die Ordinate die Auslen-kung y der schwingenden Kugel, die Abszisse die Zeitachse darstellt.

2.2.2 Harmonische Schwingung und Kreisbewegung

Eine harmonische Schwingung kann auf eine Kreisbewegung zurückgeführt wer-den (Figur 5): Auf einer mit der Frequenz f gleichmässig rotierenden Kreisscheibe be-findet sich eine kleine Kugel, deren Bewe-gung auf eine senkrecht zur Kreisbahn stehende Wand projiziert wird.

Ihr Schattenbild erscheint dort als eindimensionale Auf-und-ab-Bewegung einer harmonischen Schwingung. Diese Schattenbilder können mit einem in ver-tikaler Richtung schwingenden Körper eines Federpendels der gleichen Frequenz f zur Deckung gebracht werden (Figur 6).

Ist y_0 der Radius der Kreisbahn der kleinen Kugel in Figur 5 und φ ihre Win-kelposition bezüglich der Vertikalen y (z. B. im Punkt 2), so beträgt die vertikale Auslenkung

$$y = y_0 \cdot \cos\varphi$$

Weil die Scheibe gleichmässig rotiert, ver-ändert sich der Winkel φ proportional zur Zeit:

$$\varphi = \omega \cdot t = 2 \cdot \pi \cdot f \cdot t \ ,$$

wobei ω die Winkelgeschwindigkeit und f die Frequenz der Kreisbewegung sind. Für die Auslenkung y erhalten wir damit die Schwingungsfunktion:

$$y = y_0 \cdot \cos(\omega \cdot t) = y_0 \cdot \cos(2 \cdot \pi \cdot f \cdot t)$$

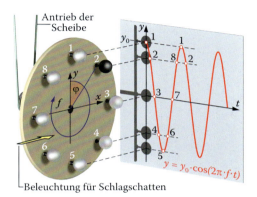

Figur 5 Schwingung als Projektion einer Kreisbewegung

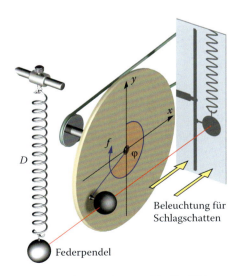

Figur 6 Synchronisation von Schattenbild und Federpendel

303

Um das Federpendel in Schwingungen zu versetzen, müssen wir es um y_0 auslenken, die Auslenkung zu Beginn (Zeit $t = 0$) ist maximal. Darum schreiben wir die Schwingung als Kosinusfunktion auf.

Nun betrachten wir die Geschwindigkeit und die Beschleunigung. Die Geschwindigkeit der rotierenden Kugel (Figur 7) hat den konstanten Betrag $v_0 = \omega \cdot y_0$. Die Projektion des zugehörigen Geschwindigkeitsvektors (Figur 7, links) beträgt:

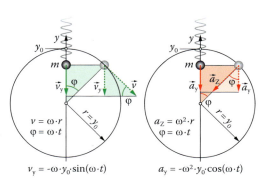

Figur 7 Geschwindigkeit und Beschleunigung

$$v = -v_0 \cdot \sin(\omega \cdot t) = -\omega \cdot y_0 \cdot \sin(\omega \cdot t).$$

Der Beschleunigungsvektor (Zentripetalbeschleunigung) der rotierenden Kugel zeigt ins Kreiszentrum und hat den konstanten Betrag $a_0 = \omega^2 \cdot y_0$. Seine Projektion auf die y-Achse beträgt $a = -\omega^2 \cdot y_0 \cdot \cos(\omega \cdot t)$ (Figur 7, rechts).

Hinweis: Bei der grössten Auslenkung ist auch die Beschleunigung am grössten und der Auslenkungsrichtung entgegengesetzt.

Kenngrössen einer harmonischen Schwingung	
Amplitude:	y_0
Elongation:	y
Frequenz f:	$f = \dfrac{1}{T}$
Periode T und Kreisfrequenz ω (Einheit s^{-1}):	$\omega \cdot T = 2 \cdot \pi, \quad \omega = 2\pi \cdot f$

2.2.3 Energien des vertikal schwingenden Federpendels

Wir gehen von einer frei hängenden Schraubenfeder mit der Federkonstante D aus. Wird diese Feder mit einem Gewichtskörper der Masse m belastet, so verlängert sie sich um eine Strecke s, und nach dem Federgesetz gilt: $m \cdot g = D \cdot s$. Die Schraubenfeder hat dann eine Federenergie $E_{\text{Feder}} = \frac{1}{2} \cdot D \cdot s^2$.

Jetzt wird das Pendel um eine Strecke y_0 nach unten ausgelenkt und beginnt zwischen $y = +y_0$ und $y = -y_0$ zu schwingen (Figur 7). Dieses schwingende Federpendel hat potenzielle Energie, kinetische Energie und Federenergie. Die Energien oben ($y = +y_0$), in der Mitte ($y = 0$) und unten ($y = -y_0$) werden in einer Tabelle zusammengestellt:

Stelle	Potenzielle Energie	Kinetische Energie	Federenergie
$y = +y_0$	$m \cdot g \cdot 2 \cdot y_0 = D \cdot s \cdot 2 \cdot y_0$	0	$\frac{1}{2} \cdot D \cdot (s - y_0)^2$
$y = 0$	$m \cdot g \cdot y_0 = D \cdot s \cdot y_0$	$\frac{1}{2} m \cdot v^2 = \frac{1}{2} \cdot m \cdot y_0^2 \cdot \omega^2$	$\frac{1}{2} \cdot D \cdot s^2$
$y = -y_0$	0	0	$\frac{1}{2} \cdot D \cdot (s + y_0)^2$

Setzen wir die Gesamtenergien an den Stellen $y = 0$ und $y = -y_0$ gleich, so erhalten wir:

$$D \cdot s \cdot y_0 + \frac{1}{2} \cdot m \cdot y_0^2 \cdot \omega^2 + \frac{1}{2} \cdot D \cdot s^2 = \frac{1}{2} \cdot D \cdot (s + y_0)^2 \quad \rightarrow \quad \frac{1}{2} \cdot m \cdot y_0^2 \cdot \omega^2 = \frac{1}{2} \cdot D \cdot y_0^2$$

Daraus können wir die entscheidende Grösse des Federpendels, die Kreisfrequenz ω, berechnen:

$$\omega = \sqrt{\frac{D}{m}}$$

Das Federpendel

Auslenkung: $\qquad y = y_0 \cdot \cos(\omega \cdot t) = y_0 \cdot \cos(2 \cdot \pi \cdot f \cdot t)$

Geschwindigkeit: $\qquad v = -\omega \cdot y_0 \cdot \sin(\omega \cdot t)$

Beschleunigung: $\qquad a = -\omega^2 \cdot y_0 \cdot \cos(\omega \cdot t)$

Kreisfrequenz: $\qquad \omega = \sqrt{\frac{D}{m}} \qquad$ Frequenz: $f = \frac{1}{T} = \frac{1}{2 \cdot \pi} \cdot \sqrt{\frac{D}{m}}$

■ **Beispiel: horizontales Federpendel**

Ein reibungsfrei beweglicher Wagen der Masse $m = 1$ kg ist mit zwei Federn (Federkonstanten $D_1 = 10$ N/m und $D_2 = 20$ N/m) zwischen den Wänden einer Holzkiste eingespannt. In der Ruhelage sind die beiden Federn gerade entspannt. Wird der Wagen ausgelenkt, so schwingt der Wagen um die Ruhelage.

a) Erklären Sie, warum dieser Wagen harmonisch schwingt.
b) Berechnen Sie die Frequenz dieser Schwingung sowie die maximale Geschwindigkeit und die maximale Beschleunigung des Wagens, wenn er zu Beginn um $y_0 = 10$ cm nach rechts ausgelenkt wurde.

Figur 8 Horizontales Federpendel

305

Lösung

a) Wird der Wagen um eine Strecke y nach rechts ausgelenkt, so wirkt eine Kraft von $F = (D_1 + D_2) \cdot y$ nach links. Die Kraft ist entgegengesetzt und proportional zur Auslenkung, was eine harmonische Schwingung zur Folge hat.

b) $f = \dfrac{1}{2 \cdot \pi} \sqrt{\dfrac{D_1 + D_2}{m}} = \dfrac{1}{2 \cdot \pi} \cdot \sqrt{\dfrac{10 + 20}{1}} \ \text{Hz} = 0.87 \ \text{Hz}$

$v_{max} = y_0 \cdot \omega = y_0 \cdot \sqrt{\dfrac{D_1 + D_2}{m}} = 0.1 \cdot \sqrt{\dfrac{10 + 20}{1}} \ \dfrac{\text{m}}{\text{s}} = 0.55 \ \dfrac{\text{m}}{\text{s}}$

$a_{max} = y_0 \cdot \omega^2 = y_0 \cdot \dfrac{D_1 + D_2}{m} = 0.1 \cdot \dfrac{10 + 20}{1} \ \dfrac{\text{m}}{\text{s}^2} = 3 \ \dfrac{\text{m}}{\text{s}^2}$

■ Beispiel: schwingendes Glasröhrchen (Aräometer)

Ein unten verschlossenes, zylindrisches Glasröhrchen (Masse $m = 0.1$ kg; Querschnitt $A = 3$ cm², Reagenzglas) wird in Wasser (Dichte $\rho = 1000$ kg/m³) eingetaucht (Figur 9). Aus der Gleichgewichtslage wird es um eine Strecke $y = y_0 = 2$ cm ins Wasser hineingedrückt. Nach dem Loslassen schwingt das Röhrchen. Berechnen Sie die Schwingungsdauer T, wenn die Reibung vernachlässigt wird (ungedämpfte Schwingung).

Figur 9 Aräometer

Lösung

Rücktreibende Kraft (Auftrieb): $F = - y \cdot A \cdot \rho \cdot g; \ -y_0 \le y \le +y_0$

Bewegungsgesetz: $F = - y \cdot A \cdot \rho \cdot g = m \cdot a$

oder $a + \underbrace{\dfrac{A \cdot \rho \cdot g}{m}}_{\omega^2} \cdot y = 0$

$$T = \dfrac{2 \cdot \pi}{\omega} = 2 \cdot \pi \cdot \sqrt{\dfrac{m}{A \cdot \rho \cdot g}} = 2 \cdot \pi \cdot \sqrt{\dfrac{0.1}{3 \cdot 10^{-4} \cdot 1'000 \cdot 9.81}} \ \text{s} = 1.16 \ \text{s}$$

Weitere Unterlagen zum Thema siehe www.hep-verlag.ch/physik-mittelschulen

2.3 Fadenpendel

Einen an einem Faden hängenden Körper, der um den tiefsten Punkt schwingt, bezeichnen wir als Pendel.

Ist der Körper ein Massepunkt, der Faden masselos und die Bewegung reibungsfrei, so sprechen wir von einem Fadenpendel oder mathematischen Pendel (Idealisierung, Figur 10). Wird der Massepunkt nach links ausgelenkt und losgelassen, so führt das Pendel eine periodische Schwingung aus.

Ziel dieses Abschnitts ist es, wie beim Federpendel die Auslenkung dieses Pendelkörpers, seine Geschwindigkeit und seine Beschleunigung in Funktion der Zeit zu berechnen.

Der Pendelkörper (Massepunkt m) bewegt sich auf einem Kreisbogen. Auf die Masse m wirkt die Gewichtskraft $F_G = m \cdot g$. Wird das Pendel um einen Winkel φ ausgelenkt, so wirkt eine rücktreibende Kraft

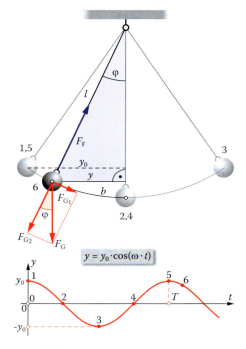

Figur 10 Fadenpendel

$$F_{G1} = m \cdot g \cdot \sin\varphi = m \cdot g \cdot \frac{y}{l}$$

Würde sich der Massepunkt auf einer Geraden längs der Strecke y (Figur 10) bewegen, so wäre das mathematische Pendel ein harmonischer Oszillator, weil die Kraft F_{G1} proportional zur Auslenkung y wäre. Da er in Wirklichkeit aber einen Kreisbogen b beschreibt, ist er nur näherungsweise ein harmonischer Oszillator.

Wählen wir aber den Auslenkungswinkel klein, so fallen y und b fast zusammen, sodass näherungsweise folgende Bewegungsgleichung gilt:

$$-m \cdot g \cdot \frac{y}{l} \approx m \cdot a \quad \text{oder} \quad a \approx -\frac{g}{l} \cdot y$$

Vergleichen wir diesen Ausdruck mit der Bewegungsgleichung des Federpendels:

$-D \cdot y = m \cdot a$ oder $a = -\underbrace{\frac{D}{m}}_{\omega^2} \cdot y$, so sehen wir, dass der Ausdruck $\frac{D}{m} = \omega^2$

des Federpendels dem Ausdruck $\frac{g}{l} = \omega^2$ für das Fadenpendel entspricht. Damit gilt:

Fadenpendel

Frequenz: $f = \dfrac{\omega}{2 \cdot \pi} = \dfrac{1}{2 \cdot \pi} \cdot \sqrt{\dfrac{g}{l}};$ Schwingungsdauer: $T = 2 \cdot \pi \cdot \sqrt{\dfrac{l}{g}}$

Erstaunlicherweise hängt die Schwingungsdauer (für kleine Auslenkungswinkel) nur von der Pendellänge l und der Fallbeschleunigung g ab. Weder Pendelmasse noch Auslenkungswinkel spielen eine Rolle.

■ **Beispiel: Erdbebenstabilisator**

Der Erdbeben-Schwingungsdämpfer im Wolkenkratzer Taipei 101 in Taiwan ist eine vergoldete Stahlkugel der Masse 660 Tonnen, die an vier Stahlseilen im 92. Stock des 509 Meter hohen Gebäudes verankert ist und vom Restaurant im 88. Stock aus beobachtet werden kann. Die Länge dieses Riesenpendels beträgt ca. 14 Meter (Figur 11).

a) Wie gross ist seine Schwingungsdauer T?
b) Welche Energie steckt in diesem Pendel, wenn es mit einer Amplitude von 50 cm schwingt?

Figur 11 Schwingungsdämpfer im Wolkenkratzer

Lösung

Schwingungsdauer: $T = 2 \cdot \pi \sqrt{\dfrac{l}{g}} = 2 \cdot \pi \cdot \sqrt{\dfrac{14}{9.81}}$ s $= 7.51$ s

Maximalgeschwindigkeit: $v_{max} = y_0 \cdot \omega = y_0 \cdot \dfrac{2 \cdot \pi}{T} = 0.5 \cdot \dfrac{2 \cdot \pi}{7.51} \dfrac{m}{s} = 0.42 \dfrac{m}{s}$

Kinetische Energie: $E_{kin} = \dfrac{1}{2} \cdot m \cdot v_{max}^2 = \dfrac{1}{2} \cdot 660000 \cdot 0.42^2$ Joule $= 5.8 \cdot 10^4$ Joule

Dies entspricht nur ungefähr derjenigen Energie, die erforderlich ist, um eine Tasse Kaffee zu erwärmen! Trotzdem ist dieser Schwingungsdämpfer hoch wirksam und reduziert die Schwankungen des Gebäudes bei einem Erdbeben etwa auf die Hälfte.

2.4 Gedämpfte Schwingungen

Lässt man ein Feder- oder ein Fadenpendel längere Zeit pendeln, merkt man, dass die Amplitude mit der Zeit abnimmt und die Schwingung nach einer gewissen Zeit aufhört.

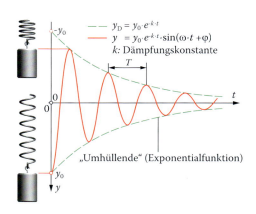

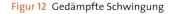

Figur 12 Gedämpfte Schwingung

Figur 13 Pendeluhr mit Ankerhemmung

Schwingungen mit abnehmender Amplitude nennt man *gedämpfte Schwingungen* (Figur 12). Wirkliche physikalische Systeme sind immer gedämpft, da sie, z. B. durch Reibung, immer Energie an die Umgebung abgeben.

Führt man diese Energie von aussen wieder zu, wie z. B. bei der klassischen Pendeluhr durch Rückkopplung mit der sogenannten Ankerhemmung nach Graham (Figur 13), so können auch reale physikalische Systeme ungedämpfte Schwingungen ausführen.

Die gedämpfte Schwingung kann mit der Funktion

$$y = y_0 \cdot e^{-kt} \cdot \sin(\omega \cdot t + \varphi) \quad \text{mit } k = \frac{R}{2 \cdot m}, \quad \omega = \sqrt{\frac{D}{m} - \frac{R^2}{4 \cdot m^2}} \quad \text{und } \varphi = -90°$$

beschrieben werden. Die Konstante R berücksichtigt die Reibung ($R = 0$: keine Reibungsverluste). Diese Reibung ist proportional zur Geschwindigkeit des Pendels.

2.5 Erzwungene Schwingungen und Resonanz

Wir untersuchen nun den wichtigen Fall, dass auf einen harmonischen Oszillator *von aussen* periodisch eine Kraft einwirkt.

Ein Federpendel (Federkonstante D und Masse m, Figur 14) wird mit einer Schnur an eine drehbare Exzenterscheibe gehängt. Diese wird von einem Elektromotor angetrieben, dessen Winkelgeschwindigkeit ω (Kreisfrequenz bzw. Drehzahl) sich einstellen lässt.

Zunächst versetzen wir das Federpendel bei ausgeschaltetem Motor in Schwingung. Seine Kreisfrequenz beträgt $\omega_0 = \sqrt{\frac{D}{m}}$ (Eigenkreisfrequenz).

Schwingungen und Wellen

309

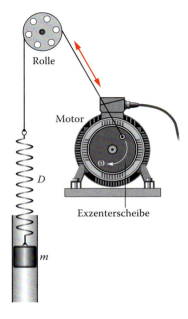

Rolle

Motor

D

m

Figur 14 Resonanzpendel

Jetzt schalten wir den Elektromotor ein, die Exzenterscheibe beginnt sich zu drehen und überträgt auf das Pendel eine mit der Kreisfrequenz ω periodisch zu- und abnehmende Kraft:

$$F = F_0 \cdot \cos(\omega \cdot t)$$

Physikalisch lässt sich dieses Problem einfach behandeln, indem im Bewegungsgesetz des Federpendels (2. Newton'sches Gesetz)

$$m \cdot a = F = -D \cdot y$$

neben der rücktreibenden Federkraft $-D \cdot y$ diese Kraft $F = F_0 \cdot \cos(\omega \cdot t)$ eingesetzt wird:

$$m \cdot a = -D \cdot y + F_0 \cdot \cos(\omega \cdot t)$$

Die mathematische Frage lautet jetzt: Welche zeitliche Funktion $y = y(t)$ löst diese Gleichung?

Man kann beobachten, dass das Pendel Schwingungen mit der Kreisfrequenz ω ausführt.

Daher machen wir den Ansatz $y = y_0 \cdot \cos(\omega \cdot t)$, wobei y_0 die Amplitude der Schwingung ist. Für die Beschleunigungsfunktion gilt:

$$a = -\omega^2 \cdot y_0 \cdot \cos(\omega \cdot t).$$

Einsetzen ergibt:

$$-\omega^2 \cdot m \cdot y_0 \cdot \cos(\omega \cdot t) = -D \cdot y_0 \cdot \cos(\omega \cdot t) + F_0 \cdot \cos(\omega \cdot t)$$

$$-\omega^2 \cdot m \cdot y_0 = -D \cdot y_0 + F_0 \quad \text{oder} \quad y_0 = \frac{F_0}{D - \omega^2 \cdot m} = \frac{F_0}{m} \cdot \frac{1}{\underbrace{\frac{D}{m}}_{\omega_0^2} - \omega^2} = \frac{F_0}{m} \cdot \frac{1}{\omega_0^2 - \omega^2}$$

Dabei ist ω_0 die Kreisfrequenz des Federpendels und ω die Winkelgeschwindigkeit der Exzenterscheibe bzw. die Kreisfrequenz der Anregung des Federpendels.

Hat die Kreisfrequenz ω der anregenden Schwingung gerade den Wert ω_0, also die Eigenkreisfrequenz des Federpendels, so sprechen wir von *Resonanz*.

Bei Resonanz verschwindet im obigen Ausdruck der Nenner $\omega_0^2 - \omega^2$, und die Amplitude y_0 strebt gegen einen unendlich grossen Wert, sofern diese Anordnung nicht gedämpft wird. Dabei wird das schwingende System (Federpendel) zerstört. Dieser Effekt wird als *Resonanzkatastrophe* bezeichnet.

Dämpft man das System durch externe Reibung, so kann die Zerstörung des Systems bei Resonanz vermieden werden. Die Amplitude y_0 wächst dann nicht mehr unbegrenzt an, kann aber je nach Stärke der Dämpfung immer noch sehr hohe Werte annehmen (Figur 15).

Das Phänomen der Resonanz können wir mit einem einfachen Freihandexperiment veranschaulichen.

Wir binden einen kleinen Körper, etwa einen Radiergummi, an eine Schnur. Dämpfung können wir mit einem da-

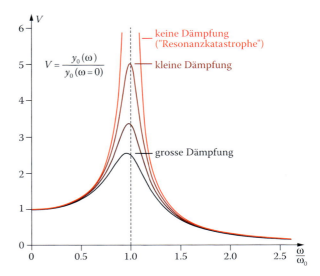

Figur 15 Erzwungene Schwingung eines Pendel in Abhängigkeit von Frequenz und Dämpfung

ran befestigten Blatt simulieren (Figur 16). Wir lassen das Pendel schwingen und bestimmen die Eigenfrequenz f_0 des Pendels mit einer Stoppuhr.

Dann regen wir dieses Pendel durch regelmässige horizontale Bewegungen mit einer Frequenz f an, welche wir langsam steigern. Erreichen wir bei $f = f_0$ Resonanz, so beginnt das Pendel heftig zu schwingen. Die Grösse der Resonanzamplitude hängt dabei von der Stärke der Dämpfung ab (Figur 17).

Brücken, insbesondere Hängebrücken, sind schwingende Bauwerke, welche durch Windstösse angeregt werden können. Am 7. November 1940 stürzte eine Hängebrücke in den USA ein – wegen Resonanzanregung durch Windböen mit Geschwindigkeiten von nur 60 km/h (Figur 18).

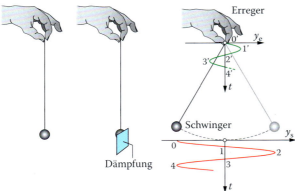

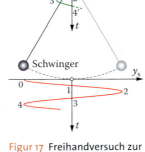

Figur 16 Pendelversuch ohne und mit Dämpfung

Figur 17 Freihandversuch zur Resonanz

Figur 18 Resonanzkatastrophe. Tacoma-Narrows-Brücke (USA, 7. 11. 1940)

Schwingungen und Wellen

311

Die Brücke war nach dem Stand des damaligen Ingenieurwissens fehlerfrei konstruiert. Wie konnte es zur Katastrophe kommen? Messungen im Windkanal des California Institute of Technology (Caltec) gaben die Antwort: Zunächst führte die Brücke eine Querschwingung (Frequenz $f \approx 0.6\,\text{Hz}$, Amplitude $y_0 \approx 0.6\,\text{m}$) aus, welche später in eine langsamere Torsionsschwingung (Rotation) der Frequenz $f \approx 0.23\,\text{Hz}$ überging. Diese führte zu einer Resonanzanregung und brachte die Brücke schliesslich zum Einsturz. Seit diesem Vorfall werden solche Brücken nicht mehr ohne Windkanaltests gebaut.

Allerdings gab es auch bei später gebauten Brücken Probleme mit Resonanzanregungen. So musste die im Jahr 2000 eröffnete „Millennium Bridge", eine Fussgängerbrücke über die Themse in London, verstärkt und dafür während zwei Jahren geschlossen werden, weil sie durch Passanten in gefährliche Querschwingungen versetzt werden konnte.

2.6 Überlagerung von Schwingungen: konstruktive/destruktive Interferenz

Werden schwingungsfähige Systeme zu mehr als einer Schwingung angeregt, so überlagern sich die einzelnen Schwingungen ungestört, d.h., sie dürfen addiert werden (Überlagerungs- oder Superpositionsprinzip). Überlagerungserscheinungen von Schwingungen und Wellen heissen in der Physik auch Interferenz. Im englischen Sprachgebrauch bedeutet der Begriff *interference* „Einmischung" oder „Störung".

Überlagerungsprinzip für harmonische Schwingungen

- Die Überlagerung von harmonischen Schwingungen gleicher Frequenzen ergibt wieder eine harmonische Schwingung mit derselben Frequenz.
- Die resultierende Schwingung unterscheidet sich aber gewöhnlich in Amplitude und Phasenlage von den ursprünglichen Schwingungen.

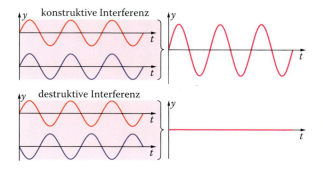

Figur 19 Konstruktive und destruktive Interferenzen

Haben zwei harmonische Schwingungen die gleiche Frequenz und sind „im Takt" (Phasenverschiebung $\varphi = 0$), so addieren sich die Amplituden der Teilschwingungen zur Amplitude der resultierenden Schwingung. Wir sprechen von *konstruktiver* Interferenz (Figur 19, oben):

$$y(t) = y_{0,1} \cdot \sin(\omega \cdot t) + y_{0,2} \cdot \sin(\omega \cdot t) = \underbrace{(y_{0,1} + y_{0,2})}_{y_0} \cdot \sin(\omega \cdot t)$$

Haben zwei harmonische Schwingungen die gleiche Frequenz und sind „im Gegentakt" (Phasenverschiebung $\varphi = \pi$ bzw. $\varphi = 180°$), so subtrahieren sich die Amplituden der Teilschwingungen. Wir sprechen von *destruktiver* Interferenz (Figur 19, unten).

2.7 Schwebungen

Wir überlagern zwei Schwingungen y_1 und y_2 mit unterschiedlichen Kreisfrequenzen, aber gleicher Amplitude und Phasenlage (Figur 20, rot und grün):

$$y(t) = y_0 \cdot \sin(\omega_1 \cdot t) + y_0 \cdot \sin(\omega_2 \cdot t)$$

Wir treffen die folgenden Annahmen:

$\omega_1 = 2 \cdot \pi \cdot 10 \text{ s}^{-1}$ und $\omega_2 = 2 \cdot \pi \cdot 9 \text{ s}^{-1}$ (Frequenzen $f_1 = 10$ Hz bzw. $f_2 = 9$ Hz)

und wenden ein Additionstheorem der Trigonometrie an:

$$\sin(\alpha) + \sin(\beta) = 2 \cdot \sin\left(\frac{\alpha + \beta}{2}\right) \cdot \cos\left(\frac{\alpha - \beta}{2}\right)$$

$$y_0 \cdot \sin(\omega_1 \cdot t) + y_0 \cdot \sin(\omega_2 \cdot t) = 2 \cdot y_0 \cdot \left[\sin\left(\frac{\omega_1 + \omega_2}{2} \cdot t\right) \cdot \cos\left(\frac{\omega_1 - \omega_2}{2} \cdot t\right)\right]$$

Es entsteht eine Sinusschwingung mit der Kreisfrequenz $\frac{\omega_1 + \omega_2}{2} = 2 \cdot \pi \cdot 9.5 \text{ s}^{-1}$ (Frequenz $f_+ = 9.5$ Hz) und einer zeitabhängigen Amplitude $2 \cdot y_0 \cdot \cos\left(\frac{\omega_1 - \omega_2}{2} \cdot t\right)$, welche diese Schwingung mit der Kreisfrequenz $\frac{\omega_1 - \omega_2}{2}$ (Frequenz $f_- = 0.5$ Hz) an- und abschwellen lässt (Figur 20, gelb).

Eine solche (nicht harmonische) Schwingung bezeichnen wir als Schwebung. Dieser Effekt lässt sich mit zwei Stimmgabeln, die nur leicht gegeneinander verstimmt sind, akustisch demonstrieren (Figur 21). Schlägt man beide Stimmgabeln an, so entsteht ein Ton, dessen Amplitude je nach Verstimmung der Stimmgabeln langsamer oder schneller an- und abschwillt. Figur 21 zeigt, dass die Schwebungsdauer $T_s = 1$ s beträgt, die Schwebungsfrequenz beträgt also $f_s = 1$ Hz und nicht $f_- = 0.5$ Hz. Weil die Frequenzen der beiden Schwingungen y_1 und y_2 in einem ganzzahligen Verhältnis stehen, hier 10 zu 9, wiederholen sich identische Schwebungsmuster mit der halben Periode der Differenzschwingung:

$$T_S = \frac{1}{2} T_- = \frac{1}{2 \cdot f_-} = 1 \text{ s}$$

Schwebungen werden in der Akustik zur Stimmung von Instrumenten benutzt.

Schwingungen und Wellen

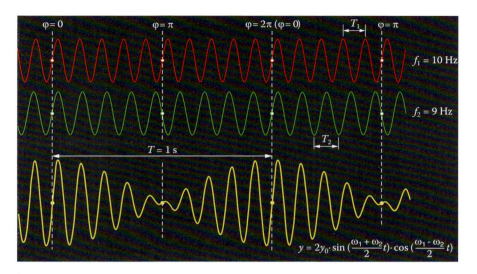

Figur 20 Schwebung

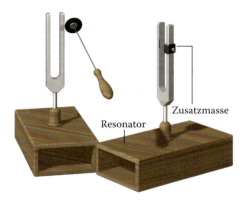

Resonator

Zusatzmasse

Figur 21 Schwebung an zwei leicht verstimmten Stimmgabeln

2.8   Töne, Klänge und Spektren: Fourier-Synthese und -Analyse

Der Ton einer Stimmgabel entsteht dadurch, dass die umgebende Luft im Takt der Sinusschwingung der beiden Gabelzinken verdichtet bzw. verdünnt wird. Diese Dichteänderungen der Luft gelangen als Schallwelle zum Trommelfell im menschlichen Ohr. Das Trommelfell beginnt dann ebenfalls zu schwingen und leitet damit den Hörvorgang ein. Reine Sinustöne empfinden wir als langweilig, ausdruckslos neutral, wenn sie laut sind als unangenehm, die Klänge von (gut gespielten!) Instrumenten dagegen als angenehm. Klänge sind wie Sinustöne periodische Schwingungen, sie unterscheiden sich von diesen durch die Form der einzelnen Schwingung. Figur 22 zeigt den zeitlichen Verlauf der Schwingungs-

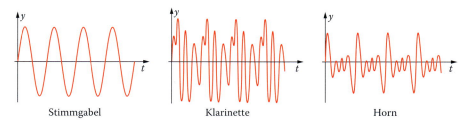

Figur 22 Schwingungsformen einer Stimmgabel, einer Klarinette und eines Horns

funktionen einer Stimmgabel (Sinuston), eines Klarinetten- und eines Hornklangs gleicher Frequenz (Tonhöhe).

Der französische Mathematiker Jean Baptiste de Fourier (1768 – 1830) wies nach, dass *jede* noch so komplizierte Schwingung in eindeutiger Weise aus harmonischen Schwingungen (Sinusschwingungen) unterschiedlicher Frequenzen, Phasen und Amplituden zusammengesetzt werden kann (Fourier-Synthese).

Figur 23 zeigt die Fourier-Synthese einer periodischen Rechteckschwingung, die sich mathematisch durch eine Reihe mit (theoretisch) unendlich vielen Gliedern darstellen lässt:

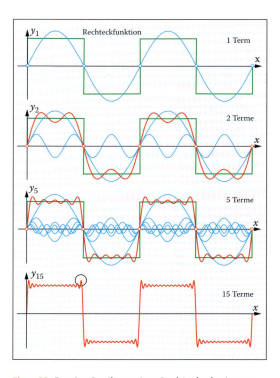

Figur 23 Fourier-Synthese einer Rechteckschwingung

$$y(t) = \frac{4}{\pi} \cdot y_0 \cdot \left[\sin(\omega_0 \cdot t) + \frac{1}{3} \cdot \sin(3 \cdot \omega_0 \cdot t) \right.$$
$$\left. + \frac{1}{5} \cdot \sin(5 \cdot \omega_0 \cdot t) + \frac{1}{7} \cdot \sin(7 \cdot \omega_0 \cdot t) + \frac{1}{9} \cdot \sin(9 \cdot \omega_0 \cdot t) + \cdots \right]$$

In Figur 23 sind einige Glieder dieser Reihe dargestellt. Auf diese Weise lässt sich jede beliebige periodische Schwingung als *Fourier-Reihe* darstellen. Der amerikanische Physiker J. W. Gibbs hat jedoch gezeigt, dass z. B. die Fouriersynthese einer Rechteckschwingung nahe der Sprungstelle Abweichungen (Überschwingungen) aufweist (Gibbs'sches Phänomen, Figur 23, unten).

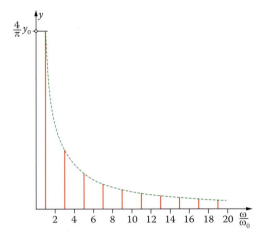

Figur 24 Fourier-Analyse einer Rechteckschwingung: Spektrum

Ein Klang unterscheidet sich von einem Ton gleicher Frequenz (Tonhöhe) durch seine Klangfarbe. Ein Klang kann in seine harmonischen Teilschwingungen zerlegt und deren Amplituden in Funktion deren Frequenz (bzw. Kreisfrequenz ω) dargestellt werden (*Fourier-Analyse*, Figur 24).

In Analogie zum optischen Spektrum heisst eine solche Darstellung Spektrum. Figur 25 zeigt ein Leistungsspektrum des Tons einer Stimmgabel und der Klänge einer Klarinette und eines Horns. Die ganzzahligen Vielfachen der Grundfrequenz heissen Obertöne. Der Klang eines Instruments setzt sich aus Obertönen zusammen.

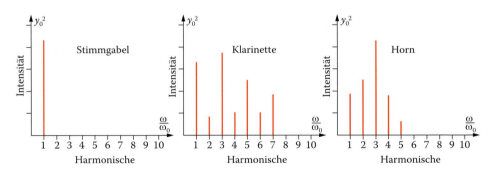

Figur 25 Spektren eines Stimmgabeltons sowie der Klänge von Klarinette und Horn

3 Wellen

3.1 Wellenarten in der Natur

Wellen gehören zu den wichtigsten Phänomenen der Natur. Beispiele sind Schallwellen, Meereswellen, Erdbebenwellen und elektromagnetische Wellen (z. B. das sichtbare Licht). Ein Wassertropfen trifft die Wasseroberfläche und verursacht eine Störung, die sich kreisförmig ausbreitet (Figur 26). Ein Händeklatschen erzeugt in der Luft eine Störung, die sich im Raum ausbreitet.

Schallwellen werden durch unsere Stimme erzeugt: Wenn wir sprechen, entstehen in der Luft kleine Veränderungen des Luftdrucks, die sich im Raum als Schallwellen ausbreiten.

Erdbebenwellen oder seismische Wellen werden an einem Erdbebenherd im Erdinnern erzeugt, wenn sich zwei Gesteinspartien, z. B. Kontinentalplatten, gegeneinanderbewegen. Dann werden gewaltige mechanische Spannungen aufgebaut, die zum Bruch des Gesteins und zur Übertragung der gespeicherten (elastischen) Energie an die Umgebung führen.

Figur 26 Wassertropfen

Wasserwellen scheinen das Meer zum Leben zu erwecken. Diese periodischen Bewegungen der Wassermassen können für Menschen etwa in Stürmen oder bei Seebeben lebensbedrohlich werden. Pflanzen sich Wasserwellen im Meer fort, so bewegt sich das Trägermedium Wasser praktisch nicht vorwärts, sondern bleibt am Ort. Dies zeigt sich an einem Stück Holz, das auf dem Wasser schwimmt: Es bleibt nahezu an derselben Stelle und macht schwimmend die Auf- und Abwärtsbewegung der Welle mit. Dies gilt auch für Wasser als Träger einer Welle. Selbst bei schwersten Stürmen, etwa dem Hurrikan Katrina, der Ende August 2005 grosse Teile der Stadt New Orleans (USA) zerstörte, werden im Meer nicht Wassermassen, sondern gewaltige Energiemengen (als kinetische Energie des Wassers) transportiert. Erst wenn die Wellen am Ufer gebrochen werden, strömt das Wasser ins Landesinnere und richtet verheerende Schäden an, etwa beim grossen Tsunami vom 26. Dezember 2004.

Dasselbe Phänomen können wir im Freihandversuch an einem Seil beobachten (Figur 27): Bewege ich das eine Ende auf und ab, so kann ich die Übertragung dieser Störung längs des ganzen Seils beobachten: Sie überträgt sich wegen des elastischen Zusammenhalts der einzelnen Seilstücke (letztlich der Atome bzw. Moleküle) längs des ganzen Seils. Dabei wird Bewegungsenergie und nicht Materie transportiert.

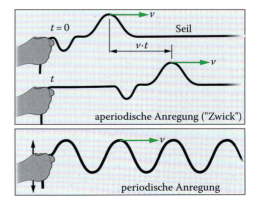

Figur 27 Seilwelle

Schwingungen und Wellen

Welle und harmonische Welle

Mit einer Welle werden räumliche und zeitliche Änderungen einer physikalischen Grösse, z.B. der Auslenkung eines Seils, mathematisch beschrieben (Figur 27). Eine Welle ist eine durch Kopplung fortschreitende Störung der Gleichgewichtslage, etwa der Hanffäden in einem Seil oder der Moleküle auf einer Wasseroberfläche. Sind sowohl die räumlichen als auch die zeitlichen Änderungen sinusförmig (periodisch), so sprechen wir von einer harmonischen Welle.

3.2 Harmonische Wellen auf einer Wellenmaschine

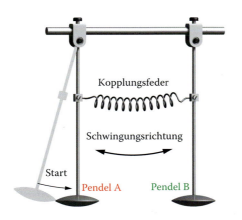

Kopplungsfeder

Schwingungsrichtung

Start

Pendel A   Pendel B

Figur 28 Gekoppelte Pendel

Den Übergang von der harmonischen Schwingung zur harmonischen Welle können wir anhand zweier Pendel, die mit einer kleinen Feder verbunden (gekoppelt) sind, verstehen (Figur 28). Wir versetzen das eine Pendel A (rot) in Schwingung und beobachten, dass dank der Kopplung das andere Pendel B (grün) nach einer gewissen Zeit zu schwingen beginnt.

Eine Welle erhalten wir, wenn wir jetzt mehrere Pendel in der gleichen Weise miteinander verbinden. Auf diese Weise entsteht eine Wellenmaschine, ein technisches Hilfsmittel, mit dem Wellen anschaulich erklärt werden können (Figuren 29 und 30). Jedes Pendel befindet sich an einer bestimmten x-Stelle (Figur 29). Wird das erste Pendel zu einer harmonischen Schwingung in y-Richtung angeregt (Amplitude y_0 und Kreisfrequenz ω), so überträgt sich diese Schwingung mit einer bestimmten zeitlichen Verzögerung auf die nachfolgenden Pendel.

Es bildet sich eine harmonische Welle der Wellenlänge λ (Länge einer vollständigen Sinuswelle bzw. Abstand zweier aufeinanderfolgender Wellenberge, Figur 29). Führt das Pendel an der Stelle $x = 0$ eine volle Schwingung aus, so bewegt sich die Welle um eine ganze Wellenlänge λ nach rechts, in positiver x-Richtung.

Wir können damit als wichtige neue Kenngrösse die Fortpflanzungs- oder Ausbreitungsgeschwindigkeit c definieren.

> **Fortpflanzungsgeschwindigkeit, Wellenlänge, Periode, Frequenz**
>
> $$c = \frac{\lambda}{T} = \lambda \cdot f$$

Schwingen die Pendel einer Wellenmaschine wie in Figur 29 quer zur x-Richtung (Ausbreitungsrichtung der Welle), so entsteht eine Quer- oder Transversalwelle. Schwingen die Pendel immer in derselben Richtung, so bezeichnen wir die entstehende Transversalwelle als linear polarisiert.

Schwingen sie dagegen *in der x*-Richtung, so sprechen wir von einer Längs- oder Longitudinalwelle (Figur 30). Longitudinalwellen werden in der Ausbreitungsrichtung angeregt und können deshalb nicht polarisiert werden.

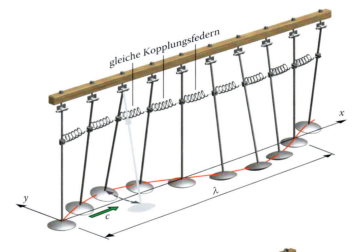

Figur 29 Wellenmaschine: Querwelle

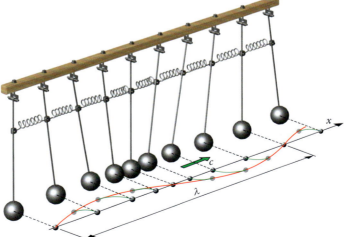

Figur 30 Wellenmaschine: Längswelle

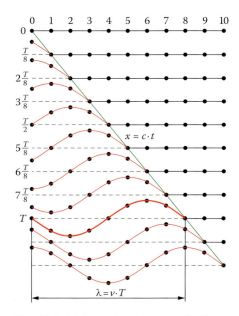

Figur 31 Entstehung einer Transversalwelle

Figur 31 zeigt schematisch nochmals die Entstehung einer Transversalwelle auf einer Wellenmaschine mit elf vorerst ruhenden, gekoppelten Einzelpendeln in Zeitschritten einer achtel Periode ($T/8$). Zuerst wird Pendel Nr. 0 angestossen, diese Störung breitet sich mit einer Verzögerung einer achtel Periode schrittweise auf die nachfolgenden Pendel aus, welche dann ebenfalls zu schwingen beginnen, zuerst Pendel Nr. 1, zuletzt Pendel Nr. 10.

Während *einer* Schwingungsdauer (Periode) T führt Pendel Nr. 0 eine volle Schwingung aus; auf den Pendeln Nr. 0 bis Nr. 8 bildet sich eine vollständige Sinuswelle der Wellenlänge $\lambda = c \cdot T$ aus.

Figur 32 erläutert die Konstruktion einer Longitudinalwelle: Die Lage der longitudinal schwingenden Pendel erhält man durch Umklappen der transversalen Elongation in x-Richtung (Figur 32a). Durch die Verschiebung der Pendel ergeben sich Verdichtungsbereiche (Figur 32b, Bereich 1) und Verdünnungsbereiche (Figur 32b, Bereich 2). In Verdichtungsbereichen stehen die Pendelkörper näher, in Verdünnungsbereichen weiter auseinander als bei der ruhenden Wellenmaschine.

Die Pendel der in den Figuren 30 und 32 dargestellten Längswellen schwingen dauernd in der gleichen Richtung (x-Richtung) hin und her.

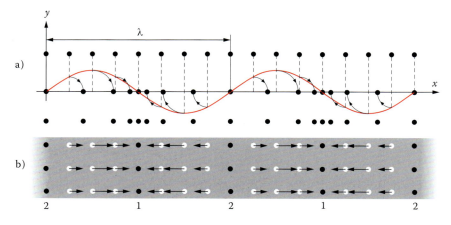

Figur 32 Entstehung einer Longitudinalwelle

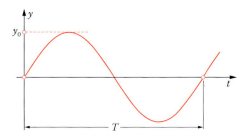

Figur 33 Harmonische Schwingung

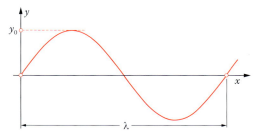

Figur 34 Harmonische Welle zur Zeit t = 0

Die harmonische Schwingung eines Einzelpendels an einer bestimmten Stelle, z. B. bei x = 0, kann mathematisch mit der Funktion

$$y = y_0 \cdot \sin(\omega \cdot t)$$

ausgedrückt werden (Figur 33). Analog dazu lautet die Funktion einer (harmonischen) Welle zu einem bestimmten Zeitpunkt, z. B. Momentaufnahme zur Zeit t = 0 (Figur 34):

$$y = y_0 \cdot \sin(k \cdot x)$$

Anstelle der Zeit t tritt in der Wellenfunktion die Ausbreitungsrichtung x der Welle, anstelle der Kreisfrequenz ω die Wellenzahl k.

Wie die Kreisfrequenz ω ist auch die *Wellenzahl k* keine direkt anschauliche Grösse. Wir verstehen ihre Bedeutung, wenn wir sie mit der Wellenlänge λ in Beziehung setzen, welche die Länge einer vollen Sinuswelle beschreibt (Figur 34). In der Funktion $y = y_0 \cdot \sin(k \cdot x)$ beschreibt das Argument $(k \cdot x)$ einen Winkel im Bogenmass, $(k \cdot \lambda)$ ist der Winkel einer ganzen Wellenlänge, nämlich $2 \cdot \pi$ (360°). Also gilt: $k = \frac{2 \cdot \pi}{\lambda}$

Kenngrössen von Schwingungen und Wellen

Amplitude: y_0 Elongation (Auslenkung): y

Periode T und Kreisfrequenz ω (Einheit s^{-1}): $\omega \cdot T = 2 \cdot \pi$

Frequenz f: $f = \dfrac{1}{T}$

Wellenlänge λ und Wellenzahl k (Einheit m^{-1}): $k \cdot \lambda = 2 \cdot \pi$

Ausbreitungs- oder Fortpflanzungsgeschwindigkeit: $c = \dfrac{\lambda}{T} = \lambda \cdot f = \dfrac{\omega}{k}$

Schwingungen und Wellen

321

3.3 Eindimensionale harmonische Wellen: die Wellenfunktion

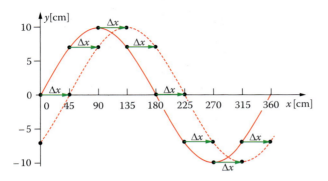

Figur 35 Nach rechts laufende harmonische Welle

Wir gehen von der in Figur 29 dargestellten Anordnung der Pendel einer Wellenmaschine zur Zeit $t = 0$ aus. Für die Auslenkung y der Pendel an der Stelle x gilt dann $y = y_0 \cdot \sin(k \cdot x)$.

In Figur 35 (ausgezogene Linie) ist diese Welle zur Zeit $t = 0$ noch einmal gezeichnet. Jeder fett dargestellte Punkt markiert die Lage *eines* Pendels der Wellenmaschine in Figur 29 zur Zeit $t = 0$. Annahmen: Die Amplitude beträgt $y_0 = 10$ cm, die Wellenlänge $\lambda = 360$ cm, die Schwingungsdauer $T = 12$ s.

Damit erhalten wir für die Ausbreitungsgeschwindigkeit dieser Welle:

$$c = \frac{\lambda}{T} = \frac{360}{12} \frac{\text{cm}}{\text{s}} = 0.30 \frac{\text{m}}{\text{s}}$$

In einer Zeit von $t = 1.5$ s verschiebt sich diese Welle um eine Strecke $\Delta x = c \cdot t = 45$ cm nach rechts. Die Wellenfunktion lautet dann:

$$y = y_0 \cdot \sin\left[k \cdot (x - \Delta x)\right]$$

Der Übergang von $y = y_0 \cdot \sin(k \cdot x)$ zu $y = y_0 \cdot \sin\left[k \cdot (x - \Delta x)\right]$ bedeutet also, dass sich die Welle nach rechts bewegt (Figur 35). Wir erhalten damit:

$$y = y_0 \cdot \sin\left[k \cdot (x - \Delta x)\right] = y_0 \cdot \sin(k \cdot x - k \cdot \Delta x) = y_0 \cdot \sin(k \cdot x - k \cdot c \cdot t)$$

$$= y_0 \cdot \sin\left(k \cdot x - k \cdot \frac{\omega}{k} \cdot t\right) = y_0 \cdot \sin(k \cdot x - \omega \cdot t)$$

Funktion einer harmonischen Welle

nach rechts laufend: $y = y_0 \cdot \sin(k \cdot x - \omega \cdot t)$

nach links laufend: $y = y_0 \cdot \sin(k \cdot x + \omega \cdot t)$

Figur 36 zeigt die Wellenfunktion einer nach links laufenden harmonischen Welle in einer dreidimensionalen Darstellung.

Diese Darstellung zeigt nicht den Einschwingvorgang der Wellenmaschine unmittelbar nach dem Einschalten, sondern das Verhalten nach längerer Zeit (Gleichgewicht, engl. *steady state*).

Übung: In Luft beträgt die Schallgeschwindigkeit $c = 340$ m/s. Berechnen Sie die Wellenlängen von Schallwellen für die Frequenzen 50 Hz, 1 kHz und 16 kHz.

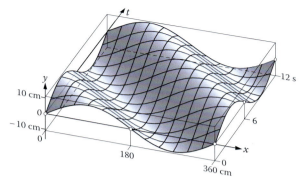

Figur 36 Dreidimensionale Darstellung der Wellenfunktion

Lösungen: 6.8 m, 34 cm, 21 mm

◾ Beispiel: Wellenmaschine

An einer Wellenmaschine (Figur 29) wird eine nach rechts laufende Welle der Wellenlänge $\lambda = 0.40$ m mit einer Frequenz von $f = 0.50$ Hz erzeugt.

a) Berechnen Sie die Schwingungsdauer T, die Kreisfrequenz ω, die Wellenzahl k und die Ausbreitungsgeschwindigkeit c der Welle.

b) Zu Beginn ($t = 0$) befindet sich das erste Pendel (wie in der Figur gezeichnet) in der Ruhelage ($y = 0$). Berechnen Sie die Auslenkung aller gezeichneten Pendel zur Zeit $t = 0$ und $t = 0.20$ Sekunden.

Lösung

a) $T = \dfrac{1}{f} = \dfrac{1}{0.5}$ s $= 2$ s, $\omega = 2 \cdot \pi \cdot f = 3.14 \dfrac{1}{s}$, $k = \dfrac{2 \cdot \pi}{\lambda} = \dfrac{2 \cdot \pi}{0.4} \dfrac{1}{m} = 15.71 \dfrac{1}{m}$,

$c = \lambda \cdot f = 0.4 \cdot 0.5 \dfrac{m}{s} = 0.20 \dfrac{m}{s}$

b) $y \, (x = 0 \ \text{cm}, t = 0 \, \text{s}) = 0 \, \text{cm}$

$y \, (x = 5 \ \text{cm}, t = 0 \, \text{s}) = y_0 \cdot \sin\left(\dfrac{2 \cdot \pi}{\lambda} \cdot x \right) = 10 \, \text{cm} \cdot \sin\left(\dfrac{2 \cdot \pi}{40} \cdot 5 \right) = 7.07 \, \text{cm}$

$y \, (x = 10 \ \text{cm}, t = 0 \, \text{s}) = y_0 \cdot \sin\left(\dfrac{2 \cdot \pi}{\lambda} \cdot x \right) = 10 \, \text{cm} \cdot \sin\left(\dfrac{2 \cdot \pi}{40} \cdot 10 \right) = 10 \, \text{cm}$

usw.

$y \, (x = 0 \ \text{cm}, t = 0.2 \, \text{s}) = y_0 \cdot \sin\left(-\dfrac{2 \cdot \pi}{T} \cdot t \right) = 10 \, \text{cm} \cdot \sin\left(-\dfrac{2 \cdot \pi}{2} \cdot 0.2 \right) = -5.88 \, \text{cm}$

$y \, (x = 5 \, \text{cm}, t = 0.2 \, \text{s}) = y_0 \cdot \sin\left(\dfrac{2 \cdot \pi}{\lambda} \cdot x - \dfrac{2 \cdot \pi}{T} \cdot t \right)$

$= 10 \, \text{cm} \cdot \sin\left(\dfrac{2 \cdot \pi}{40} \cdot 5 - \dfrac{2 \cdot \pi}{2} \cdot 0.2 \right) = 1.56 \, \text{cm}$

Schwingungen und Wellen

$$y\,(\,x = 10\ \text{cm},\ t = 0.2\ \text{s}\,) = y_0 \cdot \sin\!\left(\frac{2 \cdot \pi}{\lambda} \cdot x - \frac{2 \cdot \pi}{T} \cdot t\right)$$

$$= 10\ \text{cm} \cdot \sin\!\left(\frac{2 \cdot \pi}{40} \cdot 10 - \frac{2 \cdot \pi}{2} \cdot 0.2\right) = 8.09\ \text{cm}$$

usw.

3.4   Eine Anwendung: stehende Seilwellen

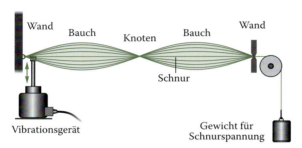

Figur 37 Stehende Welle auf einem gespannten Seil

Bewegt man eine zwischen zwei Wänden gespannte Gummischnur von Hand oder mit einem Vibrationsgerät periodisch auf und ab (Figur 37), so entstehen bei bestimmten Frequenzen stehende Wellen, mit Stellen grösster Auslenkung (Bäuchen) und unbewegten Stellen (Knoten) des Seils. Wie kommt dieses Phänomen zustande?

Das Vibrationsgerät erzeugt auf der Gummischnur zuerst eine von links nach rechts laufende Welle $y_1 = y_0 \cdot \sin(\omega \cdot t - k \cdot x)$, welche an der rechten Wand, wo die Gummischnur befestigt ist, reflektiert wird. Dabei entsteht eine nach links laufende Welle $y_2 = y_0 \cdot \sin(\omega \cdot t + k \cdot x + \pi) = -y_0 \cdot \sin(\omega \cdot t + k \cdot x)$.

Bei der Reflexion des Seils an einer Wand (festes Ende) findet ein Phasensprung um $\pi = 180°$ statt, sonst könnte sich die Welle an der Wand nicht permanent auslöschen.

Die beiden Wellen y_1 und y_2 überlagern sich, d. h., sie können addiert werden:

$$y = y_1 + y_2 = y_0 \cdot \Big[\sin(\omega \cdot t - k \cdot x) - \sin(\omega \cdot t + k \cdot x)\Big]$$

Eine Zerlegung gemäss Additionstheorem der Trigonometrie

$$\sin(\alpha \pm \beta) = \sin\alpha \cdot \cos\beta \pm \cos\alpha \cdot \sin\beta\ \text{ ergibt:}$$

$$
\begin{aligned}
y &= y_0 \cdot \big[\sin(\omega \cdot t) \cdot \cos(k \cdot x) - \cos(\omega \cdot t) \cdot \sin(k \cdot x) - \sin(\omega \cdot t) \cdot \cos(k \cdot x) \\
&\quad - \cos(\omega \cdot t) \cdot \sin(k \cdot x)\big] \\
&= -2 \cdot y_0\ \cdot \big[\cos(\omega \cdot t) \cdot \sin(k \cdot x)\big]
\end{aligned}
$$

Wir erhalten eine Schwingung $\cos(\omega \cdot t)$ mit einer ortsabhängigen Amplitude $2 \cdot y_0 \cdot \sin(k \cdot x)$.

Für $k \cdot x = n \cdot \pi$ mit $n = 0, 1, 2, \ldots$, also bei $x = n \cdot \frac{\lambda}{2}$, verschwindet die Amplitude $2 \cdot y_0 \cdot \sin(k \cdot x) = 0$ und es entstehen sogenannte Knoten. Das sind Stellen, an welchen sich das Seil überhaupt nicht bewegt (Amplitude null). Maximale Amplitudenwerte (Bäuche) entstehen dagegen für $k \cdot x = \pm n \cdot \pi + \frac{\pi}{2}$ mit $n = 0, 1, 2, \ldots$, also bei

$$x = \pm \underbrace{\frac{2 \cdot \pi}{k}}_{\lambda} \cdot \frac{n}{2} + \frac{\pi}{2k} = n \cdot \frac{\lambda}{2} + \frac{\lambda}{4} = \frac{\lambda}{4}(2n + 1)$$

Hat das Seil eine Länge l, so lautet die Bedingung für stehende Wellen (Figur 38):

$$l = n \cdot \frac{\lambda}{2} \quad \text{mit} \quad n = 1, 2, 3, \cdots$$

Eine stehende Welle entsteht dann, wenn die Seillänge ein ganzzahliges Vielfaches der halben Wellenlänge beträgt. Für $n = 1$ entsteht dann die Grundschwingung oder erste Harmonische, für $n = 2$ die erste Oberschwingung oder zweite Harmonische usw.

Ein zwischen zwei Punkten fest eingespanntes Seil (z. B. eine Saite eines Musikinstruments) ist ein Resonator, der nur diejenigen Schwingungen aufrechterhält, welche die Resonanzbedingung $l = n \cdot \frac{\lambda}{2}$ erfüllen und stehende Wellen erzeugen.

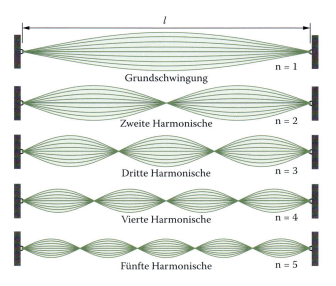

Grundschwingung $\qquad$ n = 1

Zweite Harmonische $\qquad$ n = 2

Dritte Harmonische $\qquad$ n = 3

Vierte Harmonische $\qquad$ n = 4

Fünfte Harmonische $\qquad$ n = 5

Figur 38 Stehende Wellen

Mit $\lambda \cdot f_n = c$ erhalten wir für die Resonanzbedingung:

$$l = n \cdot \frac{\lambda}{2} = n \cdot \frac{c}{2 \cdot f_n} \quad \text{oder} \quad f_n = n \cdot \frac{c}{2 \cdot l}$$

Analog dazu entstehen in einer offenen Orgelpfeife (Figur 39, links) stehende Schallwellen. An den beiden offenen Enden bilden sich Knoten des Luftdrucks, in der Mitte ein Druckmaximum (Bauch). Umgekehrt weist die Geschwindigkeit der Luftteilchen an den Enden ein Maximum (Bauch), in der Mitte den Wert null auf (Knoten). Für die Berechnung der Harmonischen gelten dieselben Beziehungen wie im Fall stehender Wellen auf einer gespannten Saite.

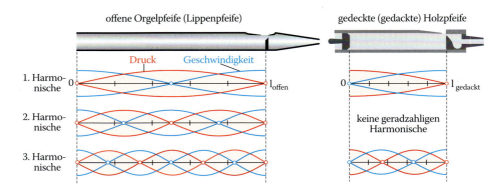

offene Orgelpfeife (Lippenpfeife)   gedeckte (gedackte) Holzpfeife

Druck   Geschwindigkeit

1. Harmonische

2. Harmonische

3. Harmonische

keine geradzahligen Harmonische

Figur 39 Stehende Schallwellen in Pfeifen

In der gedeckten (gedackten) Orgelpfeife entsteht an der geschlossenen Seite ein Druckbauch, an der offenen Seite ein Druckknoten (Figur 39, rechts). Für die 1. Harmonische gilt $\ell = \lambda/4 = c/(4 \cdot f)$, für die 3. Harmonische $\ell = 3 \cdot \lambda/4 = 3 \cdot c/(4 \cdot f)$. Die geradzahligen Harmonischen verschwinden. Allgemein gilt: $\ell = (2 \cdot n + 1) \cdot \frac{\lambda}{4} = (2 \cdot n + 1) \cdot \frac{c}{4 \cdot f_n}$ oder $f_n = (2 \cdot n + 1) \cdot \frac{c}{4 \cdot \ell}$ mit $n = 0, 1, 2, \ldots$

■ Beispiel: Offene und gedeckte (gedackte) Orgelpfeife

a) Wie lang ist eine gedackte Pfeife, in welcher sich die Grundschwingung (1. Harmonische) eines 440-Hertz-Tons bildet? Schallgeschwindigkeit c = 340 m/s.

b) Berechnen Sie die Länge einer gedackten (einseitig geschlossenen) und einer beidseitig offenen Orgelpfeife, deren Grundton 32 Hertz beträgt (Contra-C).

c) Welche Grund- bzw. Oberwellen sind
   – bei der gedackten,
   – bei der offenen Orgelpfeife
   möglich?

Lösung

a) $l = \dfrac{\lambda}{4} = \dfrac{c}{4 \cdot f} = \dfrac{340}{4 \cdot 440}$ m = 19.3 cm

b) Gedackte Pfeife:

$l = \dfrac{\lambda}{4} = \dfrac{c}{4 \cdot f} = \dfrac{340}{4 \cdot 32}$ m = 2.66 m

Beidseitig offene Pfeife:

$l = \dfrac{\lambda}{2} = \dfrac{c}{2 \cdot f} = \dfrac{340}{2 \cdot 32}$ m = 5.31 m

c) Gedackte Pfeife: Frequenzen 32 Hz, 96 Hz, 160 Hz, 224 Hz usw., für n = 0, 1, 2, 3 …
   Beidseitig offene Pfeife: 32 Hz, 64 Hz, 96 Hz, 128 Hz usw., für n = 0, 1, 2, 3, 4 …

4 Prinzip von Huygens und Fresnel

4.1 Konzept der Elementarwellen

Werfen wir einen Stein ins Wasser, so bilden sich kreisförmige Wellen, deren Amplitude mit zunehmendem Abstand vom Erregungspunkt abnimmt (Figur 40). In der Wellenwanne können wir Kreiswellen zu Demonstrationszwecken erzeugen. Dazu verwenden wir einen einzelnen Wellenerreger, den wir an der Wasseroberfläche der Wanne mithilfe eines Vibrationsgeräts periodisch auf und ab bewegen (Figur 41).

Kreiswellen sind der Ausgangspunkt der Wellentheorie von Huygens und Fresnel (Christiaan Huygens, 1629 – 1695, Augustin Jean Fresnel, 1788 – 1827).

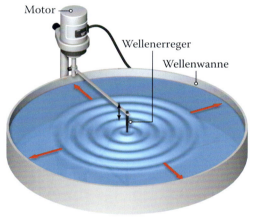

Figur 40 Kreiswelle im See

Figur 41 Kreiswelle in der Wellenwanne

Schwingungen und Wellen

Prinzip von Huygens und Fresnel
Jeder Punkt einer beliebigen Wellenfront ist Ausgangspunkt von Elementarwellen, d. h. Kreiswellen (im Raum: Kugelwellen), die sich mit gleicher Geschwindigkeit und gleicher Frequenz wie die ursprüngliche Welle ausbreiten.

In Figur 42 erzeugt jeder Punkt der Wellenfront zur Zeit t je eine Elementarwelle, in der Ebene eine Kreiswelle. Die Einhüllende all dieser Elementarwellen, d. h. ihre Überlagerung (Superposition), ergibt die Wellenfront zur Zeit $t + \Delta t$.

So können wir die Front einer ebenen Welle, die wir in der Wellenwanne mit einem geeignet geformten Wellenerreger erzeugen, als eine Überlagerung von Elementarwellen verstehen (Figur 43, links). Stellen wir eine Spaltblende in die Wellenwanne, deren Spalt-

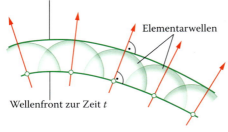

Wellenfront zur Zeit $t + \Delta t$
(Einhüllende der Elementarwellen)

Elementarwellen

Wellenfront zur Zeit t

Figur 42 Wellenausbreitung nach Huygens und Fresnel

breite d kleiner als die Wellenlänge λ ist, so können wir der ebenen Welle *eine* solche Elementarwelle entnehmen (Figur 43, rechts). Diesen Vorgang bezeichnen wir als Beugung oder Diffraktion, die an der Spaltblende entstandene Elementarwelle als Beugungswelle.

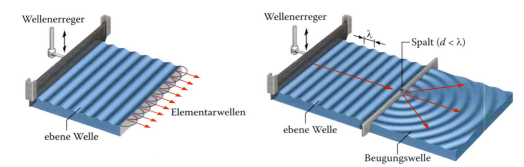

Wellenerreger

Elementarwellen

ebene Welle

Wellenerreger

λ

Spalt $(d < \lambda)$

ebene Welle

Beugungswelle

Figur 43 Beugung einer ebenen Welle an einer Spaltblende in der Wellenwanne

4.2 Brechung und Reflexion von Wellen

Die Wellen-Ausbreitungsgeschwindigkeit c hängt von Eigenschaften des Trägermediums ab. Für Wasserwellen in flachen Gewässern mit einer Wassertiefe h, die deutlich kleiner ist

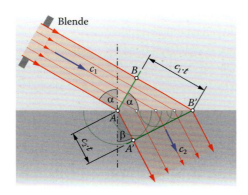

Blende

c_1

B

$c_1 \cdot t$

α α

B'

A

$c_2 \cdot t$

β

A'

c_2

Figur 44 Brechung einer Welle

als die Wellenlänge λ (Wellenwanne), gilt beispielsweise $c = \sqrt{2 \cdot g \cdot h}$ (ohne Herleitung).

Bewegt sich eine ebene Welle aus einem Bereich mit grösserer in einen Bereich mit kleinerer Ausbreitungsgeschwindigkeit, so wird sie abgelenkt (Figur 44). Wir bezeichnen diesen Vorgang wie in der Optik als Brechung oder Refraktion.

Bewegt sich eine ebene Welle mit einer Geschwindigkeit c_1 unter einem Winkel α (gemessen zwischen Wellenfront $\overline{AB}$ und Mediengrenze $\overline{AB'}$) auf ein Medium mit kleinerer Ausbreitungsgeschwindigkeit c_2 (Figur 44, seichteres Gewässer) zu, so trifft eine Wellenfront zuerst im Punkt A auf die ebene Mediengrenze.

Dort erzeugt sie eine erste Elementarwelle, die sich mit der kleineren Geschwindigkeit c_2 weiter ausbreitet. Im Verlauf einer Zeit t trifft der Rest der Wellenfront $\overline{AB}$ auf die Mediengrenze $\overline{AB'}$ und erzeugt weitere Elementarwellen. Diese Elementarwellen überlagern sich zu einer neuen Wellenfront $\overline{A'B'}$, die jetzt einen Winkel β zur Mediengrenze bildet.

Aus Figur 44 lesen wir ab:

$$\sin\alpha = \frac{\overline{BB'}}{\overline{AB'}}, \quad \sin\beta = \frac{\overline{AA'}}{\overline{AB'}} \quad \text{oder} \quad \frac{\sin\alpha}{\sin\beta} = \frac{\overline{BB'}}{\overline{AA'}} = \frac{c_1 \cdot t}{c_2 \cdot t} = \frac{c_1}{c_2}$$

Diese Formel entspricht dem Brechungsgesetz (vgl. Teil B, Geometrische Optik):

Brechungsgesetz von Snellius

$$\frac{\sin\alpha}{\sin\beta} = \frac{c_1}{c_2}$$

Figur 45 zeigt einen Modellversuch zum Brechungsgesetz: Das Radpaar eines Modelleisenbahnwagens bewegt sich schräg auf einer leicht geneigten Ebene.

Der obere Teil ist mit einem Belag kleinerer Reibung versehen, das Radpaar bewegt sich mit der grösseren Geschwindigkeit v_1; unten ist die Reibung grösser und damit die Geschwindigkeit v_2 kleiner. Rollt das Radpaar schräg auf dieser schiefen Ebene, so wird seine Bahnrichtung gemäss Brechungsgesetz abgelenkt.

Analog zum Brechungsgesetz der geometrischen Optik kann auch das Reflexionsgesetz mit dem Prinzip von Huygens und Fresnel hergeleitet werden.

Die Wellenfront $\overline{AB}$ trifft im Punkt A mit der Geschwindigkeit v unter einem Winkel auf eine reflektierende Wand (Spiegel) und erzeugt dort eine erste Elementarwelle, die sich mit der gleichen Geschwindigkeit v weiter ausbreitet (Figur 46). Dann trifft der Rest der Wellenfront $\overline{AB}$ allmählich auf die Mediengrenze längs $\overline{AB'}$ und

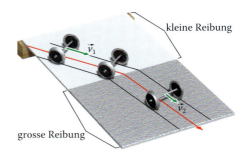

Figur 45 Modellversuch zur Brechung

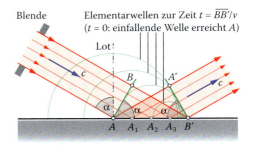

Figur 46 Reflexion einer Welle

329

erzeugt weitere Elementarwellen. Diese überlagern sich zu einer neuen Wellenfront $\overline{A'B'}$, die einen gleichen Winkel α zur Mediengrenze bildet.

> **Reflexionsgesetz: Einfallswinkel = Ausfallswinkel**
>
> Die Richtungen der einfallenden und der reflektierten (gespiegelten) Welle sowie das Lot zur reflektierenden Wand (Spiegel) liegen in *einer* Ebene, der Einfallsebene.

4.3 Interferenz und Beugung von Wellen

In einer Wellenwanne bewegen wir einen Wellenerreger – bestehend aus zwei Stiften – an der Wasseroberfläche der Wanne mithilfe eines Vibrationsgeräts periodisch auf und ab. Es entstehen zwei Kreiswellen, die sich überlagern (interferieren) und dabei ein charakteristisches Interferenzmuster mit maximaler Verstärkung (konstruktive Interferenz) und Auslöschung (destruktive Interferenz) erzeugen (Figur 47). In Figur 47 sind Auslöschungsstellen miteinander verbunden (rote Kurve). Figur 48 erläutert die Entstehung dieses Interferenzmusters.

In Figur 48 sind die Maxima der beiden Kreiswellen schwarz, die Minima grau gezeichnet. Treffen die Maxima der beiden Wellen aufeinander (Schnittpunkte der schwarzen Kreise), so interferieren sie konstruktiv, der Gangunterschied beträgt $\Delta s = \overline{PB} - \overline{PA} = \lambda$ (Figur 48, rote Kurven).

Treffen Maxima und Minima aufeinander (Schnittpunkte von schwarzen und grauen Kreisen), so interferieren sie destruktiv (Figur 48, gestrichelte rote Kurven).

Auf der Mittelsenkrechten (Symmetrieachse) ist der Gangunterschied $\Delta s = 0$. Es lässt sich zeigen, dass die konstruktiven wie die destruktiven Interferenzen auf Hyperbeln lie-

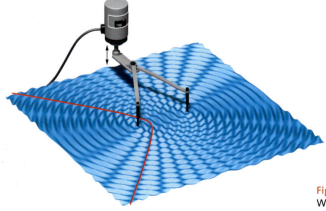

Figur 47 Interferenz synchroner Wasserwellen

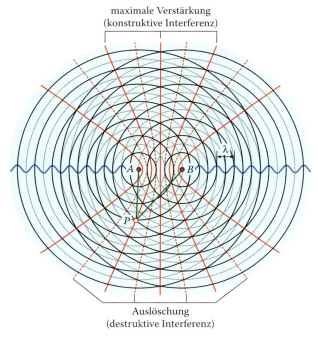

maximale Verstärkung
(konstruktive Interferenz)

Auslöschung
(destruktive Interferenz)

Figur 48 Interferenzmuster
(λ Wellenlänge)

gen, deren gemeinsame Brennpunkte an den Eintauchstellen der beiden Wellenerregerstifte liegen.

Interferenzmuster entstehen auch, wenn Wellen an einem Hindernis abgelenkt werden (Beugung bzw. Diffraktion). Figur 49 zeigt die Beugung einer ebenen Welle an einem Doppelspalt. Dabei entsteht ein zu Figur 47 analoges Interferenzmuster.

Beugungserscheinungen dienen in der Physik dazu, den Wellencharakter eines Phänomens nachzuweisen. Weil

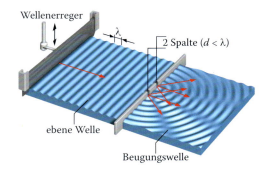

Wellenerreger

2 Spalte ($d < \lambda$)

ebene Welle

Beugungswelle

Figur 49 Beugung einer ebenen Welle am Doppelspalt

Schall und sichtbares Licht, aber z. B. auch Röntgenstrahlen gebeugt werden können, wissen wir heute, dass diese drei Phänomene Wellencharakter haben müssen.

Figur 50 zeigt das Beugungsmuster eines DNA-Kristalls, der mit einem Röntgenstrahl belichtet wurde. Mit einer solchen Aufnahme von Rosalind Franklin konnten James D. Watson und Francis Crick 1953 die Doppelschraubenstruktur *(double helix structure)* des Biomoleküls DNA, des Trägers der Erbinformation, nachweisen. Dies war eine der bedeutendsten Entdeckungen des 20. Jahrhunderts.

Schwingungen
und Wellen

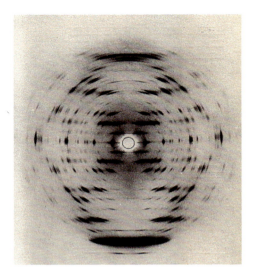

Figur 50 Röntgenbeugungsmuster (DNA-Kristall)

■ Beispiel: zwei synchrone Sinustöne

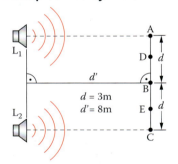

Figur 51 Schallinterferenzen

Im Abstand von $2 \cdot d = 6$ m sind im Freien zwei Lautsprecher L_1 und L_2 aufgestellt. Beide strahlen ein sinusförmiges Schallsignal von 170 Hertz in jede Richtung ab (Figur 51). Schallgeschwindigkeit $c = 340$ m/s.

a) Erläutern Sie, warum die beiden Schallsignale in den Punkten A, B und C konstruktiv interferieren.

b) Bestimmen Sie zwei Punkte D und E, in welchen sich die beiden Schallsignale auslöschen.

Lösung

a) Im Punkt B betragen die Laufwege der beiden Schallsignale je $\sqrt{8^2 + 3^2}$ m $= 8.54$ m. Da die Schallwege gleich lang sind, interferieren die beiden Signale konstruktiv. In den Punkten A und C betragen die Schallwege 8 m und $\sqrt{8^2 + 6^2}$ m $= 10$ m. Die Wegdifferenz beträgt 2 m. Diese Strecke ist gerade gleich der Wellenlänge $\lambda = \frac{c}{f} = \frac{340}{170}$ m $= 2$ m, also interferieren die beiden Schallsignale in A und C konstruktiv.

b) Die Bedingung für destruktive Interferenz lautet:

$$\overline{L_2 \, D} - \overline{L_1 \, D} = \frac{\lambda}{2} \rightarrow \sqrt{d'^2 + (d + x)^2} - \sqrt{d'^2 + (d - x)^2} = \frac{\lambda}{2}$$

Diese Gleichung muss nach $x = \overline{BD} = \overline{BE}$ aufgelöst werden. Am besten erledigt man diese (unangenehme) Aufgabe mit einem Grafik- oder Algebrarechner und erhält $x = 1.442$ m.

Weitere Unterlagen zum Thema siehe www.hep-verlag.ch/physik-mittelschulen

5   Zusammenfassung

Harmonische Schwingungen werden mit der Funktion $y = y_0 \cdot \cos(\omega \cdot t)$ beschrieben.

Wichtige Kenngrössen sind die **Elongation** (Auslenkung) y, die **Amplitude** y_0 und die **Kreisfrequenz** ω. Die Kreisfrequenz ω und die **Schwingungsdauer** T hängen zusammen.

Es gilt: $\omega \cdot T = 2 \cdot \pi$, für die Frequenz gilt $f = \frac{1}{T} = \frac{\omega}{2 \cdot \pi}$.

Der einfachste **harmonische Oszillator** ist das **Federpendel**. Es besteht aus einer Schraubenfeder (Federkonstante D) und einem daran befestigten schwingenden Körper (Masse m).

Für seine Kreisfrequenz gilt: $\omega = \sqrt{\frac{D}{m}}$.

Aus dem Vergleich der Schwingung mit einer gleichförmigen Kreisbewegung folgen die Ausdrücke:

- $y = y_0 \cdot \cos(\omega \cdot t)$ für die Auslenkung y,
- $v = -y_0 \cdot \omega \cdot \sin(\omega \cdot t)$ für die Geschwindigkeit v und
- $a = -\omega^2 \cdot y_0 \cdot \cos(\omega \cdot t)$ für die Beschleunigung des schwingenden Körpers.

Harmonische Schwingungen sind in der Akustik Töne, etwa der **Sinuston** einer Stimmgabel. Schwingen zwei Stimmgabeln gemeinsam, so erhält man den resultierenden Ton durch Überlagerung (Superposition), d.h. durch Addition der beiden Einzeltöne mit den Kreisfrequenzen ω_1 und ω_2:

$$y_0 \cdot \sin(\omega_1 \cdot t) + y_0 \cdot \sin(\omega_2 \cdot t) = 2 \cdot y_0 \cdot \left[\sin\left(\frac{\omega_1 - \omega_2}{2} \cdot t \right) \cdot \cos\left(\frac{\omega_1 + \omega_2}{2} \cdot t \right) \right]$$

Das Resultat ist ein mit der Kreisfrequenz $(\omega_1 - \omega_2)/2$ an- und abschwellender Ton der Kreisfrequenz $\frac{\omega_1 + \omega_2}{2}$. Wir sprechen von einer **Schwebung**.

Musikalische **Klänge** der Grundfrequenz f können immer als Überlagerung von einfachen **Sinustönen** mit den Frequenzen $f, 2f, 3f, \ldots$ dargestellt werden (Fourier-Synthese).

Schwingungen und Wellen

Harmonische Wellen können mit der Funktion $y = y_0 \cdot \sin(\omega \cdot t \pm k \cdot x)$ dargestellt werden. Sie breiten sich örtlich und zeitlich periodisch im Raum aus.

Die **Wellenlänge** λ und die **Wellenzahl** k hängen zusammen: $\lambda \cdot k = 2 \cdot \pi$

Zwischen der Ausbreitungsgeschwindigkeit c, der Periode T und der Wellenlänge λ gilt der Zusammenhang: $c \cdot T = \lambda$

Zur Veranschaulichung von **Wellen** benutzen wir eine Wellenmaschine, die eindimensionale Seil- und die zweidimensionale Wasserwelle.

Im Zentrum der Wellenlehre steht das **Prinzip von Huygens und Fresnel,** das jeden Punkt einer beliebigen Wellenfront, z. B. einer ebenen Welle, als Ausgangspunkt einer Elementarwelle (Kreis- bzw. Kugelwelle) betrachtet. Elementarwellen breiten sich mit der gleichen Geschwindigkeit und der gleichen Frequenz wie die ursprüngliche Welle aus.

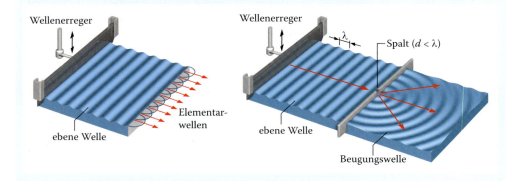

Mit dem Prinzip von Huygens und Fresnel können die beiden Grundgesetze der Optik, das Reflexions- und das Brechungsgesetz, wellentheoretisch hergeleitet werden.

G Materie, Atome, Kerne

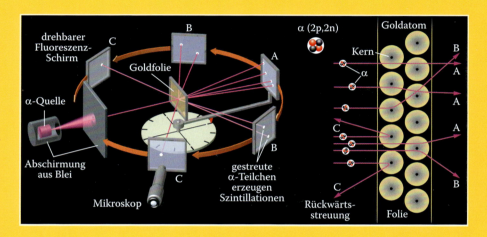

Themen

- Der Aufbau der Materie
- Atommodelle von Thomson, Rutherford und Bohr
- Lichtquantenhypothese von Albert Einstein
- Atommasseneinheit, Stoffmenge und Avogadro'sche Zahl
- Atome, Ionen und Isotope
- Radioaktivität: α-, β-, γ- und Röntgen-Strahlung
- Kernspaltung und Kernfusion
- Elementarteilchenmodell

1 Der Aufbau der Materie

1.1 Bedeutung der Atomhypothese

Der amerikanische Physiker und Nobelpreisträger Richard Feynman (1918 – 1988) schrieb:

Wenn in einer Sintflut alle wissenschaftlichen Kenntnisse zerstört würden und nur ein Satz an die nächste Generation von Lebewesen weitergereicht werden könnte, welche Aussage würde die grösste Information in den wenigsten Worten enthalten? Ich bin davon überzeugt, dass dies die Atomhypothese (oder welchen Namen sie auch immer hat) wäre, die besagt, dass alle Dinge aus Atomen aufgebaut sind. Aus kleinen Teilchen, die in permanenter Bewegung sind, einander anziehen, wenn sie ein klein wenig voneinander entfernt sind, sich aber gegenseitig abstossen, wenn sie aneinander gepresst werden. In diesem einen Satz werden Sie mit ein wenig Fantasie und Nachdenken eine enorme Menge an Information über die Welt entdecken.

Die Atomhypothese, die Aussage, dass unsere Welt nicht kontinuierlich, sondern diskret aufgebaut ist und dass Materie nicht beliebig fein geteilt werden kann, ist nach Feynmans Auffassung also die bedeutendste Aussage der gesamten Physik.

1.2 Atomhypothese

Die Vorstellung, dass die Welt aus kleinsten unteilbaren Stücken (Atomen; griechisch „atomon" = das Unzerschneidbare) bestehe, wurde zuerst von den vorsokratischen Philosophen Leukipp und Demokrit (den sogenannten Atomisten, ca. 500 v. Chr.) vertreten. Da es lange Zeit nicht gelang, bis zur Grenze der Teilbarkeit vorzudringen, wurden diese Ansichten während über 2000 Jahren kaum beachtet.

Im Jahr 1738 publizierte der Basler Physiker und Mathematiker Daniel Bernoulli sein Hauptwerk, die „Hydrodynamica". Darin legte er die Grundlage der bis heute gültigen kinetischen Gastheorie, indem er annahm, dass ein Gas aus einer grossen Menge von Molekülen besteht, die sich in allen Raumrichtungen bewegen, sodass die (elastischen) Stösse dieser Moleküle gegen die Gefässwand den Gasdruck erzeugen. Was wir als Wärme empfinden, ist nichts anderes als die Wirkung der kinetischen Energie dieser Moleküle.

Stossen pro Sekunde und Quadratzentimeter beispielsweise $N = 6 \cdot 10^{23}$ Stickstoffmoleküle mit einer Geschwindigkeit von $v = 500$ m/s unter einem rechten Winkel elastisch gegen eine Wand, so beträgt ihre Impulsänderung

$$\Delta p = 2 \cdot m \cdot v = F \cdot \Delta t$$

die mittlere Kraft

$$F_N = \frac{N \cdot 2 \cdot m \cdot v}{\Delta t} = \frac{6 \cdot 10^{23} \cdot 2 \cdot 28.014 \cdot 1.66 \cdot 10^{-27} \cdot 500}{1} \, N = 27.9 \, N$$

und der Druck

$$p = \frac{F_N}{A} = \frac{27.9 \text{ N}}{10^{-4} \text{ m}^2} = 2.79 \cdot 10^5 \; \frac{\text{N}}{\text{m}^2} = 2.79 \cdot 10^5 \text{ Pa} = 2.79 \text{ bar}$$

Der moderne Atombegriff wurde von John Dalton um 1808 in die Chemie eingeführt. Zu dieser Zeit konnte man nachweisen, dass die Massenverhältnisse der in einer chemischen Verbindung enthaltenen Elemente stets gleich sind (Gesetz der konstanten Proportionen). John Dalton gelang es, dieses Gesetz mithilfe der Atomvorstellung zu begründen. Die konstanten Massenverhältnisse entstehen dadurch, dass ein Molekül einer chemischen Verbindung immer aus gleich vielen Atomen zusammengesetzt ist. So ist beispielsweise das Wassermolekül H_2O immer aus einem Sauerstoff- und zwei Wasserstoffatomen aufgebaut. Auf der Grundlage des Gasgesetzes gelang es dann auch, zuerst die relativen Massen von Atomen und Molekülen (Amedeo Avogadro, 1811) und später die absoluten Massenwerte selbst zu bestimmen (Joseph Loschmidt, 1865)

1.3 Streit um das Atommodell

Bis gegen Ende des 19. Jahrhunderts glaubten aber viele Physiker nicht an die Existenz von Atomen. So pflegte etwa der bedeutende österreichische Physiker, Philosoph und Psychologe Ernst Mach immer dann, wenn in Physikerkreisen von Atomen die Rede war, in seiner Mundart zu sagen: *Ham'S scho mal eins g'sehn?* 1897 gelang Joseph J. Thomson die Entdeckung des ersten subatomaren Teilchens, des Elektrons. Auf dieser Grundlage schlug er 1904 ein Atommodell vor, das „plum pudding model" (Rosinenkuchenmodell, Figur 1), in dem die Elektronen wie Rosinen in einem gleichmässig verteilten positiven Materieteig sitzen. 1905 erklärte Albert Einstein die Brown'sche Molekularbewegung mithilfe von Stössen atomarer Teilchen, was der Atomhypothese weiteren Auftrieb gab.

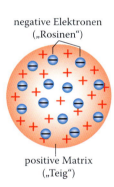

negative Elektronen („Rosinen")

positive Matrix („Teig")

Figur 1 Das Atom als Rosinenkuchen

Das Thomson'sche Atommodell schien die physikalischen Probleme zu dieser Zeit zu lösen. Dann gelang einem Schüler Thomsons, dem englisch-neuseeländischen Physiker Ernest Rutherford, im Jahre 1911 eine sensationelle Entdeckung. Er hatte zuvor den radioaktiven Zerfall studiert und herausgefunden, dass die Strahlung der α-Radioaktivität des chemischen Elements Radium aus zweifach positiv geladenen Heliumkernen besteht. Diese Teilchen sind rund 7000-mal schwerer als ein einzelnes Elektron.

In seinem berühmten Streuexperiment bestrahlte Rutherford eine sehr dünne, gehämmerte Goldfolie mit α-Teilchen und beobachtete auf einem fluoreszierenden Schirm mithilfe eines Mikroskops, was an der Goldfolie geschah (Figur 2).

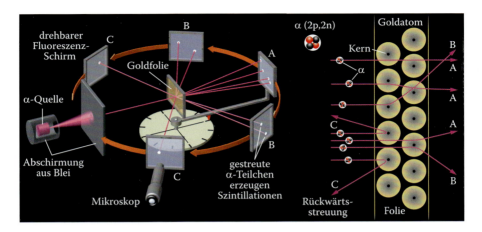

Figur 2 Goldfolienexperiment von Rutherford

Dabei machte einer seiner Studenten zwei unerwartete Beobachtungen:

- Weitaus die meisten α-Partikel durchdringen die Folie, als ob überhaupt keine Materie vorhanden wäre.
- Einige wenige α-Partikel werden aber aus ihrer ursprünglichen Bahn abgelenkt, z. T. sogar rückwärts gestreut (Figur 3).

Auf der Grundlage des Rosinenkuchenmodells konnte Rutherford diese Beobachtungen nicht erklären. Die Elektronen sind viel zu leicht, um die vergleichsweise sehr schweren α-Teilchen abzulenken; auch der gleichmässig verteilte positive Materieteig wäre dazu nicht in der Lage. Rutherford gelangte schliesslich zu einem Atommodell, das die beobachteten Phänomene erklären konnte (Figur 4):

- Fast die ganze Masse des Atoms ist in einem extrem kleinen Kern mit positiver Ladung konzentriert.
- Dieser Kern ist mindestens 10 000-mal kleiner als das ganze Atom. Seine positive Ladung ist ein ganzzahliges Vielfaches $Z \cdot e$ der Elementarladung.

Der Atomkern ist umgeben von einer Hülle mit Z Elektronen, welche je eine negative Elementarladung $-e$ tragen. Dieses Modell

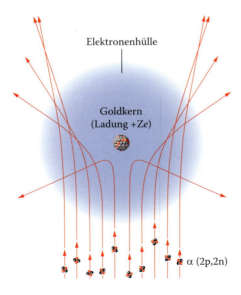

Figur 3 Bahnen der α-Teilchen

erlaubte es Rutherford, die an der Goldfolie beobachteten Phänomene zu erklären:

- Diejenigen α-Partikel, die weit vom Goldkern
  (von den Goldkernen) entfernt vorbeifliegen
  (und das sind wegen der Kleinheit des Atomkerns weitaus die meisten), werden nicht (oder
  kaum) aus ihrer ursprünglichen Flugrichtung
  abgelenkt.
- Die wenigen (elektrisch positiven) α-Teilchen,
  welche nahe an positiven Goldkernen vorbeifliegen, werden auf Hyperbelbahnen mehr
  oder weniger stark abgelenkt, zum Teil sogar
  rückwärts gestreut.

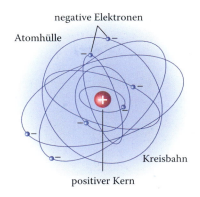

Figur 4 Rutherford'sches Atommodell

Aufgrund der Häufigkeitsverhältnisse von gestreuten zu nicht (bzw. kaum) gestreuten
α-Partikeln konnte Rutherford die Grösse des Atomkerns bestimmen.

1.4 Spektroskopie und Atomphysik: die Rydberg-Formel

Das an einem Glasprisma gebrochene Licht leuchtender Gase, z. B. von Wasserstoff, weist
ein Linienspektrum auf (Figur 5). Eine physikalische Begründung für dieses sonderbare
Phänomen kannte man Ende des 19. Jahrhunderts nicht.

Der Basler Mathematiklehrer Johann Jakob Balmer (1825 – 1898) entdeckte, dass sich
die Wellenlängen im Wasserstoffspektrum durch einfache Zahlenverhältnisse ausdrücken
lassen.

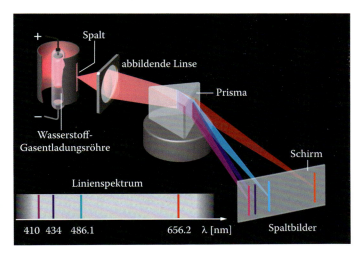

Figur 5 Optisches Linienspektrum des Wasserstoffs:
Balmer-Serie (n = 2 und m = 3,
4, 5, 6)

Immer noch ohne Kenntnis der atomphysikalischen Hintergründe entwickelte der schwedische Physiker Janne Rydberg (1854–1919) eine einfache empirische Formel zur Berechnung der Wellenlängen der Spektrallinien von Wasserstoff.

$$\frac{1}{\lambda} = R_\infty \cdot \left(\frac{1}{n^2} - \frac{1}{m^2} \right) \text{ mit } R_\infty = 10\,973\,732 \ \frac{1}{\text{m}}, \ \text{Rydberg'sche Konstante}$$

Die Wellenlängen der in Figur 5 dargestellten Spektrallinien, der „Balmer-Serie", ergeben sich mit den Werten $n = 2$ bzw. $m = 3$ (656.2 nm, rot), $m = 4$ (486.1 nm, blau-grün), $m = 5$ (434 nm, blau) und $m = 6$ (410 nm, violett). Rechnen Sie nach!

1.5 Bohr'sches Atommodell

Im Jahr 1913 beschäftigte sich der dänische Physiker Niels Bohr (1885–1962) mit dem Rutherford'schen Atommodell. Er überlegte sich, dass kreisende Elektronen als *beschleunigt bewegte elektrische Ladungen* (Zentripetalbeschleunigung!) nach den Regeln der klassischen Elektrodynamik, ähnlich wie die Antenne eines Radiosenders, dauernd elektromagnetische Energie abstrahlen müssten. Weil die Gesamtenergie des Systems Kern – Elektron dabei um diese abgestrahlte Energie abnimmt, müssten sich solche Elektronen dem Kern immer mehr nähern, um schliesslich in diesen hineinzustürzen. Da sich reale Elektronen nicht so verhalten, schloss Bohr, dass für das Elektron die Gesetze der klassischen Physik nicht gelten. Deshalb entwickelte er eine neue Theorie für kreisende Elektronen, das Bohr'sche Atommodell.

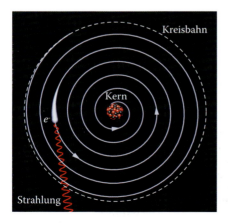

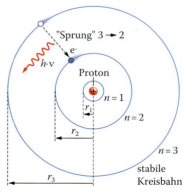

Figur 6 Das klassische Elektron strahlt und stürzt in den Atomkern

Figur 7 Das Bohr'sche Elektron bewegt sich strahlungsfrei auf einer Kreisbahn

Erstes Bohr'sches Postulat: Ein Elektron der Masse m_e bewegt sich strahlungsfrei auf einer bestimmten Kreisbahn mit dem Radius r_e und der Geschwindigkeit v_e um den Kern.

Zweites Bohr'sches Postulat: Für die strahlungsfreien Bahnen sind nur ganz bestimmte (diskrete) Radien $r_e = r_1, r_2, r_3, \ldots$, die *Bohr'schen Radien*, zugelassen. Der Drehimpuls des Elektrons (Radius mal Impuls) $L = r_e \cdot m_e \cdot v_e$ muss ein ganzzahliges Vielfaches der Naturkonstanten $\hbar$ (h quer) sein. Es gilt daher:

Bohr'sche Quantenbedingung für das strahlungsfreie Elektron im Wasserstoffatom

$$L = r_e \cdot m_e \cdot v_e = n \cdot \hbar = n \cdot \frac{h}{2 \cdot \pi}, \text{ mit } \hbar = \frac{h}{2\pi}$$

mit $h = 6.626 \cdot 10^{-34}$ J · s (Planck'sches Wirkungsquantum) und n = 1, 2, 3, 4, ...

Bohr betrachtet das kreisende Elektron und schreibt die klassische Bedingung für eine Kreisbewegung auf. Die ins Zentrum gerichtete Kraft ist die Coulomb'sche Kraft zwischen dem elektrisch positiv geladenen Proton (Kern) und dem negativ geladenen Elektron:

$$\frac{m_e \cdot v_e^2}{r_e} = \frac{1}{4 \cdot \pi \cdot \varepsilon_0} \cdot \frac{e^2}{r_e^2} \quad \text{(Coulomb'sche Kraft)}$$

Mithilfe dieser Kreisbahnbeziehung und der Bohr'schen Quantenbedingung kann jetzt die Gesamtenergie des kreisenden Elektrons (bezüglich eines unendlich fernen Punkts) berechnet werden. Bohr erhielt das folgende Resultat:

$$E_n = -\frac{\pi \cdot e^4 \cdot m_e}{8 \cdot \pi \cdot \varepsilon_0^2 \cdot h^2} \cdot \frac{1}{n^2} = -h \cdot c \cdot R_\infty \cdot \frac{1}{n^2}, \quad R_\infty = 10.97 \cdot 10^6 \text{ m}^{-1}$$

wobei h die Planck'sche Konstante, c die Lichtgeschwindigkeit und R_∞ die Rydberg'sche Konstante sind.

"Springt" ein Elektron von einer äusseren Bahn m auf eine innere Bahn n, z.B. von der dritten Bahn ($m = 3$) auf die zweite Bahn ($n = 2$, Figur 8), so wird die Differenz der Bindungsenergie frei.

$$\Delta E_{m,n} = (E_{\text{total, } m} - E_{\text{total, } n})$$

$$= +h \cdot c \cdot R_\infty \cdot \left(\frac{1}{n^2} - \frac{1}{m^2} \right)$$

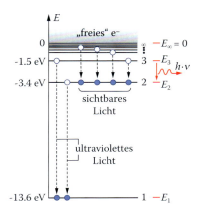

Figur 8 Energien im Bohr'sches Atommodell

Der Zusammenhang mit der Rydberg'schen Formel $\frac{1}{\lambda} = R_\infty \cdot \left(\frac{1}{n^2} - \frac{1}{m^2} \right)$ ist unübersehbar. Offensichtlich sind die Energiedifferenz $\Delta E_{m,n}$ der Elektronen und die reziproke Wellenlänge $1/\lambda$ der Spektrallinien im Wasserstoffspektrum zueinander proportional.

■ **Beispiel: Elektron des Wasserstoffatoms**

Im Bohr'schen Atommodell bewegt sich das Elektron des Wasserstoffatoms um ein Proton, sodass der Betrag seines Drehimpulses $L = r \cdot m_e \cdot v = n \cdot \hbar$ ein Vielfaches von $\hbar = 1.055 \cdot 10^{-34}\,\mathrm{J \cdot s}$ beträgt.

Berechnen Sie aus diesen Angaben die Bohr'schen Radien und die Gesamtenergien des Elektrons auf den möglichen Bahnen (bezüglich eines unendlich fernen Punkts, analog zum kreisenden Erdsatelliten) in Joule und Elektronvolt (1 eV = $1.602 \cdot 10^{-19}$ J).

Lösung

Kreisbahn des Elektrons:
$$\frac{m_e \cdot v_e^2}{r_e} = \frac{1}{4 \cdot \pi \cdot \varepsilon_0} \cdot \frac{e^2}{r_e^2} \quad \Rightarrow \quad v_e^2 = \frac{1}{4 \cdot \pi \cdot \varepsilon_0} \cdot \frac{e^2}{m_e \cdot r_e}$$

Drehimpuls:
$$L = r_e \cdot m_e \cdot v_e = n \cdot \hbar \quad \Rightarrow \quad v_e^2 = \frac{n^2 \cdot \hbar^2}{r_e^2 \cdot m_e^2}$$

Daraus:
$$\frac{1}{4 \cdot \pi \cdot \varepsilon_0} \cdot \frac{e^2}{m_e \cdot r_e} = \frac{n^2 \cdot \hbar^2}{r_e^2 \cdot m_e^2} \quad \text{oder} \quad r_e = \frac{4 \cdot \pi \cdot \varepsilon_0 \cdot n^2 \cdot \hbar^2}{e^2 \cdot m_e} = \frac{\varepsilon_0 \cdot n^2 \cdot h^2}{\pi \cdot e^2 \cdot m_e}$$

(Bohr'sche Radien)

Erster Bohr'scher Radius (n = 1):
$$r_e(n = 1) = \frac{8.854 \cdot 10^{-12} \cdot \left(6.626 \cdot 10^{-34} \right)^2}{\pi \cdot \left(1.602 \cdot 10^{-19} \right)^2 \cdot 9.109 \cdot 10^{-31}}\,\mathrm{m}$$

$$= 5.29 \cdot 10^{-11}\,\mathrm{m}$$

Durchmesser des Wasserstoffatoms: $2 \cdot 5.29 \cdot 10^{-11}\,\mathrm{m} \approx 1 \cdot 10^{-10}\,\mathrm{m} = 1$ Angström

$$E_{kin} = \frac{1}{2} \cdot m_e \cdot v_e^2 = \frac{1}{8 \cdot \pi \cdot \varepsilon_0} \cdot \frac{e^2}{r_e} = \frac{1}{n^2} \frac{\pi \cdot e^4 \cdot m_e}{8 \cdot \pi \cdot \varepsilon_0^2 \cdot h^2}$$

$$= \frac{1}{n^2} \frac{\pi \cdot \left(1.602 \cdot 10^{-19} \right)^4 \cdot 9.109 \cdot 10^{-31}}{8 \cdot \pi \cdot \left(8.854 \cdot 10^{-12} \right)^2 \cdot \left(6.626 \cdot 10^{-34} \right)^2}\,\text{Joule}$$

$$= \frac{1}{n^2} \cdot 2.179 \cdot 10^{-18}\,\text{Joule} = \frac{1}{n^2} \cdot 13.6\,\text{eV (Elektronvolt)}$$

$$E_{pot} = \frac{-1}{4 \cdot \pi \cdot \varepsilon_0} \cdot \frac{e^2}{r_e} = -2 \cdot E_{kin} = -\frac{1}{n^2} \cdot 4.358 \cdot 10^{-18}\,\text{Joule} = -\frac{1}{n^2} \cdot 27.2\,\text{eV}$$

$$E_{total} = E_{pot} + E_{kin} = -\frac{1}{n^2} \cdot 2.180 \cdot 10^{-18} \text{ Joule} = -\frac{1}{n^2} \cdot 13.6 \text{ eV}$$

Für $n = 1$ erhalten wir den korrekten Betrag für die Ionisierungsenergie von Wasserstoff: 13.6 eV.

1.6 Photoeffekt und Einstein'sche Lichtquantenhypothese

Auf ein Elektroskop wird eine blankgeschmirgelte Zinkplatte gesteckt. Diese wird zuerst negativ, dann positiv elektrisch geladen (Figur 9): In beiden Fällen schlägt das Plättchen des Elektroskops aus. Dann wird die blanke Zinkplatte zuerst mit intensivem weissem Licht einer Halogenlampe, anschliessend mit kurzwelligem, ultraviolettem Licht einer Queck-silberdampflampe bestrahlt. Beim Bestrahlen mit weissem Licht bleibt die elektrische Ladung sowohl auf der negativen als auch auf der positiven Zinkplatte erhalten. Bestrahlen wir dagegen mit ultraviolettem Licht, so wird die negative Zinkplatte *entladen* (Figur 9, links), die positive nicht (Figur 9, rechts).

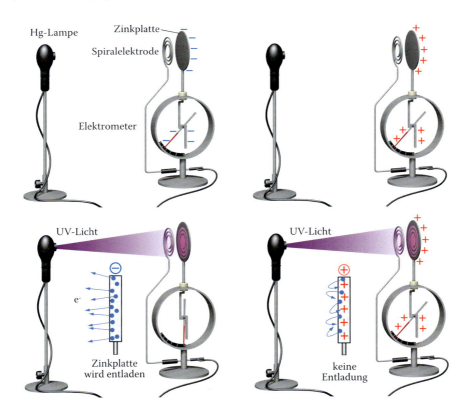

Figur 9 Zinkplatte wird mit UV-Licht bestrahlt

343

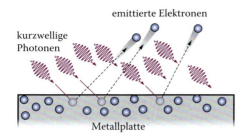

Dieser *äussere Photoeffekt* wurde schon 1836 entdeckt und ab 1886 von Heinrich Hertz (1857 – 1894) und seinem Schüler Wilhelm Hallwachs untersucht. Mit ihren Untersuchungen legten sie den Grundstein für die Entwicklung der *Photo-* und der *Solarzelle*. Photozellen werden z. B. in Lichtschranken, Solarzellen zur Erzeugung von elektrischer Energie aus Sonnenlicht eingesetzt.

Die Entdeckung des Photoeffekts ist zudem ein Meilenstein in der Geschichte der neuen Physik, da er mit der klassischen Physik (Elektrodynamik) nicht erklärt werden kann. Wird eine negativ geladene Zinkplatte mit hinreichend kurzwelligem Licht bestrahlt, so werden offensichtlich Elektronen „herausgeschlagen" (Figur 10). Dies wurde 1899 vom deutschen Physiker Philipp Lenard nachgewiesen.

Von 1900 bis 1902 entdeckte Lenard die Gesetzmässigkeiten des Photoeffekts: Wird die Lichtintensität erhöht, wächst die Zahl der Elektronen, nicht aber ihre Geschwindigkeit (bzw. kinetische Energie). Diese hängt ausschliesslich von der Frequenz des eingestrahlten Lichts ab. Aufgrund dieser Ergebnisse formulierte Albert Einstein 1905 seine Lichtquantenhypothese.

Einstein'sche Lichtquantenhypothese

Licht besteht aus kleinsten Energiepaketen bzw. Quanten. Diese Teilchen bezeichnen wir als Photonen. Sie haben die frequenzabhängige Energie

$$E = h \cdot f = \frac{h \cdot c}{\lambda}$$

h Planck'sches Wirkungsquantum, f Frequenz, λ Wellenlänge, c Lichtgeschwindigkeit
$h = 6.626 \cdot 10^{-34}$ Js, $c \approx 3 \cdot 10^8$ m/s

Mit der Lichtquantenhypothese fand Einstein einen wichtigen Baustein der Quantentheorie und erhielt dafür 1921 den Nobelpreis für Physik. Damit kann der Photoeffekt erklärt werden: Trifft ein Photon auf die Zinkplatte, so wird ein Elektron „herausgeschlagen", dessen maximale kinetische Energie gleich der Energie des Photons $h \cdot f$ minus der Ablösearbeit W_A des Elektrons ist: $E_{kin,max} = h \cdot f - W_A$. Ein Elektron kann nur dann herausgeschlagen werden, wenn die Energie $h \cdot f$ des Photons grösser als die Ablösearbeit W_A des Elektrons ist. Für Zink erfüllen nur kurzwellige ultraviolette Photonen diese Bedingung. Der Energiesatz gilt also auch für Atome und Elektronen.

Bemerkung: Die Formel $E = h \cdot f$ wurde von Max Planck schon im Jahr 1900 als Hypothese zur theoretischen Beschreibung der Hohlraumstrahlung eingeführt.

1.7 Quantenmechanische Atomerklärung

„Springt" ein Elektron des Wasserstoffs von einer äusseren auf eine innere Bahn, so haben wir es mit dem umgekehrten Prozess zu tun: Das Elektron wird stärker an den Kern (das Proton) gebunden und gibt die Energiedifferenz $\Delta E_{m,n}$ als Photon mit einer bestimmten Frequenz an die Umgebung ab. Es gilt: $\Delta E_{m,n} = h \cdot f = \frac{h \cdot c}{\lambda}$.

Mit seinem Modell konnte Niels Bohr das Linienspektrum von Wasserstoff (Figur 5) erklären. Nicht erklären konnte er hingegen die Intensität (Lichtstärke) dieser Linien; ebenso misslang der Versuch, das Bohr'sche Atommodell auf grössere Atome, z. B. Helium, anzuwenden.

Für seine Berechnungen benutzte Bohr die klassische Physik, welche er durch zwei Postulate ergänzte. Dieses Atommodell bezeichnet man als semiklassisch (halbklassisch); es leitete den Übergang von der klassischen Mechanik zur Quantenmechanik ein, ist wissenschaftshistorisch von grosser Bedeutung, heute aber nur in Spezialfällen als Näherung brauchbar.

Die Lösung des Problems brachte die *Quantenmechanik*. Im Jahre 1926 entwickelte der österreichische Theoretiker Erwin Schrödinger (1887–1961) die bis heute gültige Bewegungsgleichung des Elektrons, die *Schrödinger'sche Gleichung*. Die Quantenmechanik verzichtet vollständig auf klassische Vorstellungen; so verschwindet beispielsweise der Begriff der Elektronenbahn.

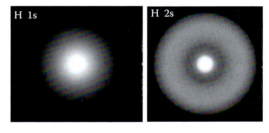

Figur 11 a) Orbitale von Wasserstoff 1s, 2s kugelsymmetrisch

An seine Stelle tritt die mathematisch-abstrakte Vorstellung einer komplexwertigen Wellenfunktion, des Orbitals des Elektrons, die mit der Schrödinger'schen Gleichung berechnet werden kann. Das Orbital erlaubt es, die *Aufenthaltswahrscheinlichkeit* eines Elektrons zu ermitteln. In Orbitaldarstellungen (Figuren 11 a) und b)) bedeuten die intensiver (grau, rot oder

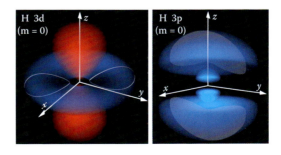

Figur 11 b) Orbitale von Wasserstoff 3d, 3p zylindersymmetrisch (bezüglich z-Achse)

blau) getönten Teile örtliche Bereiche mit höherer Aufenthaltswahrscheinlichkeit eines Elektrons.

Man kann zeigen, dass sich in bestimmten Raumbereichen um den Atomkern, den *Schalen*, nur eine beschränkte Anzahl Elektronen aufhalten kann. Der dem Atomkern am nächsten liegende Bezirk, die K-Schale, fasst maximal zwei Elektronen, die folgende Schalen fassen maximal:

Schale (Name)	K	L	M	N	O	P	Q
Maximale Elektronenzahl	2	8	8	18	32	50	72

Ordnet man die Elemente nach der Ordnungszahl Z, der Elektronenzahl, so haben die beiden ersten Elemente (Wasserstoff H mit $Z = 1$ und Helium He mit $Z = 2$) nur Elektronen auf der K-Schale (periodisches System, 1. Periode). Die nachfolgenden 8 Elemente (von Lithium Li mit $Z = 3$ bis Neon Ne mit $Z = 10$) haben eine mit zwei Elektronen voll besetzte K-Schale und eine L-Schale mit maximal 8 Elektronen (periodisches System, 2. Periode).

Ordnet man alle Elemente grafisch an, sodass auf einer Zeile (Periode) diejenigen Elemente mit derselben teilweise oder ganz besetzten äussersten Schale aufgeschrieben werden, so erhält man das für die Naturwissenschaften wichtige Periodensystem der Elemente, entdeckt von Julius Lothar Meyer (1830 – 1895) und Dmitri Iwanovitsch Mendelejew (1834 – 1907). Das Periodensystem (hinten im Buch) zeigt sieben Perioden mit 2, 8, 8, 18, 18, 32 und 32 Elementen, insgesamt also mit 118 Elementen. Das schwerste (künstlich hergestellte) Element hat die Ordnungszahl 118 und ist das letzte Element der 7. Periode.

1919 wies Rutherford nach, dass ein Atomkern, z. B. Stickstoff, durch Bestrahlung mit α-Teilchen in einen anderen, z. B. Sauerstoff, umgewandelt werden kann. Dabei entdeckte er das Proton (mit der Elementarladung $+e$). James Chadwick (1891 – 1974) gelang es 1932, das Neutron experimentell nachzuweisen, dessen Existenz Rutherford bereits Jahre vorher vorausgesagt hatte.

In nur drei Monaten gelang Werner Heisenberg (1901 – 1976) hierauf der theoretische Nachweis, dass der Atomkern nur aus Protonen und Neutronen besteht und keine Elektronen zu enthalten braucht, wie man vorher glaubte. Er zeigte auch, dass der Atomkern mit den Methoden der Quantenmechanik berechnet werden kann. Deshalb musste man nun auch zwischen Kernen mit gleicher Protonenzahl (Ordnungszahl Z), aber unterschiedlicher Neutronenzahl (N) unterscheiden. Solche Kerne heissen *Isotope*.

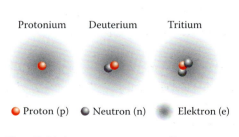

Protonium   Deuterium   Tritium

● Proton (p)   ● Neutron (n)   ● Elektron (e)

Figur 12 Die Isotope von Wasserstoff

Beispiel: Isotope von Wasserstoff (Figur 12)

^{1}H leichter Wasserstoff oder Protonium:

    1 Proton ($Z = 1$, $N = 0$, $A = 1$)

^{2}H schwerer Wasserstoff oder Deuterium:

    1 Proton, 1 Neutron ($Z = 1$, $N = 1$, $A = 2$)

^{3}H überschwerer Wasserstoff oder Tritium:

    1 Proton, 2 Neutronen ($Z = 1$, $N = 2$, $A = 3$)

Die *Massenzahl* $A = Z + N$ eines Atomkerns gibt die Anzahl der Nukleonen (Kernteilchen), also die Anzahl Protonen plus Neutronen, an. Die Massenzahl wird links oben am Symbol des Elementnamens geschrieben, z. B. ^{1}H, ^{2}H oder ^{3}H für die drei Isotope von Wasserstoff. Ebenfalls verwendet wird die Schreibweise H-1, H-2 bzw. H-3.

1.8 Atommodell der Materie

Mit diesen bahnbrechenden Neuerungen wurde um 1935 ein Atommodell der Materie entwickelt, das im Wesentlichen bis heute gültig ist:

- Die Materie ist aus Atomen aufgebaut. Die ca. 100 (heute 118) chemischen Elemente unterscheiden sich durch die Anzahl der Protonen, die *Ordnungszahl Z.*
- Ein Atom ist teilbar. Sein (griechischer) Name ist also irreführend.
  Das elektrisch neutrale Atom besteht aus einer Hülle mit Z elektrisch negativ geladenen Elektronen sowie einem sehr kleinen Kern, mit Z elektrisch positiv geladenen Protonen sowie N elektrisch neutralen Neutronen.
- Ein Elektron besitzt eine negative Elementarladung $-e$ und eine Masse m_e, das Proton trägt eine positive Elementarladung $+e$ und besitzt eine 1836-mal grössere Masse m_p.
- Das Neutron ist gegen aussen hin elektrisch neutral, trägt aber (wie das Elektron und das Proton) ein sogenannt magnetisches Moment (d. h., es „spürt" ein Magnetfeld). Seine Masse m_N ist ungefähr gleich gross wie die Protonenmasse m_p.
- Ist die Elektronenzahl eines Atoms grösser oder kleiner als die Protonenzahl, ist die Gesamtladung des Atoms also positiv oder negativ, so spricht man von einem *Ion.*

Ionen spielen bei der ionischen oder heteropolaren Bindung in der Chemie eine wichtige Rolle. So beruht etwa die chemische Bindung im Kochsalz (Natriumchlorid) auf der elektrostatischen Anziehung von positiv geladenen Natriumionen Na$^+$ und negativ geladenen Chlorionen Cl$^-$.

Im elektrisch geladenen Zustand weisen die Elektronen dieser beiden Ionen eine energetisch günstige Edelgaskonfiguration auf, in welcher die Elektronenschalen mit 2 und 8 (Na$^+$), bzw. mit 2 und zweimal 8 (Cl$^-$) Elektronen „gefüllt" sind.

    Natriumion Na$^+$: 10 Elektronen, 11 Protonen (12 Neutronen)

    Chlorion Cl$^-$:   18 Elektronen, 17 Protonen (zwei Isotope mit 18 bzw. 20 Neutronen)

Materie, Atome, Kerne

Grössen im Mikrokosmos

Ladung des Protons/Elektrons:	$\pm 1.602 \cdot 10^{-19}$ Coulomb
Elektronenmasse:	$9.11 \cdot 10^{-31}$ kg
Protonenmasse:	$1.673 \cdot 10^{-27}$ kg
Neutronenmasse:	$1.675 \cdot 10^{-27}$ kg
„Durchmesser" des Wasserstoffatoms:	ca. 1 Angström (1 Angström = 10^{-10} Meter)
„Durchmesser" des Wasserstoffkerns:	einige Fermi (1 Fermi = 1 Femtometer = 10^{-15} Meter)
Kürzeste heute messbare Strecke:	10^{-20} Meter

2   Atomphysikalische Grundgrössen

2.1   Atomphysikalische Masseneinheit

Atome sind aus Protonen, Neutronen und Elektronen aufgebaut; Protonen und Neutronen haben näherungsweise gleiche Massen, die Masse der Elektronen ist 1836-mal kleiner, im Vergleich zur Masse der Nukleonen also vernachlässigbar klein.

Aus diesem Grund ist die Masse aller Nuklide (Kerne) näherungsweise ein ganzzahliges Vielfaches der Protonen- bzw. Neutronenmasse. Daher ist es sinnvoll, eine entsprechende Atommasseneinheit zu definieren. Aus praktischen Gründen benutzt man als Atommasseneinheit aber weder die Masse des Protons ($1.673 \cdot 10^{-27}$ kg) noch diejenige des Neutrons ($1.675 \cdot 10^{-27}$ kg), sondern die messtechnisch einfacher zu bestimmende Masse des Kohlenstoffnuklids ^{12}C. ^{12}C besteht aus 6 Protonen und 6 Neutronen.

Definition Atommasseneinheit

$$1 \text{ u} = \frac{\text{Masse des Kohlenstoffisotops } ^{12}\text{C}}{12} = 1.660538782 \cdot 10^{-27} \text{ kg}$$

Die Protonen- bzw. die Neutronenmassen sind knapp ein Prozent grösser als dieser Wert:

Proton $m_\text{P} = 1.00727646688$ u   Neutron $m_\text{N} = 1.00866491578$ u

2.2   Relative Atom-, Ionen- und Molekülmasse

Nuklidmassen sind nicht exakte Vielfache der Protonen- und Neutronenmassen, weil die Gesamtmasse des Kerns wegen der Äquivalenz (s. S. 394 ff.) von Masse und Energie etwas kleiner ist als die Summe der Einzelmassen der Protonen und Neutronen in diesem Kern.

Relative Atommasse

A_r = Masse eines Atoms eines bestimmten Nuklids in u

Relative Atommassen A_r einiger Nuklide

Element	Wasser-stoff	Helium	Kohlenstoff	Stickstoff	Sauerstoff	Chlor-35	Chlor-37
Nuklid	^1H	^4He	^{12}C	^{14}N	^{16}O	^{35}Cl	^{37}Cl
rel. Häu-figkeit	99.985 %	100 %	98.89 %	99.76 %	99.76 %	75.77 %	24.23 %
A_r	1.0078252	4.002603	12.0000000	14.0030744	15.994915	34.968854	36.965903

Gewöhnlich wird nicht die relative Atommasse eines Einzelnuklids angegeben, sondern diejenige eines natürlichen Isotopengemischs. Für Chlor beträgt die relative Atommasse des natürlichen $^{35}Cl/^{37}Cl$-Isotopengemischs $A_r = 0.7577 \cdot 34.969 + 0.2423 \cdot 36.966 = 35.453$.

Aus den relativen Atommassen A_r können die relativen Molekülmassen M_r berechnet werden.

Relative Molekülmassen einiger chemischer Verbindungen (natürliches Isotopengemisch)

Molekül	Wasserstoff	Stickstoff	Sauerstoff	Kohlendioxid	Tetrachlorkohlenstoff
Symbol	H_2	N_2	O_2	CO_2	CCl_4
M_r	2.0158	28.014	31.998	44.009	153.823

2.3 Stoffmenge n und Avogadro'sche Zahl N_A

Die Stoffmenge n (in mol) ist ein Mass für eine Substanzmenge. Die Stoffmenge wird meist dann verwendet, wenn man es mit gleichartigen Atomen, Molekülen oder Ionen, etwa mit Sauerstoff O_2, und nicht mit uneinheitlichen Stoffgemischen wie z. B. Holz zu tun hat.

Die Einheit der Stoffmenge n ist das Mol: $[n] = 1$ mol

Die Stoffmenge 1 mol umfasst diejenige Anzahl Atome, die in 12 Gramm des Kohlenstoffnuklids ^{12}C enthalten sind. Diese Anzahl wird mit der Avogadro'schen Zahl N_A, einer Naturkonstanten, ausgedrückt:

Avogadro'sche Zahl $N_A = (6.0221367 \pm 0.0000036) \cdot 10^{23} \dfrac{\text{Teilchen}}{\text{mol}}$

Materie, Atome, Kerne

2.4 Molare Masse M

Mit der molaren Masse M eines einheitlichen (atomaren oder molekularen) Stoffs drückt man dessen Masse (in Gramm) pro Stoffmenge (in mol) aus. Zahlenmässig stimmt die molare Masse in g/mol mit der relativen Atom- bzw. Molekülmasse überein.

Molekül	Wasserstoff	Stickstoff	Sauerstoff	Kohlendioxid
Symbol	H_2	N_2	O_2	CO_2
Molare Masse	2.0158 g/mol	28.014 g/mol	31.998 g/mol	44.009 g/mol

Eine praktische Beziehung für die Stoffmenge n

Für die Stoffmenge n (in mol) einer bestimmten Substanz (molaren Masse M) der Masse m, welche N Atome oder Moleküle umfasst, gilt die wichtige Beziehung:

$$\text{Stoffmenge} = \frac{\text{Teilchenzahl}}{\text{Avogadro'sche Zahl}} = \frac{\text{Masse}}{\text{molare Masse}} \quad \text{oder} \quad n = \frac{N}{N_A} = \frac{m}{M}$$

Beispiel: 1 kg Wasser enthält $n = \dfrac{m}{M} = \dfrac{1 \text{ kg}}{0.018015 \text{ kg/mol}} = 55.51 \text{ mol}$

■ Beispiel: Kernkraftwerk oder Gaskombikraftwerk?

Der in einem Kernkraftwerk eingesetzte Kernbrennstoff besteht zu $\alpha = 4\,\%$ (Massenanteil) aus Uran-235, russisches Erdgas zu 98 % aus Methan CH_4.

a) Welche Gesamtenergie kann mit einer Tonne ($m_{\text{Uran}} = 1000$ kg) dieses Kernbrennstoffs freigesetzt werden, wenn pro gespaltenem U-235-Kern eine Energie von 173.3 MeV freigesetzt wird?

b) Wie viele Tonnen Erdgas müssen verbrannt werden, um dieselbe Energie zu erzeugen? Heizwert von Erdgas: $H_u = 38$ MJ/kg

c) Welchen Bedarf an Kernbrennstoff hat ein Kernkraftwerk mit einer elektrischen Leistung von 1000 MW (Wirkungsgrad 33 %) pro Jahr (8000 Betriebsstunden)?

d) Wie viele Tonnen Erdgas müssten in einem Gaskombikraftwerke (Wirkungsgrad 60 %) verbrannt werden, um in einem Jahr dieselbe elektrische Energie zu erzeugen?

e) Wie viel Kohlendioxid CO_2 entsteht bei dieser Verbrennung ungefähr?

f) Diskutieren Sie Vor- und Nachteile von Kern- und von Gaskombikraftwerken.

Lösung

a) $E_{\text{total}} = \dfrac{\alpha \cdot m \cdot N_A}{M_{\text{molar}}} \cdot E_U = \dfrac{0.04 \cdot 1000 \cdot 6.02 \cdot 10^{23}}{0.23504} \cdot 173.3 \cdot 1.602 \cdot 10^{-13} \text{ J} = 2.84 \cdot 10^{15} \text{ J}$

b) $m_{\text{Erdgas}} = \dfrac{E_{\text{total}}}{H_{\text{u}}} = \dfrac{2.84 \cdot 10^{15}}{3.8 \cdot 10^{7}} \text{ kg} = 7.49 \cdot 10^{7} \text{ kg} = 74850$ Tonnen

c) $m_{\text{total,KKW}} = m_{\text{Uran}} \cdot \dfrac{P_{\text{el}} \cdot t}{\eta_{\text{KKW}} \cdot E_{\text{total}}} = 1000 \cdot \dfrac{10^{9} \cdot 8000 \cdot 3600}{0.33 \cdot 2.84 \cdot 10^{15}} \text{ kg} = 3.07 \cdot 10^{4} \text{ kg}$

$= 30.7$ Tonnen

d) $m_{\text{total,Kombi}} = m_{\text{Erdgas}} \cdot \dfrac{P_{\text{el}} \cdot t}{\eta_{\text{Kombi}} \cdot E_{\text{total}}} = 7.485 \cdot 10^{7} \cdot \dfrac{10^{9} \cdot 8000 \cdot 3600}{0.60 \cdot 2.84 \cdot 10^{15}} \text{ kg} = 1.265 \cdot 10^{9} \text{ kg}$

ca. 1.26 Mio Tonnen Erdgas

e) Molare Massen: $M_{\text{Methan}} \approx 0.016 \, \dfrac{\text{kg}}{\text{mol}}$, $M_{\text{Kohlendioxid}} \approx 0.044 \, \dfrac{\text{kg}}{\text{mol}}$

Aus 1 Tonne Erdgas (Methan CH_4) entstehen ca. $\frac{0.044}{0.016}$ Tonnen = 2.75 Tonnen Kohlendioxid. Aus 1.22 Mio Tonnen Erdgas entstehen ca. 3.36 Mio Tonnen Kohlendioxid.

f) **KKW:** *Vorteile:* viel Energie auf kleinem Raum, geringer Brennstoffbedarf, praktisch CO_2-frei, Technologie bekannt und erprobt, in Weiterentwicklung.
Nachteile: radioaktive Abfälle, katastrophale Auswirkungen bei Kernschmelze, teuer, politisch schwer durchsetzbar, bescheidener Wirkungsgrad (33 %), Grosstechnologie, nicht dezentral, Abhängigkeit von (relativ vielen) Uranlieferanten.
Kombi: *Vorteile:* viel Energie auf kleinem Raum, preisgünstig, hoher Wirkungsgrad (60 %), Technologie bekannt und erprobt, in Weiterentwicklung.
Nachteile: CO_2, Grosstechnologie, nicht dezentral, hoher Brennstoffbedarf, politisch umstritten, Abhängigkeit von (relativ wenigen) Erdgaslieferanten mit problematischen Staatsformen → Erpressbarkeit.

3 Stabile und instabile Materie: Radioaktivität

3.1 Radioaktivität und ionisierende Strahlung

Der Atomkern besteht aus elektrisch positiven und neutralen Teilchen. Da sich elektrisch positive Teilchen gegenseitig abstossen, müssen neben den elektrischen noch andere Kräfte, die Kernkräfte (starke Wechselwirkung), wirken, welche den Kern als Ganzes zusammenhalten. Diese Kräfte haben eine sehr kurze Reichweite von nur wenigen 10^{-15} m (= 1 fm = 1 Femtometer = 1 Fermi).

Zu den meisten Elementen gibt es stabile Isotope. Zu allen Elementen gibt es aber auch Isotope, deren Kerne spontan zerfallen (radioaktive Isotope, Radioisotope oder Radionuklide). Sie spielen in Wissenschaft, Technik und Medizin eine wichtige Rolle. Zu meh-

Materie, Atome, Kerne

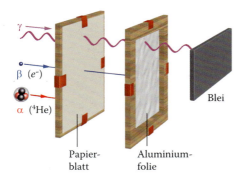

Figur 13 Durchdringungsvermögen ionisierender Strahlungen

reren Elementen vorwiegend im oberen Drittel der Ordnungszahlen gibt es nur radioaktive Isotope. Radioaktive Isotope senden eine materielle (α- und β-Strahlung) oder eine hochenergetische elektromagnetische Strahlung (γ-Strahlung) aus, die für den menschlichen Organismus meist schädlich ist. Diese Strahlungsarten unterscheiden sich in ihrem Durchdringungsvermögen (Figur 13) sowie in ihrer Reichweite in Luft.

Der nach dem Zerfall neu entstehende Kern kann stabil sein oder ebenfalls radioaktiv und dann weiter zerfallen. Dieses Phänomen des spontanen Zerfalls von Atomkernen bezeichnet man als natürliche Radioaktivität, die entstehende (materielle oder elektromagnetische) Strahlung als *ionisierende Strahlung (nicht radioaktive Strahlung)*.

Die Radioaktivität wurde im Jahre 1896 vom französischen Physiker Henri Becquerel entdeckt. Wir unterscheiden drei Arten von radioaktiven Kernzerfällen: α-, β- und γ-Zerfall.

3.2   Alpha-Zerfall

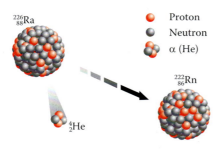

Figur 14 α-Zerfall eines Radiumkerns zu Radon

Ein Atomkern, z. B. Radium ($^{226}_{88}$ Ra, Figur 14), sendet spontan, d. h. ohne Einfluss von aussen, einen vollständigen Heliumkern ($^{4}_{2}$ He, 2 Protonen und 2 Neutronen) aus. Dabei entsteht ein neuer Kern, z. B. Radon ($^{222}_{86}$ Rn), der 2 Protonen und 2 Neutronen weniger hat:

$$\alpha\text{-Zerfall:} \quad {}^{226}_{88}\text{Ra} \; \rightarrow \; {}^{222}_{86}\text{Rn} \; + \; \underbrace{{}^{4}_{2}\text{He}}_{\alpha\text{-Teilchen}}.$$

Nukleonenzahl $A \Rightarrow A - 4$
Ordnungszahl $Z \Rightarrow Z - 2$
Neutronenzahl $N \Rightarrow N - 2$

Alle α-Teilchen, die vom zerfallenden Kern ausgesandt werden, haben dieselbe Energie. In Gasen, Flüssigkeiten oder Festkörpern werden α-Teilchen durch Stösse abgebremst. Die mittlere Reichweite in Raumluft beträgt gewöhnlich einige cm, in Papier nur etwa 0.1 mm.

3.3 Beta-Zerfall

Beim Beta-Zerfall sendet der Kern entweder ein Elektron (β⁻-Zerfall, Figur 15) oder ein sogenanntes Positron (positives Elektron, β⁺-Zerfall, Figur 16) aus. Dabei verwandelt sich im Kern ein Proton in ein Neutron (β⁺-Zerfall) bzw. ein Neutron in ein Proton (β⁻-Zerfall).

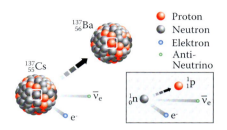

Figur 15 β⁻-Zerfall von Cäsium-137 zu Barium-137

■ Beispiel

β⁻-Zerfall: $^{137}_{55}\text{Cs} \;\rightarrow\; ^{137}_{56}\text{Ba} + e^- + \bar{\nu}$

β⁺-Zerfall: $^{22}_{11}\text{Na} \;\rightarrow\; ^{22}_{10}\text{Ne} + e^+ + \nu$

Nukleonenzahl	A	$\Rightarrow A$
Ordnungszahl	Z	$\Rightarrow Z \pm 1$
Neutronenzahl	N	$\Rightarrow N \mp 1$

Im Gegensatz zum α-Zerfall hat das entstehende Elektron keine feste Energie; diese kann vielmehr von null bis zu einem maximalen Wert variieren.

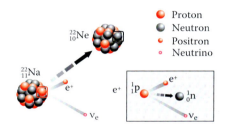

Figur 16 β⁺-Zerfall von Natrium-22 zu Neon-22

Damit der Energiesatz nicht verletzt wird, muss ein weiteres Teilchen entstehen, welches die Energiedifferenz aufnimmt, das *Neutrino ν* beim β⁺-Zerfall oder das Antineutrino $\bar{\nu}$ beim β⁻-Zerfall.

Dieses Teilchen wurde 1930 von Wolfgang Pauli aufgrund theoretischer Überlegungen vorausgesagt und erst 20 Jahre später experimentell nachgewiesen.

Beim β⁺-Zerfall nimmt die Kernladungszahl des neu entstehenden Kerns um eins ab, beim β⁻-Zerfall um eins zu, die Massenzahl bleibt aber in beiden Fällen unverändert. Die Reichweite für Elektronen (Energie 10 MeV, 1 eV = $1.6 \cdot 10^{19}$ J) beträgt in Raumluft ca. 3 m, in Eisen 0.6 mm.

3.4 Gamma-Zerfall

Beim Gamma-Zerfall geht der Kern von einem energetisch höheren (metastabilen) in einen energetisch tieferen Zustand über und gibt dabei ein sogenanntes *γ-Quant* ab, z. B.

$$\gamma\text{-Zerfall:} \quad ^{137m}_{56}\text{Ba} \;\rightarrow\; ^{137}_{56}\text{Ba} + \gamma$$

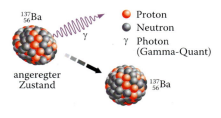

Figur 17 γ-Zerfall von Barium-137

Die Anzahl der Protonen und Neutronen im Kern ändert dabei nicht. Die γ-Strahlung ist ähnlich wie die Röntgenstrahlung eine Form hochenergetischen, unsichtbaren Lichts.

Röntgen- und Gammastrahlung werden in Materie nach einem Exponentialgesetz abgeschwächt. Sie können also nicht vollständig abgeschirmt werden. Für ein bestimmtes Material gibt es für eine gegebene Photonenenergie eine *Halbwertsdicke*. Für die Gammastrahlung von Kobalt-60 in Blei beträgt sie ca. 1.1 cm; mit einer Bleiabschirmung dieser Dicke wird die ursprüngliche Strahlungsintensität halbiert.

3.5 Die drei natürlichen radioaktiven Zerfallsreihen

Ein wichtiges Mass zur Beschreibung des radioaktiven Zerfalls ist die Halbwertszeit. Im Verlauf einer Halbwertszeit zerfällt die Hälfte einer ursprünglich vorhandenen Anzahl radioaktiver Kerne. Die Werte der Halbwertszeiten radioaktiver Kerne bewegen sich zwischen Mikrosekunden und Milliarden Jahren.

Die beim Zerfall der langlebigen natürlichen Radionuklide Uran-238 (Halbwertszeit 4,5 Mrd. Jahre), Uran-235 (Halbwertszeit 0,7 Mrd. Jahre) und Thorium-232 (Halbwertszeit 14 Mrd. Jahre) entstehenden Nuklide sind wieder radioaktiv, sodass sie ihrerseits erneut zerfallen. So ergeben sich Zerfallsreihen, die erst enden, nachdem ein stabiles Nuklid entstanden ist.

Vom Uran-238 geht die Uran-Radium-Zerfallsreihe aus, welche über 18 Zwischenstufen beim stabilen Blei-206 endet. Uran-235 steht am Anfang der Uran-Actinium-Zerfallsreihe, die über 15 Radionuklide zum stabilen Blei-207 führt. Mit zehn Zwischenstufen ist die bei Thorium-232 beginnende, zum stabilen Blei-208 führende Thorium-Zerfallsreihe die kürzeste:

Radioaktiver Zerfall: Thorium-Zerfallsreihe (Halbwertszeiten; y Jahre, d Tage, min Minuten, s Sekunden)

^{232}Th $1.4 \cdot 10^{10}$y	⇒	^{228}Ra 5.75 y	⇒	^{228}Ac 6.15 h	⇒	^{228}Th 1.91 y	⇒	^{224}Ra 6.66 d	⇒	^{220}Rn 55.6 s
										⇓
^{208}Pb stabil	⇐	^{212}Po 0.3 μs	⇐	^{212}Bi 60.6 min	⇐	^{212}Pb 10.6 h	⇐	^{216}Po 0.145 s
	↘	^{208}Tl 3.05 min	↗					

Detaillierte Informationen zu allen radioaktiven Nukliden finden Sie in einer Nuklidtabelle.

3.6 Röntgenstrahlung

Die Röntgenstrahlung ist eine weiche, d. h. niedrigenergetische γ-Strahlung, die bei Kernzerfällen entsteht, aber auch künstlich in einer Röntgenröhre erzeugt werden kann (Figur 18).

Der Glühfaden, die Kathode der Röntgenröhre, wird wie in einer Glühlampe mit einer Heizspannung gegen 3000 °C erhitzt. Dabei nimmt die kinetische Energie der Elektronen so stark zu, dass sie die Gitterenergie überwinden und ins Vakuum austreten können. Dort werden sie mit einer zweiten, sehr hohen Spannung U_A, z. B. 100 000 Volt, beschleunigt, und auf dem Anodenblech in sehr kurzer Zeit abgebremst. Dabei entsteht nach den Gesetzen der Elektrodynamik eine intensive elektromagnetische Strahlung, die Bremsstrahlung (Figur 19), mit einem kontinuierlichen Spektrum, mit Energien von 20 bis 80 keV (1 keV = $1.6 \cdot 10^{-16}$ J).

Diesem kontinuierlichen Spektrum ist ein diskretes Linienspektrum (Figuren 5, 19), die charakteristische Strahlung, überlagert, die von Übergängen der inneren Elektronen im Anodenmaterial erzeugt werden (analog zur Lichterzeugung im Bohr'schen Atommodell).

Nur etwa 1 % der kinetischen Energie der Elektronen wird als Röntgenstrahlung freigesetzt. Weil der Rest in Wärme umgewandelt wird, müssen Röntgenröhren gekühlt werden. In der Medizin verwendet man schnell rotierende, flüssigkeitsgekühlte Anoden (Figur 20).

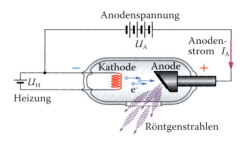

Figur 18 Prinzip der Röntgenröhre

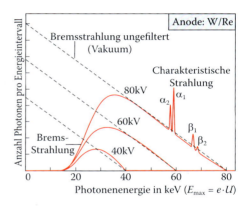

Figur 19 Röntgenspektrum einer Wolfram-Rhenium-Anode

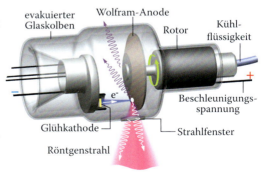

Figur 20 Röntgenröhre (rotierende Anode)

3.7 Radioaktiver Zerfall

3.7.1 Zusammenhänge und Gesetze

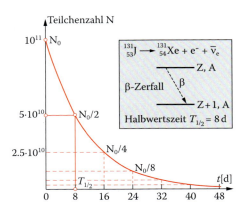

Figur 21 Radioaktiver Zerfall von $^{131}_{53}$J-Kernen

Wir untersuchen ein radioaktives Präparat, etwa Jod-131 (Figur 21). Wir nehmen an, dass zu Beginn der Messung eine feste Anzahl, z. B. $N_0 = 10^{11}$, radioaktive $^{131}_{53}$J-Kerne vorhanden sind. Diese zerfallen so, dass nach der *Halbwertszeit* von $T_{1/2} = 8$ Tagen nur noch die Hälfte, also $N = N_0/2 = 5 \cdot 10^{10}$, ^{131}J-Kerne existieren, die andere Hälfte ist bereits in $^{131}_{54}$Xe-Kerne zerfallen.

Nach zwei Halbwertszeiten, also nach $t = 2 \cdot T_{1/2} = 16$ Tagen, sind es $N_2 = N_1/2 = N_0/4 = 2.5 \cdot 10^{10}$ Kerne, nach drei Halbwertszeiten $t = 3 \cdot T_{1/2} = 24$ Tagen noch $N_3 = N_0/2^3 = 1.25 \cdot 10^{10}$ Kerne usw.

Mathematisch lässt sich dieser Zusammenhang zwischen der Anzahl Kerne und der Zeit mit einer Exponentialfunktion (Basis 2) darstellen:

> **Radioaktiver Zerfall: Anzahl N der Kerne**
>
> $$N = N_0 \cdot 2^{-\frac{t}{T_{1/2}}}$$
>
> N_0 Anzahl Kerne zur Zeit $t = 0$, N Anzahl Kerne zur Zeit t, Halbwertszeit $T_{1/2}$

Aufgabe: Wenden Sie diese Formel für den Zerfall des radioaktiven Gases Radon-220 an (Halbwertszeit $T_{1/2} = 55.6$ Sekunden, $N_0 = 5\,000\,000$).

t [s]	0	55.6	111.2	166.8	222.4	278.0	333.6
$N(t)$	$5 \cdot 10^6$						

Einige Halbwertszeiten (y Jahre, d Tage, min Minuten, s Sekunden)

Freies Neutron	Wasserstoff H-3	Kohlenstoff C-14	Natrium Na-22	Kobalt Co-60
10.3 min	12.32 y	5730 y	2.602 y	5.272 y

Jod I-131	Cäsium Cs-137	Radium Ra-226	Uran U-235	Uran U-238
8.02 d	30.17 y	1600 y	$7.04 \cdot 10^8$ y	$4.47 \cdot 10^9$ y

Als Basis kann statt 2 auch jede beliebige andere Zahl verwendet werden. Gebräuchlich ist die Euler'sche Zahl $e = 2.718\ldots$ Anstelle von $1/T_{1/2}$ benutzen wir im Exponenten λ:

$$N = N_0 \cdot 2^{-\frac{t}{T_{1/2}}} = N_0 \cdot e^{-\lambda \cdot t} \quad \text{Logarithmieren ergibt:} \quad -\frac{t}{T_{1/2}} \cdot \ln 2 = -\lambda \cdot t \quad \text{oder} \quad \lambda \cdot T_{1/2} = \ln 2$$

λ ist die *Zerfallskonstante* oder *Zerfallswahrscheinlichkeit* des radioaktiven Zerfalls.

λ hängt mit der Halbwertszeit zusammen (siehe oben): $\lambda \cdot T_{1/2} = \ln 2 \approx 0.693$.

λ ist die Wahrscheinlichkeit dafür, dass ein bestimmter Kern einer radioaktiven Substanz in der nächsten Sekunde zerfällt und hat die Einheit $[\lambda] = 1/s = s^{-1}$.

Multiplizieren wir λ mit der Anzahl N der vorhandenen Kerne, so erhalten wir die Aktivität A dieser Quelle, also die Anzahl Kerne, die pro Sekunde zerfallen.

Mit $A_0 = \lambda \cdot N_0$ bezeichnen wir die Aktivität zu Beginn der Messung ($t = 0$, Anfangsaktivität), mit $A = \lambda \cdot N$ die Aktivität zu einem späteren Zeitpunkt t.

Basisbeziehungen der Radioaktivität

$$\lambda \cdot N_0 = A_0\,, \quad \lambda \cdot N = A\,, \quad \lambda \cdot T_{1/2} = \ln 2 \approx 0.693$$

λ Zerfallskonstante, N, N_0 Anzahl Kerne zur Zeit t bzw. $t = 0$,

A, A_0 Aktivität: Zerfälle pro Sekunde zur Zeit t bzw. $t = 0$, $T_{1/2}$ Halbwertszeit

---

■ **Beispiel: Radium 226**

$$\lambda \approx \frac{\ln 2}{1600\ \text{y}} = \frac{\ln 2}{1600 \cdot 365.25 \cdot 24 \cdot 3600\ \text{s}} \approx 1.37 \cdot 10^{-11}\ \frac{1}{\text{s}}.$$

Eine Ra-226-Quelle der Masse 1 g enthält $N = \frac{m \cdot N_A}{M_{\text{Molar}}} = \frac{10^{-3} \cdot 6.02 \cdot 10^{23}}{0.22602} = 2.66 \cdot 10^{21}$ Kerne. Die Aktivität beträgt $A = \lambda \cdot N = 1.37 \cdot 10^{-11} \cdot 2.66 \cdot 10^{21}$ Bq $= 3.65 \cdot 10^{10}$ Bq. Pro Sekunde zerfallen also $3.65 \cdot 10^{10}$ Ra-226-Kerne (veraltete Einheit Curie, 1 Curie $= 3.7 \cdot 10^{10}$ Bq).

Materie, Atome, Kerne

Erweitern wir die Gleichung $N = N_0 \cdot 2^{-\frac{t}{T_{1/2}}} = N_0 \cdot e^{-\lambda \cdot t}$ für den radioaktiven Zerfall mit λ, so erhalten wir die wichtige Beziehung für die zeitliche Abnahme der Aktivität (Zerfälle pro Sekunde) einer radioaktiven Quelle.

Aktivität einer radioaktiven Quelle

$$A = \lambda \cdot N = \lambda \cdot N_0 \cdot 2^{-\frac{t}{T_{1/2}}} = A_0 \cdot 2^{-\frac{t}{T_{1/2}}} = A_0 \cdot e^{-\lambda \cdot t} \text{ mit } \lambda \cdot N_0 = A_0$$

A_0 Aktivität der Quelle zur Zeit $t = 0$, A Aktivität zur Zeit t,

$T_{1/2}$ Halbwertszeit, λ Zerfallskonstante

Aktivität A: Anzahl Zerfälle pro Sekunde, Einheit

$$[A] = \frac{\text{Zerfälle}}{\text{Sekunde}} = \frac{1}{s} = \text{Becquerel} = \text{Bq}$$

3.7.2 Zerfallskonstante λ

Wir betrachten ein radioaktives Präparat, das zu Beginn $N_0 = 1\,000\,000$ Atomkerne aufweist, von denen in jeder Sekunde ein Zehntel (10 %) zerfällt; nach einer Sekunde sind also noch $N(t = 1\,s) = 900\,000$, nach zwei Sekunden $N(t = 2\,s) = 810\,000$ Kerne vorhanden usw. Mithilfe eines Tabellenkalkulationsprogramms kann die zeitliche Abnahme der Kernzahl über längere Zeit berechnet und grafisch dargestellt werden.

Die Zerfallskonstante beträgt hier ungefähr 10 % pro Sekunde (Abnahme von $1\,000\,000$ auf $900\,000$ Kerne in der ersten Sekunde, $\lambda \approx 0.1\,s^{-1} \rightarrow T_{1/2} = \frac{\ln 2}{\lambda} \approx 6.9\,s$).

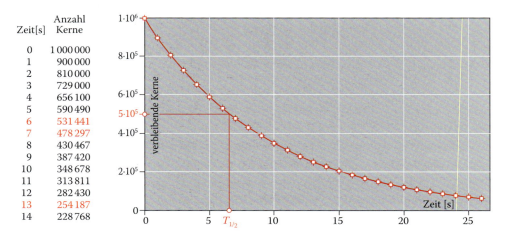

Zeit[s]	Anzahl Kerne
0	1 000 000
1	900 000
2	810 000
3	729 000
4	656 100
5	590 490
6	531 441
7	478 297
8	430 467
9	387 420
10	348 678
11	313 811
12	282 430
13	254 187
14	228 768

Figur 22 Radioaktiver Zerfall

Die wirkliche Zerfallskonstante ist etwas grösser, die wirkliche Halbwertszeit etwas kleiner. Der Tabelle in Figur 22 entnehmen wir denn auch, dass die Halbwertszeit nur etwa $T_{1/2} \approx 6.5$ s beträgt. Nach zwei Halbwertszeiten (ca. 13 Sekunden) ist noch ein Viertel der ursprünglich 1 000 000 Kerne vorhanden.

Wir verallgemeinern nun dieses Beispiel und betrachten ein radioaktives Präparat mit N Atomkernen, von denen jeder in einer bestimmten (sehr kleinen) Zeit $\Delta t \approx dt$ eine (gleich grosse) Zerfallswahrscheinlichkeit $\lambda \cdot dt$ aufweist. Dann nimmt die Anzahl der Kerne in der Zeit dt um $N \cdot \lambda \cdot dt$ ab:

$$dN = -\lambda \cdot N \cdot dt \quad \text{oder} \quad \frac{dN}{dt} = -\lambda \cdot N$$

Diese Differenzialgleichung wird durch den einfachen Ansatz

$$N = N_0 \cdot e^{-\lambda \cdot t}$$

gelöst, wie man durch Ableiten leicht bestätigen kann:

$$\frac{dN}{dt} = -\lambda \cdot \underbrace{N_0 \cdot e^{-\lambda \cdot t}}_{N} = -\lambda \cdot N$$

■ Beispiel: C-14-Methode zur Altersbestimmung

Am Labor für Ionenstrahlphysik der ETH Zürich wurde 1991 aus Anlass der 700-Jahr-Feier der Eidgenossenschaft das Alter des Schweizerischen Bundesbriefs aus dem Jahr 1291 physikalisch mit der Methode der Beschleuniger-Massenspektrometrie bestimmt. Zu diesem Zweck wurde eine Probe von 12.1 Milligramm entnommen. Diese wurde anschliessend gereinigt, im Vakuum zu CO_2 oxidiert und dann mit einer katalytischen Reaktion an Kobalt zu grafitähnlichem Kohlenstoff reduziert. Am Ende dieser Prozedur blieben 3 Milligramm reiner Kohlenstoff übrig. Daraus wurden drei gleich schwere Teilproben BB-1, BB-2 und BB-3 von je 1 Milligramm hergestellt.

Zur Altersbestimmung wird das Verhältnis der C-14- zu den C-12-Isotopen bestimmt, das in lebenden Materialien $1.2 \cdot 10^{-12} : 1$ beträgt und sich nach dem Absterben des organischen Materials (aus dem der Bundesbrief besteht) innerhalb von 5730 Jahren halbiert.

Nach Angaben des Labors beträgt das Alter der Probe BB-1 (706 ± 47) Jahre. Berechnen Sie:

a) Die Anzahl der C-12-Kerne in der Probe BB-1.
b) Die Anzahl der C-14-Kerne der Probe BB-1 im Jahr 1291.
c) Die Anzahl der C-14-Kerne im Augenblick, als die Probe untersucht wurde.

Lösung

a) $N_{C-12} = \dfrac{m \cdot N_A}{M_{molar}} = \dfrac{1 \cdot 10^{-6} \cdot 6.02 \cdot 10^{23}}{0.0120} = 5.02 \cdot 10^{19}$

   Annahme: Die Probe besteht ausschliesslich aus C-12-Kernen.

b) $N_{0,C-14} = N_{C-12} \cdot 1.2 \cdot 10^{-12} = 6.02 \cdot 10^{7}$

c) $N_{C-14} = N_{0,C-14} \cdot 2^{-\frac{t}{T_{1/2}}} = 6.02 \cdot 10^{7} \cdot 2^{-\frac{706 \pm 47}{5730}} = \left(5.527 \pm 0.031\right) \cdot 10^{7}$

3.8   Messung der ionisierenden Strahlung

Die von radioaktiven Kernen ausgehende Strahlung bezeichnet man wegen ihrer Wirkung als ionisierende Strahlung. Diese ionisierende Wirkung wird zur Messung des radioaktiven Zerfalls benutzt. Wir gehen hier auf drei klassische Messgeräte ein, die Nebel- und die Ionisationskammer sowie das Geiger-Müller-Zählrohr.

3.8.1   Nebel- oder Wilson-Kammer

In der vom schottischen Physiker Charles T.R. Wilson 1927 konstruierten Nebelkammer werden die Spuren ionisierender Strahlung, z.B. von α-Teilchen, als Kondensstreifen sichtbar (wie bei einem Flugzeug in der oberen Atmosphäre). Die Luft in der Wilson-Kammer ist mit einem Wasserdampf-Methylalkohol-Gemisch gesättigt. Durch plötzliche Druckverminderung im Innern dieser Kammer (durch Loslassen des vorher zusammengedrückten Gummiballs, Figur 29) wird das Gemisch abgekühlt, und es entsteht übersättigter Wasserdampf.

Die durch die Strahlung erzeugten Ionen wirken als Kondensationskeime für winzige Wassertröpfchen. Vor der Beobachtung müssen die in der Luft immer schon vorhandenen Ionen, die das Bild sonst stören würden, durch Reiben oder Anlegen einer elektrischen Spannung (elektrische Aufladung!) des Plexiglasdeckels beseitigt werden. Das obere Bild (Figur 23) zeigt den schematischen Aufbau einer solchen Ne-

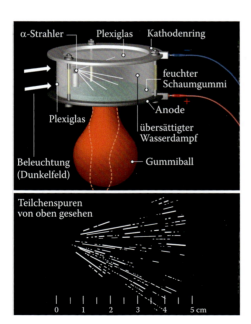

Figur 23   Einfache Nebelkammer

Figur 24 Grosse kontinuierliche Nebelkammer am Technorama in Winterthur

belkammer, das untere Bild die Spuren in einer Nebelkammer, welche durch ionisierende Strahlung hervorgerufen werden. Diese Nebelkammer ist natürlich nur während kurzer Zeit, unmittelbar nach dem Loslassen des Gummiballs, für Strahlung empfindlich.

Diesen Nachteil hat eine kontinuierliche Nebelkammer nicht: Ein Temperaturgefälle von $-60\,°C$ (Unterseite) und $+20\,°C$ (Oberseite) sorgt bei diesen kostspieligen Geräten dauernd für eine übersättigte Dampfzone (Figur 24).

3.8.2 Ionisationskammer und Geiger-Müller-Zählrohr

Eine Ionisationskammer besteht im einfachsten Fall aus einem luftgefüllten Kondensator, der mit einem hochempfindlichen Strommessgerät und einer externen Hochspannungs-quelle verbunden ist. Gelangt Strahlung in das Innere, so werden Ionen erzeugt, und die Luft zwischen den Elektroden wird elektrisch leitend.

Ionisationskammern können auch als ge-schlossene Zählrohre aufgebaut werden. Ein mit einem sehr dünnen Glimmerfenster ab-geschlossenes Metallrohr bildet die Kathode (negative Elektrode), ein im Inneren axial angeordneter dünner Draht die Anode (po-sitive Elektrode). Das Messinstrument ist nach seinen Erfindern als „Geiger-Müller-Zählrohr" benannt (Figur 25).

Als Gasfüllung benützt man ein Gemisch aus Edelgasen mit Zusätzen von Alkohol-dampf. Die angelegte elektrische Spannung beträgt etwa 500 Volt. Gelangt ionisierende

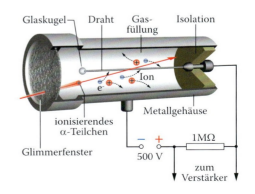

Figur 25 Geiger-Müller-Zählrohr

361

Strahlung (α-, β- oder γ-Strahlung) ins Zählrohr, so bilden sich Gasionen, welche durch die elektrische Spannung so stark beschleunigt werden, dass lawinenartig weitere Ionen entstehen. So ergibt sich schliesslich ein starker Stromstoss, der am Arbeitswiderstand registriert werden kann (Knackgeräusche).

Weitere Unterlagen zum Thema siehe www.hep-verlag.ch/physik-mittelschulen

3.9 Masseinheiten und biologische Wirkung der ionisierenden Strahlung

Die physikalische Masseinheit Becquerel (Zerfälle pro Sekunde) für die Aktivität einer radioaktiven Quelle lässt keine direkten Schlüsse auf die biologische Wirksamkeit bzw. Schädlichkeit von ionisierender Strahlung, z. B. für den menschlichen Körper, zu. Um die biologische Wirkung ionisierender Strahlung auf lebendes Material zu beurteilen, benützt man in der Praxis die Energiedosis und die Äquivalentdosis.

> **Energiedosis** $D = \dfrac{\Delta E}{m}$ Einheit: $[D]$ = Gray (Gy) = Joule/Kilogramm
>
> **Äquivalentdosis** $H = w_{\mathrm{R}} \cdot D$ Einheit: $[H]$ = Sievert = Joule/Kilogramm

Als *Energiedosis* D bezeichnet man die von einem bestrahlten Objekt, z. B. von Körpergewebe, während einer bestimmten Zeit absorbierte *Energie* ΔE *pro Masse* m. Sie ist abhängig von der Intensität (Stärke) der Bestrahlung, der Absorptionsfähigkeit des bestrahlten Stoffes für die gegebene Strahlungsart und -energie und von geometrischen Faktoren. Die SI-Einheit für die Energiedosis heisst Gray.

Die *Äquivalentdosis* H ist ein Mass für die biologische Wirkung einer bestimmten Strahlendosis. Mit der Äquivalentdosis haben wir in der Dosimetrie ein Mass zur Verfügung, welches erlaubt, die biologischen Wirkungen unterschiedlicher Strahlungsarten und Strahlungsenergien miteinander zu vergleichen. Die Äquivalentdosis ergibt sich durch Multiplikation der Energiedosis D in Gray mit dem *Strahlungswichtungsfaktor* w_{R}, der die relative biologische Wirksamkeit der betreffenden Strahlung vereinfacht beschreibt. w_{R} hängt von der Strahlungsart und -energie ab; die SI-Einheit für die Äquivalentdosis heisst Sievert.

Strahlungswichtungsfaktor w_R

Strahlung	Photonen (γ)	Elektronen (β) Myonen	Neutronen (energieabhängig)	Protonen > 2 MeV	α-Teilchen Spaltfragmente
Faktor w_R	1	1	5 ... 20	5	20

■ Beispiel: Strahlenbelastung

In einem Isotopenlabor wird bei zwei Mitarbeitern eine Energiedosis von $D = 0.01$ mGy pro Stunde (t_1) gemessen. Der eine arbeitet mit α-, der andere mit β- und γ-Strahlern. Wie viele Stunden (t_2 für α bzw. t_3 für β und γ) dürfen die beiden während eines Jahres höchstens in dieser strahlenbelasteten Umgebung arbeiten, wenn die zulässige Äquivalentdosis von $H = 20$ mSv pro Jahr nicht überschritten werden darf?

Lösung

$$\frac{H}{t_2} = \frac{w_R \cdot D}{t_1} \quad \rightarrow \quad t_{2,\alpha} = t_1 \cdot \frac{H}{w_{R,\alpha} \cdot D} = 1 \cdot \frac{20}{20 \cdot 0.01} \text{ h} = 100 \text{ h} \quad \text{bzw.}$$

$$t_{3,\beta,\gamma} = t_1 \cdot \frac{H}{w_{\beta,\gamma} \cdot D} = 1 \cdot \frac{20}{1 \cdot 0.01} \text{ h} = 2000 \text{ h}$$

Fast überall auf der Erde sind wir ionisierender Strahlung ausgesetzt. Sie ist für den menschlichen Organismus meist schädlich. Diese Strahlung stammt aus natürlichen und aus künstlichen Quellen. Zu den natürlichen Quellen zählen die *Hintergrundstrahlung* aus dem Weltall, die Strahlung von Mineralien im Urgestein (z. B. in Granit), die Belastung durch das radioaktive Radon in Gebäuden, durch das Kaliumisotop K-40 usw. Kalium-40 ist zu 0.012 % im körpereigenen Kalium des Menschen enthalten und macht mit etwa 0.17 mSv/a. ungefähr 10 % der gesamten Strahlenbelastung (2.1 mSv/a) aus natürlichen Quellen aus.

Der weitaus grösste Anteil der künstlichen Strahlenbelastung der Menschen stammt aus medizinischen Quellen, vor allem aus der Röntgendiagnostik. Eine Rolle spielt auch heute noch die Belastung der Atmosphäre durch oberirdische Kernexplosionen der Grossmächte USA und UdSSR in den Fünfzigerjahren des 20. Jahrhunderts.

Die biologische Wirkung ionisierender Strahlung hängt vom betroffenen Organ, der Strahlenart (α-, β-, γ-, Röntgen-, Neutronen-Strahlung usw.), der Strahlungsenergie und der Dauer der Einwirkung ab. Auch bei niedriger Strahlenbelastung können als Spätfolgen Krebs oder Veränderungen des Erbgutes auftreten. Diese unerwünschten Wirkungen hängen damit zusammen, dass ionisierende Strahlung chemische Bindungen in vital wichtigen Molekülstrukturen, etwa der DNA, ionisieren und damit verändern kann. Noch grössere Schäden richten gewöhnlich die dann entstehenden chemischen Folgeprodukte (Radikale) an.

Materie, Atome, Kerne

4 Kernreaktionen: Spaltung und Verschmelzung

4.1 Kernspaltung (Fission)

Schwere Atomkerne können sich ohne äussere Einwirkung in zwei oder mehrere etwa gleich grosse Teile spalten. Diese spontane Kernspaltung ist eine Form des radioaktiven Zerfalls.

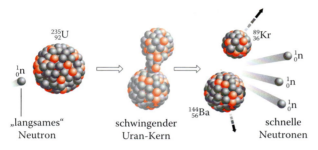

Figur 26 Neutroneninduzierte Spaltung eines $^{235}_{92}$U-Kerns

Viel wichtiger ist aber die *neutroneninduzierte* Kernspaltung (Figur 26), bei der ein freies Neutron auf einen Kern trifft, von diesem aufgenommen wird und zerfällt, z. B. ein Uran-235-Kern in einen Barium-144-Kern, in einen Krypton-89-Kern und in drei freie, schnelle Neutronen:

$$^{235}_{92}\mathrm{U} + {}^{1}_{0}\mathrm{n} \Rightarrow {}^{236}_{92}\mathrm{U} \Rightarrow {}^{144}_{56}\mathrm{Ba} + {}^{89}_{36}\mathrm{Kr} + 3\,{}^{1}_{0}\mathrm{n} + \text{Energie}$$

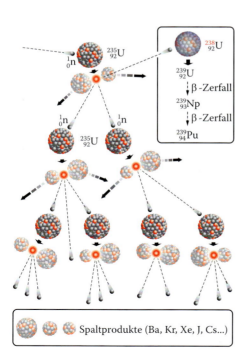

Spaltprodukte (Ba, Kr, Xe, J, Cs...)

Figur 27 Kettenreaktion

Diese Spaltungsreaktion läuft weiter, weil bei der Spaltung Neutronen frei werden, welche ihrerseits weitere U-235 spalten können (Kettenreaktion). Unter der Annahme, dass jedes Neutron wieder einen U-235-Kern spaltet, ergibt sich eine exponentielle Zunahme der Neutronenproduktion und damit der Anzahl gespaltener U-235-Kerne.

Dieser Prozess wird aufrechterhalten, solange die U-235-Kerne genügend nahe zusammen sind, sodass pro Neutronengeneration (Figur 27) im Durchschnitt mindestens ein neuer U-235-Kern gespalten wird, und erlöscht, sobald diese Bedingung nicht mehr erfüllt ist.

Bei der Kernspaltung beobachtet man einen Massendefekt: Die Masse der Spaltprodukte ist kleiner als die Masse der Ausgangsmaterialien. Nach Einsteins Äquivalenz von Energie und Masse wird dieser Massendefekt als Energie frei: $\Delta E = \Delta m \cdot c^2$. Für den oben besprochenen Spaltungsprozess von ^{235}U

$$^{235}_{92}\text{U} + {}^{1}_{0}\text{n} \Rightarrow {}^{236}_{92}\text{U} \Rightarrow$$
$$^{144}_{56}\text{Ba} + {}^{89}_{36}\text{Kr} + 3\,{}^{1}_{0}\text{n} + \text{Energie}$$

beträgt der Massendefekt

$$\Delta m_{\text{Fission}} = m_{\text{U}} + m_{\text{n}} - m_{\text{Ba}} - m_{\text{Kr}} - 3 \cdot m_{\text{n}} = m_{\text{U}} - m_{\text{Ba}} - m_{\text{Kr}} - 2 \cdot m_{\text{n}}$$
$$= (\,235.0439231 - 143.9229405 - 88.9176325 - 2 \cdot 1.0086649) \cdot \text{u}$$
$$= 0.1860203 \cdot 1.660538782 \cdot 10^{-27}\ \text{kg} = 0.3089 \cdot 10^{-27}\ \text{kg}$$

Bei jeder Spaltung eines ^{235}U-Kerns wird folgende Energie frei:

$$\Delta E = \Delta m_{\text{Fission}} \cdot c^2 = 0.3089 \cdot 10^{-27} \cdot (\,2.998 \cdot 10^8\,)^2\ \text{Joule} = 2.776 \cdot 10^{-11}\ \text{J} = 173.3\ \text{MeV}$$

Die in der Kern- und Elementarteilchenphysik gebräuchliche Einheit Megaelektronvolt (MeV) ist derjenige Zuwachs an kinetischer Energie, den ein Elektron beim Durchlaufen eines elektrischen Feldes der Spannung 1 Megavolt (10^6 Volt) gewinnt.

Energieeinheit Megaelektronvolt

$$E = e \cdot U = 1.60218 \cdot 10^{-19}\ \text{Coulomb} \cdot 10^6\ \text{Volt} = 1.60218 \cdot 10^{-13}\ \text{Joule} = 1\ \text{MeV}$$

Kernbindungsenergien sind rund $1\,000\,000$-mal grösser als chemische Bindungsenergien, deshalb wird bei einem Kernspaltungsprozess eine viel grössere Energie frei als bei einem entsprechenden chemischen Verbrennungsprozess oder einer (chemischen) Explosion.

■ **Beispiel: Bindungsenergie und Massendefekt von Uran-235**
Wir berechnen die Bindungsenergie und den Massendefekt von Uran ^{235}U ausnahmsweise möglichst präzis. Die relative Atommasse (inklusive der Masse der 92 Elektronen) beträgt 235.0439231.

Lösung

$$\Delta E = [(\,92 \cdot \underbrace{1.00727646688}_{\text{rel. Protonenmasse in u}} + 143 \cdot \underbrace{1.00866491578}_{\text{rel. Neutronenmasse in u}} - \underbrace{235.0439231}_{\text{rel. Uranmasse in u}}\,) \cdot \underbrace{1.660538782 \cdot 10^{-27}}_{\text{Atommasseneinheit (1 u) in kg}}$$

$$+\ 92 \cdot \underbrace{9.1093897 \cdot 10^{-31}}_{\text{Elektronenmasse in kg}}\,] \cdot \frac{(\,\overbrace{2.99792458 \cdot 10^8}^{\text{Lichtgeschwindigkeit } c}\,)^2}{\underbrace{1.60217733 \cdot 10^{-13}}_{\text{Joule pro MeV}}}\ \text{MeV} = 1783.87\ \text{MeV}$$

Diese Bindungsenergie ist mehr als 10-mal so hoch wie die Energie, die bei der Kernspaltung (173 MeV) frei wird. Der zugehörige Massendefekt beträgt damit:

$$\Delta m_{\text{Defekt}} = \frac{\Delta E}{c^2} = \frac{1783.870 \cdot 1.60217733 \cdot 10^{-13}}{\left(2.99792458 \cdot 10^8\right)^2} \text{ kg} \approx 3.18 \cdot 10^{-27} \text{ kg}$$

Dieser Massendefekt entspricht ungefähr zwei Protonen- bzw. Neutronenmassen.

4.2   Kernbindungsenergien

Figur 30 zeigt die Kernbindungsenergie E/A pro Nukleon (!) aller Elemente bzw. Isotope in Funktion der Massenzahl A von $A = 2$ bis $A = 250$ in MeV und als Massendefekt. Es fällt auf, dass die Kernbindungsenergie bzw. der Massendefekt pro Nukleon nicht konstant ist, sondern von der Massenzahl A des Kerns abhängt. Der Betrag der Kernbindungsenergie bzw. des Massendefekts ist klein für leichte Kerne, hat für das Eisen-Isotop Fe-56 den grössten Wert und nimmt für schwerere Kerne wieder ab.

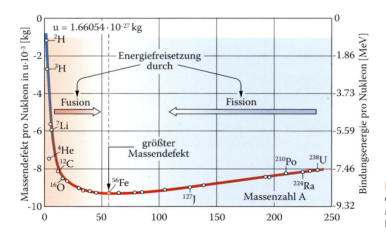

Figur 28 Kernbindungsenergie pro Nukleon und Massendefekt pro Nukleon in Atomkernen

Figur 28 zeigt auch, dass es grundsätzlich zwei Möglichkeiten gibt, Kernenergie freizusetzen:

- durch Kernspaltung (Fission) schwerer Kerne mithilfe langsamer Neutronen in zwei oder mehrere Kerne (Spaltfragmente) mittlerer Masse, welche eine grössere Bindungsenergie pro Nukleon aufweisen als der Ausgangskern;
- durch Kernverschmelzung (Fusion) leichter Kerne wie $^{1}_{1}\text{H}$ (Protonium), $^{2}_{1}\text{H}$ (Deuterium) oder $^{3}_{1}\text{H}$ (Tritium) zu $^{3}_{2}\text{He}$ oder $^{4}_{2}\text{He}$ (Helium).

4.3 Kernverschmelzung (Fusion)

Auch bei der Kernverschmelzung wird Energie freigesetzt. Dies ist eine direkte Folge des Energiesatzes: Um einen Atomkern, z. B. $^4_2$He, in seine vier Bestandteile (Nukleonen), zwei Protonen und zwei Neutronen, zu zerlegen, muss Trennarbeit verrichtet werden. Im Kern wirken Kernkräfte, die beim Trennen überwunden werden müssen.

Relative Atommassen von leichten Nukliden

Nuklid	Proton	Neutron	Deute-rium*)	Tritium*)	Helium-3*)	Helium-4*)
Symbol	p	n	$^2_1$H	$^3_1$H	$^3_2$H	$^4_2$H
A_r	1.00727646688	1.00866491578	2.0141018	3.0160493	3.0160293	4.0026032

*) Kern- und Elektronenmassen!

Fügt man umgekehrt zwei Protonen und zwei Neutronen zu einem $^4_2$He-Kern zusammen, so wird diese Trennarbeit als Energie frei, meist in Form von kinetischer Energie der entstehenden Kerne und dann als Wärme. Kennt man die Massen der an der Reaktion beteiligten Nuklide, so kann der Massendefekt und damit die frei werdende Bindungsenergie E berechnet werden:

Für den Prozess

$$^2_1H + {}^3_1H \implies {}^4_2He + n + E \text{ (Energie)}$$

erhalten wir

$$\Delta E = \Delta m \cdot c^2 = (\underbrace{2.0141018}_{\text{rel. Deuteriummasse}} + \underbrace{3.0160293}_{\text{rel. Tritiummasse}} - \underbrace{4.0026032}_{\text{rel. Heliummasse}} - \underbrace{1.00866491578}_{\text{rel. Neutronenmasse}})$$

$$\cdot \underbrace{1.660538782 \cdot 10^{-27}}_{\text{rel. Masseneinheit u in kg}} \cdot \frac{\overbrace{(2.99792458 \cdot 10^8)^2}^{\text{Lichtgeschwindigkeit}^2}}{\underbrace{1.60217733 \cdot 10^{-13}}_{\text{MeV pro Joule}}} \text{ MeV} = 17.57 \text{ MeV}$$

Diese Reaktion ist wegen der sehr hohen frei werdenden Energie der aussichtsreichste Kandidat für eine Fusionsenergieproduktion auf der Erde. Allerdings hat die seit vielen Jahrzehnten mit sehr grossem finanziellem Aufwand betriebene Fusionsforschung bis heute kein brauchbares Fusionskraftwerk hervorgebracht (Grundlage: TOKAMAK-Konzept der sowjetischen Physiker Andrei Sacharow und Igor J. Tamm aus dem Jahr 1952).

Bei der Kernfusion muss die elektrostatische Abstossung der (Deuterium- und Tritium-)Ausgangskerne überwunden werden. Deshalb müssen diese Kerne eine genügend hohe Bewegungsenergie haben. Dies ist typischerweise bei einer Temperatur von 150 Millionen Grad (°C oder Kelvin) der Fall.

Materie, Atome, Kerne

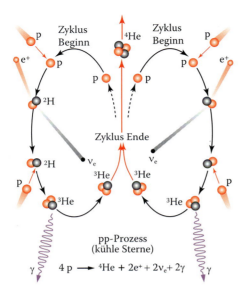

Figur 29 Kernfusionsprozess in der Sonne

Die für uns Menschen wichtigste Energie-quelle, die Sonne, setzt ihre Energie mit Fusionsprozessen frei. Dominant ist dabei die in Figur 29 dargestellte Reaktionskette, der Proton-Proton-Prozess für „kühle" Sterne:

$$p \; + \; p \; \Rightarrow$$
$$^2_1 H \; + \; e^+ \; + \; \nu \; (1.44 \text{ MeV}, 10^{10} \text{ Jahre})$$

$$^2_1 H \; + \; p \; \Rightarrow$$
$$^3_2 He \; + \; \gamma \quad (5.49 \text{ MeV}, 4 \text{ Sekunden})$$

$$^3_2 He \; + \; ^3_2 He \; \Rightarrow$$
$$^4_2 He \; + \; 2 \, p \; (12.9 \text{ MeV}, 4 \cdot 10^8 \text{ Jahre})$$

Kontrollieren Sie die Energien mit der oben angegebenen Rechenmethode (S. 367).

Neben den Reaktionen sind typische Halbwertszeiten der entsprechenden Pro-zesse angegeben. Die Lebensdauer der Sonne wird durch den ersten Prozess bestimmt, bei welchem neben einem Positron e^+ auch ein Neutrino ν entsteht (β^+-Prozess). Diese Pro-zesse laufen im Zentrum der Sonne bei einer Temperatur von rund $17 \cdot 10^6$ Kelvin ab. Die dort entstehenden Neutrinos können auch auf der Erde nachgewiesen werden.

■ **Beispiel: Prozesse in der Sonne**

Die Sonne setzt ihre Energie mit folgendem vereinfacht dargestelltem Fusionsprozess frei (Figur 31):

$$4 \, p \; \Rightarrow \; ^4_2 He + 2 \, e^+ + 2 \nu + 2 \gamma + \underbrace{19.83 \text{ MeV}}_{\Delta E}$$

Ihre Masse beträgt $M_S = 1.9891 \cdot 10^{30}$ kg, ihre Strahlungsleistung $P = 3.846 \cdot 10^{26}$ W.

a) Berechnen Sie den Massendefekt der Sonne pro Sekunde.
b) Wir nehmen an, die Sonne bestehe ausschliesslich aus Protonen und erzeuge ihre Energie nur mit dem oben angegebenen Fusionsprozess. Schätzen Sie mit diesen An-gaben die maximal mögliche Lebensdauer der Sonne grob ab.
c) Wir nehmen jetzt an, die Sonne bestehe aus Kohle (Koks, Heizwert $Hu = 29$ MJ), die verbrannt und deren Verbrennungsenergie abgestrahlt wird. Wie lang wäre dann ihre Lebensdauer?

Lösung

a) $\Delta m = \dfrac{P \cdot \Delta t}{c^2} = \dfrac{3.846 \cdot 10^{26} \cdot 1}{(2.9979 \cdot 10^8)^2} \text{ kg} = 4.279 \cdot 10^9 \text{ kg}$

b) $E_{\text{total}} = \dfrac{M_S}{4 \cdot m_p} \cdot \Delta E = \dfrac{1.9891 \cdot 10^{30}}{4 \cdot 1.6726 \cdot 10^{-27}} \cdot 19.83 \cdot 1.602 \cdot 10^{-13}\,\text{J} = 9.445 \cdot 10^{44}\,\text{J}$

$\rightarrow t = \dfrac{E_{\text{total}}}{P} = \dfrac{9.445 \cdot 10^{44}}{3.846 \cdot 10^{26}}\,\text{s} = 2.456 \cdot 10^{18}\,\text{s} = 77.8 \cdot 10^9\,\text{Jahre}$

In Wirklichkeit ist die Lebensdauer der Sonne deutlich kürzer, weil der ursprünglich vorhandene Wasserstoffanteil nicht 100 %, sondern nur 70 % betrug. Zudem herrschen nur im Innersten der Sonne Temperaturen, die für die Fusionsprozesse ausreichen. Deshalb steht nur der innerste Teil der Sonne (10 – 20 % der Masse) für das *Wasserstoffbrennen* zur Verfügung.

c) $t_{\text{Koks}} = \dfrac{M_S \cdot H_u}{P} = \dfrac{1.9891 \cdot 10^{30} \cdot 2.9 \cdot 10^7}{3.846 \cdot 10^{26}}\,\text{s} = 1.4998 \cdot 10^{11}\,\text{s} = 4753\,\text{Jahre}$

Weitere Unterlagen zum Thema siehe www.hep-verlag.ch/physik-mittelschulen

5 Elementarteilchenphysik

In den letzten Jahrzehnten hat sich die Elementarteilchenphysik rasant weiterentwickelt. Ausser den bereits bekannten Protonen, Neutronen und Elektronen wurden weitere Teilchen entdeckt. Diese Teilchen weisen unterschiedliche Eigenschaften auf.

Die komplexe Struktur der Teilchen warf vor allem zwei Fragen auf:

- Gibt es einfachere Bausteine, aus denen alle diese Teilchen aufgebaut sind?
- Welche Kräfte wirken zwischen diesen Bausteinen und wie kommt die Wechselwirkung zwischen diesen Teilchen-Bausteinen zustande?

Als Antwort auf die erste Frage postulierten Murray Gell-Mann und Georg Zweig im Jahr 1964, dass die Protonen und Neutronen eine innere Struktur besitzen und aus drei kleineren Teilchen zusammengesetzt sind, die Quarks genannt werden. Es gibt Up-Quarks, mit der elektrischen Ladung von $+2/3\,e$, und Down-Quarks

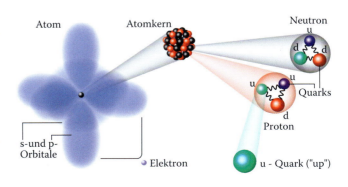

Figur 30 Vom Atom zum Quark

369

mit der Ladung von −1/3 *e*. Ein Proton besteht aus zwei Up- und einem Down-Quark, ein Neutron aus zwei Down- und einem Up-Quark (Figur 30).

Diese theoretische Beschreibung der inneren Struktur von Protonen und Neutronen wurde im Jahr 1969 anhand der Streuung von Elektronen an Protonen experimentell nachgewiesen. Wenn Elektronen mit hoher Energie auf Protonen treffen, so werden diese Protonen „erschüttert" und zerfallen in verschiedene Teilchen, die, wie das Proton, aus Quarks (und Antiquarks, siehe S. 373) zusammengesetzt sind (Figur 31). Diese Teilchen und auch die Protonen und Neutronen werden als Hadronen bezeichnet.

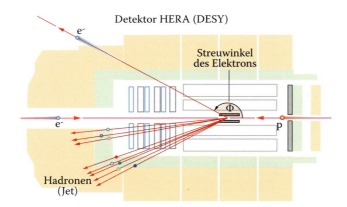

Figur 31 Inelastische Streuung eines Elektrons an einem Proton

5.1 Wechselwirkungen der Materie: Die vier Grundkräfte

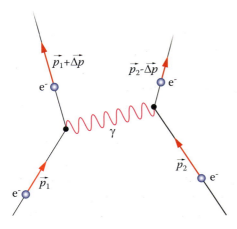

Figur 32 Streuung von zwei Elektronen unter Austausch eines Photons

Zunächst betrachten wir hier die Wechselwirkungen zwischen Elektronen. Zwei Elektronen stossen sich wegen der wirkenden elektrischen Kraft (Coulomb'schen Kraft) ab. Nähern sie sich einander an, so werden sie abgelenkt. Vermittelt wird dieser Vorgang durch den Austausch eines Photons γ (Figur 32). Ein Photon hat Energie und einen Impuls und verursacht die Impulsänderung der beiden Elektronen. Es vermittelt die elektrische Kraft zwischen geladenen Teilchen. Diese Austausch-Photonen sind virtuelle (unsichtbare) Teilchen. Der virtuelle Zustand ist ein sehr kurzlebiger Zwischenzustand.

Austauschteilchen vermitteln nicht nur die elektromagnetische Wechselwirkung, sondern auch die drei anderen Grundkräfte der Natur, die starke und die schwache Wechselwirkung (Kraft) sowie die Gravitation. Alle diese Kräfte werden durch Wechselwirkungsteilchen vermittelt, wie die Photonen die elektromagnetische Kraft übertragen.

Die Eigenschaften dieser vier Grundkräfte werden im Folgenden kurz erläutert:

Die *elektromagnetische Kraft* ist verantwortlich für Phänomene wie das Licht. Sie wirkt zwischen elektrisch geladenen Teilchen und hält z. B. im Atom die Elektronenhülle am Kern. Die elektromagnetische Kraft wirkt je nach Vorzeichen der Ladung anziehend oder abstossend, sie wird durch Photonen vermittelt. Photonen sind elektrisch neutral und haben keine Masse, sie können die Energie beliebig lange behalten. Deshalb hat die elektrische Kraft eine unendliche Reichweite, sie nimmt ab, wenn sich die elektrisch geladenen Körper voneinander entfernen.

Die *starke Kraft* wirkt zwischen Protonen und Neutronen und hält den Atomkern zusammen.

Auch die Quarks in Protonen und Neutronen werden von der *starken Kraft* zusammengehalten.

Die starke Kraft wirkt zwischen Objekten mit einer „starken" Ladung. Es gibt drei solche Ladungstypen, die symbolisch mit Farben bezeichnet werden, den Ladungszuständen „rot", „grün" und „blau". Neben ihrer elektrischen Ladung tragen Quarks diese sogenannte Farbladung. Nur farbneutrale Zustände, wie beim Proton oder Neutron (Figur 33), können beobachtet werden.

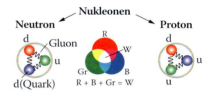

Nukleonen sind „farbneutral", das heisst stets „weiss".

Figur 33 Die „Farbladungen" der Quarks

Im Gegensatz zur elektromagnetischen Kraft *nimmt* die starke Kraft *zu,* wenn sich der Abstand zwischen Quarks *vergrössert.* Deshalb lässt sich ein einzelnes Quark nicht isolieren, als wären Quarks mit einem speziellen Klebstoff versehen, der erst zu wirken beginnt, wenn man die Quarks auseinanderzuziehen versucht. Die hier vermittelnden Austauschteilchen heissen *Gluonen* (engl. glue = Klebstoff). Gluonen sind masselos, elektrisch neutral und „farbig" geladen. Analog zu den Photonen vermitteln Gluonen die starke Wechselwirkung. Es gibt 8 verschiedene Gluonen mit unterschiedlicher Farbladung. Gluonen wurden 1979 experimentell nachgewiesen.

Die *schwache Kraft* hat von allen vier Kräften die kürzeste Reichweite. Im Unterschied zu den anderen Kräften wirkt sie nicht bei gebundenen Zuständen, sondern bei der Umwandlung von Teilchen in andere Teilchen, etwa bei den Betazerfällen $n \rightarrow p + e^- + \bar{\nu}_e$ (Figur 34) und $n \rightarrow p + e^- + \nu_e$. Die schwache Kraft spielt eine entscheidende Rolle bei der Energieproduktion in der Sonne, wenn bei der Kernfusion Wasserstoff zu Helium bzw. Protonen in Neutronen umgewandelt werden. Analog zur elektrischen Ladung und zur Farbladung gibt es eine *schwache Ladung,* von der die Stärke der schwachen Kraft abhängt.

371

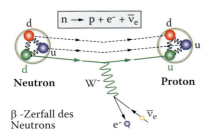

$$n \rightarrow p + e^- + \overline{\nu}_e$$

Neutron   W⁻   **Proton**

β -Zerfall des
Neutrons   e⁻ $\overline{\nu}_e$

Figur 34 β-Zerfall eines Neutrons: Unter
Vermittlung eines W-Bosons wird ein
d-Quark in ein u-Quark umgewandelt

Die Austauschteilchen der schwachen Wechselwirkung sind die $W^\pm$- und die Z^0-Bosonen. Im Gegensatz zu den Photonen und den Gluonen haben diese sogenannten Vektorbosonen eine Masse. Die $W^\pm$-Bosonen sind elektrisch geladen, Z^0-Bosonen sind elektrisch neutral. Die Existenz der $W^\pm$- und der Z^0-Bosonen wurde 1983 experimentell nachgewiesen.

Die *Gravitationskraft* wirkt auf jede Art der Materie und hält unser Sonnensystem und die Galaxien zusammen. Wie die elektromagnetische Kraft hat sie eine unbegrenzte Reichweite und ist umgekehrt proportional zum Quadrat des Abstands zweier Körper. Das (hypothetische) Wechselwirkungsteilchen ist das *Graviton;* wie das Photon ist das Graviton elektrisch neutral und hat keine Masse. Die Existenz von Gravitonen konnte bisher experimentell nicht nachgewiesen werden.

5.2 Das Standardmodell

Ein experimentell gut bestätigtes Modell zur Beschreibung und sinnvollen Strukturierung von Elementarteilchen ist das *Standardmodell.* Es beschreibt die bekannten Elementarteilchen mit der elektromagnetischen, der schwachen und der starken Wechselwirkung. Nur die Gravitationskraft ist im Standardmodell nicht enthalten.

Das Standardmodell postuliert, dass zwei Arten von Teilchen existieren: Die *Materieteilchen,* die Bausteine der Materie, und die *Wechselwirkungsteilchen,* die Kräfte zwischen Teilchen vermitteln. Letztere können auch als unabhängige Teilchen auftreten, zum Beispiel die Photonen.

Die nicht teilbaren Materieteilchen werden in zwei Kategorien eingeteilt, die *Quarks* und die *Leptonen.* Zu den Leptonen gehört z.B. das Elektron. Quarks sind die Bausteine von Protonen und Neutronen. Im Standardmodell gibt es sechs unterschiedliche Quarks und gleich viele Leptonen. Jedes Atom – und somit jede Art von Materie – lässt sich als Kombination von Quarks und Leptonen beschreiben.

Es gibt drei elektrisch geladene Leptonen, neben dem Elektron e das Myon μ und das Tau-Lepton τ. Myonen sind jedoch 200-mal und Tau-Leptonen sogar 3500-mal schwerer als Elektronen. Die Myonen wurden in der kosmischen Strahlung entdeckt. Sie entstehen bei der Reaktion von Protonen aus dem Weltall mit Atomkernen und Molekülen der Atmosphäre (siehe S. 383). Zu den Leptonen gehören auch die *Neutrinos* (siehe Figur 35). Wolfgang Pauli postulierte bereits 1930, dass beim radioaktiven β^--Zerfall die Umwandlung eines Neutrons in ein Proton und ein Elektron wegen der Energie- und Impulserhaltung nur möglich ist, wenn bei diesen Prozessen ein elektrisch ungeladenes drittes Teilchen, das Neutrino, beteiligt ist. Neutrinos weisen eine extrem schwache Wechselwirkung mit Materie auf.

Der grundlegende Unterschied zwischen Quarks und Leptonen ist, dass Quarks sowohl stark und schwach als auch elektrisch wechselwirken, während Leptonen nur schwache und elektrische, also keine starke Wechselwirkung aufweisen. Weiter unterscheiden sie sich bezüglich ihrer elektrischen Ladung: Geladene Leptonen weisen ganzzahlige Elementarladungen auf; Quarks dagegen nur Teilladungen. Neben den Up- und den Down-

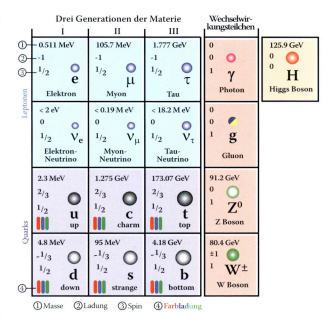

Figur 35 Materie- und Wechselwirkungsteilchen

Quarks gibt es noch 4 weitere Quarks: das Charm-, das Strange-, das Top- und das Bottom-Quark. Diese sind schwerer als Up- und Down-Quarks und zerfallen schnell, stabil ist nur das Up-Quark. Beim Zerfall der Quarks ist die schwache Wechselwirkung beteiligt, ebenso beim Zerfall von Leptonen in die leichteren Leptonen. Alle elektrisch geladenen Teilchen, auch die Quarks, unterliegen der elektromagnetischen Wechselwirkung.

Zu jedem Materieteilchen gibt es ein Antiteilchen. Antiteilchen haben die gleiche Masse und Lebensdauer wie das Ausgangsteilchen, aber eine entgegengesetzte elektrische Ladung. Das Antiteilchen des Elektrons ist das Positron mit der Ladung $+e$. Wenn ein Teilchen und „sein" Antiteilchen zusammentreffen, kommt es meist zur Annihilation (siehe S. 399).

Neben Materie- und Wechselwirkungsteilchen gibt es im Standardmodell ein weiteres Teilchen, das Higgs-Boson. Seine Existenz wurde bereits 1964 vorhergesagt, aber erst 2012 am Cern experimentell nachgewiesen. Das Higgs-Teilchen hat weder elektrische noch Farbladung, es ist kein Baustein der Materie und vermittelt auch keine Wechselwirkung; es ist jedoch von grosser Bedeutung für unser gesamtes Universum: Ohne Higgs-Teilchen hätten die geladenen Quarks und Leptonen keine Masse.

Das endgültige Ziel der Teilchenphysik ist es, ein Modell des Universums zu finden, das alle bekannten Teilchen und Wechselwirkungen beschreibt – auch die Gravitation – und sowohl Zustände mit niedrigen als auch solche mit hohen Energien beschreibt. Trotz der grossen Fortschritte in der Physik wissen wir nicht, ob dieses Ziel je erreicht werden kann.

Materie, Atome, Kerne

373

6   Zusammenfassung

Atommodell: Elektronen (negativ), Kern aus Protonen (positiv) und Neutronen; Grösse Atom einige 10^{-10} m, Kern einige 10^{-15} m

Lichtquantenhypothese: Licht besteht aus Photonen der Energie $E = h \cdot f = (h \cdot c)/\lambda$

Bohr'sches Atommodell für Wasserstoff

Das Elektron kreist strahlungsfrei um den Kern, es hat einen quantisierten Drehimpuls $L = r_E \cdot m_E \cdot v_E = n \cdot \hbar = n \cdot h/(2\pi)$ mit $n = 1, 2, 3$ ... Daraus kann die Gesamtenergie des Elektrons auf den verschiedenen Bahnen ($n = 1, 2, 3, ...$) berechnet werden sowie die Energie der Spektrallinien als Differenz zweier Gesamtenergien.

Kernphysikalische Grundgrössen

Atommasseneinheit $u = 1.66 \cdot 10^{27}$ kg, relative Atommasse A_r in u, Avogadro'sche Zahl $N_A = 6.02 \cdot 10^{23}$ Atome/mol, Stoffmenge $n = N/N_A = m/M$, M molare Masse

Radioaktivität

Zerfall des Atomkerns, drei Zerfallsarten. α-Zerfall: Kern sendet einen He-Kern aus, β-Zerfall: Kern sendet Elektron/Positron und ein Antineutrino/Neutrino aus, γ-Zerfall: Kern sendet elektromagnetische Energie (Photon) aus.

Aktivität: $A = \lambda \cdot N$, Einheit Bq, N Anzahl Kerne, λ Zerfallskonstante, Halbwertszeit $T_{1/2}$, $\lambda \cdot T_{1/2} = \ln 2$

Zerfallsgesetze: $N = N_0 \cdot 2^{-t/T_{1/2}} = N_0 \cdot e^{-\lambda \cdot t}$ und $A = A_0 \cdot 2^{-t/T_{1/2}} = A_0 \cdot e^{-\lambda \cdot t}$

Biologische Wirkung: Energiedosis $D = \Delta E/m$ in Gray, absorbierte Energie pro Kilogramm; Äquivalentdosis $H = w_R \cdot D$ ($w_R = 1 \cdots 20$) in Sievert

Kernspaltung und Kernfusion

Weil die Protonen und Neutronen der gespaltenen bzw. verschmolzenen Kerne stärker gebunden werden, wird die Energiedifferenz freigesetzt (Sonne, Nuklearwaffen).

Elementarteilchen

Protonen und Neutronen sind aufgebaut aus u- und d-Quarks mit der elektrischen Ladung $+2/3 \cdot e$ bzw. $-1/3 \cdot e$.

Gravitation, elektromagnetische, starke und schwache Kraft werden durch Wechselwirkungsteilchen vermittelt: (Graviton), Photon, Vektorbosonen, Gluonen.

Das **Standardmodell der Elementarteilchenphysik** postuliert verschiedene Elementarteilchenfamilien: Austauschteilchen, Leptonen, z. B. das Elektron, Quarks und das Higgs-Teilchen. Das Standardmodell erklärt die elektromagnetische, die starke und die schwache Kraft, nicht aber die Gravitationskraft.

H Relativitätstheorie

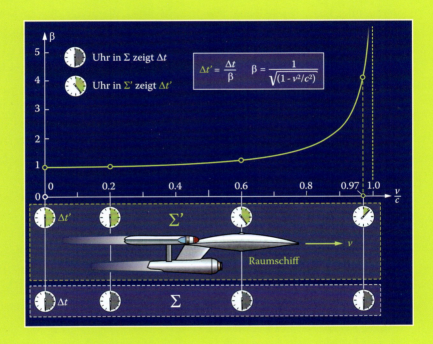

Themen

- Naturgesetze, Lichtgeschwindigkeit
- Gleichzeitigkeit, Zeitdilatation, Längenkontraktion
- Galilei- und Lorentz-Transformation
- Doppler-Effekt
- Masse, Energie, Impuls
- Photon, Annihilation, Paarerzeugung

1 Einleitung

Die von Albert Einstein in den Jahren 1905 bis 1916 entwickelte Relativitätstheorie bedeutete für die Physik eine Abkehr von der klassischen Mechanik, eine wissenschaftliche Revolution wie es sie in der Physik seit Galilei (1564 – 1641) und Newton (1642 – 1727) nicht mehr gegeben hatte. Die Newton'schen Gesetze gelten nicht mehr, sobald sich Körper sehr schnell bewegen: Ist die Geschwindigkeit eines Körpers höher als etwa ein Zehntel der Lichtgeschwindigkeit, d.h. $30 \cdot 10^3$ km/s, so müssen wir relativistisch rechnen, unterhalb dieser Schranke dürfen wir klassisch rechnen (Fehlergrenze 5%).

Im täglichen Leben spielen so hohe Geschwindigkeiten kaum eine Rolle, wohl aber im Bereich der Elementarteilchen, etwa den Myonen, die in der oberen Atmosphäre entstehen und sich mit 99.8% der Lichtgeschwindigkeit bewegen (S. 383 f.).

Obwohl relativistische Effekte auf der Erde meist sehr klein sind, ist es in den vergangenen 75 Jahren gelungen, die Gültigkeit der Relativitätstheorie mit verschiedenen Experimenten zu bestätigen.

Auch im täglichen Leben hat uns die Relativitätstheorie mittlerweile eingeholt und hat etwa für das globale Positionsbestimmungssystem (GPS) praktische Bedeutung. Für die Berechnung der Laufzeiten der GPS-Satellitensignale müssen nämlich relativistische Korrekturen berücksichtigt werden, sonst hätte das GPS nicht die heute sehr hohe Genauigkeit.

Die Relativitätstheorie beschäftigt sich mit den physikalischen Vorstellungen von Raum, Zeit und Gravitation. In der Speziellen Relativitätstheorie (SRT) aus dem Jahr 1905 werden Bezugssysteme untersucht, die sich mit (sehr hoher) konstanter Geschwindigkeit relativ zueinander bewegen. Dabei zeigt sich, dass Raum und Zeit keine absoluten, invarianten Grössen sind, wie man früher glaubte. Vielmehr hängen sowohl Orts- als auch Zeitmessung von der Wahl des Bezugssystems ab: Eine Beobachterin A erfährt zwei Ereignisse als gleichzeitig, ein Beobachter B in einem relativ zu A gleichförmig bewegten Bezugssystem aber nicht.

Der folgende Text beschäftigt sich vor allem mit der SRT und geht am Schluss kurz auf die mathematisch viel komplexere Allgemeine Relativitätstheorie (ART) ein. Die ART beschäftigt sich mit Bezugssystemen, die sich relativ zueinander beschleunigt bewegen und behandelt die Gravitation aus einer völlig neuen Perspektive (sog. Raumkrümmung).

2 Zwei Postulate

Die Spezielle Relativitätstheorie von Albert Einstein aus dem Jahr 1905 definiert die Eigenschaften, die die Physik von den Grundbegriffen Raum und Zeit verlangt. Diese Eigenschaften sind für die Mechanik, die Optik und die Elektrodynamik wesentlich.

Im Zentrum der SRT steht der Begriff des Inertialsystems (vom lateinischen Wort „inertia" für Trägheit):

Ein Inertialsystem ist ein Bezugssystem, in dem sich ein kräftefreier Körper auf einer geradlinigen Bahn mit einer konstanten Geschwindigkeit $\vec{v}$ bewegt.

Zwei Inertialsysteme Σ und Σ' bewegen sich relativ zueinander stets geradlinig gleichförmig (Figur 1). Es steht uns frei, eines dieser beiden Bezugssysteme Σ oder Σ' als ruhend zu *definieren*. Beschleunigte Bezugssysteme sind *keine* Inertialsysteme.

Galileo Galilei hat in einem seiner Hauptwerke, dem „Dialogo" (1632), anhand einleuchtender Beispiele gezeigt, dass Naturgesetze in Inertialsystemen, also z. B. in Σ' und Σ, stets gleich sind. Er beschreibt ein Schiff, in dessen Inneren Menschen und Tiere unterschiedliche Tätigkeiten verrichten, und erklärt, diese Lebewesen könnten dabei nicht merken, ob das Schiff in Ruhe ist oder ob es sich mit konstanter Geschwindigkeit bewegt. Diese Aussage ist für die Physik grundlegend und wird als Galilei'sches Relativitätsprinzip bezeichnet. Die SRT von Albert Einstein beruht auf dem Galilei'schen Relativitätsprinzip:

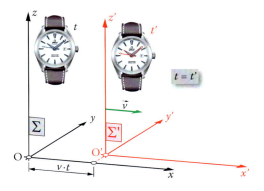

Figur 1 Inertialsysteme Σ und Σ'; Galilei'sches Relativitätsprinzip

---

1. Postulat der SRT: Spezielle Relativität
Die physikalischen Gesetze sind in allen Inertialsystemen dieselben.

Das zweite Postulat der SRT beschäftigt sich mit der Ausbreitung von Licht. Die klassische Elektrodynamik von Maxwell (1861 – 1864) geht davon aus, dass sich Licht als elektromagnetische Welle in einem Trägermedium, dem sogenannten Äther, ausbreitet. Der Äther hat also für elektromagnetische Wellen dieselbe Funktion wie das Wasser für Wasserwellen oder die Luft für Schallwellen.

Zwischen 1881 und 1887 versuchten Albert A. Michelson und Edward Morley erfolglos, diesen Lichtäther mit einem hochpräzisen Interferenzexperiment nachzuweisen.

Sie nahmen an, dass sich die Erde wegen ihrer Bewegung um die Sonne mit einer Geschwindigkeit von maximal $v_{\text{Erde}} = 30$ km/s relativ zu einem als ruhend angenommenen Lichtäther bewegt.

Vergleicht man die beiden Lichtstrahlen 1 und 2 (Figur 2) und berücksichtigt die Lichtgeschwindigkeit c sowie die Geschwindigkeit des „Ätherwinds" v_{Erde}, so braucht der zum „Ätherwind" senkrechte Strahl 1 eine geringfügig kürzere Zeitspanne, um die Strecke

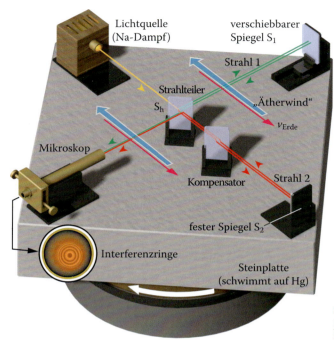

Figur 2 Michelson-Morley-
Interferometer, Strahlwege:
$\overline{S_h S_1} = \overline{S_h S_2} = 11\ \text{m}$

$s = 11$ m vom Strahlteiler S_h zum Spiegel S_1 zurückzulegen, als der zum „Ätherwind" parallele Strahl 2 für die gleich lange Strecke vom Strahlteiler S_h zum Spiegel S_2 (analog zur Flugzeit München – Wien – München bei West- bzw. Nordwind, siehe S. 81 f.). Da diese Wegdifferenz nicht genügend genau gemessen werden konnte, wurde das ganze, auf Quecksilber gelagert, Interferometer sehr langsam um 90° gedreht, sodass sich Strahl 1 jetzt parallel, Strahl 2 senkrecht zum „Ätherwind" ausbreitet. Der Unterschied der beiden Zeitspannen würde dann so gross, dass er im Interferenzmuster nachgewiesen werden könnte. Dies war aber nicht der Fall.

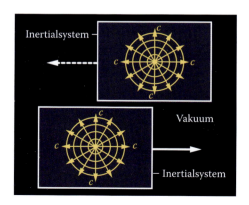

Figur 3 Zur Konstanz der Lichtgeschwindigkeit c

Zur Erklärung des *negativen* Resultats des Experiments von Michelson und Morley wurden verschiedene Theorien vorgeschlagen, etwa dass der Äther ähnlich wie die Lufthülle von der Erde mitgeführt wird („Mitnahmehypothese"). Die Annahme, dass es in Wirklichkeit keinen Lichtäther gibt, ist jedoch aus physikalischer Sicht die naheliegendste Erklärung für das (Null-)Resultat dieses Experiments. Sie bedeutet, dass die Lichtgeschwindigkeit auf der Erde unabhängig von der Ausbreitungsrichtung des Lichts immer gleich gross ist.

> **2. Postulat der SRT: Konstanz der Lichtgeschwindigkeit**
>
> Die Vakuumlichtgeschwindigkeit c = 299 792 458 m/s ist eine Naturkonstante.
> Sie hängt nicht von der Bewegung der Lichtquelle oder der beobachtenden Person ab.

Das zweite Postulat der SRT ist eine Sensation: Licht verhält sich nicht wie ein „normaler Körper", und die Vektoraddition gilt nicht. Bewege ich mich auf einem Transportband eines Flughafens vorwärts, so addieren sich meine Eigengeschwindigkeit und die Geschwindigkeit des Transportbands. Bewege ich mich hingegen mit einer Kerze in der Hand vorwärts, so addiert sich meine Eigengeschwindigkeit nicht zur Geschwindigkeit des Kerzenlichts. Diese ist konstant und hat den Wert c.

3 Die Relativität der Gleichzeitigkeit 1

Zwei Ereignisse E_1 und E_2, die ich gleichzeitig wahrnehme, erfolgen aus der Sicht eines Beobachters, der sich gleichförmig zu mir bewegt, nicht gleichzeitig. Dies ist eine direkte und unerwartete Folge des Postulats der Konstanz der Lichtgeschwindigkeit.

Einstein erläutert dieses erstaunliche Phänomen der *Relativität der Gleichzeitigkeit* am Beispiel eines mit $v = 0.5 \cdot c$ fahrenden Zugs, in Figur 4 ein einzelner Waggon der Länge $l = 20$ m. Am Anfang und am Ende dieses Waggons schlägt gleichzeitig je ein Blitz ein (Ereignisse E_1 und E_2). Dies berichtet ein ruhender Beobachter A, der zum Zeitpunkt der beiden Blitzeinschläge E_1 und E_2 zufälligerweise genau in der Mitte des vorbeifahrenden Waggons auf dem Bahnsteig steht und der die Blitze nach $t_2 = (0.5 \cdot l)/c = 10/(3 \cdot 10^8)$ s $= 33.3 \cdot 10^{-9}$ s $= 33.3$ ns gleichzeitig sieht (Figur 4 c).

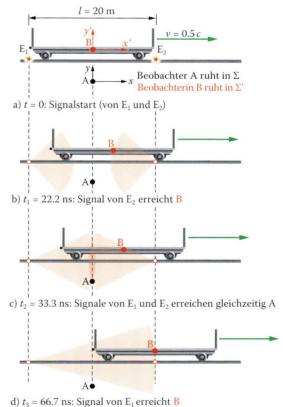

a) $t = 0$: Signalstart (von E_1 und E_2)

b) $t_1 = 22.2$ ns: Signal von E_2 erreicht B

c) $t_2 = 33.3$ ns: Signale von E_1 und E_2 erreichen gleichzeitig A

d) $t_3 = 66.7$ ns: Signal von E_1 erreicht B

Figur 4 Relativität der Gleichzeitigkeit: Einsteins Eisenbahnparadoxon

Eine Passagierin B, die genau in der Mitte des fahrenden Waggons sitzt, erlebt den Blitzeinschlag E_2 an der *Spitze des Waggons* aber *früher*. Weil sie diesem Ereignis entgegenfährt, legt sie 3.3 m zurück, bis sie dieses Lichtsignal, das dann 6.6 m zurückgelegt hat, nach 22.2 ns sieht (Figur 4 b). Dagegen legt das vom Blitzeinschlag E_1 am *Waggonende* ausgehende Lichtsignal eine Strecke von 20 m, d. h. eine volle Waggonlänge, zurück, bis es die fahrende Passagierin B nach 66.7 ns sieht. Sie hat dann ein Strecke von 10 m zurückgelegt (Figur 4 d). Aus Sicht der fahrenden Passagierin liegen die beiden Ereignisse zeitlich also 66.7 ns − 22.2 ns = 44.5 ns auseinander und erfolgen *nicht* gleichzeitig.

Wegen des Postulats der speziellen Relativität ist es unmöglich, zu entscheiden, wer Recht hat, wenn Beobachter A und Beobachterin B z. B. vor Gericht (unterschiedlich) über das Erlebte berichten. Eine absolute Gleichzeitigkeit gibt es nicht!

Im täglichen Leben spielen derart kleine Zeitunterschiede natürlich keine Rolle, da selbst die schnellsten Züge mindestens eine Million Mal langsamer fahren. Die Zeitdifferenz reduziert sich dann von 44.5 ns auf 33.3 fs (1 Femtosekunde = 1 fs = 10^{-15} Sekunden). Zwei Ereignisse, die sich im Abstand von nur 44.5 ns oder gar 33.3 fs ereignen, erleben wir als gleichzeitig.

Einen viel grösseren Effekt zeigt die Relativität der Gleichzeitigkeit bei weit entfernten Himmelskörpern, die sich relativ zueinander bewegen. Wir betrachten die Erde und einen $s = 2.5$ Millionen Lichtjahre entfernten Planeten X in der Andromedagalaxie (Figur 5):

Wir wissen, dass sich die beiden Himmelskörper mit einer Relativgeschwindigkeit von rund $v = 300$ km/s aufeinander zu bewegen. Schickt eine Bewohnerin des Planeten X eine Nachricht zur Erde, z. B. „Planet X wird jetzt von einem Asteroiden getroffen", so dauert die Übertragung vom Standpunkt eines Bewohners der Erde aus $t_1 = s/c = 2.5 \cdot 10^6$ Jahre. Anders vom Standpunkt der Bewohnerin von X aus: Weil sich die Erde auf X zubewegt, ist die Strecke, welche das Signal bis zum Eintreffen auf der Erde zurücklegen muss, um $v \cdot t_2$ kürzer. Die Übertragungsdauer t_2 beträgt deshalb nur $t_2 = (s - v \cdot t_2)/c$ bzw. $t_2 = s/(c + v)$, die Differenz der beiden Zeiten

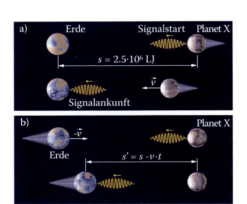

Figur 5 Relativität der Gleichzeitigkeit: bewegte Planeten

$$t_1 - t_2 = \frac{s}{c} - \frac{s}{c + v} = \frac{s}{c} \cdot \frac{v}{c + v} = 2.5 \cdot 10^6 \text{ Jahre} \cdot \frac{3 \cdot 10^5}{3.003 \cdot 10^8} \approx 2500 \text{ Jahre.}$$

Die beiden gleichwertigen (!) Aussagen über den Zeitpunkt des Ereignisses „Planet X wird jetzt von einem Asteroiden getroffen" liegen wegen der Relativbewegung von Erde und Planet X also 2500 Jahre auseinander.

4 Zeitdilatation und Längenkontraktion

Wir konstruieren eine Lichtuhr A, die *oben* aus einer Blitzlichtlampe und einem Lichtempfänger (Fotodiode), *unten* in einem Abstand $\Delta\ell = 0.15$ m aus einem Spiegel besteht (Figur 6, unten links). Die Zeit, die ein kurzer Lichtblitz benötigt, um die Strecke $2 \cdot \Delta\ell = 0.3$ m von der Lampe (Start) zum Spiegel und zurück zur Fotodiode (Stopp) zurückzulegen, beträgt 0.3 m$/(3 \cdot 10^8$ m/s$) = 10^{-9}$ s = 1 ns.

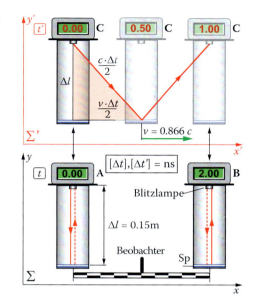

Nun verwenden wir *drei* solche Uhren (A, B und C):

Die Uhr C (im Bezugssystem Σ', Figur 6, oben) bewegt sich gleichförmig mit $v = \sqrt{3}/2 \cdot c \approx 0.866 \cdot c$ an den beiden anderen Uhren A und B (im Bezugssystem Σ, Figur 6, unten) vorbei. Uhr A befindet sich dort, wo sich Uhr C zum Startzeitpunkt ihres

Figur 6 Zeitdilatation

Lichtblitzes befindet. Uhr B dort, wo sich die Uhr C zum Stoppzeitpunkt ihres Lichtblitzes befindet. Die Uhren A und B laufen *synchron* (zeitgleich). Sie werden auf null gestellt und (zugleich) gestartet, wenn Uhr A den Start des Lichtblitzes von Uhr C registriert. Und gestoppt, wenn Uhr B den Stopp des Lichtblitzes von Uhr C registriert. Vom Bezugssystem Σ aus gesehen, legt der Lichtblitz der Lichtuhr C im Bezugssystem Σ' den Weg $2 \cdot \Delta\ell' = 2 \cdot \sqrt{\Delta\ell^2 + \left(\frac{v \cdot \Delta t}{2}\right)^2}$ zurück (Satz von Pythagoras, Figur 6 oben). Und nicht nur den Weg $2 \cdot \Delta\ell$ wie von Σ' aus gesehen.

Da sich der Lichtblitz *sowohl in Σ als auch* in Σ' mit Lichtgeschwindigkeit bewegt, gilt:

$$2 \cdot \Delta\ell' = c \cdot \Delta t = 2 \cdot \sqrt{\Delta\ell^2 + \left(v \cdot \frac{\Delta t}{2}\right)^2} \implies 4 \cdot \Delta\ell^2 + v^2 \cdot \Delta t^2 = c^2 \cdot \Delta t^2 \implies$$

$$4 \cdot \Delta\ell^2 = c^2 \cdot \Delta t^2 - v^2 \cdot \Delta t^2 \implies \Delta t = \frac{2 \cdot \Delta\ell}{\sqrt{c^2 - v^2}} = \underbrace{\frac{2 \cdot \Delta\ell}{c}}_{\Delta t'} \cdot \underbrace{\frac{c}{\sqrt{c^2 - v^2}}}_{\gamma} = \Delta t' \cdot \gamma$$

Weil sich die Uhr C in Σ' mit der Geschwindigkeit $v = \sqrt{3}/2 \cdot c \approx 0.866 \cdot c$ bewegt, ist die von Σ aus gemessene Zeit Δt um $\gamma = c/\sqrt{c^2 - v^2} = 1/\sqrt{1 - v^2/c^2} = 1/\sqrt{1 - 3/4} = 2$, also 2-mal grösser als die in Σ' selbst gemessene Zeit $\Delta t'$. Sie beträgt $\Delta t = \gamma \cdot \Delta t' = 2$ ns ($\Delta t' = 1$ ns).

Die Grösse γ heisst *Lorentzfaktor,* nach dem niederländischen Physiker H. A. Lorentz (1853 – 1926), der wesentliche Vorarbeiten zur SRT geleistet hat.

Zeitdilatation (Zeitdehnung)

Für einen im Bezugssystem Σ ruhenden Beobachter geht die Zeit in einem bewegten Bezugssystem Σ' langsamer. Eine Zeitspanne zwischen zwei Ereignissen, die im bewegten Inertialsystem $\Delta t'$ beträgt, ist für ihn um den Faktor $\gamma = \frac{1}{\sqrt{1 - v^2/c^2}}$ gedehnt.

Kurz ausgedrückt: Bewegte Uhren gehen langsamer.

$$\Delta t = \gamma \cdot \Delta t'$$

Da es in der SRT keine absoluten Bezugssysteme gibt, dürfen wir die eben untersuchten Vorgänge statt von Σ genauso gut von Σ' aus beobachten (Figur 7).

Das Bezugssystem Σ bewegt sich mit der Geschwindigkeit

$$v' = -\sqrt{3}/2 \cdot c \approx -0.866 \cdot c$$

an Σ' vorbei. In Σ befindet sich zwischen den beiden Uhren zusätzlich ein Massstab. Für einen Beobachter in Σ haben die beiden Uhren klar einen Abstand (Massstabs-Länge) von

$$\Delta d = v \cdot \Delta t = \frac{\sqrt{3}}{2} \cdot c \cdot \Delta t = 0.866 \cdot 3 \cdot 10^8 \, \frac{\text{m}}{\text{s}} \cdot 2 \cdot 10^{-9} \, \text{s} = 51.96 \, \text{cm},$$

für eine Beobachterin in Σ' beträgt die Massstabs-Länge ebenso klar nur

$$\Delta d' = v \cdot \Delta t' = v \cdot \frac{\Delta t}{\gamma} = \frac{\Delta d}{\gamma} = \frac{51.96 \, \text{cm}}{2} = 25.98 \, \text{cm}$$

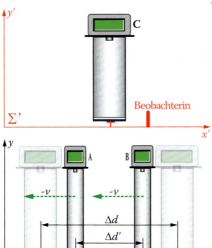

Der Massstab erscheint von Σ' aus beobachtet als verkürzt und ist nur halb so lang.

Figur 7 Längenkontraktion

Längenkontraktion (Lorentz-FitzGerald-Kontraktion)

Für eine in einem Bezugssystem Σ' ruhende Beobachterin erscheint die Länge Δd eines Massstabs in einem bewegten Bezugssystem Σ um einen Faktor

$$1/\gamma = \sqrt{1 - v^2/c^2} \quad \text{verkürzt: } \Delta d' = \frac{\Delta d}{\gamma}$$

Kurz ausgedrückt: Bewegte Massstäbe sind kürzer.

Bewegen sich eine Uhr und ein Massstab der Länge 100 Meter mit Schallgeschwindigkeit, so beträgt der Lorentzfaktor $\gamma = 1/\sqrt{1 - v^2/c^2} = 1/\sqrt{1 - 340^2/(3 \cdot 10^8)^2} = 1.0000000000006$. Der Massstab wird dabei um $6 \cdot 10^{-11}$ m, also um weniger als einen Atomdurchmesser verlängert. Die Uhr hat in einem Tag eine geschwindigkeitsbedingte Abweichung von nur $5.2 \cdot 10^{-8}$ s = 52 ns. Obschon diese relativistischen Effekte messbar sind, spielen sie im täglichen Leben keine Rolle.

5   Myonenzerfall

Für die Zeitgenossen Einsteins war die Relativitätstheorie mit ihren rätselhaften Effekten, wie Zeitdilatation und Längenkontraktion, unverständlich und lange umstritten. Der *experimentelle* Nachweis dieser relativistischen Phänomene war damals sehr schwierig. Erstmalig gelang er 1938, 33 Jahre nach der Publikation der SRT, mit einem Experiment zum Zerfall der 1936 entdeckten Myonen.

Myonen sind Elementarteilchen mit negativer Elementarladung wie Elektronen, aber mit ca. 206-mal grösserer Masse. Sie entstehen in der oberen Atmosphäre in einer Höhe von $h = 10 \cdots 60$ km bei Stössen zwischen Protonen des Sonnenwinds mit Atomkernen der Luft. Sie bewegen sich mit $v/c = 99.8\%$ der Lichtgeschwindigkeit (Figur 9) und erreichen die Erdoberfläche aus $h = 10$ km Höhe nach

$$t = \frac{h}{v} = \frac{10\,000}{0.998 \cdot 3 \cdot 10^8}\,\text{s} = 33.4 \cdot 10^{-6}\,\text{s} = 33.4\,\mu\text{s}.$$

Im Gegensatz zu Elektronen sind Myonen instabil. Wie aus Untersuchungen von Myonen im Labor bekannt ist, zerfallen sie mit einer Halbwertszeit von $\tau_{\Sigma'} = 1.52\,\mu$s (Figur 8, rote Kurve). An der Erdoberfläche ist deshalb eine *relative* Myonen-Aktivität von

$$A/A_0 = 2^{-t/\tau_{\Sigma'}} = 2^{-33.4/1.52} = 2.4 \cdot 10^{-7}$$

zu erwarten. Von ursprünglich $10\,000\,000$ Myonen in 10 km Höhe erreichen nach dieser Rechnung im Durchschnitt gerade noch 2.4 Myonen die Erdoberfläche. Gemessen werden aber etwa $3\,857\,000$ ($A/A_0 = 0.3857$), was einer 16-mal grösseren Halbwertszeit von

$$\tau_\Sigma = \frac{t \cdot \log 2}{\log\left(A_0/A\right)} = \frac{t \cdot \log\ 2}{-\log\left(A/A_0\right)} = \frac{33.4\ \mu s \cdot \log 2}{-\log\left(0.3857\right)} = 24.3\ \mu s$$

entspricht (Figur 8).

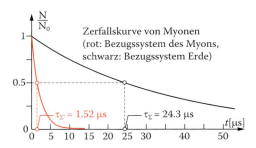

Figur 8 Myonenzerfall

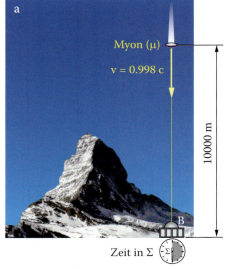

Zeit in Σ

Zeit in Σ'

Figur 9 Myonen in der Atmosphäre: Lorentz-kontraktion des Matterhorns

Betrachten wir den radioaktiven Zerfall als eine Art natürliche Uhr, so können wir diesen Unterschied zwischen $\tau_{\Sigma'}$ und τ_Σ relativistisch interpretieren:

Aus der Sicht einer in Σ ruhenden Beobachterin (Figur 9 a) läuft die „Uhr" des Myons in Σ' (Figur 9 b) um

$$\gamma = 1\Big/\sqrt{1 - v^2/c^2} = 1\Big/\sqrt{1 - 0.998^2} \approx 16\text{-mal}$$

langsamer ab als in Σ'. Die in Σ gemessene Halbwertszeit τ_Σ des bewegten Myons ist deshalb um $\tau_\Sigma/\tau_{\Sigma'} = 24.3/1.52 \approx 16$-mal grösser als $\tau_{\Sigma'}$ in τ_Σ. Umgekehrt erscheint die am Myon „vorbeiziehende" Erdumgebung um einen Faktor 16 (von 10 000 m auf 600 m, Figur 9) verkürzt (Lorentz-Kontraktion). Die SRT wird durch dieses Myonen-Experiment also sehr gut bestätigt.

6   Galilei- und Lorentz-Transformation

Wir untersuchen einen Punkt $P(x \mid y \mid z)$ in einem Koordinatensystem Σ (Figur 10, schwarz). Dann betrachten wir ein Koordinatensystem Σ' (Figur 10, rot), das sich bezüglich Σ längs der x-Achse mit einer Geschwindigkeit v nach rechts bewegt. Für einen Beobachter in Σ' hat der Punkt P die Koordinaten $P(x' \mid y' \mid z')$.

Zum Zeitpunkt $t = 0$ liegen die beiden Koordinatensysteme übereinander, O und O' fallen zusammen. Zu einem späteren Zeitpunkt t hat sich O' um eine Strecke $v \cdot t$ nach rechts bewegt, sodass die x'-Koordinate von P um den Betrag $v \cdot t$ kleiner ist als die x-Koordinate. Es gilt:

Galilei-Transformation $\Sigma \Rightarrow \Sigma'$: $x' = x - v \cdot t$ $y' = y$ $z' = z$ $t' = t$

bzw. $\Sigma' \Rightarrow \Sigma$: $x = x' + v \cdot t'$ $y = y'$ $z = z'$ $t = t'$

Bei der Galilei-Transformation läuft die Zeit in beiden Koordinatensystemen Σ und Σ' gleich ab, es gilt $t = t'$. Dies ist korrekt, solange die Geschwindigkeit v viel kleiner ist als die Lichtgeschwindigkeit c: $v \ll c$. Nähert sich die Geschwindigkeit v aber der Lichtgeschwindigkeit, so muss das Prinzip der Konstanz der Lichtgeschwindigkeit berücksichtigt werden.

Es geht nun darum, den Lorentzfaktor γ, der schon in den letzten Abschnitten verwendet wurde, mathematisch herzuleiten. Wie können wir γ finden?

Zuerst erweitern wir die Formeln der Galilei-Transformation versuchsweise mit dem Faktor γ:

$$\Sigma \Rightarrow \Sigma': \quad x' = \gamma \cdot (x - v \cdot t) \quad y' = y \quad z' = z$$
$$\Sigma' \Rightarrow \Sigma: \quad x = \gamma \cdot (x' + v \cdot t') \quad y = y' \quad z = z'$$

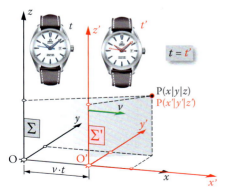

Figur 10 Galilei-Transformation

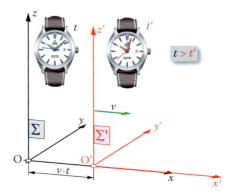

Figur 11 Lorentz-Transformation

385

Dann betrachten wir einen Lichtblitz, der zur Zeit $t = t' = 0$ im Ursprung von Σ bzw. von Σ' gezündet wird. Da sich der Lichtblitz sowohl in Σ als auch in Σ' mit der gleichen Geschwindigkeit c bewegt, gilt $x' = c \cdot t'$ und $x = c \cdot t$.

Einsetzen in die erweiterten Formeln der Galilei-Transformation ergibt:

$$x' = c \cdot t' = \gamma \cdot \left(c \cdot t - v \cdot t \right) = \gamma \cdot t \cdot \left(c - v \right) \text{ und}$$
$$x = c \cdot t = \gamma \cdot \left(c \cdot t' + v \cdot t' \right) = \gamma \cdot t' \cdot \left(c + v \right)$$

Daraus erhalten wir zwei Gleichungen für den Quotienten t'/t:

$$\frac{t'}{t} = \frac{\gamma}{c} \cdot \left(c - v \right) \quad \text{und} \quad \frac{t'}{t} = \frac{c}{\gamma} \cdot \frac{1}{c + v} \qquad \Rightarrow \qquad \frac{\gamma}{c} \cdot \left(c - v \right) = \frac{c}{\gamma} \cdot \frac{1}{c + v}$$

mit denen der Lorentzfaktor γ berechnet werden kann:

$$\gamma = c \cdot \sqrt{\frac{1}{\left(c + v \right) \cdot \left(c - v \right)}} = \sqrt{\frac{c^2}{c^2 - v^2}} = \frac{c}{\sqrt{c^2 - v^2}} \quad \text{oder} \quad \gamma = \sqrt{\frac{1}{1 - v^2/c^2}} = \sqrt{\frac{1}{1 - \beta^2}}$$

$$\text{mit} \quad \beta = \frac{v}{c}$$

Damit können wir die Transformationsgleichungen für die Ortskoordinaten angeben:

$$\Sigma \Rightarrow \Sigma': \; x' = \gamma \cdot \left(x - v \cdot t \right) \quad \text{und} \quad \Sigma' \Rightarrow \Sigma: \; x = \gamma \cdot \left(x' + v \cdot t' \right) \text{ mit } \gamma = \frac{1}{\sqrt{1 - v^2/c^2}}$$

Die Zeitkoordinate erhalten wir durch Kombination dieser beiden Gleichungen:

$$x = \gamma \cdot \left(\underbrace{\gamma \cdot \left(x - v \cdot t \right)}_{x'} + v \cdot t' \right) = \gamma^2 \cdot x - \gamma^2 \cdot v \cdot t + \gamma \cdot v \cdot t' \Rightarrow \gamma \cdot v \cdot t' = \gamma^2 \cdot v \cdot t - x \cdot \left(\gamma^2 - 1 \right)$$

$$\Rightarrow \; t' = \gamma \cdot \left(t - \frac{\gamma^2 - 1}{\gamma^2} \cdot \frac{x}{v} \right) = \gamma \cdot \left(t - \left(1 - \frac{1}{\gamma^2} \right) \cdot \frac{x}{v} \right) = \gamma \cdot \left(t - \underbrace{\left(1 - \left(1 - \frac{v^2}{c^2} \right) \right)}_{v^2/c^2} \cdot \frac{x}{v} \right) = \gamma \cdot \left(t - \frac{v \cdot x}{c^2} \right)$$

Lorentz-Transformation

$$x' = \gamma \cdot \left(x - v \cdot t \right) \qquad y' = y \qquad z' = z \qquad t' = \gamma \cdot \left(t - \frac{v \cdot x}{c^2} \right)$$

$$\text{mit } \gamma = \frac{1}{\sqrt{1 - v^2/c^2}}$$

Beachten Sie, dass die Lorentz-Transformation nur die x- bzw. x'-Richtung betrifft. Die Querrichtungen der bewegten Bezugssysteme y, y', z und z' bleiben unverändert. Deshalb verändert etwa die Lorentz-Kontraktion nur Längen in x- bzw. x'-Richtung, nicht aber in den Querrichtungen y, y', z und z': Man spricht von der *Invarianz der Querabstände*. Für $c \rightarrow \infty$ geht die Lorentz-Transformation in die Galilei-Transformation über.

Beispiel: Transformation des Punkts $P(x = 1\,\text{m} \mid y = 0 \mid z = 0 \mid c \cdot t = 1\,\text{m})$

für $v = \sqrt{3}/2 \cdot c \approx 0.866 \cdot c$, d.h. $\gamma = c/\sqrt{c^2 - v^2} = 2$

Galilei: $x' = x - v \cdot t = \left(1 - \sqrt{3}/2\right)\,\text{m} \quad \Rightarrow$

$P'(x' = 0{,}134\,\text{m} \mid y' = 0 \mid z' = 0 \mid c \cdot t' = 1\,\text{m})$

Lorentz: $x' = \gamma \cdot \left(x - v \cdot t\right) = 2 \cdot \left(1\,\text{m} - \sqrt{3}/2\,\text{m}\right) \approx 0.268\,\text{m}$,

$c \cdot t' = \gamma \cdot \left(c \cdot t - v \cdot x/c\right) = 2 \cdot \left(1 - \sqrt{3}/2 \cdot 1\right)\text{m} \approx 0.268\,\text{m}$

$\Rightarrow \quad P'(x' = 0.268\,\text{m} \mid y' = 0 \mid z' = 0 \mid c \cdot t' = 0.268\,\text{m})$

7 Minkowski-Diagramme

Wir konstruieren ein Koordinatensystem einer räumlich eindimensionalen „Welt", indem wir die Raumkoordinate x als Abszisse und das Produkt $c \cdot t$ aus der Lichtgeschwindigkeit und der Zeit als Ordinate wählen. Dieses Koordinatensystem heisst *Minkowski-Diagramm*, benannt nach Hermann Minkowski (1864 – 1909), deutscher Mathematiker und Physiker, der 1907 formulierte, dass Raum und Zeit in einem vierdimensionalen Kontinuum verbunden sind.

Eine Punktlichtquelle im Ursprung eines Minkowski-Diagramms sendet kurze Lichtblitze in der positiven und in der negativen x-Richtung aus. Diese Blitze breiten sich mit Lichtgeschwindigkeit aus. Die zugehörigen $c \cdot t$-x-Diagramme bezeichnen wir als „Weltlinien". Weltlinien entsprechen Weg-Zeit-Diagrammen der Mechanik. Mit dem Unterschied, dass die Achsen im Minkowski-Diagramm vertauscht sind und dass eine $c \cdot t$-Achse verwendet wird statt einer t-Achse. Deshalb bilden die Weltlinien der Lichtblitze im Minkowski-Diagramm einen Winkel von 45° zur x-Achse (Figur 12, rote Strahlen).

Wir suchen in diesem ruhenden Koordinatensystem Σ (Achsen x und $c \cdot t$) die Lage der Achsen x' und $c \cdot t'$ eines Koordinatensystems Σ', das sich bezüglich Σ längs x mit einer

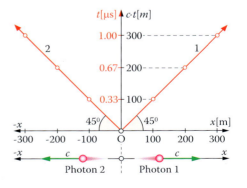

Figur 12 Minkowski-Diagramm Σ

Relativitäts-theorie

387

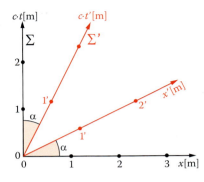

Figur 13 Koordinatensysteme
Σ (schwarz) und Σ' (rot) (v/c = tanα = 1/2)

Geschwindigkeit v bewegt. Für die x'-Achse gilt $t' = 0$; sie enthält alle Ereignisse, die zur Zeit $t' = 0$ (Lorentz-Transformation, S. 386) stattfinden (Figur 13, rot):

$$t' = 0 = \gamma \cdot \left(t - \frac{v \cdot x}{c^2} \right) \quad \Rightarrow \quad c \cdot t = \frac{v}{c} \cdot x$$

Die x'-Achse weist also gegenüber der x-Achse eine Steigung $v/c \, (= \tan\alpha)$ auf (Figur 13, rot).

Für die $c \cdot t'$-Achse gilt analog $x' = 0$; sie enthält alle Ereignisse, die an der Stelle $x' = 0$ (Lorentz-Transformation, S. 386) stattfinden (Figur 13, rot):

$$x' = 0 = \gamma \cdot (x - v \cdot t) \quad \Rightarrow \quad c \cdot t = \frac{c}{v} \cdot x$$

Die $c \cdot t'$-Achse hat also gegenüber der x-Achse eine Steigung $c/v \, (= 1/\tan \alpha)$ (Figur 13, rot).

Das Minkowski-Diagramm ist die anschaulich-grafische Darstellung der Lorentz-Transformation.

Für den Grenzfall $c \rightarrow \infty$ geht die Lorentz-Transformation in die Galilei-Transformation über. Dann wird der Winkel $\alpha = 0$; die x- und die x'- bzw. die $c \cdot t$- und die $c \cdot t'$-Achsen, also auch die beiden Koordinatensysteme Σ und Σ', fallen zusammen.

Jetzt berechnen wir die Koordinaten x und $c \cdot t$ (Koordinatensystem Σ) der beiden Einheitspunkte Punkte 1' („1 Meter") auf der x'- und der $c \cdot t'$-Achse (Figur 13) mithilfe der Lorentz-Transformation für $v = c/2$ und $\gamma = c/\sqrt{c^2 - v^2} = 2/\sqrt{3} \approx 1.155$.

Im Koordinatensystem Σ' hat der Einheitspunkt auf der x'-Achse die Koordinaten $x' = 1$ m und $c \cdot t' = 1$ m. Es gilt (Lorentz-Transformation, S. 386):

$$x' = 1 \text{ m} = \gamma \cdot (x - v \cdot t) = 2/\sqrt{3} \cdot \left(x - c \cdot t/2 \right) \quad \text{und}$$

$$c \cdot t' = 0 = \gamma \cdot (c \cdot t - v \cdot x/c) = 2/\sqrt{3} \cdot \left(c \cdot t - x/2 \right)$$

Aus der zweiten Gleichung erhalten wir $x = 2 \cdot c \cdot t$ und damit für die Koordinaten x und $c \cdot t$ des Einheitspunkts auf der x'-Achse im Bezugssystem Σ (Figur 13, rot)

$$x = \sqrt{3}/2 \text{ m} + \underbrace{c \cdot t/2}_{x/4} \rightarrow 3/4 \cdot x = \sqrt{3}/2 \text{ m} \rightarrow x = 2/\sqrt{3} \text{ m} = 1.155 \text{ m} \quad \text{und}$$

$$c \cdot t = x/2 = 1/\sqrt{3} \text{ m} = 0.577 \text{ m}$$

und für die Einheitslänge „1 Meter" in Σ' aus der Sicht des ruhenden Koordinatensystems Σ

$$\sqrt{x^2 + (c \cdot t)^2} = \sqrt{5/3} \text{ m} \approx 1.291 \text{ m}.$$

Analog dazu ergibt sich für den Punkt $(x' = 0\,\text{m} \mid c \cdot t' = 1\,\text{m})$ auf der $c \cdot t'$-Achse (Figur 13, rot):

$$x' = 0 = \gamma \cdot \left(x - v \cdot t\right) = 2/\sqrt{3} \cdot \left(x - c \cdot t/2\right) \quad \text{und}$$

$$c \cdot t' = 1\,\text{m} = \gamma \cdot \left(c \cdot t - v \cdot x/c\right) = 2/\sqrt{3} \cdot \left(c \cdot t - x/2\right)$$

$$\Rightarrow \quad c \cdot t = 2/\sqrt{3}\,\text{m} \approx 1.155\,\text{m}, \; x = 1/\sqrt{3}\,\text{m} \approx 0.577\,\text{m und}$$

$$\sqrt{x^2 + \left(c \cdot t\right)^2} = \sqrt{5/3}\,\text{m} \approx 1.291\,\text{m}$$

8   Die Relativität der Gleichzeitigkeit 2

Im Kapitel 3 wurden zwei Beispiele zur Gleichzeitigkeit von Ereignissen aus der Sicht der SRT anschaulich behandelt. Hier untersuchen wir das gleiche Problem im Minkowski-Diagramm und mit der Lorentz-Transformation auf mathematischem Weg.

Im Ursprung $(x = 0 \mid c \cdot t = 0)$ eines Minkowski-Diagramms werden simultan (zeitgleich) je ein kurzer Lichtblitz in positiver und negativer x-Richtung ausgesandt (Figur 14).

Die Weltlinien der beiden Blitze sind als rot gestrichelte Pfeile dargestellt. An den Stellen $x_1 = +1$ m und $x_2 = -1$ m sind je ein Lichtdetektor ($D_{1,0}$ und $D_{2,0}$) aufgestellt.

Nach $t_1 \approx 3.33 \cdot 10^{-9}$ s $(c \cdot t_1 = 1\,\text{m})$ haben die beiden Lichtblitze eine Strecke von $x_1 = +1$ m bzw. $x_2 = -1$ m zurückgelegt und werden gleichzeitig registriert (rote Pfeilspitzen, $c \cdot t_1 = c \cdot t_2 = 1$ m). Die beiden in Σ ortsfesten Detektoren gelangen dann im Minkowski-Diagramm auf ihren Weltlinien von $D_{1,0}$ $(x_1 = 1$ m $\mid c \cdot t_1 = 0)$ nach $D_{1,t}$ $(x_1 = 1$ m $\mid c \cdot t_1 = 1$ m) bzw. von $D_{2,0}$ $(x_2 = -1$ m $\mid c \cdot t_1 = 0)$ nach $D_{2,t}$ $(x_2 = -1$ m $\mid c \cdot t_1 = 1$ m). Die beiden Ereignisse werden in Σ von den Detektoren $D_{1,t}$ und $D_{2,t}$ gleichzeitig registriert.

Figur 14 zeigt auch die geometrische Konstruktion der zugehörigen Koordinaten $(x_1' \mid c \cdot t_1')$ und $(x_2' \mid c \cdot t_2')$ in einem bezüglich Σ bewegten System Σ' (Parallelogramme mit gestrichelten Diagonalen $\overline{OD}_{1,t}$ bzw. $\overline{OD}_{2,t}$). Diese Koordinaten berechnen wir jetzt mit den Formeln der Lorentz-Transformation für den Fall $v = c/2$ und $\gamma = c/\sqrt{c^2 - v^2} = 2/\sqrt{3} \approx 1.155$:

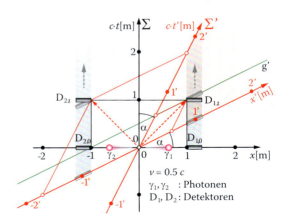

Figur 14 Diametrale Photonen im Minkowski-Diagramm

$$x' = \gamma \cdot \left(x_1 - v \cdot t_1\right) = 2/\sqrt{3} \cdot \left(1\,\text{m} - \left(c/2\right) \cdot \left(1\,\text{m}/c\right)\right) = 1/\sqrt{3}\,\text{m} \approx 0.577\,\text{m}$$

$$c \cdot t' = \gamma \cdot \left(c \cdot t_1 - v \cdot x_1 / c\right) = 2/\sqrt{3} \cdot \left(1\,\text{m} - \left(c/2\right) \cdot \left(1\,\text{m}/c\right)\right) = 1/\sqrt{3}\,\text{m} \approx 0.577\,\text{m}$$

$$x' = \gamma \cdot \left(x_2 - v \cdot t_2\right) = 2/\sqrt{3} \cdot \left(-1\,\text{m} - \left(c/2\right) \cdot \left(1\,\text{m}/c\right)\right) = -3/\sqrt{3}\,\text{m} \approx -1.732\,\text{m}$$

$$c \cdot t' = \gamma \cdot \left(c \cdot t_2 - v \cdot x_2 / c\right) = 2/\sqrt{3} \cdot \left(+1\,\text{m} + \left(c/2\right) \cdot \left(1\,\text{m}/c\right)\right) = 3/\sqrt{3}\,\text{m} \approx 1.732\,\text{m}$$

Aus der Sicht des Bezugssystems Σ' erfolgen die von den beiden Detektoren $D_{1,t}$ und $D_{2,t}$ registrierten Ereignisse also *nicht* gleichzeitig: $c \cdot t_1' = 0.577\,\text{m}$, $c \cdot t_2' = 1{,}732\,\text{m}$.

Dies wird auch klar, wenn man in Figur 14 die grün eingezeichnete, zur Achse x' parallele Gerade der Gleichzeitigkeit g' beachtet, die gleichzeitige Ereignisse im Koordinatensystem Σ' verbindet. Die Gleichzeitigkeit von Ereignissen ist also relativ, sie hängt vom Koordinatensystem ab, in welchem ein Vorgang beobachtet wird.

9 Addition von Geschwindigkeiten

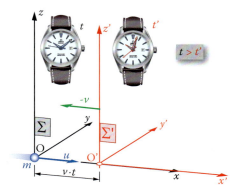

Figur 15 Geschwindigkeitsaddition

Einstein hat einmal die Frage gestellt: „Sehe ich dunkel, wenn ich mich mit Lichtgeschwindigkeit von einer Lampe wegbewege?" Um diese Frage beantworten zu können, müssen wir wissen, wie Geschwindigkeiten in der SRT addiert werden.

Wir betrachten einen Körper (Massepunkt m) der sich mit einer Geschwindigkeit u in Richtung der x-Achse eines ruhenden Bezugssystems Σ bewegt (Figur 15). Zum Zeitpunkt $t = 0$ passiert er den Ursprung O von Σ. Für die Bewegung in Σ gilt: $x = u \cdot t$.

Ein zweites Koordinatensystem Σ' bewegt sich in der *negativen* x-Richtung von Σ mit einer (hohen) Geschwindigkeit $-v$ nach links. Im Fall der Galilei-Transformation gilt für die Geschwindigkeit u' des Körpers m in Σ': $u' = x'/t' = u + v$. Berücksichtigen wir die Lorentz-Transformation (S. 386), so erlauben uns die Formeln $x' = \gamma \cdot (x + v \cdot t)$ und $c \cdot t' = \gamma\,(c \cdot t + v \cdot x / c)$ auch sehr hohe Geschwindigkeiten zu addieren. Es gilt:

Addition von Geschwindigkeiten

$$u' = \frac{x'}{t'} = \frac{\gamma \cdot (x + v \cdot t)}{\gamma \cdot \left(t + \dfrac{v \cdot x}{c^2}\right)} = \frac{\gamma \cdot (u \cdot t + v \cdot t)}{\gamma \cdot \left(t + \dfrac{v \cdot u \cdot t}{c^2}\right)} = \frac{u + v}{1 + \dfrac{v \cdot u}{c^2}}$$

Beispiele

Für $u = c$ erhalten wir $u' = \dfrac{u + v}{1 + \dfrac{v \cdot u}{c^2}} = \dfrac{c + v}{1 + \dfrac{v \cdot c}{c^2}} = c \cdot \dfrac{c + v}{c + v} = c$ unabhängig von v

Für $v = c$ erhalten wir $u' = \dfrac{u + v}{1 + \dfrac{v \cdot u}{c^2}} = \dfrac{u + c}{1 + \dfrac{c \cdot u}{c^2}} = c \cdot \dfrac{u + c}{c + u} = c$ unabhängig von u

Für $u = -v$ erhalten wir $u' = \dfrac{u + v}{1 + \dfrac{v \cdot u}{c^2}} = \dfrac{-v + v}{1 + \dfrac{v \cdot u}{c^2}} = 0$

Wie ist die Frage von Einstein zu beantworten?

10   Der Doppler-Effekt

Fährt ein hupendes Auto oder ein Fahrzeug mit Sirene auf uns zu, so nehmen wir einen höheren Ton höher wahr, als wenn das Fahrzeug ruht. Der Ton wird tiefer, wenn sich das Fahrzeug von uns wegbewegt.

Dieses Phänomen ist benannt nach dem österreichischen Physiker und Mathematiker Christian Doppler (1803 – 1853), der es 1842 beschrieb.

Wir gehen von einer Schallquelle – etwa der Sirene eines fahrenden Ambulanzfahrzeugs – aus, die einen Sinuston und in der umgebenden Luft eine Schallwelle der Frequenz $f = 1000$ Hz erzeugt. Die Schwingungsdauer beträgt in diesem Fall $T = 0.001$ s, die Schallgeschwindigkeit $c \approx 340$ m/s, die Wellenlänge bei ruhendem Fahrzeug (Figur 16, links) $\lambda = c/f = 340/1000$ m $= 34$ cm.

Eine ruhende Beobachterin B nimmt diesen Ton mit Zeitverzögerung, aber mit derselben Frequenz wahr, weil pro Millisekunde *ein* Wellenberg, das heisst *eine* Verdichtung der Luft auf ihr Ohr trifft, in *einer* Sekunde also 1000 solche Schallereignisse. Dies entspricht einer Tonhöhe (Frequenz) von 1000 Hz.

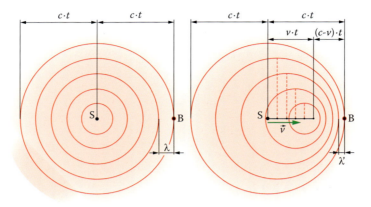

Figur 16 Doppler-Effekt: mit ruhender Beobachterin; links ruhende, rechts bewegte Schallquelle

Die Situation ändert sich, sobald das Fahrzeug in Richtung der Beobachterin fährt (Figur 16, rechts). Hat das Fahrzeug beispielsweise eine Geschwindigkeit von v = 40 m/s, so verkürzt sich die Wellenlänge um diejenige Wegstrecke, die das Fahrzeug während einer Schwingungsdauer T = 0.001 Sekunden des Sirenentons zurücklegt, nämlich um

$$\Delta s = v \cdot T = 40\,\text{m/s} \cdot 0.001\,\text{s} = 0.04\,\text{m} = 4\,\text{cm}.$$

Die effektive Wellenlänge am Ort der ruhenden Beobachterin beträgt dann nur noch

$$\lambda' = \lambda - \Delta s = 34\,\text{cm} - 4\,\text{cm} = 30\,\text{cm},$$

die wahrgenommene Frequenz des Tons $f' = c/\lambda' = 340/0.30$ Hz = 1133 Hz.

Fall 1: Doppler-Effekt: bewegte Schallquelle, ruhende Beobachterin

$$\lambda' = \lambda \pm \Delta s = (c \pm v) \cdot T = \frac{c \pm v}{f} = \lambda \pm \frac{v}{f} \text{ oder } f' = \frac{c}{\lambda'} = f \cdot \frac{c}{c \pm v}$$

Schallgeschwindigkeit c bleibt konstant, Wellenlänge λ und Frequenz f verändern sich.

Bewegt sich ein Beobachter auf eine Schallquelle zu, so ändert sich die Zeit T, die zwischen zwei wahrgenommenen Druckmaxima der Schallwelle verstreicht. In diesem Fall bleibt die Wellenlänge λ konstant, Schallgeschwindigkeit und Frequenz ändern sich:

Fall 2: Doppler-Effekt: ruhende Schallquelle, bewegter Beobachter

$$\text{ruhender Beobachter } T = \frac{\lambda}{c} = \frac{1}{f}$$

$$\text{bewegter Beobachter } T' = \frac{\lambda}{c \pm v} = \frac{1}{f'} \text{ bzw.}$$

$$f' = \frac{c \pm v}{\lambda} = \frac{f}{c} \cdot (c \pm v) = f \cdot \left(1 \pm \frac{v}{c}\right)$$

**Wellenlänge λ bleibt konstant, Schallgeschwindigkeit c
und Frequenz f verändern sich.**

Bei der Herleitung des Doppler-Effekts von Licht muss die Konstanz der Lichtgeschwindigkeit berücksichtigt werden. Wir gehen dabei vom klassischen Fall 1 aus (Doppler-Effekt mit bewegter Schall- bzw. Lichtquelle und ruhender Beobachterin) und bringen eine relativistische Korrektur an.

In Fall 1 des Doppler-Effekts sind die Schall- bzw. die Lichtgeschwindigkeit konstant und es gilt:

$$f' = c/\lambda' = f \cdot c/(c \pm v)$$

Jetzt berücksichtigen wir die Zeitdilatation. Diese transformiert die Lichtfrequenz f im ruhenden Inertialsystem zur Frequenz $f'_{\text{Zeitdilatation}}$ im bewegten Inertialsystem

$$f'_{\text{Zeitdilatation}} = \frac{n}{\Delta t'} = \frac{n}{\Delta t \cdot \gamma} = f \cdot \frac{\sqrt{c^2 - v^2}}{c}$$

Unter Berücksichtigung des Doppler-Effekts erhalten wir:

$$f' = f'_{\text{Zeitdilatation}} \cdot \underbrace{\frac{c}{c \pm v}}_{\text{Doppler-Effekt}} = f \cdot \underbrace{\frac{\sqrt{c^2 - v^2}}{c}}_{\text{Zeitdilatation}} \cdot \underbrace{\frac{c}{c \pm v}}_{\text{Doppler-Effekt}} =$$

$$\cdot \sqrt{c + v} \cdot \sqrt{c - v} \cdot \frac{1}{c \pm v} = f \cdot \frac{\sqrt{c \mp v}}{\sqrt{c \pm v}}$$

Relativistischer Doppler-Effekt für Licht

Lichtquelle entfernt sich: $f' = f \cdot \sqrt{\dfrac{c-v}{c+v}}$ bzw. $\lambda' = \dfrac{c}{f'} = \dfrac{c}{\underbrace{\dfrac{f}{\lambda}}} \cdot \sqrt{\dfrac{c+v}{c-v}} = \lambda \cdot \sqrt{\dfrac{c+v}{c-v}}$
(Rotverschiebung)

Lichtquelle nähert sich: $f' = f \cdot \sqrt{\dfrac{c+v}{c-v}}$ bzw. $\lambda' = \dfrac{c}{f'} = \lambda \cdot \sqrt{\dfrac{c-v}{c+v}}$
(Blauverschiebung)

Diese Formeln für den relativistischen Doppler-Effekt von Licht gelten vorerst für eine bewegte Lichtquelle und eine ruhende Beobachterin. Sie verändern sich aber nicht, wenn umgekehrt die Lichtquelle ruht und sich die Beobachterin bewegt (Postulat der speziellen Relativität).

Entfernt sich z. B. eine Galaxie von der ruhend angenommenen Erde weg, so beobachten wir im Spektrum Spektrallinien, die zu tieferen Frequenzen hin verschoben sind (Rotverschiebung).

11 Energie und Impuls

11.1 Die Einstein'sche Lichtquantenhypothese

Im Jahr 1905 postulierte Einstein seine Lichtquantenhypothese (siehe Materie, Atome, Kerne, Seite 343 f.):

Licht besteht aus kleinsten „Energiepaketen" bzw. Quanten. Diese Teilchen bezeichnen wir als Photonen. Sie haben die (frequenzabhängige) Energie

$$E = h \cdot f = \frac{h \cdot c}{\lambda}$$

h Planck'sches Wirkungsquantum, f Frequenz, λ Wellenlänge, c Lichtgeschwindigkeit

11.2 Die Äquivalenz von Masse und Energie

Zur Herleitung der grundlegenden Beziehungen zwischen Masse und Energie gehen wir von einem Zerfallsexperiment mit einem Elementarteilchen aus, dem Zerfall des elektrisch neutralen π°-Mesons (Pions) in zwei Photonen (Figur 19). Dieses Pion ruht im betrachteten Bezugssystem Σ.

Nach dem Zerfall haben die beiden Photonen je eine Energie von $E = h \cdot f$; *vor* dem

Zerfall war daher die doppelte Energie $E_0 = 2 \cdot E = 2 \cdot h \cdot f$ im $\pi°$-Meson „gespeichert" (Energiesatz).

Nun untersuchen wir den Zerfall eines mit einer Geschwindigkeit v nach rechts bewegten, zerfallenden $\pi°$-Mesons. Die beiden dabei entstehenden Photonen haben aus der Sicht eines ruhenden Beobachters die Frequenzen $f \cdot \sqrt{(c-v)/(c+v)}$ bzw. $f \cdot \sqrt{(c+v)/(c-v)}$ (relativistischer Doppler-Effekt). Die Gesamtenergie des zerfallenden, mit einer Geschwindigkeit v nach rechts bewegten $\pi°$-Mesons beträgt:

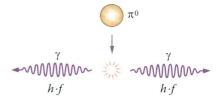

Figur 19 Zerfall eines $\pi°$-Mesons in zwei Photonen

$$E = h \cdot f \cdot \frac{\sqrt{c-v}}{\sqrt{c+v}} + h \cdot f \cdot \frac{\sqrt{c+v}}{\sqrt{c-v}} = h \cdot f \cdot \frac{(c-v)+(c+v)}{\sqrt{(c+v)\cdot(c-v)}} =$$

$$2 \cdot h \cdot f \cdot \underbrace{\frac{c}{\sqrt{c^2 - v^2}}}_{\gamma} = 2 \cdot h \cdot f \cdot \gamma = E_0 \cdot \gamma$$

Die Gesamtenergie E des zerfallenden, mit einer Geschwindigkeit v bewegten $\pi°$-Mesons ist gleich dem Produkt $E_0 \cdot \gamma$ der Ruheenergie E_0 und des Lorentzfaktors γ.

Wir nehmen an, dass dies nicht nur für ein zerfallendes, mit einer Geschwindigkeit v bewegtes $\pi°$-Meson, sondern allgemein für jeden mit v bewegten Körper mit einer bestimmten (Ruhe-)Masse m_0 gilt.

Der Lorentzfaktor kann mathematisch als Taylorreihe $1/\sqrt{1-x} = 1 + 1/2 \cdot x + \cdots$ entwickelt werden: $\gamma = 1/\sqrt{1 - v^2/c^2} = 1 + v^2/(2 \cdot c^2) + \cdots$. Für die Gesamtenergie eines mit einer Geschwindigkeit v bewegten Körpers erhalten wir damit:

$$E = E_0 \cdot \gamma = E_0 \cdot \left(1 + \frac{1}{2} \cdot \frac{v^2}{c^2} + \cdots\right) = E_0 + \frac{1}{2} \cdot \frac{E_0}{c^2} \cdot v^2 + \cdots$$

Wir gehen davon aus, dass sich die Gesamtenergie eines Körpers aus seiner Ruheenergie E_0 und der kinetischen Energie $E_{kin} = 1/2 \cdot m_0 \cdot v^2$ zusammensetzt:

$$E = E_0 + \frac{1}{2} \cdot m_0 \cdot v^2$$

Durch Vergleich der beiden letzten Energieformeln identifizieren wir die kinetische Energie $E_{kin} = 1/2 \cdot m_0 \cdot v^2$ mit dem Ausdruck: $1/2 \cdot = \left(E_0/c^2\right) \cdot v^2$ und erhalten: $E_0 = m_0 \cdot c^2$.

Das ist eines der bekanntesten Resultate der Relativitätstheorie: Die Masse m_0 eines Körpers, die Ruhemasse, ist ein Mass für dessen Ruheenergie. Masse und Energie sind gleichwertige (äquivalente) Grössen.

Relativitätstheorie

Äquivalenz von Masse *m* und Energie *E* (Ruheenergie) eines ruhenden Körpers

$$E_0 = m_0 \cdot c^2 \quad \text{mit} \quad c = 2.998 \cdot 10^8 \, \frac{\text{m}}{\text{s}} \ (\text{Lichtgeschwindigkeit})$$

Gemäss dieser Formel entspricht die (Ruhe-)Masse m_0 eines Körpers einer Energie $m_0 \cdot c^2$. Bewegt sich der Körper mit der Geschwindigkeit v, so beträgt seine Gesamtenergie:

Gesamtenergie eines bewegten Körpers

$$E = m \cdot c^2 = m_0 \cdot c^2 \cdot \gamma = \underbrace{m_0 \cdot c^2}_{\text{Ruheenergie}} + \underbrace{\frac{1}{2} \cdot m_0 \cdot v^2 + \cdots}_{\text{kinetische Energie } E_{\text{kin}}}$$

$$\text{oder} \ E_{\text{kin}} = (\gamma - 1) \cdot m_0 \cdot c^2$$

Ist die Geschwindigkeit des Körpers viel kleiner als die Lichtgeschwindigkeit, so setzt sich seine Gesamtenergie nur aus seiner Ruheenergie $m_0 \cdot c^2$ und der klassischen kinetischen Energie $1/2 \cdot m_0 \cdot v^2$ zusammen.

11.3   Ruheenergie und Bindungsenergie

Aus der Formel $m = E/c^2$ folgt, dass die Bindungsenergie eines Systems zur Masse beiträgt. Weil die Bindungsenergie negativ ist, hat ein gebundenes System stets weniger Masse als die einzelnen Teile, aus denen es zusammengesetzt ist. Dies gilt sowohl für chemisch gebundene Systeme (Moleküle) als auch für Atomkerne.

Wird beispielsweise ein Blatt Papier verbrannt, so wird ein (sehr kleiner) Teil seiner Masse in Energie umgesetzt, weil bei diesem Prozess Wärme entsteht. Deshalb ist die Masse des ursprünglichen Papierblatts plus die Masse des zur Verbrennung erforderlichen Sauerstoffs geringfügig grösser als die Masse der Asche und der Verbrennungsgase.

Bei Kernprozessen, etwa der *Kernspaltung* oder *der Kernfusion,* ist dieser *Massendefekt* prozentual viel grösser (Figur 20), im Vergleich zur Masse der beteiligten Kerne aber noch immer gering. So wurde bei der ersten Atombomben-Explosion nur etwa 1 Gramm Materie in Energie umgesetzt. Dies entspricht aber der Wirkung von ca. 20 000 t (20 Kilotonnen) eines chemischen Explosivstoffs (Trinitrotoluol). Die Bombe enthielt 64 kg zu 80 % angereichertes Uran, also 51.2 kg U-235, von dem nach heutigen Schätzungen weniger als 1 kg zur Explosion gebracht wurde. Die Auswirkungen des Abwurfs der beiden Bomben über den japanischen Städten Hiroshima und Nagasaki im August 1945 waren mit mehreren hunderttausend Opfern verheerend.

Die Sonne verliert pro Sekunde $4 \cdot 10^9$ kg Masse durch Strahlung. Im Vergleich zur gesamten Sonnenmasse fällt dieser Verlust nicht ins Gewicht. Die Prozesse, die in der Sonne Energie freisetzen, verändern aber die Zusammensetzung der Sonne, sodass die Fusionsprozesse schliesslich erlöschen. Die Sonne hat daher eine begrenzte Lebensdauer von circa 12.5 Milliarden Jahren. Entstanden ist unser Sonnensystem vor circa 4.6 Milliarden Jahren.

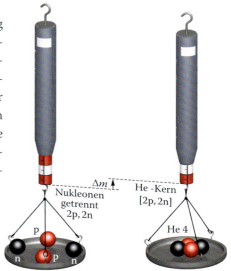

Figur 20 Massendefekt des Helium-Kerns

11.4 Klassischer und relativistischer Impuls

Den klassischen Impuls $\vec{p} = m \cdot \vec{u}$ (m Masse, $\vec{u}$ Geschwindigkeit) haben wir beim 2. Newton'schen Gesetz als klassische Bewegungsgrösse eines Körpers kennengelernt (S. 117).

Im Kapitel über Erhaltungsgesetze der Physik wurde der klassische Impuls als Erhaltungsgrösse eingeführt (S. 127 f.). Zusätzliche Betrachtungen und Beispiele (Stossprozesse) zum klassischen Impuls finden sich im Internetteil des Buchs.

Den *relativistischen* Impuls leiten wir anhand eines Beispiels her, verzichten also auf ein streng mathematisches Vorgehen:

Wir betrachten den Stoss einer Kugel gegen eine Wand in einem ruhenden Bezugssystem Σ. Dabei dringt die Kugel in die Wand ein und erzeugt ein Loch einer bestimmten

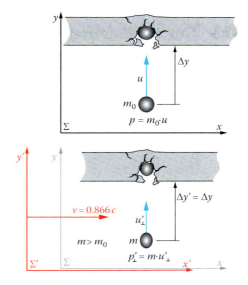

Figur 21 Relativistischer Impuls

Tiefe. Aus der Sicht eines Beobachters in Σ („ruhender Beobachter") sind für die Tiefe des Lochs die Geschwindigkeit u (in y-Richtung) und die Masse m_0 bzw. der Impuls $p = m_0 \cdot u$ der Kugel verantwortlich (Figur 21, oben). In einem mit $v = \sqrt{3}/2 \cdot c \approx 0.866 \cdot c$ in x-Richtung bewegten Bezugssystem Σ' ist *für diesen „ruhenden" Beobachter in Σ* die Zeit, wegen der Zeitdilatation um einen Faktor $\gamma = 2$ gedehnt (grösser). Deshalb wird die Geschwindigkeit $u_\perp'$ der Kugel in Σ' (aus der Sicht des „ruhenden" Beobachters in Σ) um den Faktor $\gamma = 2$ kleiner als in Σ: $u_\perp' = u/\gamma$. Wenn die Kugel aber in *beiden* Betrachtungsweisen ein gleich tiefes Loch erzeugen soll, muss der verursachende Impuls p je gleich gross sein. Das hat zur Folge, dass die Wirkung der Masse in Σ' (aus der Sicht von Σ) um einen Faktor γ grösser sein muss als in Σ. Es gilt also:

$$p = \underbrace{m_0 \cdot u}_{\substack{\text{in } \Sigma \text{ aus der} \\ \text{Sicht von } \Sigma}} = \underbrace{m_0 \cdot \gamma \cdot u_\perp'}_{\substack{\text{in } \Sigma' \text{ aus der} \\ \text{Sicht von } \Sigma}}$$

Aus der Sicht des „ruhenden Beobachters" verändert sich der Impuls eines Körpers in einem relativ zu ihm geradlinig gleichförmig bewegten System durch Multiplikation mit dem Lorentzfaktor γ:

Relativistischer Impuls

$$p = m \cdot u = m_0 \cdot u \cdot \gamma = \frac{m_0 \cdot u}{\sqrt{1 - v^2/c^2}} = \frac{m_0 \cdot u \cdot c}{\sqrt{c^2 - v^2}} \qquad u: \text{ Geschwindigkeit}$$

11.5 Der relativistische Energiesatz

Wir addieren die Grössen $p^2 \cdot c^2 = \dfrac{m_0^2 \cdot v^2 \cdot c^4}{c^2 - v^2}$ sowie $E_0^2 = m_0^2 \cdot c^4$ und erhalten:

$$p^2 \cdot c^2 + E_0^2 = \frac{m_0^2 \cdot v^2 \cdot c^4}{c^2 - v^2} + m_0^2 \cdot c^4 = \frac{m_0^2 \cdot v^2 \cdot c^4 + m_0^2 \cdot c^6 - m_0^2 \cdot c^4 \cdot v^2}{c^2 - v^2} = \frac{m_0^2 \cdot c^6}{c^2 - v^2}$$

$$= \underbrace{m_0^2 \cdot c^4}_{E_0^2} \cdot \underbrace{\frac{c^2}{c^2 - v^2}}_{\gamma^2} = E_0^2 \cdot \gamma^2 = E^2$$

Daraus ergibt sich die folgende wichtige Beziehung für die Gesamtenergie:

Relativistischer Energiesatz

$$E^2 = E_0^2 \cdot \gamma^2 = E_0^2 + p^2 \cdot c^2 \quad \text{oder} \quad m_0^2 \cdot c^4 \cdot \gamma^2 = m_0^2 \cdot c^4 + p^2 \cdot c^2$$

E Gesamtenergie, E_0 Ruheenergie, m_0 Ruhemasse, p relativistischer Impuls

---

11.6 Der relativistische Impuls des Photons

Weil Photonen keine Ruhemasse haben ($m_0 = 0$) vereinfacht sich der relativistische Energiesatz zu:

$$E^2 = \underbrace{m_0^2 \cdot c^4}_{=0} + p^2 \cdot c^2 = p^2 \cdot c^2$$

Damit erhalten wir für den Impuls des Photons:

Photonenimpuls

$$p = \frac{E}{c} = \frac{h \cdot f}{c}$$

Dass ein masseloses Teilchen, das Photon, einen Impuls haben kann, ist physikalisch erstaunlich, aus der Sicht der klassischen Physik unverständlich. Der Photonenimpuls findet zwei wichtige Anwendungen im Photoeffekt (S. 343 f.) und im Comptoneffekt (Internet-Teil).

11.7 Anwendungen: Annihilation und Paarerzeugung

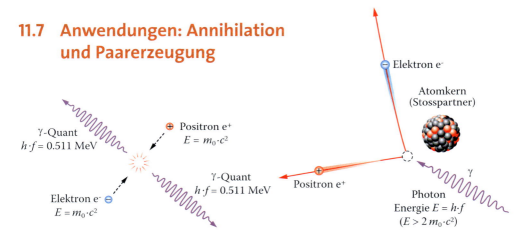

Figur 22 Annihilation

Figur 23 Paarerzeugung

Das Elektron und sein Antiteilchen, das Positron, haben eine Ruheenergie von

$$E_o = m_0 \cdot c^2 = 9.109 \cdot 10^{-31} \cdot \left(3 \cdot 10^8\right)^2 \text{ J} = 8.198 \cdot 10^{-14} \text{ J}$$
$$= 0.511 \text{ MeV}$$

Treffen ein Elektron und ein Positron aufeinander, so „annihilieren" sie (Figur 22): Sie verschwinden, und an ihrer Stelle entstehen zwei Photonen (γ-Quanten). Bei diesem Prozess bleiben die Gesamtenergie von $2 \cdot 0.511$ MeV $= 1.012$ MeV und der Gesamtimpuls erhalten. Weil der Gesamtimpuls null ist, bewegen sich die beiden Photonen im Schwerpunkt-system diametral in entgegengesetzten Richtungen voneinander weg. Bei dieser Über-legung nehmen wir an, dass die kinetischen Energien von Positron und Elektron vor dem Stoss vernachlässigbar klein sind.

Damit der umgekehrte Prozess der *Paarerzeugung* (Figur 23) stattfinden kann, muss die Energie $h \cdot f$ eines γ-Quants grösser sein als $2 \cdot m_0 \cdot c^2 = 1.024$ MeV, die doppelte Ruhe-energie des Elektrons bzw. des Positrons. Dann kann sich das γ-Quant in ein Elektron-Positron-Paar verwandeln. Die überschüssige Energie $h \cdot f - 2 \cdot m_e \cdot c^2$ wird von diesen beiden neu entstandenen Teilchen als kinetische Energie (E_{e^-} bzw. E_{e^+}) „mitgenommen". Der Prozess der Paarerzeugung ist allerdings nur möglich unter Beteiligung eines Stosspartners, der einen Teil des Gesamtimpulses „übernimmt". In einem System, das nur aus einem Photon und einem Elektron-Positron-Paar besteht, können die Erhaltungssätze für Energie und Impuls nicht zugleich erfüllt werden. Den Beweis finden Sie im Internet-Teil des Buchs.

12 Ein Blick auf Einsteins Allgemeine Relativitätstheorie: das Äquivalenzprinzip

Mit der 1915 veröffentlichten Allgemeinen Relativitätstheorie (ART) ging Einstein weit über die Spezielle Relativitätstheorie (SRT) hinaus und schuf mit grossem mathemati-schem Aufwand eine Theorie, die einer-seits auch beschleunigte Koordinaten-systeme und die Gravitation berück-sichtigt, andererseits die Grundlagen legte für ein völlig neues Verständnis von Raum und Zeit und für die Struk-tur des Universums.

Am Anfang der Allgemeinen Relati-vitätstheorie steht das „Äquivalenz-prinzip". Es postuliert, dass „wahre" Kräfte, wie die Gravitationskraft, und „Trägheitskräfte" (Scheinkräfte $- m \cdot \vec{a}$, siehe unten) äquivalent (gleichwertig) sind, weil es kein Experiment gibt, das zwischen diesen beiden Kraftarten un-terscheiden könnte.

In Figur 24 sehen wir links oben einen in einer Raumkapsel (Labor)

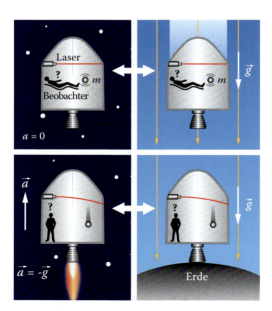

Figur 24 Äquivalenzprinzip

ohne Fenster eingeschlossenen Beobachter im Weltraum. Die Raumkapsel ist nicht beschleunigt, auf einen Körper der Masse m wirkt keine Kraft. Ein Lichtstrahl verläuft bezüglich der Raumkapsel geradlinig.

Äquivalent, d. h. gleichwertig zur Situation oben links ist die Situation oben rechts: Unter der Wirkung einer Gravitationsbeschleunigung $\vec{g}$ fällt die Raumkapsel jetzt nach unten; der eingeschlossene Beobachter merkt davon nichts, auf einen Körper der Masse m wirkt keine Kraft, der Lichtstrahl des Lasers ist auch in dieser Situation geradlinig.

Im Sinne des 2. Newton'schen Gesetzes gilt:

$$m \cdot \vec{g} = m \cdot \vec{a} \quad \text{oder} \quad \underbrace{m \cdot \vec{g}}_{\text{Gravitationskraft}} + \underbrace{\left(-m \cdot \vec{a}\right)}_{\text{Trägheitskraft}} = \vec{0}$$

Wir können im 2. Newton'schen Gesetz das negative Produkt $-m \cdot \vec{a}$ aus Masse und Beschleunigung als Kraft (Trägheits- oder Scheinkraft) interpretieren, sodass der Körper m und der Mensch in der Raumkapsel (Figur 24, oben rechts) im Gleichgewicht sind. Entscheidend ist, dass es kein Experiment gibt, das es dem beobachtenden Menschen erlaubt, zu entscheiden, ob auf ihn eine „wahre" Kraft, hier eine Gravitationskraft, oder eine Trägheitskraft wirkt, die „nur" durch eine beschleunigte Bewegung verursacht wird.

Links unten (Figur 24) sehen wir die Raumkapsel, die mit $\vec{a} = -\vec{g}$ nach oben beschleunigt wird: Relativ zur Raumkapsel wirken auf den Beobachter und den Körper der Masse m je eine Trägheitskraft $-m \cdot \vec{a} = +m \cdot \vec{g}$ bzw. eine Beschleunigung $\vec{a} = -\vec{g}$ nach unten.

Der Laserstrahl erscheint jetzt nach unten gekrümmt, weil er relativ zum nicht beschleunigten System geradlinig verläuft. Diese Situation ist äquivalent zu einer auf der Erde ruhenden Raumkapsel (Figur 24, rechts unten).

Das Äquivalenzprinzip ist eine Folge davon, dass es in der Einstein'schen Mechanik, im Gegensatz zur Newton'schen Mechanik, kein absolutes Bezugssystem gibt. Der von Newton angenommene „absolute Raum" existiert aus der Sicht der Relativitätstheorie nicht. Es gibt nur den „relativen Raum". Deshalb ist es grundsätzlich nicht möglich, lokal zu unterscheiden zwischen „wahren" Kräften, z. B. Gravitationskräften, und Trägheitskräften, die durch eine beschleunigte Bewegung verursacht werden: Einen frei fallenden Körper (Figur 21, oben rechts) kann man als kräftefrei ansehen, weil auf ihn eine Gravitationskraft wirkt, welche von einer entgegengesetzten, gleich grossen Trägheitskraft kompensiert wird.

Eine weitere Voraussetzung für die Gültigkeit des Einstein'schen Äquivalenzprinzips ist die im 2. Newton'schen Gesetz sichtbare Gleichheit von schwerer und träger Masse eines Körpers

$$\underbrace{m \cdot \vec{a}}_{\substack{\text{träge} \\ \text{Masse}}} = \underbrace{m \cdot \vec{g}}_{\substack{\text{schwere} \\ \text{Masse}}}$$

Relativitäts-theorie

401

(vgl. Mechanik, S. 98). In der Allgemeinen Relativitätstheorie ist das Postulat der Gleichheit von schwerer und träger Masse deshalb ein grundlegendes Axiom, es ersetzt das Trägheitsprinzip der klassischen Mechanik. Diese Überlegung gilt für homogene Gravitationsfelder. Weil reale ausgedehnte Gravitationsfelder (z. B. der Erde) aber *nicht* homogen sind, gilt das Äquivalenzprinzip dort nur lokal.

13 Zusammenfassung

Die Spezielle Relativitätstheorie (SRT) beruht auf **zwei Postulaten** (Annahmen): der Forminvarianz der Naturgesetze und der Konstanz der Lichtgeschwindigkeit.

Daraus folgen der Effekt der **Längenkontraktion** (Verkürzung) eines Körpers aus der Sicht eines relativ zu diesem Körper bewegten Beobachters und der Effekt der **Zeitdilatation** (Zeitdehnung) einer ruhenden Uhr aus der Sicht eines relativ zu ihr bewegten Beobachters.

Die **Lorentz-Transformation (LT)** erlaubt die Orts- und Zeit-Koordinaten eines gleichförmig bewegten Körpers beim Wechsel des Bezugssystems zu berechnen, **Minkowski-Diagramme** stellen diesen Wechsel grafisch-anschaulich in einem Zeit-Weg-Diagramm dar. Aus der LT folgt, dass Ereignisse, die im einen Inertialsystem **gleichzeitig** erfolgen, in einem anderen Bezugssystem **nicht gleichzeitig** sind.

Doppler-Effekt

Entfernt sich eine Lichtquelle von uns, so verkleinert sich die Frequenz (Rotverschiebung), nähert sie sich, so vergrössert sich die Frequenz (Blauverschiebung).

Licht besteht aus kleinsten „Energiepaketen" bzw. Quanten (Photonen). Sie haben eine (frequenzabhängige) Energie und einen Impuls.

Masse m und Energie E sind äquivalente (gleichwertige) Grössen. Es gilt: $E = m \cdot c^2$.

Die **Gesamtenergie E** und der **Impuls p** eines Körpers müssen in der SRT neu berechnet werden.

Elektron und Positron (Antimaterie) können annihilieren (verschwinden). Dabei wird ihre Ruhemasse m_0 in zwei diametrale Photonen der Energie $h \cdot f = m_0 \cdot c^2 = 512$ keV verwandelt.

Besitzt ein Photon (γ-Quant) eine Mindestenergie von 1.24 MeV, so kann in Anwesenheit eines Stosspartners ein Elektron-Positron-Paar entstehen (Paarerzeugung).

Die **Allgemeine Relativitätstheorie** berücksichtigt auch beschleunigte Koordinatensysteme und die Gravitation. Sie ermöglicht ein neues Verständnis von Raum und Zeit sowie der Struktur des Universums. Eine wesentliche Grundlage ist das Äquivalenzprinzip, welches postuliert, dass „wahre" Kräfte, etwa die Gravitation, und Scheinkräfte, etwa die Zentrifugalkraft, äquivalent (gleichwertig) sind.

Register

Bildnachweis